零起点学创业系列

LINGQIDIAN XUECHUANGYE XILIE

学办肉牛养殖场

徐彦召　王　青　主编

化学工业出版社

·北京·

图书在版编目（CIP）数据

零起点学办肉牛养殖场/徐彦召，王青主编. —北京：化学工业出版社，2015.2（2024.1重印）
（零起点学创业系列）
ISBN 978-7-122-22587-0

Ⅰ.①零… Ⅱ.①徐… ②王… Ⅲ.①肉牛-饲养管理 ②肉牛-养殖场-经营管理 Ⅳ.①T823.9

中国版本图书馆CIP数据核字（2014）第300608号

责任编辑：邵桂林　　　　装帧设计：刘丽华
责任校对：边　涛

出版发行：化学工业出版社（北京市东城区青年湖南街13号　邮政编码100011）
印　　装：北京盛通数码印刷有限公司
850mm×1168mm　1/32　印张12　字数355千字
2024年1月北京第1版第12次印刷

购书咨询：010-64518888　　　　售后服务：010-64518899
网　　址：http://www.cip.com.cn
凡购买本书，如有缺损质量问题，本社销售中心负责调换。

定　　价：39.00元

本书编写人员名单

主　　编　徐彦召　王　青

副 主 编　王文秀　尹宝英　魏刚才

编写人员（按姓氏笔画排列）

王　青（河南科技学院）

王文秀（山东省滨州畜牧兽医研究院）

王津津（深圳出入境检验检疫局动植物检疫中心）

尹宝英（咸阳职业技术学院）

何　雷（河南科技大学）

余　娟（河南科技学院）

高冬冬（获嘉县农牧局）

徐彦召（河南科技学院）

魏刚才（河南科技学院）

前言

随着我国人民生活水平的提高和经济条件的改善，肉类消费结构也在不断完善。牛肉以其肉质鲜美细嫩而不肥腻，富含蛋白质和各种氨基酸以及容易消化利用等特点深受消费者青睐，销路看好、价格稳定、市场平稳，加之肉牛资源利用率高、适应性强、易于饲养管理、生产成本低等，所以，肉牛养殖有着较高的经济效益。

由于肉牛繁殖相对缓慢，数量增加与市场需求处于动态平衡状态，使之成为生产效益相对稳定的一个产业，也成为人们创业致富的一个好途径。但开办肉牛养殖场不仅需要养殖技术，也需要掌握开办养殖场的有关程序和经营管理知识等。但目前市场上几乎没有有关学办肉牛养殖场的书籍，严重制约着有志人士的创业步伐和前行速度。为此，我们组织有关专家编写了本书。

本书全面系统地介绍了开办肉牛养殖场的饲养管理技术和经营管理知识，具有较强的实用性、针对性和可操作性，为成功开办和办好肉牛养殖场提供技术指导。

由于编者水平有限，书中难免会有错误和不当之处，敬请广大读者批评指正。

目 录

第一章 办场前的准备

第二章 肉牛养殖场的建设

第三章 肉牛的品种及繁殖

第四章　肉牛的饲料营养

第五章 肉牛的饲养管理

第六章 肉牛场的疾病防制

第七章 肉牛场的经营管理

参考文献

第一章

<<<<<

办场前的准备

核心提示

开办肉牛养殖场的目的不仅是为市场提供优产品，更是为了获得较好的经济效益。所以，开办肉牛养殖场前要了解肉牛养殖行业的特点及开办肉牛养殖场的条件、进行市场调查和分析、进行投资估算和经济效益分析，然后申办各种手续，并在有关部门备案。

第一节　肉牛养殖业的特点及办场的条件

一、肉牛养殖业的特点

（一）产品种类多

发展肉牛养殖业，不仅可以有效地将大量粗饲料、农作物秸秆和食品加工副产品转化为高品质的牛肉以及制革工业的主要原料（牛皮）等产品，而且可以获得大量的有机肥。

近年来，随着人们生活水平的不断提高，牛肉的开发利用普遍受到重视，食品工业和制革工业对肉牛的需求量不断增大，市场对牛肉和牛皮的需求量也与日俱增。肉牛是反刍动物，食量较大，每天的粪便排泄量也比其他家畜多，故排泄物中氮、磷、钾也相应较多。大力发展肉牛养殖业，对农副产品进行“过腹还田”，不仅可以减少环境污染，促进生态农业持续发展，而且可以促进种植业发展和有机农业发展。

(二) 牛肉营养价值高

牛肉营养丰富，高蛋白低脂肪，其营养价值高于猪肉及其他肉类产品，其肉质鲜美细嫩而不肥腻，易消化，而被注重营养保健的现代家庭生活理念所重视。牛肉中蛋白质所含的氨基酸是人体必需的，其营养价值极高。肉牛适应性和抗病力强，饲养时很少使用药物，产品绿色。

(三) 资源利用率高

一是品种资源。据统计全世界有 60 多个专门化肉用品种（不包括我国地方品种和奶牛品种）。我国引进了一些国外著名的肉用品种，进行繁育推广，另外，也建立多个优质肉用授精站，对我国大量的优质地方黄牛品种进行改良提高等，形成了一定数量的肉用牛群体。二是饲料资源。肉牛的饲料可以主要依赖饲草和农副产品。肉牛生产过程中对精饲料依赖性小，可以消耗大量的青绿饲料和粗饲料，我国草地资源和农副产品资源丰富。现有天然草地 4 亿公顷，其中可利用面积 3.16 亿公顷。有 5000 多种天然牧草，且品种优良。全国每年生产粮食的同时，还可以生产 5.7 亿吨农作物秸秆。这为肉羊发展奠定了饲料基础。三是国家政策资源。改革开放以来，国家相继出台的发展“两高一优”可持续农业的有关政策，这是发展肉牛业不可缺少的外部环境条件。国务院转发农业部关于全国秸秆养畜过腹还田项目发展纲要，进一步表明了国家利用当地资源大力发展肉羊业的决心。相关的政策措施，为肉牛业发展创造了良好的政策环境。四是劳动力资源。我国有较多的劳动力，可以从事较为简单的肉牛养殖工作。

(四) 易于饲养管理

肉牛是反刍动物，食性广，可以利用各种饲料资源，肉牛个体大，对气候条件的变化容易适应，加之长期在野外饲养驯化，适应性强，抗病力好，很少发生疾病，传染病的发生率极低，易于饲养管理，死亡淘汰少。

(五) 市场效益好

随着经济的发展，人们的肉类食品结构不断优化，物质需求从吃饱穿暖转向吃好穿好。人们对高蛋白、低脂肪、低胆固醇的肉类食品的需求越来越多，牛肉产品可满足人们的这一要求。多年来，肉牛一直供不应求，从全球看，世界发达地区牛肉消费占肉类消费比例为一半以上，而我国仅占10%左右。从牛肉人均占有量看，世界发达国家在50千克以上，世界人均10千克，而我国却不足5千克，特别是南方一些地区不足2千克。我国已进入全面建设小康社会的发展阶段，牛肉是小康指标的组成部分，人们越加注重膳食质量和结构的改善，对牛肉特别是优质牛肉需求将与日俱增。从近10年的畜产品市场来看，猪、鸡的行情均不稳定，价格经常大起大落，而肉牛则销路看好、价格稳定、市场平稳。另外，肉牛生产可以利用大量的种植业废弃物和天然饲料资源，其生产成本低，所以，肉牛养殖有着较高的经济效益。由于肉牛繁殖相对缓慢，数量增加与市场需求处于动态平衡状态，使之成为生产效益相对稳定的一个产业。

牛是草食动物，饲料利用率高，饲料转化率也居家畜之首，饲养成本低、回报率高，因其食草不与人类争粮，而且安全卫生指标相对较高，近乎于天然绿色食品。所以，肉牛养殖业既是一个古老、长远、稳定的产业，也是一个新型具有发展潜力的产业。

二、开办肉牛养殖场的条件

（一）市场条件

肉牛场生产的产品是商品，只有通过市场交换才能体现其产品的价值和效益高低。市场条件优越，产品价格高，销售渠道畅通，生产资料充足易得，同样的资金投入和管理就可以获得较高的投资回报，否则，市场条件差或不了解市场及市场变化趋势，盲目上马或扩大规模，就可能导致资金回报差，甚至亏损。

（二）资金条件

肉牛生产的专业化强，需要场地、建筑牛舍，购买设备用具和犊牛，同时需要大量的饲料等，前期需要持续的资金投入，资金占用量大，如目前建设一个存栏100头肉牛的肉牛场需要投入资金80万～100万元，如果是自繁的肉牛场，占用的资金更多。如果没有充足的资金保证或良好的筹资渠道，上马后一旦出现资金短缺，肉牛养殖场就无法正常运转。

（三）技术条件

投资开办肉牛养殖场，技术是关键。肉牛养殖场和牛舍的设计建筑、优良牛品种的选择和引进、环境和疾病的控制、饲养管理和经营管理等都需要先进技术和掌握先进技术的人才。否则，就不能施行科学饲养管理，不能维持良好的生产环境，不能进行有效的疾病控制，导致牛群的生产性能不能充分发挥，经常发生疾病，会严重影响经营效果。规模越大，对技术的依赖程度越强。肉牛养殖场的经营者必须掌握一定的养殖技术和知识，并且要善于学习和请教；规模化肉牛养殖场最好设置专职的技术管理人员，负责好全面技术工作。

第二节　市场调查和分析

肉牛养殖场的规模、经营方式、管理水平等不同，投资回报率也就不同，要获得较好的效益，必须做好市场调查，并进行市场分析，根据市场需求和自己具备的条件，正确确定经营方向和规模，避免盲目，力求使生产更加符合市场要求，以便投产后取得较好的经济效益。

一、市场调查的内容

影响肉牛养殖业生产和效益的市场因素较多，需要认真做好调查，获得第一手资料，才能进行分析、预测，最后进行正确决策。具体内容有：

（一）市场需求调查

1. 市场容量调查

市场容量调查，一是进行区域市场总容量调查。通过调查，有利于企业从整体战略上把握发展规模，是实现“以销定产”的最基本的策略。所以，准备或确定建立肉牛养殖场应该在建场前进行调查，以市场容量确定规模和性质。不仅要调查现有市场容量，还要考虑潜在市场容量。二是具体批发市场销量、销售价格变化的调查。这类调查对销售实际操作作用较大，需经常进行。有利于帮助企业及时发现哪些市场销量、价格发生了变化，查找原因，及时调整生产方向和销售策略。同时还要了解潜在市场，为项目的决策提供依据。

2. 适销品种调查

肉牛的经济类型和品种多样，产品档次分化明显，不同地区对产品的需求也有较大的差异。如有的地区需要肉用型，有的需要本地黄牛与肉牛杂交的牛肉，有的喜欢一般牛肉，有的喜欢高档牛肉等。适销品种的调查在宏观上对品种的选择具有参考意义，在微观上对销售具体操作，满足不同市场的品种需求也很有价值。

（二）市场供给调查

对养殖企业来说，市场需要（肉牛产品市场需要的种类主要有犊牛、牛肉和牛皮）由需求和供给组成，要想获得经营效益，仅调查需求方面的情况还不够，对供给方面的情况也要着力调查。

1. 当地区域产品供给量

当地主要生产企业、散养户等在下一阶段的产品预测上市量，这些内容的调查有利于做好阶段性的销售计划，实现有计划的均衡销售。

2. 外来产品的输入量

目前信息、交通都很发达，跨区域销售的现象越来越普遍，这是一种不能人为控制的产品自然流通现象。在外来产品明显影响当地市场时，有必要对其价格、货源持续的时间等作充分的了解，作出较准确的评估，以便确定生产规模或进行生产规模的调整。

3. 相关替代产品的情况

肉类食品中的鸡、鸭、鹅、猪、羊、兔、鱼等都会相互影响，有必要了解相关肉类产品的情况。

（三）市场营销活动调查

1. 竞争对手的调查

调查的内容包括竞争者产品的优势、竞争者所占的市场份额、竞争者的生产能力和市场计划、消费者对主要竞争者产品的认可程度、竞争者产品的缺陷以及未在竞争产品中体现出来的消费者要求。

2. 销售渠道调查

销售渠道是指商品从生产领域进入消费领域所经过的通道。牛肉销售的渠道主要有三种：生产企业—批发商—零售商—消费者；生产企业—批发商—牛肉加工企业；生产企业—牛肉加工企业。

（四）市场生产模式调查

市场生产模式调查关系到生产性质、生产方式以及育肥牛来源的选择。生产模式主要有一条龙（自繁自养自育）生产模式、短期强化育肥（购进架子牛）生产模式，各有特点。

一条龙（自繁自养自育）生产模式的主要特点是，农户自家饲养母牛作为生产资料，产出小牛后母牛犊一般留下继续作为生产资料繁殖后代用，而公牛犊自己养大培育成架子牛用作育肥牛用，由于母牛妊娠期长，犊牛培育时间也比较长，因此饲养母牛和培育架子牛的费用成本也比较高，这种生产模式在饲草资源不充足的地区发展比较艰难。此种饲养模式在饲草资源比较丰富，且成本比较低的半农半牧区和牧区比较适宜发展。这种生产模式基本属于生产周期长、投入少、见效慢的传统肉牛生产模式。

短期强化育肥（购进架子牛）生产模式即养殖户通过购进架子牛或犊牛进行短期强化育肥。此种生产模式其主要特点：一是当地谷物饲料和饲草比较充足；二是占用养殖户的资金比较大；三是养殖（育肥）周期短；四是养殖附加值高。此生产模式多集中在农区和大城市超大城市的周边地区，属于高投入、高产出、见效快的生产模式。

目前国内常把肉牛生产区域划分为三大肉牛带，即东北肉牛带、中原肉牛带和西南肉牛带，3 个肉牛带占全国肉牛总量的80%。架子牛的主要供应地源自华中、华北、西北等地。在牛肉市场的拉动下，中原地区利用农作物资源丰富的有利条件，在专业化肉牛育肥方面发展较快，但也正是由于这种快速的发展和市场需求，呈现了当地育肥牛源的供应紧张，货源严重不足的现象。据有关资料表明，目前的“中原肉牛带”地区有将近一半育肥场的架子牛、犊牛是从外地购买，以弥补育肥牛源的严重不足。

（五）其他方面调查

还需要进行市场生产资料调查，饲料、燃料等供应情况和价格调查，人力资源情况调查等。

二、市场调查的方法

调查市场的方法很多，有实地调查、问卷调查、抽样调查等，目前调查肉牛市场多采用实地调查中的访问法和观察法。

（一）访问法

访问法是将所拟调查事项，当面或书面向被调查者提出询问，以获得所需资料的调查方法。访问法的特点在于整个访谈过程是调查者与被调查者相互影响、相互作用的过程，也是人际沟通的过程。访问法在肉牛市场调查中经常采用个人访问。

个人访问法是指访问者通过一对一地询问和观察被访者而获得信息的方法。访问要事先设计好调查提纲或问卷，调查者可以根据问题顺序提问，也可以围绕调查问题自由交谈，在谈话中要注意做好记录，以便事后整理分析，一般来说，调查肉牛市场的访问对象有：牛肉批发商、零售商、消费者、肉牛养殖户、市场管理部门等，调查的主要内容是市场销量、价格、品种比例、品种质量、货源、客户经营状况、市场状况等。

要想取得良好的访问效果，访问方式的选择是非常重要的，一般来讲，个人访问有三种方式。

1. 自由问答

指调查者与被调查者之间自由交谈，获取所需的市场资料。自由问答方式，可以不受时间、地点、场合的限制，被调查者能不受限制地回答问题，调查者则可以根据调查内容和时机、调查进程灵活地采取讨论，质疑等形式进行调查，对于不清楚的问题可采取讨论的方式解决。进行一般性、经常性的市场调查多采用这种方式，选择公司客户或一些相关市场人员作调查对象，自由问答，获取所需的市场信息。

2. 发问式调查

或称倾向性调查，指调查人员事先拟好调查提纲，面谈时按提纲进行询问。进行市场的专项调查时常用这种方法，目的性较强，有利于集中、系统地整理资料，也有利于提高效率，节省调查时间和费用。选择发问式调查，要注意选择调查对象，尽量选择较全面了解市场状况、行业状况的业内人。

3. 限定选择

又称强制性选择，类似于问卷调查，指个人访问调查时列出某些调查内容选项，让调查对象选择。此方法多适用于专项调查。

（二）观察法

观察法是指调查者在现场对调查对象直接观察、记录，以取得市场信息的方法。观察法要凭调查人员的直观感觉或借助于某些摄录设备和仪器，跟踪、记录和考查对象，获取某些重要的信息。观察法有自然、客观、直接、全面的特点。调查肉牛市场时，运用观察法调查的主要内容如下。

1. 市场经营状况观察

选择适当的时间段观察市场整体状况，包括档口的多少、大小、设置，顾客购买情况，肉牛存栏情况、牛肉库存情况，结合访问等得到的资料，初步综合判断市场经营状况等。

2. 产品质量、适销体重等的观察

观察肉牛的体重、肉色等，判断肉牛的质量档次，观察库存肉牛的体重、外貌特征，结合访问等判断肉牛适销体重、档次和品种。

3. 顾客行为观察

通过观察顾客活动及其进出市场的客流情况，如顾客购买牛肉的偏好，对价格、质量的反应和评价，对品种的选择，不同时间的客流情况等，可以得出顾客的构成、行为特征，产品畅销品种，客流规律情况等市场信息。

4. 顾客流量观察

观察记录市场在一定时段内进出的车辆，购买者数量、类型，借以评定、分析该市场的销量、活跃程度等。

5. 痕迹观察

有时观察调查对象的痕迹比观察活动本身更能取得准确的所需资料，如通过批发商的购销记录本、市场的一些通知、文件资料等，可以掌握批发商的销量、卖价以及市场状况，收集一些难以直接获得的可靠信息。

为提高观察调查法的效果，观察人员要在观察前做好计划，观察中注意运用技巧，观察后注意及时记录、整理，以取得深入、有价值的信息，得出准确的调查结论。

在实际调查中，往往将访问、观察等调查方法综合运用，我们要根据调查目的、内容的差异灵活运用这些方法，才能取得良好效果。

第三节　肉牛场的工艺设计

肉牛养殖场生产工艺是指肉牛生产中采用的生产方式（牛群组成、周转方式、饲喂饮水方式、清粪方式和产品的采集等）和技术措施（饲养管理措施、卫生防疫制度、废弃物处理方法等）。下面详细介绍工艺设计包含的内容。

一、肉牛场性质和规模

（一）肉牛场性质和规模的概念

1. 肉牛场性质

根据生产任务和繁育体系，肉牛场分为原种场、繁殖场和商品场。原种场的任务是负责父本品种和母本品种的选育提高，为繁殖场提供优良的纯种牛；繁殖场任务是繁殖供杂交用的纯种母牛，向商品场及饲养户提供母本种牛；商品肉牛场任务是繁殖和饲养杂交牛，为市场提供商品肉牛（自繁自养）。目前许多商品场只饲养商品犊牛、架子牛或淘汰种牛、奶牛等为市场提供商品肉牛。

2. 肉牛场规模

肉牛场规模就是肉牛场饲养肉牛的多少。肉牛场规模表示方法一般有三种：一是以存栏繁殖母牛头数来表示；二是以年出栏商品肉牛头数来表示；三是以常年存栏肉牛的头数来表示。

根据我国肉牛场规模情况，肉牛场可划分为大、中、小型肉牛场，平均存栏肉牛1000头左右的为大型肉牛场，平均存栏肉牛400～1000头的为中型肉牛场，平均存栏肉牛400头以下的为小型肉牛场。

（二）影响肉牛养殖场性质和规模的因素

肉牛养殖场经营方向和规模的大小，受到内外部各种主客观条件的影响，主要有如下因素。

1. 市场需要

市场的犊牛价格、牛肉价格和饲料价格等是影响肉牛场性质和饲养规模的主要因素。如市场犊牛价格高时，饲养繁殖母牛或自繁自养就有利；市场牛肉价格高时，饲养犊牛或架子牛就可以在短期内获得较好的收益；如果粗饲料充足且廉价，而精饲料短缺，可以饲养繁殖母牛。粗饲料和精饲料都比较充足时，引进架子牛进行短期强化育肥就较为有利。肉牛场生产的产品是商品，商品必须通过市场交换而获得价值。同样的资金，不同的经营方向和不同的市场条件获得的回报也有很大差异。确定牛场经营方向（性质），必须考虑市场需要和容量，不仅要看到当前需要，更要掌握大量的市场信息并进行细致分析，正确预测市场近期和远期的变化趋势和需要（因为现在市场价格高的产品，等到你生产出产品时价格不一定高），然后进行正确决策，才能取得较好的效益。

市场需求量、肉牛产品的销售渠道和市场占有量直接关系到肉牛养殖场的生产效益。如果市场对肉牛产品需求量大，价格体系稳定而健全，销售渠道畅通，规模可以大些，反之则宜小。只有根据市场需求进行生产，才能避免生产的盲目性。

2. 经营能力

经营者的素质和能力直接影响到肉牛场的经营管理水平，规模越大，层次越高的肉牛养殖场，对经营者的经营能力要求越高。经营者的素质高，能力强，能够根据市场需求不断进行正确决策，不断引进和消化吸收新的科学技术，合理地安排和利用各种资源，充分调动饲养管理人员的主观能动性，获得较好经济效益，可以建设较大规模或层次较高的肉牛养殖场；如果经营者的素质不高，缺乏灵活的经营头脑，饲养规模以小为宜，肉牛场性质以商品场较好。

3. 资金数量

肉牛场建设需要一定资金，层次越高，规模越大，需要的投资也越多。如种用牛场，基本建设投资大，引种费用高，需要的资金量要远远大于同样规模的商品肉牛场；同样性质场，规模越大需要的资金量就越多。如不根据资金数量多少而盲目上层次、扩规模，结果投产后可能会由于资金不足而影响生产正常进行。因此确定肉牛场性质和规模要量力而行，资金拥有量大，其他条件具备的情况下，经营规模可以适当大一些。

4. 技术水平

现代肉牛养殖业对品种、环境、饲料、管理等方面都要求较高的技术支撑，肉牛的高密度舍内饲养和多种应激反应严重影响肉牛的健康。要保证肉牛群健康和生产性能有效发挥，必须应用先进技术。

不同性质的肉牛场，对技术水平要求不同。高层次肉牛场要求的技术水平高，需要进行杂交制种、选育等工作，其质量和管理直接影响到下一代牛和商品肉牛的质量及生产表现，由于生产环节多，饲养管理过程复杂，对隔离、卫生和防疫要求严格，对技术水平要求高；而商品肉牛场生产环节少，饲养管理过程比较简单，技术水平要求相对较低。生产中如果不考虑技术水平和技术力量，就可能影响投产后的正常生产。

不同规模的肉牛场，对技术水平要求也不同。规模越大，对技术水平要求越高。不根据自身技术水平高低，盲目确定规模，特别是盲目上大规模，缺乏科学技术，不能进行科学的饲养管理和疾病控制，往往导致肉牛的生产潜力不能发挥，疾病频繁发生，不仅不能取得良好的规模效益，甚至会亏损倒闭。

（三）肉牛场性质和规模的确定

1. 肉牛场性质的确定

肉牛场性质不同，肉牛群组成不同，周转方式不同，对饲养管理和环境条件的要求不同，采取的饲养管理措施不同，肉牛场的设计要求和资金投入也不同。所以，筹建肉牛场要综合考虑资源条件、社会及生产需要、技术力量和资金状况等因素确定自己的经营方向。

自繁自养自育的饲养模式比较适宜在饲草资源比较丰富，且成本比较低的半农半牧区和牧区发展（这种生产模式基本属于生产周期长、投入少、见效慢的传统肉牛生产模式）；短期强化育肥（购进架子牛）多集中在谷物饲料和饲草比较充足的农区和大城市超大城市的周边（属于高投入、高产出、见效快的生产模式）。

2. 肉牛场规模的确定

肉牛养殖的最终目的是为了获取利益，即使肉牛养得很好，而规模过小，其经济效益也不可能太好；而饲养规模过大，超出了饲养者的承受能力，养殖条件差，肉牛的生产性能低，也不可能获得最好经济效益。因此，选择什么样的养殖规模是决定饲养效益的前提和关键环节。而肉牛场规模的大小又受到资金、技术、市场需求、市场价格以及环境的影响，这就需要饲养者精于统筹规划，根据资源情况确定适度规模。适度规模的确定方法如下。

（1）对比分析法　根据本地区的资源、人力条件，结合对肉牛养殖场（户）的调查，从单位成本、每头牛利润、总利润等方面做全面分析比较，得出一个较为适宜的规模。

（2）综合评分法　此法是比较在不同经营规模条件下的劳动生产率、资金利用率、肉牛的生产率和饲料转化率等项指标，评定不同规模间经济效益和综合效益，以确定最优规模。

具体方法是先确定评定指标并进行评分，其次合理地确定各指标的权重（重要性），然后采用加权平均的方法，计算出不同规模的综合指数，获得最高指数值的经营规模即为最优规模。

（3）投入产出分析法　此法是根据动物生产中普遍存在的报酬递减规律及边际平衡原理来确定最佳规模的重要方法。也就是通过产量、成本、价格和赢利的变化关系进行分析和预测，找到盈亏平衡点，再衡量规划多大的规模才能达到多赢利的目标。

养牛生产成本可以分为固定成本和变动成本两种。牛场占地、牛舍器具及附属建筑、设备设施等投入为固定成本，它与产量无关；种牛的购入成本、饲料费用、人工工资和福利、水电燃料费用、医药费、固定资产折旧费和维修费等为变动成本，与主产品产量呈某种关系。可以利用投入产出分析法求得盈亏平衡时的经营规模和计划一定盈利（或最大赢利）时的经营规模。利用成本、价格、产量之间的关系列出总成本的计算公式：

$$PQ=F+QV+PQx$$

$$Q=\frac{F}{[P(1-x)-V]}$$

式中　F——某种产品的固定成本；

x——单位销售额的税金；

V——单位产品的变动成本；

P——单位产品的价格；

Q——盈亏平衡时的产销量。

【例1】 如某肉牛场固定资产投入30万元，计划10年收回投资；每千克肉牛的变动成本为19元，肉牛价格为25元/千克，肉牛500千克/只出售，求盈亏平衡时的规模和赢利10万元的规模？

解：(a) 盈亏平衡时出售的肉牛量＝30000.00元÷(25－19)千克/元＝5000千克

则盈亏平衡时出栏量＝5000 千克÷500 千克/头＝10 头

如果获得利润，年出栏肉牛量必须超过 10 头。

(b) 如要赢利 10 万元，需要出栏肉牛 [(300000＋100000) 元÷(25－19) 元/千克] ÷500 千克/只＝44 头。

(4) 成本函数法　通过建立单位产品成本与肉牛生产经营规模变化的函数关系来确定最佳规模，单位产品成本达到最低的经营规模即为最佳规模。

二、肉牛场的工艺流程

肉牛场的工艺流程见图 1-1。

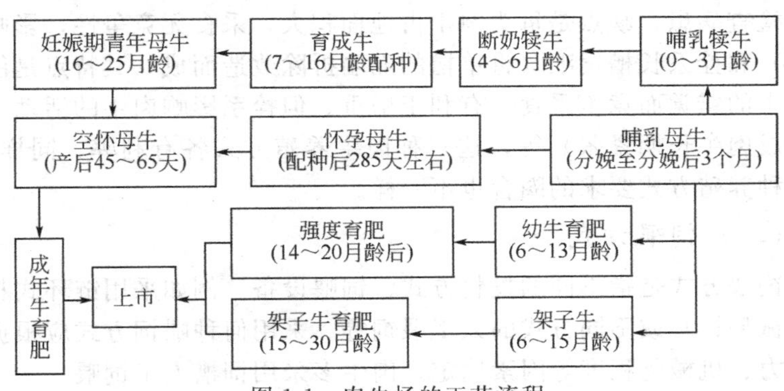

图 1-1　肉牛场的工艺流程

三、主要的工艺参数

工艺参数主要包括牛群的划分及饲养时间和生产指标。肉用种牛场牛群一般可分成年牛（空怀母牛、妊娠母牛、哺乳母牛和种公牛）、哺乳犊牛、断奶犊牛、育成牛以及妊娠期青年母牛。商品肉牛场有幼牛、架子牛以及育肥牛等。工艺参数依据牛的种类、性质、品种、饲养管理条件、技术及经营水平等确定。

四、饲养管理方式

（一）饲养方式

饲养方式是指为便于饲养管理而采用的不同设备、设施（栏圈、笼具等），或每圈（栏）容纳畜禽的多少，或管理的不同形式。如按饲养管理设备和设施的不同，可分为笼养、缝隙地板饲养、板条地面饲养或地面平养；按每栏饲养的数量多少，可分为群养和单个饲养。饲养方式的确定，需考虑畜禽种类、投资能力和技术水平、劳动生产率、防疫卫生、当地气候和环境条件、饲养习惯等。

肉牛的饲养方式可分为不拴系群体长槽饲喂（每头肉牛占有圈舍面积 4～6 米^2，食槽为多槽，24 小时有料，肉牛可以自由采食、饮水，10～15 头一圈。这种方式喂肉牛，省劳动力，肉牛采食有竞争性，增重较好。此法较好，但要保持肉牛舍的干燥，肉牛槽的长度不少于 6 米，食槽栏杆设计为活动式，肉牛打耳号）、拴系单头独槽饲喂（适合小规模饲养，最大的优点是便于控制肉牛的采食量和增重，易于检查病患，缺点是每头肉牛占地面积大，采食无竞争性，影响采食量）和拴系长槽饲喂（将单槽的隔墙拆除改造而成，其特点是能造成肉牛的错觉而竞争采食，有利于增重。但拴系影响肉牛的活动，容易造成肉牛长期紧张）等，这三种肉牛养殖方式各有利弊，同样的，这三种养殖方式要求的圈舍也不一样。

（二）饲喂方式

饲喂方式是指不同的投料方式、饲喂设备（例如采用链环式料槽等机械喂饲）或不同方式的人工喂饲等。采用何种喂饲方式应根据投资能力、机械化程度等因素确定。肉牛多采用饲槽人工饲喂。

（三）饮水方式

饮水可采用水槽饮水和各种饮水器自动饮水。水槽饮水不卫生，劳动量大，饮水器自动饮水清洁卫生，劳动效率高。有条件的肉牛场可以在料槽旁边离地面约 0.5 米处安装自动饮水设备，一般在运动场边要设置饮水槽。

（四）清粪方式

清粪方式有人工清粪、水冲清粪和机械清粪。

1. 机械清粪

采用垫料饲养的牛舍（多数为散栏式饲养），垫料与粪尿混合在一起，可采用机动铲车进行清除。这种方式适用于大跨度牛舍（一般在 20 米左右），清粪时可以保证机械设备的进入。对于粪尿分离，粪便呈半干状态时，可采用刮粪板设备进行粪便清除，连杆刮板式适用于单列牛床；环形链刮板式适于双列牛床；双翼形推粪板式适于舍饲散栏饲养牛舍。为了使粪与尿液及生产污水分离，便于机械清粪，通常在牛舍中设置污水排出系统。液体经排水系统流入粪水池贮存。这种排水系统由排尿沟、降口、地下排水管及粪水池组成。固形物由机械运至堆粪场。

（1）排尿沟　设在牛床后端，要求不透水（牛床应有1.5%～2.5%的坡度向排尿沟倾斜），沟的宽度一般为32～35厘米，明沟深度为5～8厘米（应考虑采用铁锹放进沟内进行清理），暗沟沟底应有0.5%～1.5%的纵向排水坡度。

（2）降口　通称为水漏，是排尿沟与地下排水管的衔接部分，牛舍降口深度不大于15厘米。为防止粪草落入堵塞，上面应用铁篦子，与尿沟同高。

（3）地下排水管　与粪水池有3%～5%的坡度，便于将降口留下来的尿液及污水导入畜舍外的粪水池中。如果粪水池距离牛舍很远，舍外应设检查井，排水管坡度0.5%～1.5%即可。

（4）粪水池　应设在舍外地势较低的地方，距畜舍外不小于5米，粪水池应不透水和渗水，可根据饲养头数，按贮积20～30天，容积20～30米^{3}来修建。

2. 水冲清粪

这种方式在采用漏缝地面时应用，这种清粪系统由漏缝地面、粪沟和粪水沟组成。

（1）漏缝地面　固形的粪便被牛踩入沟内，少量残粪用水冲洗。肉牛采用的漏缝地板以混凝土材质居多，板条（10～12厘米）之间的缝隙宽度为4～4.5厘米，

（2）粪沟　根据漏缝地面的宽度而定，深度为0.7～0.8米，倾向粪水池的坡度为0.5%～1%。

（3）粪水沟　有地下、半地下和地上式三种形式，必须防止渗漏。在牛床和通道之间设置粪尿沟，粪尿沟要求不渗漏和壁面光滑，沟宽30～40厘米，深10～12厘米，纵向排水坡度1%～2%。

3. 人工清粪

人工清粪牛舍一般采用铁锹、手推车、笤帚等工具，劳动强度较大，但设备投入低，我国现有的肉牛场多采用此法。

五、建设场地标准

场地标准按每头牛 18～20 米^2 计算。

六、牛场的人员组成

管理定额的确定主要取决于牧场性质和规模、不同畜群的要求、饲养管理方式、生产过程的集约化及机械化程度、生产人员的技术水平和工作熟练程度等。管理定额应明确规定工作内容和职责，以及工作的数量（如饲养牛的头数、应达到的生产力水平、死淘率、饲料消耗量等）和质量（如畜舍环境管理和卫生情况等）。管理定额是肉牛场实施岗位责任制和定额管理的依据，也是牧场设计的参数。一幢肉牛舍容纳牛的头数，宜恰为一人或数人的定额数，以便于分工和管理。由于影响管理定额的因素较多，而且其本身也并非严格固定的数值，故实践中需酌情确定并在执行中进行调整。

七、卫生防疫制度

疫病是畜牧生产的最大威胁，积极有效的对策是贯彻“预防为主，防重于治”的方针，严格执行国务院发布的《家畜家禽防疫条例》和农业部制定的《家畜家禽防疫条例实施细则》。工艺设计应据此制定出严格的卫生防疫制度。此外，肉牛场还需从场址选择、场地规划、建筑物布局、绿化、生产工艺、环境管理、粪污处理利用等方面着重设计并详加说明，全面加强卫生防疫，在建筑设计图中详尽绘出与卫生防疫有关的设施和设备，如消毒更衣淋浴室、隔离舍、防疫墙等。

八、牛舍的样式、构造、规格和设备

肉牛舍样式、构造的选择，主要考虑当地气候和场地地方性小气候、肉牛场性质和规模、肉牛的种类以及对环境的不同要求、当地的建筑习惯和常用建材、投资能力等。

肉牛舍设备包括饲养设备、饲喂及饮水设备、清粪设备、通风设备、供暖和降温设备、照明设备等。设备的选择需根据工艺设计确定的饲养管理方式（饲养、饲喂、饮水、清粪等方式）、畜禽对环境的要求、舍内环境调控方式（通风、供暖、降温、照明等方式）、设备厂家提供的有关参数和价格等进行选择，必要时应对设备进行实际考察。各种设备选型配套确定之后，还应分别算出全场的设备投资及电力和燃煤等的消耗量。

九、牛舍种类、幢数和尺寸的确定

在完成了上述工艺设计步骤后，可根据牛群组成、饲养方式和劳动定额，计算出肉牛所需的面积和幢数；然后可按确定的饲养管理方式、设备选型、牛场建设标准和拟建场的场地尺寸，绘出各种肉牛舍的平面简图，从而初步确定每幢肉牛舍的内部布置和尺寸；最后可按各牛群之间的关系、气象条件和场地情况，作出全场总体布局方案。

十、粪污处理利用工艺及设备选型配套

根据当地自然、社会和经济条件及无害化处理和资源化利用的原则，与环保工程技术人员共同研究确定粪污利用的方式和选择相应的排放标准，并据此提出粪污处理利用工艺，继而进行处理单元的设计和设备的选型配套。

第四节　肉牛场的投资概算和效益预测

一、肉牛场的投资概算和效益分析方法

（一）投资估算方法

投资概算反映了项目的可行性，同时有利于资金的筹措和准备。

1. 投资概算的范围

投资概算可分为三部分：固定投资、流动投资、不可预见费用。

（1）固定投资　包括建筑工程的一切费用（设计费用、建筑费用、改造费用等）、购置设备发生的一切费用（设备费、运输费、安装费等）。

在肉牛场占地面积、肉牛舍及附属建筑种类和面积、肉牛的饲养管理和环境调控设备以及饲料、运输、供水、供暖、粪污处理利用设备的选型配套确定之后，可根据当地的土地、土建和设备价格，粗略

估算固定资产投资额。

（2）流动资金　包括饲料、药品、水电、燃料、人工费等各种费用，并要求按生产周期计算铺底流动资金（产品产出前）。根据肉牛场规模、肉牛的购置、人员组成及工资定额、饲料和能源及价格，可以粗略估算流动资金额。

（3）不可预见费用　主要考虑建筑材料、生产原料的涨价，其次是其他变故损失。

2. 计算方法

肉牛场总投资＝固定资产投资＋产出产品前所需要的流动资金＋不可预见费用。

（二）效益预测方法

按照调查和估算的土建、设备投资以及引种费、饲料费、医药费、工资、管理费、其他生产开支、税金和固定资产折旧费，可估算出生产成本，并按本场产品销售量和售价，进行预期效益核算。一般常用静态分析法，就是用静态指标进行计算分析，主要指标公式如下。

投资利润率＝年利润/投资总额×100％

投资回收期＝投资总额/平均年收入

投资收益率＝(收入－经营费－税金)/总投资×100％

二、投资估算和效益预测举例

我们以存栏100头肉牛的规模进行投资估算和效益分析。

1. 投资估算

（1）固定资产投资　494000.0元。

① 牛场建筑投资　采用双列式不拴系群体长槽饲喂饲养方式，规格为60米长×10米宽的简易棚舍1栋，面积为600平方米，建筑费用12.0万元；草料棚1栋，240平方米，建筑费用2.4万元；青贮窖20.0万元。其他建设投资10.00万元。

② 设备购置费　饲料加工设备、饮水系统等设备5.0万元。

（2）土地租赁费　10亩×1500元/（亩·年）＝15000元（1亩＝666.7平方米）。

（3）引种费用　100头体重200千克左右的优质肉牛（西门塔尔

牛肉牛），每头牛 6000 元，需要引种费用 600000.0 元。

（4）饲料费用　饲养体重 200 千克的肉牛，养到 650 千克，饲养周期为 10 个月。每头消耗干粗饲料 3150 千克（按肉牛体重的 2.5%计算），精饲料 1275 千克（按肉牛体重的 1%计算）。粗饲料每千克 0.6 元，费用为 1890.0 元，精饲料每千克 2.6 元，则费用为 3315.0 元。每头牛饲料费用为 5205.0 元。100 头合计 520500.0 元。

（5）水电费，人工投资、疫苗和疾病治疗费用　每头按 1000 元计，合计 100000.0 元。

总投资＝建设投资（建筑和设备）＋购买肉牛犊投资＋饲料投资＋水电费、人工投资、疫苗和疾病治疗费用＝494000.0＋15000＋600000.0＋520500.0＋100000.0＝1729500.0 元。

2. 效益分析

（1）总收入　包括肉牛、粪便销售收入等。

① 售肉牛收入　650 千克/头×25 元/千克×100 头＝1625000 元。

② 售粪便收入　100 元/头×100 头＝10000.0 元。

合计：1635000 元

（2）总成本　包括牛舍和设备折旧、土地租赁费、引种费用、人工费和电费等。

① 牛舍和设备折旧费　牛舍利用 10 年，年折旧费 44400.0 元；设备利用 5 年，年折旧费 10000.0 元。

② 年土地租赁费　15000 元。

③ 引种费用　600000.0 元。

④ 饲料费用　520500.0 元。

⑤ 人工费、电费等　10000.00 元。

合计总成本为 1199900 元。

（3）年收益　总收入减去总成本即为年收益。

年收益＝总收入－总成本＝1635000 元－1199900 元＝435100.00 元。

（4）资金回收年限　资金回收年限＝1729500.0÷435100.00≈3.97 年。

（5）投资利润率　年利润/投资总额×100%＝435100.0÷1729500.0×100%＝25.16%。

第五节 办场手续和备案

规模化养殖不同于传统的庭院养殖，养殖数量多，占地面积大，产品产量和废弃物排放多，必须要有合适的场地，最好进行登记注册，这样可以享受国家有关养殖的优惠政策和资金扶持。登记注册需要一套手续，并在有关部门备案。

一、项目建设申请

（一）用地审批

近年来，传统农业向现代农业转变，农业生产经营规模不断扩大，农业设施不断增加，对于设施农用地的需求越发强烈（设施农用地是指直接用于经营性养殖的畜禽舍、工厂化作物栽培或水产养殖的生产设施用地及其相应附属设施用地，农村宅基地以外的晾晒场等农业设施用地）。

《国土资源部、农业部关于完善设施农用地管理有关问题的通知》（国土资发［2010］155号）对设施农用地的管理和使用作出了明确规定，将设施农用地具体分为生产设施用地和附属设施用地，认为它们直接用于或者服务于农业生产，其性质不同于非农业建设项目用地，依据《土地利用现状分类》（GB/T 21010—2007），按农用地进行管理。因此，对于兴建养殖场等农业设施占用农用地的，不需办理农用地转用审批手续，但要求规模化畜禽养殖的附属设施用地规模原则上控制在项目用地规模7%以内（其中，规模化养牛、养羊的附属设施用地规模比例控制在10%以内），最多不超过15亩。养殖场等农业设施的申报与审核用地按以下程序和要求办理：

1. 经营者申请

设施农业经营者应拟定设施建设方案，方案内容包括项目名称、建设地点、用地面积，拟建设施类型、数量、标准和用地规模等；并与有关农村集体经济组织协商土地使用年限、土地用途、补充耕地、土地复垦、交还和违约责任等有关土地使用条件。协商一致后，双方签订用地协议。经营者持设施建设方案、用地协议向乡镇政府提出用地申请。

2. 乡镇申报

乡镇政府依据设施农用地管理的有关规定，对经营者提交的设施建设方案、用地协议等进行审查。符合要求的，乡镇政府应及时将有关材料呈报县级政府审核；不符合要求的，乡镇政府及时通知经营者，并说明理由。涉及土地承包经营权流转的，经营者应依法先行与农村集体经济组织和承包农户签订土地承包经营权流转合同。

3. 县级审核

县级政府组织农业部门和国土资源部门进行审核。农业部门重点就设施建设的必要性与可行性，承包土地用途调整的必要性与合理性，以及经营者农业经营能力和流转合同进行审核，国土资源部门依据农业部门审核意见，重点审核设施用地的合理性、合规性以及用地协议，涉及补充耕地的，要审核经营者落实补充耕地情况，做到先补后占。符合规定要求的，由县级政府批复同意。

（二）环保审批

由本人向项目拟建所在设乡镇提出申请并选定养殖场拟建地点，报县环保局申请办理环保手续（出具环境评估报告）。

【注意】环保审批需要附项目的可行性报告，与工艺设计相似，但应包含建场地点和废弃物处理工艺等内容。

二、养殖场建设

按照县国土资源局、环保局、县发改经信局批复进行项目建设。开工建设前向县农业局或畜牧局申领“动物防疫合格证申请表”、“动物饲养场、养殖小区动物防疫条件审核表”，按照审核表内容要求施工建设。

三、动物防疫合格证办理

养殖场修建完工后，向县农业局或畜牧局申请验收，县农业局派专人按照审核表内容到现场逐项审核验收，验收合格后办理动物防疫合格证。

四、工商营业执照办理

凭动物防疫合格证到县工商局按相关要求办理工商营业执照。

五、备案

养殖场建成后需到当地县畜牧部门进行备案。备案是畜牧兽医行政主管部门对畜禽养殖场（指建设布局科学规范、隔离相对严格、主体明确单一、生产经营统一的畜禽养殖单元）、养殖小区（指布局符合乡镇土地利用总体规划，建设相对规范、畜禽分户饲养，经营统一进行的畜禽养殖区域）的建场选址、规模标准、养殖条件予以核查确认，并进行信息收集管理的行为。

（一）备案的规模标准

奶牛养殖场设计存栏规模50头以上、肉牛养殖场50头以上应当备案。

各类畜禽养殖小区内的养殖户达到5户以上。奶牛养殖小区100头以上，肉牛养殖小区100头以上应当备案。

（二）备案具备的条件

申请备案的畜禽养殖场、养殖小区应当具备下列条件：

一是建设选址符合城乡建设总体规划，不在法律法规规定的禁养区，地势平坦干燥，水源、土壤、空气符合相关标准，距村庄、居民区、公共场所、交通干线500米以上，距离畜禽屠宰加工厂、活畜禽交易市场及其他畜禽养殖场或养殖小区1000米以上。

二是建设布局符合有关标准规范，畜禽舍建设科学合理，动物防疫消毒、畜禽污物和病死畜禽无害化处理等配套设施齐全。

三是建立畜禽养殖档案，载明法律法规规定的有关内容；制定并实施完善的兽医卫生防疫制度，获得《动物防疫合格证》；不得使用国家禁用的兽药、饲料、饲料添加剂等投入品，严格遵守休药期规定。

四是有为其服务的畜牧兽医技术人员，饲养畜禽实行全进全出，同一养殖场和养殖小区内不得饲养两种（含两种）以上畜禽。

第二章

<<<<<

肉牛养殖场的建设

核心提示

肉牛养殖场建设的目的是为肉牛创造一个适宜的环境条件，促进生产性能的充分发挥。按照工艺设计要求，选择一个隔离条件好、交通运输便利的场址，合理进行分区规划和布局，加强肉牛舍的保温隔热、通风换气设计和施工，配备完善的设施设等。

第一节 肉牛场的场址选择和规划布局

肉牛场的场址和规划布局直接关系到牛场的隔离卫生和牛舍环境的维持。

一、肉牛场场址选择

如何选择一个好的场址，需要周密考虑，统筹安排，要有长远的规划，要留有发展的余地，以适应今后养牛业发展的需要。同时必须与农牧业发展规划、农田基本建设规划及今后修建住宅等规划结合起来，符合兽医卫生和环境的要求，周围无传染源，无人畜地方病，适应现代养牛业的发展方向。

（一）场址选择的原则

原则有三：一是符合肉牛的生物学特性和生理特点；二是利于保持牛体健康及环境保护和安全；三是充分发挥当地资源、人力优势和肉牛的生产潜力。

（二）场址选择

1. 地势

场地应选在地势高燥、避风、阳光充足的地方，这样的地势可防潮湿，有利于排水，便于牛体生长发育，防止疾病的发生。与河岸保持一定的距离，特别是在水流湍急的溪流旁建场时更应注意，一般要高于河岸，最低应高出当地历史洪水线以上。其地下水位应在2米以下，即地下水位需在青贮窖底部0.5米以下，这样的地势可以避免雨季洪水的威胁，减少土壤毛细管水上升而造成的地面潮湿。要向阳背风，以保证场区小气候温热状况相对稳定，减少冬季雨雪的侵袭。牛场的地面要平坦而稍有坡度（不超过2.5%），总坡度应与水流方向相同。山区地势变化大，面积小，坡度大，可结合当地实际情况而定，但要避开悬崖、山顶、雷区等地。

2. 地形

地形开阔整齐，尽量少占耕地，并留有余地来发展，理想的地形是正方形或长方形，尽量避免狭长形或多边角。避开长形谷地。

3. 土壤

场地的土壤应该具有较好的透水透气性能、抗压性好和洁净卫生。透水透气性能好则雨水、尿液不易聚集，场地干燥，渗入地下的废弃物在有氧情况下分解产物对牛场污染小，有利于保持牛舍及运动场的清洁与干燥，有利于防止蹄病等疾病的发生；土质均匀，抗压性强，有利于建筑牛舍。沙壤土是肉牛场场地的最好土壤，其次是沙土、壤土。土壤的生物学指标见表2-1。

表2-1 土壤的生物学指标

污染情况	寄生虫卵数/(个/千克)	细菌总数/(万个/千克)	大肠杆菌值/(个/克)
清洁	0	1	1000
轻度污染	1～10	—	—
中等污染	10～100	10	50
严重污染	>100	100	1～2

注：清洁和轻度污染的土壤适宜作场址。

4. 水源

场地的水量应能满足牛场内的人、肉牛饮用和其他生产、生活用水，并应考虑防火和未来发展的需要，每头成年牛每日耗水量均为60千克；水质良好，不含毒素及重金属，符合饮用标准水源最为理想。此外在选择时要调查当地是否因水质不良而出现过某些地方性疾病等；便于取用，便于保护，设备投资少，处理技术简单易行。通常以井水、泉水、地下水为好，雨水易被污染，最好不用。水质标准见表2-2、表2-3。水中农药限量标准见表2-4。

表2-2　畜禽饮用水质量

项目	自备水	地面水	自来水
大肠杆菌值/(个/升)	3	3	
细菌总数/(个/升)	100	200	
pH值	5.5～8.5		
总硬度/(毫克/升)	600		
溶解性总固体/(毫克/升)	2000		
铅/(毫克/升)	Ⅳ地下水标准	Ⅳ地下水标准	饮用水标准
铬(六价)/(毫克/升)	Ⅳ地下水标准	Ⅳ地下水标准	饮用水标准

表2-3　肉牛饮用水水质标准

项　目		标　准
感官性状及一般化学指标	色度	≤30
	浑浊度	≤20
	臭和味	不得有异臭异味
	肉眼可见物	不得含有
	总硬度($CaCO_3$计)/(毫克/升)	≤1500
	pH值	5.0～5.9
	溶解性总固体/(毫克/升)	≤1000
	氯化物(Cl计)/(毫克/升)	≤1000
	硫酸盐(SO_2^{2-}计)/(毫克/升)	≤500
细菌学指标	总大肠杆菌群数/(个/100毫升)	成畜≤10；幼畜和禽≤1
毒理学指标	氟化物(F^-计)/(毫克/升)	≤2.0
	氰化物/(毫克/升)	≤0.2
	总砷/(毫克/升)	≤0.2
	总汞/(毫克/升)	≤0.01
	铅/(毫克/升)	≤0.1
	铬(六价)/(毫克/升)	≤0.1
	镉/(毫克/升)	≤0.05
	硝酸盐(N计)/(毫克/升)	≤30

表 2-4　畜禽饮用水中农药限量标准

项目	马拉硫磷	内吸磷	甲基对硫磷	对硫磷	乐果	林丹	百菌清	甲萘威	2-4-D
限量/(毫克/毫升)	0.25	0.03	0.02	0.003	0.08	0.004	0.01	0.05	0.1

5. 草料

饲草、饲料的来源，尤其是粗饲料，决定着牛场的规模。肉牛场应距秸秆、干草和青贮料资源较近，以保证草料供应，减少成本，减低费用。一般应考虑 5 千米半径内的饲草资源，根据有效范围内年产各种饲草、秸秆总量，减去原有草食家畜消耗量，剩余的富余量便可决定牛场的规模。

6. 交通

便利的交通是牛场对外进行物质交流的必要条件，但距公路、铁路和飞机场过近时，噪声会影响牛的正常休息与消化，人流、物流频繁也易使牛患传染病，所以牛场应距交通干线 1000 米以上，距一般交通线 100 米以上。

7. 社会环境

牛场应选择在居民点的下风向，径流的下方，距离居民点至少 500 米，其海拔不得高于居民点，以避免肉牛排泄物、饲料废弃物、患传染病的尸体等对居民区的污染。同时也要防止居民区对肉牛场的干扰，如居民生活垃圾中的塑料膜、食品包装袋、腐烂变质食物、生活垃圾中的农药造成的牛中毒，带菌宠物传染病，生活噪声影响牛的休息与反刍。为避免居民区与肉牛场的相互干扰，可在两地之间建立树林隔离区。牛场附近不应有超过 90 分贝噪声的工矿企业，不应有肉联、皮革、造纸、农药、化工等有毒有污染危险的工厂。

8. 场地面积

根据每头牛所需要面积 160～200 平方米确定场地面积；牛舍及房舍的面积为场地总面积的 10%～20%。由于牛体大小、生产目的、饲养方式等不同，每头牛占用的牛舍面积也不一样。肥育牛每头所需面积为 1.6～4.6 平方米，通栏肥育牛舍有垫草的每头牛占 2.3～4.6 平方米。

9. 其他因素

我国幅员辽阔，南北气温相差较大，应减少气象因素的影响，如北方不要将牛场建设于西北风口处；山区牧场还要考虑建在出入方便的地方以便放牧，不要建在山顶，也不要建在山谷；牧道不要与公路、铁路、水源等交叉，以避免污染水源和防止发生事故；场址大小、间隔距离等，均应遵守卫生防疫要求，并应符合配备的建筑物和辅助设备及牛场远景发展的需要。

二、肉牛场规划布局

牛场规划布局的要求是应从人和牛的保健角度出发，建立最佳的生产联系和卫生防疫条件，合理安排不同区域的建筑物，特别是在地势和风向上进行合理的安排和布局。牛场一般分成管理区、生产辅助区、生产区、隔离区等功能区（如图 2-1），各区之间保持一定的卫生间距。

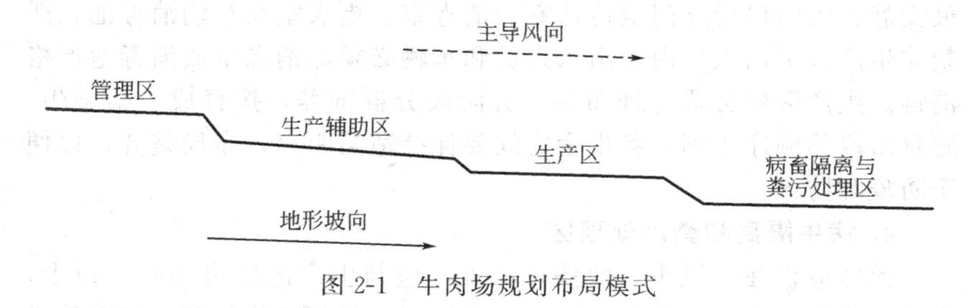

图 2-1　牛肉场规划布局模式

（一）分区规划

肉牛场可以分为管理区、生产辅助区、生产区、病畜隔离区等功能区。

1. 管理区

为全场生产指挥、对外接待等管理部门所在区。该区包括办公室、财务室、接待室、档案资料室、实验室等。管理区应建在牛场入场口的上风处，严格与生产区隔离，保证 50 米以上距离，这是建筑布局的基本原则。另外以主风向分析，办公区和生活区要区别开来，不要在同一条线上，生活区还应在水流或排污的上游方向，以保证生活区良好的卫生环境。为了防止疫病传播，场外运输车辆（包括牲畜）严禁进入生产区。汽车库应设置在管理区。除饲料外，其他仓库业应该设在管理区。外来人员只能在管理区活动，不得进入生产区。

2. 生产辅助区

为全场饲料调制、储存、加工、设备维修等部门所在区域。辅助区可设在管理区与生产区之间，其面积可按要求来决定。但也要适当集中，节约水电线路管道，缩短饲草饲料运输距离，便于科学管理。粗饲料库设在生产区下风向地势较高处，与其他建筑物保持60米防火距离。兼顾由场外运入，再运到牛舍两个环节。饲料库、干草棚、加工车间和青储池，离牛舍要近一些，位置适中一些，便于车辆运送草料，降低劳动强度。但必须防止牛舍和运动场因污水渗入而污染草料。

3. 生产区

生产区是牛场的核心，应设在场区管理区的下风向处，更能控制场外人员和车辆，使之不能直接进入生产区，以保证生产区最安全，最安静。大门口设立门卫传达室、消毒室、更衣室和车辆消毒池，严禁非生产人员出入场内，出入人员和车辆必须经消毒室或消毒池严格消毒。生产区牛舍要合理布局，分阶段分群饲养，按育成、架子牛、肥育阶段等顺序排列，各牛舍之间要保持适当距离，布局整齐，以便于防疫和防火。

4. 病牛隔离和粪污处理区

此区应设在下风头，地势较低处，应与生产区距离100米以上，病牛区应便于隔离，单独通道，便于消毒，便于污物处理。病畜管理区四周要砌围墙，设小门出入，出入口建消毒池、专用粪尿池，严格控制病牛与外界接触，以免病原扩散。

粪尿处理场所应位居下风向地势较低处的牛场偏僻地带，防止粪尿恶臭味四处扩散，蚊蝇滋生蔓延，避免影响整个牛场环境卫生。配套有污水池、粪尿池、堆粪场，污水池地面和四周以及堆粪场的底部要做防渗处理，防止污染水源及饲料饲草。肉牛场的规划布局如图2-2。

（二）肉牛舍朝向和间距

肉牛舍朝向直接影响到肉牛舍温热环境的维持和卫生情况，一般应以当地日照和主导风向为依据，使肉牛舍的长轴方向与夏季主导风向垂直。如我国夏季盛行东南风，冬季多为东北风或西北风，所以，

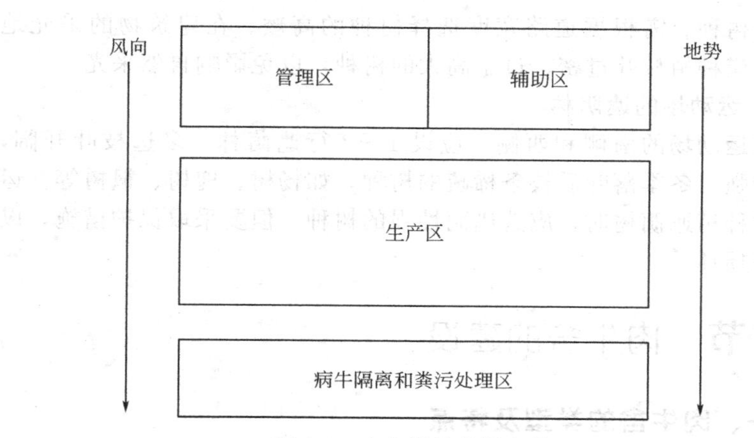

图 2-2　肉牛场的规划布局

南向的肉牛场场址和肉牛舍朝向是适宜的。肉牛舍之间应该有 20 米左右的距离。

（三）道路设置

肉牛场设置清洁道和污染道，清洁道供饲养管理人员、清洁的设备用具、饲料和健康肉牛等使用，污染道供清粪、污浊的设备用具、病死和淘汰肉牛使用。清洁道在上风向，与污染道不交叉。

（四）绿化

绿化不仅可以美化环境，而且可以净化环境，改善小气候，而且有防疫、防火的作用，肉牛场绿化需注意如下方面。

1. 场界林带的设置

在场界周边种植乔木和灌木混合林带，乔木如杨树、柳树、松树等，灌木如刺槐、榆叶梅等。特别是场界的西侧和北侧，种植混合林带宽度应在 10 米以上，以起到防风阻沙的作用。树种选择应适应北方寒冷的特点。

2. 场区隔离林带的设置

隔离林带用以分隔场区和防火。常用杨树、槐树、柳树等，两侧种以灌木，总宽度为 3～5 米。

3. 场内外道路两旁的绿化

常用树冠整齐的乔木和亚乔木以及某些树冠呈锥形、枝条开阔、整齐的树种。需根据道路宽度选择树种的高矮。在建筑物的采光地段，不应种植枝叶过密、过于高大的树种，以免影响自然采光。

4. 运动场的遮阴林

在运动场的南侧和西侧，应设1～2行遮荫林。多选枝叶开阔，生长势强，冬季落叶后枝条稀疏的树种，如杨树、槐树、枫树等。运动场内种植遮荫树时，应选遮荫性强的树种。但要采取保护措施，以防家畜损坏。

第二节　肉牛舍的建设

一、肉牛舍的类型及特点

肉牛舍按墙壁的封闭程度不同可分为封闭式、半开放式、开放式和棚舍式；按屋顶的形状不同可分为钟楼式、半钟楼式、单坡式、双坡式和拱顶式；按牛床在舍内的排列不同分为单列式、双列式和多列式；按舍饲牛的对象不同分为成年母牛舍、犊牛舍、育成牛舍（架子牛舍）、育肥牛舍和隔离观察舍等；按照饲养方式不同分为拴系式和散放式牛舍。

（一）拴系式牛舍

拴系式牛舍，每头牛都有固定的槽位和牛床，上槽期间，用缰绳把牛拴系于食槽或栏杆上，不能随便走动，相互干扰，便于饲喂和进行个体观察，适合当前农村的饲养习惯、饲养水平和牛群素质，应用十分普遍。缺点是饲养管理比较麻烦，上下槽，牛系放工作量大，有时也不太安全。当前肉牛生产中也出现了肉牛进舍以后不再出舍，饲喂、休息都在牛床上，一直肥育到出栏体重的饲喂方式，减少了许多操作上的麻烦，管理也比较安全，如能很好解决舍内的通风、光照等问题，是值得推广的一种饲养方式。

拴系肥育牛舍从环境控制的角度，可分为棚舍、半开放式牛舍、开放式牛舍和封闭式牛舍几种。

1. 棚舍

棚舍或称凉亭式牛舍，有屋顶，但没有墙体。在棚舍的一侧或两侧设置运动场，用围栏围起来。棚舍结构简单，造价低。适用于温暖地区和冬季不太冷的地区的成年牛舍。

炎热季节为了避免肉牛受到强烈的太阳辐射，缓解热应激对牛体的不良影响，可以修建凉棚。凉棚的轴向以东西向为宜，避免阴凉部分移动过快；棚顶材料有秸秆、树枝、石棉瓦、钢板瓦以及草泥挂瓦等，根据使用情况和固定程度确定。如长久使用可以选择草泥挂瓦、夹层钢板瓦、双层石棉瓦等，如果动物临死使用或使用时间很短，可以选择秸秆、树枝等搭建。秸秆和树枝等搭建的棚舍只要达到一定厚度，其隔热作用较好，棚下凉爽；棚的高度一般为3～4米，棚越高越凉爽。冬季可以使用彩条布、塑料布以及草帘将北侧和东西侧封闭起来，避免寒风吹袭牛体。

2. 半开放式牛舍

（1）一般半开放舍　半开放牛舍有屋顶，三面有墙（墙上有窗户），向阳一面敞开或半敞开，墙体上安装有大的窗户，有部分顶棚，在敞开一侧设有围栏，水槽、料槽设在栏内，肉牛散放其中。每舍（群）15～20头，每头牛占有面积4～5平方米。这类牛舍造价低，节省劳动力，但冷冬防寒效果不佳。适用于青年牛和成年牛。

（2）塑料暖棚牛舍　近年北方寒冷地区推出的一种较保温的半开放牛舍。与一般半开放牛舍比，保温效果较好。塑料暖棚牛舍三面全墙，向阳一面有半截墙，有1/2～2/3的顶棚。向阳的一面在温暖季节露天开放，寒季在露天一面用竹片、钢筋等材料做支架，上覆单层或双层塑料，两层膜间留有间隙，使牛舍呈封闭的状态，借助太阳能和牛体自身散发热量，使牛舍温度升高，防止热量散失。适用于各种肉牛（见图2-3）。

修建塑膜暖棚牛舍要注意：一是选择合适的朝向，塑膜暖棚牛舍需坐北朝南，南偏东或西角度最多不要超过15°，舍南至少10米内应无高大建筑物及树木遮蔽；二是选择合适的塑料薄膜，应选择对太阳光透过率高、而对地面长波辐射透过率低的聚氯乙烯等塑膜，其厚度以80～100微米为宜；三是合理设置通风换气口，棚舍的进气口应设在南墙，其距地面高度以略高于牛体高为宜，排气口应设在棚舍顶部的背风面，上设防风帽，排气口的面积以20厘米×20厘米为宜，进气口的面积是排气口面积的一半，每隔3米远设置一个排气口；四是有适宜的棚舍入射角，棚舍的入射角应大于或等于当地冬至时太阳高

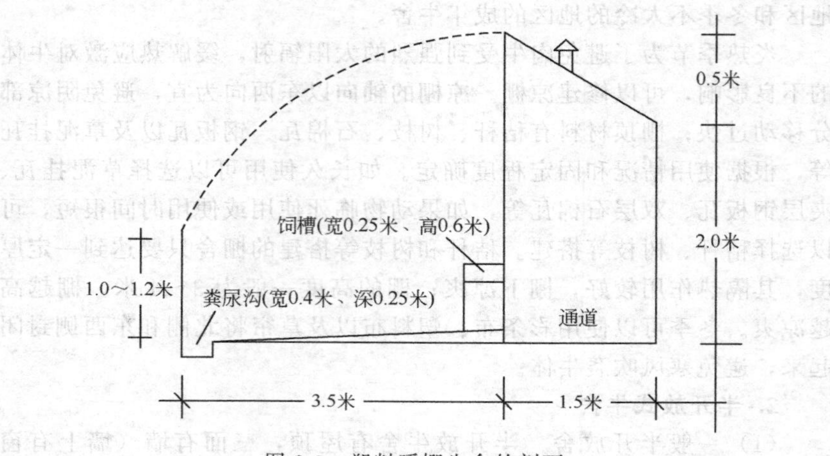

图 2-3　塑料暖棚牛舍的剖面

度角；五是注意塑膜坡度的设置，塑膜与地面的夹角应在 55～65 度为宜。

具体做法：安装支架，在牛舍前侧敞开的上半部分外面，用木杆、竹竿、水泥杆做成支架，保持 40°～65°的倾角，以利增加采光面积并防止雨天积水；扣塑料薄膜，四边封严；夜间或阴雨雪天，薄膜外全面应覆盖草帘，以减少热量散失，保持舍内温度。河北承德一带肉牛场的试验表明，塑料薄膜暖棚舍经济实用，效果良好。

3. 封闭式牛舍

封闭牛舍四面有墙和窗户，顶棚全部覆盖，分单列封闭舍和双列封闭舍。单列封闭牛舍只有一排牛床，舍宽 6 米，高 2.6～2.8 米，舍顶可修成平顶，也可修成脊形顶，这种牛舍跨度小，易建造，通风好，但散热面积相对较大。单列封闭牛舍适用于小型肉牛场。双列封闭牛舍舍内设有两排牛床，两排牛床多采取头对头式饲养。中央为通道。舍宽 12 米，高 2.7～2.9 米，脊形棚顶。双列式封闭牛舍适用于规模较大的肉牛场，以每栋舍饲养 100 头牛为宜。

（二）围栏育肥牛舍

围栏肥育是肉牛在舍内不拴系，高密度散放饲养，牛自由采食、自由饮水的一种育肥方式。围栏肥育牛舍多为开放式牛舍或棚舍，并与围栏相结合使用。

1. 开放式围栏肥育牛舍

牛舍三面有墙，向阳面敞开与围栏相接。水槽、食槽设在舍内，在刮风、雨雪天气，使牛得到保护，也避免饲草饲料淋雨变质。舍内及围栏内均铺水泥地面。牛舍面积以每头牛 2 平方米为宜。双坡开放式牛舍跨度为 8～10 米。国外开放式围栏肥育牛舍跨度较小，牛的休息场所与活动场所合为一体，牛可以自由进出，每头牛占有面积，包括舍内和舍外场地，为 4.1～4.7 米^2。

屋顶防水层可以用石棉瓦、油毡、瓦等，结构保温层可以选用木板、高粱秆等。一侧的围栏要留有活动门，宽度可以通过小型拖拉机，以保证运垫草和清粪时进出。后墙的一侧留有小门，主要供人和牛的进出，保证日常管理工作的进行，门的宽度以能通过单个牛为宜，这种牛舍具有结构紧凑、造价低廉的特点，但冬季防寒性能差。

使用开放式围栏肥育牛舍，牛不拴系，可以自由出入、自由采食和饮水，适宜规模饲养，可以节约人工。一般每栏饲养 15～20 头。

2. 棚舍式围栏肥育牛舍

此类牛舍多为东西走向双坡式（“人”字形）牛舍，棚舍四周无围墙，仅有水泥柱子做支撑结构，屋顶结构与常规牛舍近似，只是用料更简单、轻便，采用双列对头式槽位，中间为给料通道。

围栏肥育棚舍长 60 米；跨度 10 米，舍两侧分别设 5 米宽的运动场，设 12 个围栏，每栏面积 60 平方米，可养育肥牛 15 头。中间设给料通道宽 2 米，可行人、走车、拌饲料。近年来根据各地试用情况，棚舍跨度还可缩减到 8 米，围栏面积不变，可保证生产，进一步降低造价。

有些地区采用上述结构的棚舍，但棚舍跨度更小，只有 5～6 米，不足以遮盖两侧牛体的一半，但在雨雪条件下，起到保护饲槽，牛头部的作用，饲养人员也便于操作。在温暖地区仍不失为一种简单实用的围栏肥育棚舍。

（三）装配式牛舍

装配式牛舍以钢材为原料，工厂制作，现场装备，属敞开式牛舍。屋顶为镀锌板或太阳板，屋梁为角铁焊接；“U”字形食槽和水槽为不锈钢制作，可随牛的体高随意调节；隔栏和围栏为钢管。装配式牛舍室内设置与普通牛舍基本相同，其适用性、科学性主要体现在屋架、屋顶和墙体及可调节饲喂设备上。装配式牛舍系先进技术设计，适用性、耐用性好且美观，制作简单，省时，造价适中。

屋架梁是由角钢预制，待柱墩建好后装上即可。架梁上边是由角钢与圆钢焊制的檩条。屋顶自下而上由3毫米厚的镀锌铁皮，4厘米厚的聚苯乙烯泡沫板和5毫米厚的镀锌铁皮瓦构成，屋顶材料由螺丝贯穿固定在檩条上，屋脊上设有可调节的风帽。

墙体四周60厘米以下为砖混结构（围栏散养牛舍可不建墙体）。每根梁柱下面有一钢筋水泥柱墩，其他部分为水泥沙浆面。墙体60厘米以上部分分为三种结构：两端山墙及饲养员居住室、草料间两边墙体为夹层墙，它的基本骨架是由角钢焊制，角钢中间用4厘米厚泡沫板填充，骨架外面扣有金属彩板，骨架里面固定一层钢网，网上水泥沙浆抹面；饲养员居住室、草料间与牛舍隔墙为普通砖墙外抹水泥沙浆；牛舍前后两面60厘米以上墙体部分安装活动卷帘。卷帘分内外两层，外层为双帘子布中间夹腈纶棉制作的棉帘，里边一层为单层帘子布制作的单帘，两层卷帘中间安装有钢网，双层卷帘外有防风绳固定。

二、肉牛舍的结构及要求

肉牛舍的组成部分包括基础、屋顶及顶棚、墙、地面及楼板、门窗、楼梯等（其中屋顶和外墙组成肉牛舍的外壳，将肉牛舍的空间与外部隔开，屋顶和外墙称外围护结构）。肉牛舍的结构不仅影响到肉牛舍内环境的控制，而且影响到肉牛舍的牢固性和利用年限。

（一）基础

基础是牛舍地面以下承受畜舍的各种荷载并将其传给地基的构件，也是墙突入土层的部分，是墙的延续和支撑。它的作用是将畜舍本身重量及舍内固定在地面和墙上的设备、屋顶积雪等全部荷载传给地基。基础决定了墙和畜舍的坚固性和稳定性，同时对畜禽舍的环境改善具有重要意义。对基础的要求：一是坚固、耐久、抗震；二是防潮（基础受潮是引起墙壁潮湿及舍内湿度大的原因之一）；三是具有一定的宽度和深度。如条形基础一般由垫层、大放脚（墙以下的加宽部分）和基础墙组成。砖基础每层放脚宽度一般宽出墙为60毫米；基础的底面宽度和埋置的深度应根据畜舍的总荷重、地基的承载力、土层的冻胀程度及地下水位高低等情况计算确定。北方地区在膨胀土层修建畜舍时，应将基础埋置在土层最大冻结深度以下。

（二）墙体

墙是基础以上露出地面的部分，其作用是将屋顶和自身的全部荷载传给基础的承重构件，也是将畜舍与外部空间隔开的外围护结构，是畜舍的主要结构。以砖墙为例，墙的重量占畜舍建筑物总重量的40%～65%，造价占总造价的30%～40%。同时墙体也在畜舍结构中占有特殊的地位，据测定，冬季通过墙散失的热量占整个畜舍总失热量的35%～40%，舍内的湿度、通风、采光也要通过墙上的窗户来调节，因此，墙对畜舍小气候状况的保持起着重要作用。对墙体的要求：一是坚固、耐久、防火、抗震；二是良好的保温隔热性能。墙体的保温、隔热能力取决于所采用的建筑材料的特性与厚度，尽可能选用隔热性能好的材料，保证最好的隔热设计，在经济上是最有利的措施。三是防水、防潮。受潮不仅可使墙的导热加快，造成舍内潮湿，而且会影响墙体寿命，所以必须对墙采取严格的防潮、防水措施（墙体的防潮措施：用防水耐久材料抹面，保护墙面不受雨雪侵蚀；做好散水和排水沟；设防潮层和墙围，如墙裙高1.0～1.5米，生活办公用房踢脚高0.15米，勒脚高约为0.5米等）；四是结构简单，便于清扫消毒。

（三）屋顶

屋顶是畜舍顶部的承重构件和围护构件，主要作用是承重、保温隔热、防风沙和雨雪。它是由支承结构和屋面组成。支承结构承受着畜舍顶部包括自重在内的全部荷载，并将其传给墙或柱；屋面起围护作用，可以抵御降水和风沙的侵袭，以及隔绝太阳辐射等，以满足生产需要。对屋顶的要求：一是坚固、防水。屋顶不仅承接本身重量，而且承接着风沙、雨雪的重量。二是保温隔热。屋顶对于畜舍的冬季保温和夏季隔热都有重要意义。屋顶的保温与隔热的作用比墙重要，因为屋顶的面积大于墙体。舍内上部空气温度高，屋顶内外实际温差总是大于外墙内外温差，热量容易散失或进入舍内。三是不透气、光滑、耐久、耐火、结构轻便、简单、造价便宜。任何一种材料不可能兼有防水、保温、承重三种功能，所以正确选择屋顶、处理好三方面的关系，对于保证畜舍环境的控制极为重要；四是保持适宜的屋顶高度。肉牛舍的高度依牛舍类型、地区气温而异。按屋檐高度计，一般为2.8～4.0米，双坡式为3.0～3.5米，单坡式为2.5～2.8米，钟楼式稍高点，棚舍式略低些。北方牛舍应低，南方牛舍应高。如果为半钟楼式屋顶，后檐比前檐高0.5米。在寒冷地区，适当降低净高有利于保温。而在炎热地区，加大净高则是加强通风、缓和高温影响的有力措施。

（四）地面

地面的结构和质量不仅影响肉牛舍内的小气候、卫生状况，还会影响肉牛体的清洁，甚至影响肉牛的健康及生产力。地面的要求是坚实、致密、平坦、稍有坡度、不透水和有足够的抗机械能力及各种消毒液和消毒方式的能力。水泥地面要压上防滑纹（间距小于10厘米，纵纹深0.4～0.5厘米），以免牛滑倒而引起不必要的经济损失。

（五）门窗

肉牛舍门洞大小依牛舍而定。繁殖母牛舍、育肥牛舍门宽1.8～2.0米，高2.0～2.2米；犊牛舍、架子牛舍门宽1.4～1.6米，高2.0～2.2米。繁殖母牛舍、犊牛舍、架子牛舍的门洞数要求有2～5个（每一个横行通道一般门洞一个），育肥牛舍1～2个。高2.1～2.2米，宽2～2.5米。门一般设成双开门，也可设上下翻卷门。封闭式的窗应大一些，高1.5米，宽1.5米，窗台高以距地面1.2米为宜。

三、肉牛舍的设计

（一）牛舍的内部设计

牛舍内需要设置牛床、饲槽、饲喂通道、清粪通道以及粪尿沟等。

1. 牛床

必须保证肉牛舒适、安静地休息，保持牛体清洁，并容易打扫。

牛床应有适宜的坡度，通常为1%～1.5%。常用的短牛床，牛的前身靠近饲料槽后壁，后肢接近牛床的边缘，使粪便能直接落在粪沟内。短牛床的长度一般为160～180厘米。牛床的宽度取决于牛的体型，一般为60～120厘米。牛床可以为砖牛床、水泥牛床或土质牛床。土质牛床常以三合土或灰渣掺黄土夯实。牛床应该造价低、保暖性好、便于清除粪尿。

目前牛床都采用水泥面层，并在后半部划线防滑。冬季，为降低寒冷对肉牛生产的影响，需要在牛床上加铺垫物。最好采用橡胶等材料铺作牛床面层。

牛床的规格直接影响到牛舍的规格，不同类型的牛需要的牛床规格不同，见表2-5。

表2-5 牛舍内不同牛床的规格

类别	长度/米	宽度/米	坡度/%
繁殖母牛	1.6～1.8	1.0～1.2	1.0～1.5
犊牛	1.2～1.3	0.6～0.8	1.0～1.5
架子牛	1.4～1.6	0.9～1.0	1.0～1.5
育肥牛	1.6～1.8	1.0～1.2	1.0～1.0
分娩母牛	1.8～2.2	1.2～1.5	1.0～1.5

2. 饲槽

采用单一类型的全日粮配合饲料，即用青贮料和配合饲料调制成混合饲料，在采用舍饲散栏饲养时，大部分精料在舍内饲喂，青贮料在运动场或舍内食槽内采食，青、干草一般在运动场上饲喂。饲槽位于牛床前，通常为统槽。饲槽长度与牛床总宽相等，饲槽底平面高于牛床。饲槽需坚固，表面光滑不透水，多为砖砌水泥砂浆抹面，饲槽底部平整，两侧带圈弧形，以适应牛用舌采食的习性。饲槽前壁（靠牛床的一侧）为了不妨碍牛的卧息，应做成一定弧度的凹形窝。也有采用无帮浅槽，把饲喂通道加高30～40厘米，前槽帮高20～25厘米（靠牛床），槽底部高出牛床10～15厘米。这种饲槽有利于饲料车运送饲料，饲喂省力。采食不“窝气”，通风好。肉牛饲槽尺寸如表2-6。

表 2-6 肉牛饲槽的尺寸

类别	槽内(口)宽/厘米	槽有效深/厘米	前槽沿高/厘米	后槽沿高/厘米
成年牛	60	35	45	65
育成牛	50～60	30	30	65
犊牛	40～50	10～12	15	35

3. 水槽

有条件的可在饲槽旁边距离地面0.5米处安装自动饮水设备，自动饮水器由水碗、弹簧活门和开关活门的压板构成，当牛饮水时，鼻镜按压压板，输水管中的水便流入饮水器的水碗内，饮水完毕借助弹簧关闭，水即停止流入；一般在运动场边设置饮水槽，按每头牛20厘米计算水槽的长度。槽深60厘米，水深不超过40厘米，保证经常有水并保持水的洁净。或者在运动场也可设置前述的自动饮水器；在许多育肥牛舍中一般不设置水槽，用饲槽做饮水槽饮水。饲喂后在水槽中放水让牛自由饮用。

4. 饲喂通道

在饲槽前设置饲喂通道，通道高出地面10厘米，应以送料车能通过为原则，一般贯穿牛舍中轴线。道槽合一时，宽度为3.0米。饲槽和通道分开时，宽度为1.5～1.6米。

5. 清粪通道与粪沟

清粪道的宽度要满足运输工具的往返，宽度一般为150～170厘米，清粪道也是牛进出的通道，要防牛滑倒。清粪通道要低于牛床。在牛床与清粪通道之间一般设有排粪明沟，明沟宽度为32～35厘米、深度为5～15厘米（一般可把铁锹放进沟内清理），并要有一定的坡度，向下水道倾斜。粪沟过深易造成牛蹄损伤。当深度超过20厘米时，应设漏缝沟盖，以免胆小牛不越过或失足时下肢受伤。

6. 牛栏和颈枷

牛栏位于牛床与饲槽之间，和颈枷一起用于固定牛，牛栏由横杆、主立柱和分立柱组成，每2个主立柱间距离与牛床宽度相等，主立柱之间有若干分立柱，分立柱之间距离为0.10～0.12米，颈枷两边分立柱之间距离为0.15～0.20米。最简便的颈枷为下颈链式，用铁链或结实绳索制成，在内槽沿有固定环，绳索系于牛颈部、鼻环、角之间和固定环之间。

（二）不同类型牛舍的设计

专业化肉牛场一般只饲养育肥牛，牛舍种类简单，只需要肉牛舍即可；自繁自养的肉牛场牛舍种类复杂，需要有犊牛舍、肉牛舍、繁殖牛舍和分娩牛舍。

1. 犊牛舍

犊牛舍必须考虑屋顶的隔热性能和舍内的温度及昼夜温差，所以墙壁、屋顶、地面均应重视。并注意门窗设计，避免穿堂风。初生牛犊（0～7 日龄）对温度的抗逆力较差，所以南方气温高的地方注意防暑。在北方重点放在防寒，冬天初生犊牛舍可用厚垫草。犊牛舍不宜用煤炉取暖，可用火墙、暖气等，初生犊牛冬季室温在 10℃左右，2 日龄以上则因需放室外运动，所以注意室内外温差不超过 8℃。

犊牛舍可分为 2 部分，即初生犊牛栏和犊牛栏。初生犊牛栏，长 1.8～2.8 米，宽 1.3～1.5 米，过道侧设长 0.6 米、宽 0.4 米的饲槽，门宽 0.7 米。犊牛栏之间用高 1 米的挡板相隔，饲槽端为栅栏（高 1 米）带颈枷，地面高出 10 厘米，向门方向做 1.5%坡度，以便清扫。犊牛栏长 1.5～2.5 米（靠墙为粪尿沟，也可不设），过道端设统槽，统槽与牛床间以带颈枷的木栅栏相隔，高 1 米，每头犊牛占面积 3～4 平方米。

2. 肉牛舍

肉牛舍可以采用封闭式、开放式或棚舍。要求具有一定的保温隔热性能，特别是夏季防热。肉牛舍的跨度由清粪通道、饲槽宽度、牛床长度、牛床列数、粪尿沟宽度和饲喂通道等条件决定。一般每栋牛舍容纳牛 50～120 头。牛床以双列对头为好。牛床长加粪尿沟需 2.2～2.5 米，牛床宽 0.9～1.2 米，中央饲料通道 1.6～1.8 米，饲槽宽 0.4 米。肉牛舍平面图和解剖面图见图 2-4、图 2-5。

3. 繁殖牛舍

繁殖牛舍的规格和尺寸同育肥牛舍。

4. 分娩牛舍

分娩牛舍多采用密闭舍或有窗舍，有利于保持适宜的温度。饲喂通道宽 1.6～2 米，牛走道（或清粪通道）宽 1.1～1.6 米，牛床长度 1.8～2.2 米，牛床宽度 1.2～1.5 米。可以是单列式，也可以是多列式。平面图和剖面图见图 2-6、图 2-7。

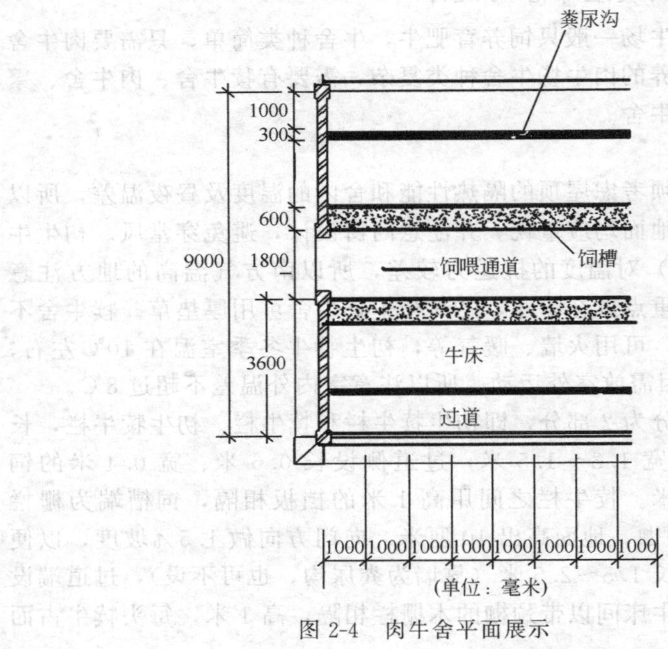

图 2-4　肉牛舍平面展示

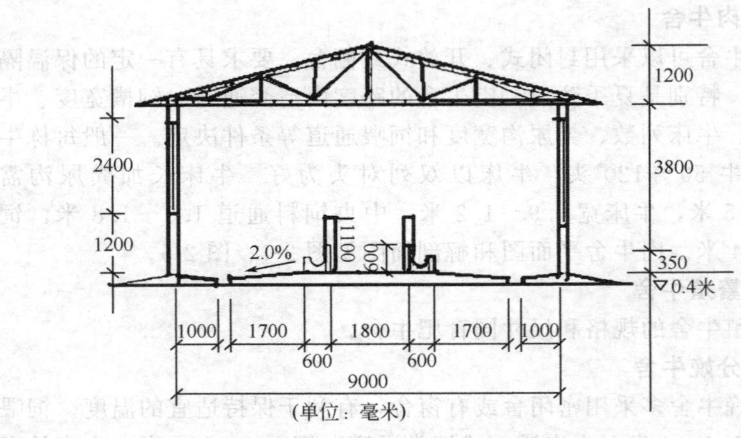

图 2-5　肉牛舍剖面展示

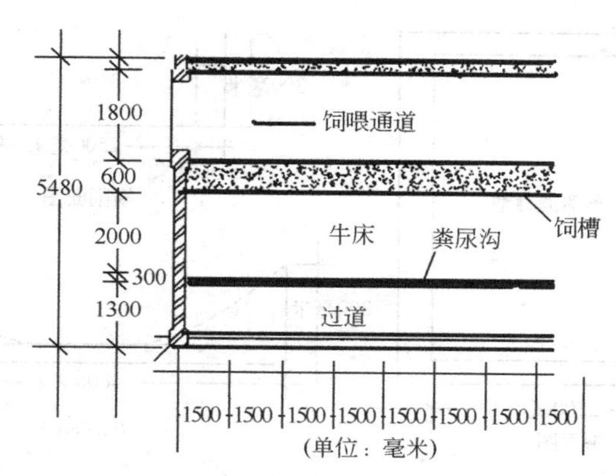

图 2-6 分娩牛舍平面展示

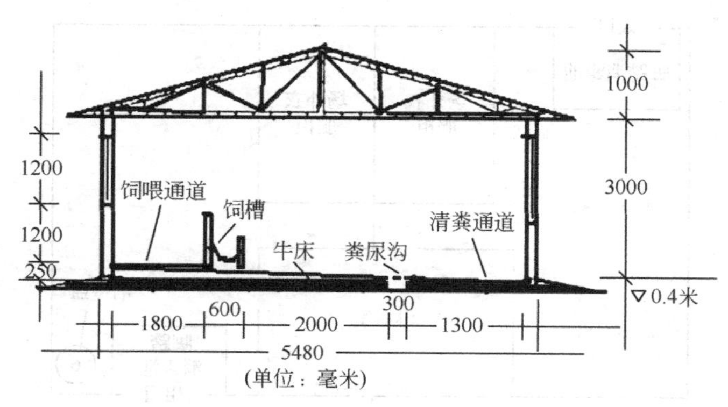

图 2-7 分娩牛舍剖面展示

第三节 肉牛场的辅助性建筑和设备

一、消毒室和消毒池

在生产区大门口和人员进入饲养区的通道口，分别修建供车辆和人员进行消毒的消毒池和消毒室。车辆用消毒池的宽度以略大于车轮间距即可，参考尺寸为长 3.8 米、宽 3 米、深 0.1 米，池底低于路面，坚固耐用，不渗水（见图 2-8）；消毒室（见图 2-9）大小可根据外来人员的数量设置，一般为串联的 2 个小间，其中一个为消毒室，

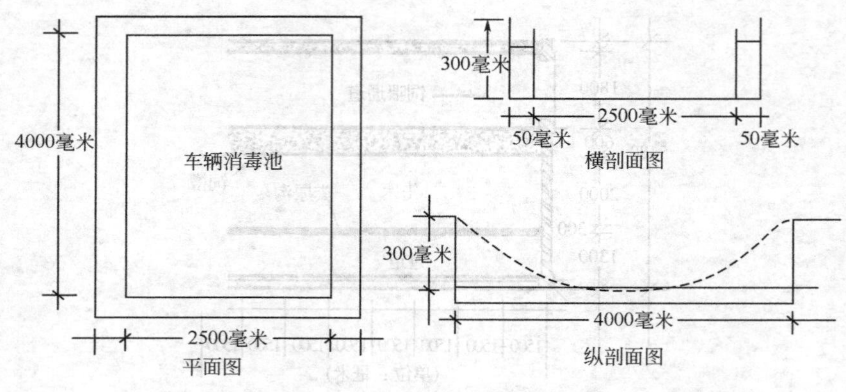

图 2-8　车辆用消毒池

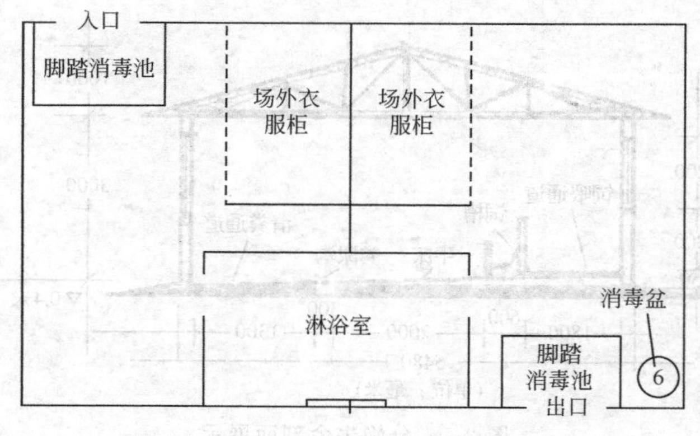

图 2-9　人员消毒室

内设小型消毒池和洗浴设施或紫外线灯，紫外线灯每平方米功率 2～3 瓦，另一个为更衣室。供人用消毒池，采用踏脚垫浸湿药液放入池内进行消毒，参考尺寸为长 2.8 米、宽 1.4 米、深 0.1 米。

二、运动场

牛舍外的运动场大小应根据牛舍设计的养殖规模和体型大小设置。架子牛和犊牛的运动场面积分别为 15 米^2 和 8 米^2。育肥牛应减少运动，饲喂后拴系在运动场休息，以减少消耗，提高增重。运动场应有一定的坡度，以利排水，场内应平坦、坚硬，一般不硬化或硬化一部分。运动场的围栏高度，成年牛为 1.2 米，犊牛为 1.0 米。

场内设饮水池、补饲槽和凉棚等。在运动场的适当位置或凉棚下要设置补饲槽和饮水槽，以供牛群在运动场时采食粗饲料和随时饮水。根据牛的多少决定建饲槽和饮水槽的多少和长短。每个饲槽长 3～4 米，高 0.4～0.7 米，槽上宽 0.7 米，底宽 0.4 米。每 30 头牛左右要有一个饮水槽，用水时加满，至少在早晚各加水 1 次，水槽要抗寒防冻。也可以用自动饮水器。

三、草库

草库大小根据饲养规模、粗饲料的储存方式、日粮的精粗料重量等确定。用于储存切碎粗饲料的草库应建得较高，为 5～6 米。草库的窗户离地面也应高，至少为 4 米以上。草库应设防火门，距下风向建筑物距离应大于 50 米。

四、青储窖或青储池

青储窖或青储池应建在饲养区，靠近牛舍的地方，位置适中，地势较高，防止粪尿及污水浸入污染，同时要考虑进出料时运输方便，降低劳动强度。根据地势、土质情况，可建成地下式或半地下式长方形或方形的青储窖，长方形青储窖的宽、深比以 1∶(1.5～2) 为宜，长度以需要量确定。

五、饲料加工场

饲料加工场包括原料库、成品库、饲料加工间等。原料库的大小应能够储存肉牛场 10～30 天所需要的各种原料，成品库可略小于原料库，库房内应宽敞、干燥、通风良好。室内地面应高出室外 30～50 厘米，地面以水泥地面为宜，房顶要具有良好的隔热、防水性能，窗户要高，门窗注意防鼠，整体建筑注意防火等。

六、粪便存放设施

应设专门的粪便存放设施，位置必须远离各类功能地表水体，距离不得小于 400 米，并应设在养殖场生产区及生活管理区常年主导风向的下风向或侧风向处；存放设施应采取有效的防渗处理工艺，防止粪便污染地下水；存放设施应设置顶盖防止降雨（水）进入。

粪便存放设施的形式因粪便的含水量而异，固态和半固态粪便可直接运至粪便处理场进行处理，使存放、处理合二为一，不必单独存放。如需要单独存放固态粪便的牛场，其存放设施包括用于堆粪的水泥地面和堆积墙。堆粪地面向着墙稍稍倾斜，其坡度为1∶50，墙高1.5米左右，墙角有排水沟，粪内液体和雨水可从此处排入粪水池，堆积和取粪可用人工操作，也可借助于装载机。液态和半液态粪便一般要先在储粪池中存放，然后再进行处理，储粪池有地下和地上两种型式。

在地势较低的地形条件下，适合于建地下储粪池。地下储粪池是一个敞开的结构，侧边坡度为1∶2～1∶3，为防渗，要用混凝土砌成，池底应在地下水位的60厘米以上。如需利用机械清理底层，应设1∶10的混凝土坡道，以便清理车辆进入。

在地势平坦的场区，适合于建设地上储粪池。可用砖砌而成，用水泥抹面防渗。通常在储粪池旁建一个小的储粪坑，畜舍排出的粪液由管道输送到储粪坑，再由排污泵泵入储粪池。为使粪便处理时得到均质的粪便，在储粪池中还应有搅拌和排出用的排污泵。基于不同的清粪工艺可知，采用粪尿分离的清粪方式（干清粪）适用于肉牛舍，而采用水冲式清粪工艺，耗水多，粪水储存量大，处理困难，易造成环境污染，且水冲清粪还易导致牛舍内空气湿度升高，地面卫生状况恶化的现象。干清粪工艺使牛粪的含水量减少，便于有机肥的生产利用。同时也最大化地减少了粪水的污染量，是目前养牛生产中提倡的清粪工艺。

七、沼气池

建造沼气池，把牛粪、牛尿、剩草、废草等投入沼气池封闭发酵，产生的沼气供生活或生产用燃料，经过发酵的残渣和废水，是良好的肥料。目前，普遍推广水压式沼气池，这种沼气池具有受力合理、结构简单、施工方便、适应性强、就地取材、成本较低等优点。

八、地磅和装卸台

对于规模较大的肉牛场，应设地磅，以便对各种车辆和牛等进行称重；修建装卸台，可减轻装车与卸车的劳动强度，同时减少牛的损失。装卸台可建成宽为3米，长约8米的驱赶牛的坡道，坡的最高处与车厢平齐。

九、排水设施与粪尿池

牛场应设有废弃物储存、处理设施，防止泄漏、溢流、恶臭等对周围环境造成污染。粪尿池设在牛舍外、地势低洼处，且应在运动场相反的一侧，池的容积以能储存20～30天的粪尿为宜，粪尿池必须离饮水井100米以外。由牛舍粪尿沟至粪尿池之间设地下排水管，向粪尿池方向应有2%～3%的坡度。

十、清粪形式及设备

牛舍的清粪形式有机械清粪、水冲清粪、人工清粪。我国肉牛场多采用人工清粪。机械清粪中采用的主要设备有连杆刮板式，适于单列牛床；环行链刮板式，适于双列牛床；双翼形推粪板式，适于舍饲散栏饲养牛舍。

十一、保定设备及吸铁器

保定设备包括保定架、鼻环、缰绳与笼头。吸铁器用于除去饲料中和误食的铁类杂质。

（一）保定架

保定架是牛场不可缺少的设备，打针、灌药、编耳号及治疗时使用。通常用圆钢材制成，架的主体高度160厘米，前颈枷支柱高200厘米，立柱部分埋入地下约40厘米，架长150厘米，宽65～70厘米。

（二）鼻环

鼻环有两种类型：一种用不锈钢材料制成，质量好又耐用，但价格较高；另一种用铁或铜质材料制成，质地较粗糙，材料直径4毫米左右，价格较低。农村用铁丝自制的圈，易生锈，不结实，易将牛鼻拉破引起感染。

（三）缰绳与笼头

缰绳与笼头为拴系饲养方式所必需，采用围栏散养方式可不用缰绳与笼头。缰绳通常系在鼻环上以便牵牛；笼头套在牛的头上，抓牛方便，而且牢靠。缰绳材料有麻绳、尼龙绳，每根长 1.6 米左右，直径 0.9～1.5 厘米。

（四）吸铁器

由于牛采食行为是不经咀嚼直接将饲料吞入口中，若饲料中混有铁钉、铁丝等容易误食，一旦吞入，无法排出，容易造成牛的创伤性网胃炎或心包炎。吸铁器有两种：一种用于体外，即在草料传送带上安装磁力吸铁装置。另一种用于体内，称为磁棒吸铁器。使用时将磁棒吸铁器放入病牛口腔近咽喉部，灌水促使牛吞入瘤胃，随瘤胃的蠕动，经过一定的时间，慢慢取出，瘤胃中混有的细小铁器吸附在磁力棒上一并带出。

十二、饲料生产与饲养器具

大规模生产饲料时，需要各种作业机械，如拖拉机和耕作机械，制作青贮时，应有青贮料切碎机；一般肉牛育肥场可用手推车给料，大型育肥场可用拖拉机等自动或半自动给料装置给料；切草用的铡刀、大规模饲养用的铡草机；还有称料用的计量器，有时需要压扁机或粉碎机等。

第三章

<<<<<

肉牛的品种及繁殖

核心提示

不同品种，肥育期的增重速度是不一样的，肉用品种的增重速度比本地黄牛（耕牛）快，我国尚没有自己培育的肉用牛品种，可用来作为商品肉牛进行肥育的，主要还是利用国外肉牛品种和我国地方品种母牛杂交产生的改良牛，这类牛的生长速度、饲料利用率和肉的品质都超过本地品种。如我国地方品种用西门塔尔牛改良，产肉、产奶效果都很好。用海福特牛改良，能提高早熟性和牛肉品质；用利木赞牛改良，牛肉的大理石花纹明显改善；用夏洛来牛或皮埃蒙特牛改良，后代的生长速度快，瘦肉率、屠宰率和净肉率高，肉质好；用安格斯牛改良，后代抗逆性强，早熟，肉质上乘。

第一节　肉用牛的品种

一、国外肉牛品种

（一）夏洛莱牛

【产地及分布】夏洛莱牛原产于法国中西部到东南部的夏洛莱省和涅夫勒地区，是古老的大型役用牛，在18世纪经过长期严格的本品种选育而成为举世闻名的大型肉牛品种。以其生长快、肉量多、体型大、耐粗饲而受到国际市场的广泛欢迎，输往世界许多国家，参与新型肉牛品种的育成、杂交繁育，或在引入国进行纯种繁殖。

【外貌特征】该牛最显著的特点是被毛为白色或乳白色，皮肤常有色斑；全身肌肉特别发达；骨骼结实，四肢强壮，体力强大。夏洛来牛头小而宽，角圆而较长，并向前方伸展，角质蜡黄、颈粗短，胸宽深，肋骨方圆，背宽肉厚，体躯呈圆筒状，后躯、背腰和肩胛部肌肉发达，并向后和侧面突出，常形成“双肌”特征。公牛常有双鬐甲和凹背的缺点。成年活重，公牛平均为1100～1200千克，母牛700～800千克。

【生产性能】生长速度快，增重快，瘦肉多。且肉质好，无过多的脂肪。在良好的饲养条件下，6月龄公犊可以达250千克，母犊210千克。日增重可达1400克。在加拿大，良好饲养条件下公牛周岁体重可达511千克。该牛作为专门化大型肉用牛，产肉性能好，屠宰率一般为60%～70%，胴体瘦肉率为80%～85%。16月龄的育肥母牛胴体重达418千克，屠宰率66.3%。夏洛莱母牛泌乳量较高，一个泌乳期可产奶2000千克，乳脂率为4.0%～4.7%，但纯种繁殖时难产率较高（13.7%）。夏洛莱牛有良好的适应能力，耐旱抗热，冬季严寒不夹尾，不拱腰，盛夏不热喘，采食正常。夏季全日放牧时，采食快、觅食能力强，在不额外补饲条件下，也能增重上膘。我国引进的夏洛莱母牛发情周期为21天，发情持续期36小时，产后第一次发情时间为62天，妊娠期平均为286天。

夏杂一代具有父系品种的明显特征，毛色多为乳白或草黄色，体格略大、四肢坚实、骨骼粗壮、胸宽尻平、肌肉丰满、性情温驯、且耐粗饲，易于饲养管理。我国两次直接由法国引进夏洛莱牛，在东北、西北和南方部分地区用该品种与我国本地牛杂交来改良黄牛，取得了明显效果，表现为夏杂后代体格明显加大，增长速度加快，杂种优势明显。

（二）利木赞牛（利木辛牛）

【产地及分布】原产于法国中部的利木赞高原，并因此得名。在法国主要分布在中部和南部的广大地区，数量仅次于夏洛来牛。育成后，于20世纪70年代初输入欧美各国，现在世界上许多国家都有该牛分布，属于专门化的大型肉牛品种。

【外貌特征】毛色为红色或黄色，背毛浓厚而粗硬，有助于抗拒严寒的放牧生活。口鼻周围、眼圈周围、四肢内侧及尾帚毛色较浅（即称“三粉特征”），角为白色，蹄为红褐色。头较短小，额宽，胸部宽深，体躯较长，后躯肌肉丰满，四肢粗短。利木赞牛全身肌肉发达，骨骼比夏洛来牛略细，因而一般较夏洛来牛小一些。平均成年体重：公牛1100千克、母牛600千克；在法国较好饲养条件下，公牛活重可达1200～1500千克，母牛达600～800千克。

【生产性能】产肉性能高，胴体质量好，眼肌面积大，前后肢肌肉丰满，出肉率高，在肉牛市场上很有竞争力，其育肥牛屠宰率在65%左右，胴体瘦肉率为80%～85%，且脂肪少、肉味好、市场售价高。集约饲养条件下，犊牛断奶后生长很快，10月龄体重即达408千克，周岁时体重可达480千克左右，哺乳期平均日增重为0.86～1.0千克。该牛8月龄的小牛就可生产出具有大理石纹的牛肉。因此，是法国等一些欧洲国家生产牛肉的主要品种。

由于利木赞牛的犊牛出生体格小，具有快速的生长能力，以及良好的体躯长度和令人满意的肌肉量，因而被广泛用于经济杂交来生产小牛肉。我国从法国引入利木赞牛，在河南、山东、内蒙古等地改良当地黄牛，杂种优势明显。利杂牛后代体型改善，肉用特征明显，生长强度增大。目前，我国黑龙江、山东、安徽为主要供种区，现有改良牛45万头。

(三) 皮埃蒙特牛

【产地及分布】原产于意大利北部的皮埃蒙特地区，原为役用牛，经长期选育，现已成为生产性能优良的专门化肉用品种。因其具有双肌肉基因，是目前国际公认的终端父本，已被世界22个国家引进，用于杂交改良。

【外貌特征】该牛体躯发育充分，胸部宽阔、肌肉发达、四肢强健，公牛皮肤为灰色，眼、睫毛、眼睑边缘、鼻镜、唇以及尾巴端为黑色，肩胛毛色较深。母牛毛色为全白，有的个体眼圈为浅灰色，眼睫毛、耳郭四周为黑色，犊牛幼龄时毛色为乳黄色，4～6月龄胎毛褪去后，呈成年牛毛色。牛角在12月龄变为黑色，成年牛的角底部为浅黄色，角尖为黑色。体型较大，体躯呈圆筒状，肌肉高度发达。成年体重：公牛不低于1000千克，母牛平均为500～600千克。平均体高公牛和母牛分别为150厘米和136厘米。

【生产性能】肉用性能十分突出，其育肥期平均日增重1500克(1360～1657克)，生长速度为肉用品种之首。公牛屠宰适期为550～

600千克活重，一般在15～18月龄即可达到此值。母牛14～15月龄体重可达400～450千克。肉质细嫩，瘦肉含量高，屠宰率一般为65%～70%。经试验测定，该品种公牛屠宰率可达到68.23%，胴体瘦肉率达84.13%，骨骼13.60%，脂肪仅占1.50%。每100克肉中胆固醇含量只有48.5毫克，低于一般牛肉（73毫克）、猪肉（79毫克）和鸡肉（76毫克）。

从意大利引进冻精及胚胎，山东高密、河南南阳及黑龙江齐齐哈尔等地设有胚胎中心。我国已展开了皮埃蒙特牛的杂交改良。现已在全国12个省、市推广应用。河南南阳地区用其对南阳牛的杂交改良，已显示出良好的效果。通过244天的育肥，2000多头皮杂后代创造了18月龄耗料800千克、增重500千克、眼肌面积114.1平方厘米的国内最佳记录，生长速度达国内肉牛领先水平。

（四）比利时蓝白牛

【产地及分布】原产于比利时王国的南部，占该国牛群的40%。该品种能够适应多种生态环境，在山地和草原都可饲养，是欧洲市场较好的双肌大型肉牛品种。

【外貌特征】毛色主要是蓝白色和白色，也有少量带黑色毛片的牛。体躯强壮，背直，肋圆。全身肌肉极度发达，臀部丰满，后腿肌肉突出。温顺易养。

【生产性能】成年体重，公牛1250千克，母牛750千克。早熟，幼龄公牛可用于育肥。经育肥的蓝白牛，胴体中可食部分比例大，优等者，胴体中肌肉70%、脂肪13.5%、骨16.5%。胴体一级切块率高，即使前腿肉也能形成较多的一级切块。肌纤维细，肉质嫩，肉质完全符合国际市场的要求。

可作为父本，与荷斯坦牛或地方黄牛杂交。欧洲国家的试验表明，其杂交效果良好。山西省于1996年已少量引入该品种。河南省1997年引进30头，犊牛初生重达50千克以上。适于做商品肉牛杂交的“终端父本”。

（五）海福特牛

【产地及分布】原产于英格兰西部的海福特郡。是世界上最古老的中小型早熟肉牛品种，现分布于世界上许多国家。

【外貌特征】具有典型的肉用牛体型，分为有角和无角两种。颈粗短，体躯肌肉丰满，呈圆筒状，背腰宽平，臀部宽厚，肌肉发达，四肢短粗，侧望体躯呈矩形。全身被毛除头、颈垂、腹下、四肢下部以及尾尖为白色外，其余均为红色，皮肤为橙黄色，角为蜡黄色或白色。

【生产性能】成年母牛平均体重520～620千克，公牛900～1100千克；犊牛初生重28～34千克。该牛7～18月龄的平均日增重为0.8～1.3千克；良好饲养条件下，7～12月龄平均日增重可达1.4千克以上。据载，加拿大一头公牛，育肥期日增重高达2.77千克。屠宰率一般为60%～65%，18月龄公牛活重可达500千克以上。该品种牛适应性好，在干旱高原牧场冬季严寒（－48～－50℃）的条件下，或夏季酷暑（38～40℃）条件下，都可以放牧饲养和正常生活繁殖，表现出良好的适应性和生产性能。

与本地黄牛杂交，海杂牛一般表现体格增大，体型改善，宽度提高明显；犊牛生长快，抗病耐寒，适应性好，体躯被毛为红色，但头、腹下和四肢部位多有白毛。

（六）短角牛

【产地及分布】原产于英格兰东北部的诺森伯兰郡、达勒姆郡。最初只强调育肥，到20世纪初已培育成为世界闻名的肉牛良种。近代短角牛的两种类型即肉用短角牛和乳肉兼用型短角牛。

【外貌特征】肉用短角牛被毛以红色为主，有白色和红白交杂的沙毛个体，部分个体腹下或乳房部有白斑；鼻镜粉红色，眼圈色淡；皮肤细致柔软。该牛体型为典型肉用牛体型，侧望体躯为矩形，背部宽平，背腰平直，尻部宽广、丰满，股部宽而多肉。体躯各部位结合良好，头短，额宽平；角短细、向下稍弯，角呈蜡黄色或白色，角尖部为黑色，颈部被毛较长且多卷曲，额顶部有丛生的被毛。

【生产性能】该牛活重：成年公牛体重平均900～1200千克，母牛600～700千克左右；公、母牛体高分别为136厘米和128厘米左右。早熟性好，肉用性能突出，利用粗饲料能力强，增重快，产肉多，肉质细嫩。17月龄活重可达500千克，屠宰率为65%以上。大理石纹好，但脂肪沉积不够理想。

在东北、内蒙古等地改良当地黄牛，杂种牛毛色紫红、体型改善、体格增大、产乳量提高，杂种优势明显。乳用短角牛同吉林、河北和内蒙古等地的土种黄牛杂交育成了乳肉兼用型新品种——草原红牛。其乳肉性能得到全面提高，表现出了很好的杂交改良效果。

（七）安格斯牛

【产地及分布】属于古老的小型肉牛品种。原产于英国的阿伯丁、安格斯和金卡丁等郡，因此得名。目前世界大多数国家都有该品种牛。

【外貌特征】安格斯牛以被毛黑色和无角为重要特征，故也称无角黑牛，也有红色类型的安格斯牛。该牛体躯低矮、结实、头小而方，额宽，体躯宽深，呈圆筒形，四肢短而直，前后裆较宽，全身肌肉丰满，具有现代肉牛的典型体型。

【生产性能】安格斯牛成年公牛平均活重700～900千克，母牛500～600千克，犊牛平均初生重25～32千克，成年体高公母牛分别为130.8厘米和118.9厘米。安格斯牛具有良好的肉用性能，被认为是世界上专门化肉牛品种中的典型品种之一。表现早熟，胴体品质高，出肉多。屠宰率一般为60%～65%，哺乳期日增重900～1000克。育肥期日增重（1.5岁以内）平均0.7～0.9千克。肌肉大理石纹很好。

该牛适应性强，耐寒抗病。缺点是母牛稍具神经质。

二、国外兼用牛品种

兼用品种是肉乳兼用或乳肉兼用的育成品种。

（一）西门塔尔牛

【产地及分布】原产于瑞士西部的阿尔卑斯山区，主要产地为西门塔尔平原和萨能平原。在法、德、奥等国边邻地区也有分布。现成为世界上分布最广、数量最多的乳、肉、役兼用品种之一。

【外貌特征】属宽额牛，角较细而向外上方弯曲，尖端稍向上。毛色为黄白花或红白花，身躯缠有白色胸带，腹部、尾梢、四肢在腓节和膝关节以下为白色。颈长中等，体躯长。属欧洲大陆型肉用体型，体表肌肉群明显易见，臀部肌肉充实，尻部肌肉深、多呈圆形。前躯较后躯发育好，胸深，尻宽平，四肢结实，大腿肌肉发达，乳房发育好。

【生产性能】成年公牛体重平均800～1200千克，母牛650～800千克。乳、肉用性能均较好，平均产奶量为4070千克，乳脂率3.9%。在欧洲良种登记牛中，年产奶4540千克者约占20%。生长速度较快，平均日增重可达1.0千克以上，生长速度与其他大型肉用品种相近，胴体肉多，脂肪少而分布均匀，公牛育肥后屠宰率可达65%左右。成年母牛难产率低，适应性强，耐粗放管理。兼具乳牛和肉牛特点的典型品种。

用于改良各地的黄牛，都取得了比较理想的效果。据刘竹初报道，西门塔尔牛与当地黄牛的F1代、F2代2岁牛体重分别比黄牛体重提高24.18%和24.13%，其中F2代牛屠宰率比黄牛有显著提高。在产奶性能上，从全国商品牛基地县的统计资料来看，207天的泌乳量，西杂一代为1818千克，西杂二代为2121.5千克，西杂三代为2230.5千克。

（二）德国黄牛

【产地及分布】原产德国和奥地利，其中德国数量最多，系瑞士褐牛与当地黄牛杂交选育而成。

【外貌特征】毛色为浅黄（奶油色）到浅红色，体躯长，体格大，胸深，背直，四肢短而有力，肌肉强健。母牛乳房大，附着结实。

【生产性能】成年牛活重：公牛900～1200千克，母牛600～700千克；体高分别为145～150厘米和130～134厘米。屠宰率62%，净肉率56%，分别高于南阳牛的56.3%和51.1%。泌乳期产乳量4164千克，乳脂率4.15%（据1970年良种薄登记资料），比南阳牛高4倍多。母牛初产年龄为28个月，犊牛初生重平均为42千克，难产率很低。小牛易肥育，肉质好，屠宰率高。去势小公牛育肥至18月龄时体重达500～600千克。

河南省南阳牛育种中心、陕西省秦川肉牛良种繁育中心场引进饲养有批量的德国黄牛。国内许多地方拟选用该品种改良当地黄牛。

（三）丹麦红牛

【产地及分布】原产于丹麦的西南岛、洛兰岛及默恩岛。1878年育成，以泌乳量、乳脂率及乳蛋白率高而闻名于世，现在许多国家都有分布。

【外貌特征】被毛呈一致的紫红色，不同个体间也有毛色深浅的差别；部分牛的腹部、乳房和尾帚部生有白毛。该牛体躯长而深，胸部向前突出；背腰平直，尻宽平；四肢粗壮结实；乳房发达而匀称。

【生产性能】成年牛活重，公牛1000～1300千克，母牛650千克；其体高分别为148厘米和132厘米左右；犊牛初生重40千克。产肉性能较好，屠宰率平均54%，育肥牛胴体瘦肉率65%。犊牛哺乳期日增重较高，平均为0.7～1.0千克。性成熟早，耐粗饲、耐寒、耐热、采食快，适应性强。丹麦红牛的产乳性能也好，据1989—1990年年鉴记载，年平均产奶量为6712千克，乳脂率为4.21%，乳蛋白率为3.30%，高产个体305天产奶量超过1万千克。

吉林省和原西北农业大学引入该牛，改良辽宁、陕西、河南、甘肃、宁夏、内蒙古、福建等省区的当地黄牛，效果良好。如用丹麦红牛改良秦川牛，丹秦杂种一代公、母犊牛的初生重比秦川牛分别提高24.1%和49.2%。杂种一代牛30、90、180、360日龄体重分别比本地秦川牛提高了43.9%、30.6%、4.5%和23.0%。丹秦杂种牛背腰宽广，后躯宽平，乳房大。杂种一代牛在农户饲养的条件下，第一泌乳期225.2天泌乳2015千克，杂种优势十分明显。

三、国内培育的肉用牛品种

（一）夏南牛

【产地及分布】育成于河南省泌阳县，是中国第一个具有自主知识产权的肉用牛品种。该品种是以法国夏洛莱牛为父本，以南阳牛为母本，采用杂交创新、横交固定和自群繁育三个阶段、开放式育种方法培育而成的肉用牛新品种。夏南牛含夏洛来牛血统37.5%，含南阳牛血统62.5%。夏南牛体质健壮，抗逆性强，性情温顺，行动较慢；耐粗饲，食量大，采食速度快，耐寒冷，耐热性能稍差。

【外貌特征】毛色纯正，以浅黄、米黄色居多。公牛头方正，额平直，成年公牛额部有卷毛，母牛头清秀，额平稍长；公牛角呈锥状，水平向两侧延伸，母牛角细圆，致密光滑，多向前倾；耳中等大小；鼻镜为肉色。颈粗壮，平直。成年牛结构匀称，体躯呈长方形，胸深而宽，肋圆，背腰平直，肌肉比较丰满，尻部长、宽、平、直。四肢粗壮，蹄质坚实，蹄壳多为肉色。尾细长。母牛乳房发育较好。

【生产性能】公、母牛平均初生重 38 千克和 37 千克，18 月龄公牛体重达 400 千克以上，成年公牛体重可达 850 千克以上。24 月龄母牛体重达 390 千克，成年母牛体重可达 600 千克以上。母牛经过 180 天的饲养试验，平均日增重 1.11 千克，公牛经过 90 天的集中强度育肥，日增重达 1.85 千克。未经育肥的 18 月龄夏南公牛屠宰率 60.13%，净肉率 48.84%，眼肌面积 117.7 平方厘米，瘦肉率 58.66%，肌肉剪切力值 2.61，肉骨比 4.81∶1，优质肉切块率 38.37%，高档牛肉率 14.35%；

夏南牛初情期平均 432 天，最早 290 天；发情周期平均 20 天；初配时间平均 490 天；怀孕期平均 285 天；产后发情时间平均为 60 天；难产率 1.05%

（二）延黄牛

【产地及分布】延黄牛的中心培育区在吉林省东部的延边朝鲜族自治州，州内的图们市、龙井市农村和州东盛种牛场为核心区。延黄牛含延边牛 75%血统，利木赞牛 25%血统，经过杂交—回交—自群繁育、群体继代选育几个阶段培育而形成。

【外貌特征】延黄牛全身被毛颜色均为黄红色或浅红色，股间色淡；公牛角较粗壮，平伸；母牛角细，多为龙门角。骨骼坚实，体躯结构匀称，结合良好；公牛头较短宽；母牛头较清秀，尻部发育良好。

【生产性能】

屠宰前短期育肥 18 月龄公牛平均宰前活重 432.6 千克，胴体重 255.7 千克，屠宰率 59.1%，净肉率 48.3%，日增重 0.8～1.2 千克。母牛初情期 8～9 月龄，初配期 13～15 月龄，农村一般延后至 20 月龄。公牛初配期 14 月龄；母牛发情周期 20～21 天，持续期约 20 小时，平均妊娠期 283～285 天；公牛初生重平均 30.9 千克，母牛 28.8 千克。

（三）辽育白牛

【产地及分布】辽育白牛是以夏洛莱牛为父本，以辽宁本地黄牛为母本级进杂交后，在第 4 代的杂交群中选择优秀个体进行横交和有计划选育，采用开放式育种体系，坚持档案组群，形成了含夏洛莱牛血统93.75%、本地黄牛血统6.25%遗传组成的稳定群体，该群体抗逆性强，适应当地饲养条件，是经国家畜禽遗传资源委员会审定通过的肉牛新品种。

【外貌特征】辽育白牛全身被毛呈白色或草白色，鼻镜肉色，蹄角多为蜡色；体型大，体质结实，肌肉丰满，体躯呈长方形；头宽且稍短，额阔唇宽，耳中等偏大，大多有角，少数无角；颈粗短，母牛平直，公牛颈部隆起，无肩峰，母牛颈部和胸部多有垂皮，公牛垂皮发达；胸深宽，肋圆，背腰宽厚、平直，尻部宽长，臀端宽齐，后腿部肌肉丰满；四肢粗壮，长短适中，蹄质结实；尾中等长度；母牛乳房发育良好。

【生产性能】辽育白牛成年公牛体重910.5千克，母牛体重451.2千克；初生重，公牛41.6千克，母牛38.3千克；6月龄体重，公牛221.4千克，母牛190.5千克；12月龄体重，公牛366.8千克，母牛280.6千克；24月龄体重，公牛624.5千克，母牛386.3千克。辽育白牛6月龄断奶后持续育肥至18月龄，宰前重、屠宰率和净肉率分别为561.8千克、58.6%和49.5%；持续育肥至22月龄，宰前重、屠宰率和净肉率分别为664.8千克、59.6%和50.9%。11～12月龄体重350千克以上发育正常的辽育白牛，短期育肥6个月，体重达到556千克。母牛初配年龄为14～18月龄、产后发情时间为45～60天；公牛适宜初采年龄为16～18月龄；人工授精情期受胎率为70%，适繁母牛的繁殖成活率达84.1%以上。

四、国内培育的兼用牛品种

（一）三河牛

【产地及分布】产于内蒙古呼伦贝尔草原的三河（根河、得勒布尔河、哈布尔河）地区。三河牛是我国培育的第一个乳肉兼用品种，含西门塔尔牛血统。

【外貌特征】三河牛毛色以黄白花、红白花片为主，头白色或有白斑，腹下、尾尖及四肢下部为白色毛。头清秀，角粗细适中，体躯高大，骨骼粗壮，结构匀称，肌肉发达，性情温驯。角稍向上向前弯曲。

【生产性能】平均活重：公牛1050千克，母牛547.9千克；体高分别为156.8厘米和131.8厘米。初生重：公牛为35.8千克，母牛为31.2千克。三河牛年产乳量在2000千克左右，条件好时可达3000～4000千克，乳脂率一般在4%以上。该牛产肉性能良好，未经肥育的阉牛，屠宰率一般为50%～55%，净肉率44%～48%，肉质良好，瘦肉率高。该牛由于个体间差异很大，在外貌和生产性能上，表现均不一致，有待于进一步改良提高。

（二）草原红牛

【产地及分布】由吉林省白城地区、内蒙古赤峰市、锡林郭勒盟南部和河北省张家口地区联合育成的一个兼用型新品种，1985年正式命名为"中国草原红牛"。

【外貌特征】大部分有角，角多伸向前外方，呈倒八字形，略向内弯曲。全身被毛为紫红色或红色，部分牛的腹下或乳房有白斑；鼻镜、眼圈粉红色。体格中等大小。

【生产性能】成年活重：公牛为700～800千克，母牛450～500千克；初生重：公牛为37.3千克，母牛为29.6千克；成年牛体高：公牛137.3厘米，母牛124.2厘米。在放牧为主的条件下，第一胎平均泌乳量为1127.4千克，年均产乳量为1662千克；泌乳期为210天左右。18月龄阉牛经放牧肥育，屠宰率达50.84%，净肉率40.95%。短期育肥牛的屠宰率和净肉率分别达到58.1%和49.5%，肉质良好。该牛适应性好，耐粗放管理，对严寒酷热的草场条件耐力强，且发病率很低；繁殖性能良好，繁殖成活率为68.5%～84.7%。

（三）新疆褐牛

【产地及分布】原产于新疆伊犁、塔城等地区。由瑞士褐牛及含有该牛血统的阿拉塔乌牛与当地黄牛杂交育成。

【外貌特征】被毛为深浅不一的褐色，额顶、角基、口轮周围及背线为灰白或黄白色。体躯健壮、肌肉丰满。头清秀、嘴宽、角中等大小，向侧前上方弯曲，呈半椭圆形，颈适中，胸较宽深，背腰平直。

【生产性能】成年体重：公牛平均为950.8千克、母牛为430.7千克，体高一般母牛为121.8厘米。新疆褐牛平均产乳量2100～3500千克，高的个体产乳量达5162千克；平均乳脂率4.03%～

4.08%，乳中干物质13.45%。该牛产肉性能良好，在伊犁、塔城牧区天然草场放牧9～11个月屠宰测定，1.5岁、2.5岁和阉牛的屠宰率分别为47.4%、50.5%和53.1%，净肉率分别为36.3%、38.4%和39.3%。该牛适应性好，可在极端温度－40～47.5℃下放牧，抗病力强。

五、国内的主要黄牛品种

中国黄牛是我国曾经长期以役肉兼用为主的黄牛群体的总称。泛指除水牛、牦牛以外的所有家牛。中国黄牛广泛分布于我国各地。按地理分布划分，中国黄牛包括中原黄牛、北方黄牛和南方黄牛三大类型。在地方黄牛中体型大、肉用性能好的培育品种有秦川牛、南阳牛、鲁西牛、晋南牛等优良品种。

（一）秦川牛

【产地及分布】因产于陕西关中地区的“八百里秦川”而得名。其中，渭南、蒲城、扶风、岐山等15县市为主产区，尤以扶风、礼泉、乾县、咸阳、兴平、武功和蒲城7个县、市的秦川牛最为著名。目前全国各地都有。

【外貌特征】秦川牛体格高大，骨骼粗壮，肌肉丰满，体质强健，前躯发育好，具有肉役兼用牛的体型。头部方正，肩长而斜。胸部宽深，肋长而弓。背腰平直宽长，长短适中，结合良好。荐骨稍隆起，后躯发育中等。四肢粗壮结实，两前肢相距较宽，蹄叉很紧。角短而钝。被毛细致有光泽，毛色多为紫红色及红色；鼻镜呈肉红色，部分个体有色斑；蹄壳和角多为肉红色。公牛头大颈短，鬐甲高而厚，肉垂发达；母牛头清目秀，鬐甲低而薄，肩长而斜，荐骨稍隆起，缺点是牛群中常见有尻稍斜的个体。

【生产性能】肉用性能比较突出，尤其经过数十年的系统选育，秦川牛不仅数量大大增加，而且牛群质量、等级、生产性能也有了很大提高。短期（82天）育肥后屠宰，18月龄和22.5月龄屠宰的公、母阉牛，其平均屠宰率分别58.3%和60.75%，净肉率分别为50.5%和52.21%，相当于国外著名的乳肉兼用品种水平。13月龄屠宰的公、母牛其平均肉骨比（6∶13）瘦肉率（76.04%）、眼肌面积（公）106.5平方厘米，远远超过国外同龄肉牛品种。平均泌乳期

7个月，产奶量715.8千克（最高达1006.75千克）。秦川牛常年发情，在中等饲养条件下，初情期为9.3月龄，成年母牛发情周期20.9天，发情持续期平均39.4小时，妊娠期285天，产后第一次发情约53天。秦川公牛一般12月龄性成熟，2岁左右配种。

【杂交利用效果】秦川牛适应性良好，全国已有20多个省区引进秦川公牛以改良当地牛，杂交效果良好。秦川牛作为母本，曾与荷斯坦牛、丹麦红牛、兼用短角牛杂交，杂交后代肉、乳性能均得到明显提高。

（二）南阳牛

【产地及分布】产于河南省南阳地区白河和唐河流域的广大平原地区，以南阳市郊区、南阳县、唐河、邓县、新野、镇平、社旗、方城8个县（市）为主要产区。

【外貌特征】体格高大、肌肉发达、结构紧凑、四肢强健，它的皮薄、毛细，行动迅速、性情温顺，鼻镜宽，多为肉红色，其中部分带有黑点。公牛颈侧多有皱襞，尖峰隆起多8～9厘米。毛色有黄、红、草白三种，以深浅不一的黄色为最多。一般牛的面部、腹部、四肢下部的毛色较浅。南阳牛的蹄壳以黄蜡色、琥珀色带血筋者较多。角型以萝卜角为主，公牛角基粗壮，母牛角细。鬐甲较高，肩部较突出，背腰平直，荐部较高；额微凹；颈短厚而多皱褶，部分牛只胸部欠宽深，体长不足，尻部较斜，乳房发育较差。

【生产性能】产肉性能良好，15月龄育肥牛，体重达到441.7千克，日增重813克，屠宰率55.6%，净肉率46.6%，胴体产肉率83.7%，肉骨比为5∶1，眼肌面积92.6平方厘米；表现出肉质细嫩，颜色鲜红，大理石花纹明显，味道鲜美。泌乳期6～8个月，产乳量600～800千克。南阳牛适应性强，耐粗饲。母牛常年发情，在中等饲养水平下，初情期在8～12月龄，初配年龄一般掌握在2岁。发情周期17～25天，平均21天。妊娠期平均289.8天，范围为250～308天，产后发情约需77天。

目前已被全国22个省区引入，与当地黄牛杂交。改良后的杂种牛体格高大，体质结实，生长发育快，采食能力强，耐粗饲，适应本地生态环境。四肢较长，行动迅速，毛色多为黄色，具有父本的明显特征。

（三）晋南牛

【产地及分布】产于山西省南部晋南盆地的运城地区。晋南牛是经过长期不断地人工选育而形成的地方良种。

【外貌特征】属于大型役肉兼用品种，体格粗壮，胸围较大，躯体较长，成年牛的前躯较后躯发达，胸部及背腰宽阔，毛色以枣红为主，红色和黄色次之，富有光泽；鼻镜和蹄壳多呈粉红色。公牛头短，额宽，颈较短粗，背腰平直，垂皮发达，肩峰不明显，臀端较窄；母牛头部清秀，体质强健，但乳房发育较差。晋南牛的角为顺风角。

【生产性能】产肉性能良好，18月龄时屠宰中等营养水平饲养的该牛，其屠宰率和净肉率分别为53.9%和40.3%；经高营养水平育肥者屠宰率和净肉率分别为59.2%和51.2%。育肥的成年阉牛屠宰率和净肉率分别为62%和52.69%。晋南牛育肥日增重、饲料报酬、形成“大理石肉”等性能优于其他品种，晋南牛的泌乳期为7～9个月，泌乳量为754千克，乳脂率为5.5%～6.1%。晋南牛的性成熟期为10～12月龄，初配年龄18～20月龄，产犊间隔14～18个月，妊娠期287～297天，繁殖年限12～15年，繁殖率为80%～90%，犊牛初生重23.5～26.5千克。

晋南牛用于改良我国一般黄牛效果较好。从对山西本省其他黄牛的品种改良来看，改良牛的体尺和体重都大于当地牛，体型和毛色也酷似晋南牛。这表明晋南牛的遗传相当稳定。

（四）鲁西牛

【产地及分布】产于山东省西南部的菏泽、济宁两地区，以郓城、鄄城、菏泽、嘉祥、济宁等10县为中心产区。在鲁南地区、河南东部、河北南部、江苏和安徽北部也有分布。

【外貌特征】体躯高大，结构紧凑，肌肉发达，前躯较宽深，具有较好的肉役兼用体型特征。被毛从浅黄到棕红都有，而以黄色为最多，约占70%以上。一般前躯毛色较后躯深，公牛毛色较母牛的深。多数牛具有完全的“三粉特征”，即眼圈、口轮、腹下四肢内侧毛色较浅。垂皮较发达，角多为龙门角；公牛肩峰宽厚而高，胸深而宽，后躯发育差，尻部肌肉不够丰满，前高后低；母牛后躯较好，鬐甲低平，背腰短而平直，尻部稍倾斜，尾细长。高辕型牛肢高体短，而抓地虎型牛则体矮，胸深广，四肢粗短。

【生产性能】肉用性能良好，据菏泽地区测定，18 月龄的育肥公、母牛的平均屠宰率为 57.2%，净肉率为 49.0%，肉骨比为6：1，眼肌面积 89.1 平方厘米。该牛皮薄骨细，肉质细嫩，大理石纹明显，市场占有率较高。总体上讲，鲁西牛以体大力强，外貌一致，品种特征明显，肉质良好而著称，但尚存在体成熟较晚，日增重不高，后躯欠丰满等缺陷。鲁西牛繁殖能力较强，母牛性成熟早，公牛稍晚。一般 2～2.5 岁开始配种。此外，自有记载以来，鲁西牛从未流行过绦虫病，说明它有较强的抗绦虫病的能力。母牛性成熟早，有的 8 月龄即能受胎。一般 10～12 月龄开始发情，发情周期平均 22 天，范围 16～35 天，发情持续期 2～3 天。妊娠期平均 285 天，范围270～310 天。产后第一次发情平均为 35 天，范围 22～79 天。

（五）延边牛

【产地及分布】东北地区优良地方牛种之一。延边牛产于吉林省延边朝鲜族自治州及朝鲜，尤以延吉、珲春、和龙及汪清等县的牛著称。现在东北三省均有分布，属寒温带山区的役肉兼用品种。

【外貌特征】体质结实，抗寒性能良好，适宜于林间放牧，冬季都有暖棚，是北方水稻田的重要耕畜，是寒温带的优良品种。在体型外貌上，毛色为深浅不一的黄色，鼻镜呈淡褐色，带有黑点。被毛密而厚，皮厚有弹力。胸部宽深，体质结实，骨骼坚实，公牛额宽，角粗大，母牛角细长。成年时平均活重：公牛 465.5 千克，母牛 365.2 千克；体高公母牛分别为 130.6 厘米和 121.8 厘米；体长分别为 151.8 厘米和 141.2 厘米。

【生产性能】18 月龄育肥公牛平均屠宰率为 57.7%，净肉率 47.23%。眼肌面积 75.8 平方厘米；母牛泌乳期 6～7 个月，一般产奶量 500～700 千克；20～24 月龄初配，母牛繁殖年限 10～13 年。该牛耐寒、耐粗饲、抗病力强，适应性良好。

（六）蒙古牛

【产地及分布】蒙古牛广泛分布于我国北方各省、自治区，以内蒙古中部和东部为集中产区。

【外貌特征】毛色多样，但以黑色和黄色者居多，头部粗重，角长，垂皮不发达，胸较宽深，背腰平直，后躯短窄，尻部倾斜；四肢短，蹄质坚实。成年平均体重：公牛350～450千克，母牛206～370.0千克，地区类型间差异明显；体高分别为113.5～120.9厘米和108.5～112.8厘米。

【生产性能】泌乳力较好，产后100天内，日均产乳5千克，最高日产8.10千克。平均含脂率5.22%。中等膘情的成年阉牛，平均屠宰前重376.9千克，屠宰率为53.0%，净肉率44.6%，眼肌面积56.0平方厘米。该牛繁殖率50%～60%，犊牛成活率90%；4～8岁为繁殖旺盛期。蒙古牛终年放牧，在-50～35℃不同季节气温剧烈变化条件下能常年适应，且抓膘能力强，发病率低，是我国最耐干旱和严寒的少数几个品种之一。

六、其他牛种

（一）水牛

水牛是热带和亚热带地区特有的物种，主要分布在亚洲地区，约占全球饲养量的90%。水牛具有乳、肉、役多种经济用途，适宜水田作业，以稻草为主要粗饲料，饲养方便，成本低。水牛肉味香，鲜嫩，且脂肪含量少。未改良水牛3年出栏，杂交后可2年出栏，生长速度慢于黄牛。役畜产畜化的发展趋势，对充分挖掘这一资源，促进水牛业发展就有重要意义。

（二）牦牛

牦牛是我国的主要牛种，数量仅次于黄牛和水牛，是青藏高原的当家品种。成年公牦牛体重300～450千克，母牦牛体重200～300千克。其肉质细嫩，味美可口，有野味风格，营养价值更高，符合当代人高蛋白、低脂肪、低热量、无污染和保健强身的摄食标准。

第二节　肉牛的选种和经济杂交

一、肉牛的选种方法

肉牛选择的一般原则是："选优去劣，优中选优"。种公牛和种子母牛的选择，是从品质优良的个体中精选出最优个体，即是“优中选优”。而对种母牛大面积的普查鉴定、评定等级，同时及时淘汰劣等，则又是“选优去劣”的过程。在肉牛公母牛选择中，种公牛的选择对牛群的改良起着关键作用。

种公牛的选择，首先是审查系谱，其次是审查该公牛外貌表现及发育情况，最后还要根据种公牛的后裔测定成绩，以断定其遗传性是否稳定。对种母牛的选择则主要根据其本身的生产性能或与生产性能相关的一些性状，此外还要参考其系谱、后裔及旁系的表现情况。故选择肉牛的途径主要包括系谱、本身、后裔和旁系选择四项。

（一）系谱选择

通过系谱记录资料是比较牛优劣的重要途径。肉牛业中，对小牛的选择，并考察其父母、祖父母及外祖父母的性能成绩，对提高选种的准确性有重要作用。据资料表明，种公牛后裔测定的成绩与其父亲后裔测定成绩的相关系数为0.43，与其外祖父后裔测定成绩的相关系数为0.24，而与其母亲1～5个泌乳期产奶量之间的相关系数只有0.21、0.16、0.16、0.28、0.08。由此可见，估计种公牛育种值时，对来自父亲的遗传信息和来自母亲的遗传信息不能等量齐观。

（二）本身表现选择（个体成绩选择）

当小牛长到1岁以上，就可以直接测量其某些经济性状，如1岁活重、肉牛肥育期增重效率等。而对于胴体性状，则只能借助特殊设备（如超声波测定仪等）进行辅助测量，然后对不同个体作出比较。对遗传力高的性状，适宜采用这种选择途径。本身选择就是根据种牛个体本身和一种或若干种性状的表型值判断其种用价值，从而确定个体是否选留，该方法又称性能测定和成绩测验。具体做法：可以在环境一致并有准确记录的条件下，与所有牛群的其他个体进行比较，或与所在牛群的平均水平比较。有时也可以与鉴定标准比较。

肉用种公牛的体型外貌主要看其体型大小，全身结构是否匀称，外型和毛色是否符合品种要求，雄性特征是否明显，有无明显的外貌缺陷。如公牛母相，四肢不够强壮结实，肢势不正，背线不平，颈线薄，胸狭腹垂，尖斜尻等。生殖器官发育良好，睾丸大小正常，有弹性。凡是体型外貌有明显缺陷的，或生殖器官畸形的，睾丸大小不一等均不合乎种用。肉用种公牛的外貌评分不得低于一级，其种用公牛要求特级。

除外貌外，还要测量种公牛的体尺和体重，按照品种标准分别评出等级。另外，还需要检查其精液质量。

（三）后裔测验（成绩或性能试验）

后裔测验是根据后裔各方面的表现情况来评定种公牛好坏的一种鉴定方法，这是多种选择途径中最为可靠的选择途径。具体方法是将选出的种公牛令其与一定数量的母牛配种，对犊牛成绩加以测定，从而评价使（试）用种牛品质优劣的程序。

二、肉牛的经济杂交方法

多用于生产性牛场，特别是用于黄牛改良、肉牛改良和奶牛的肉用生产。目的是为了利用杂交优势，获得具有高度经济利用价值的杂交后代，以增强商品肉牛的数量和降低生产成本，获得较好的效益。生产中，简便实用的杂交方式主要有二元杂交、三元杂交。

（一）二元杂交

二元杂交又称两品种固定杂交或简单杂交，即利用两个不同品种（品系）的公母牛进行固定不变的杂交，利用一代杂种的杂种优势生产商品牛。这种杂交方法简单易行，杂交一代都是杂种，具有杂种优势的后代比例高，杂种优势率最高。这种杂交方式的最大缺点是不能充分利用繁殖性能方面的杂种优势。通常以地方品种或培育品种为母本，只需引进一个外来品种做父本，数量不用太多，即可进行杂交。如利用西门塔尔牛或夏洛莱牛杂交本地黄牛。其杂交模式图如图 3-1 所示。

西门塔尔公牛或夏洛莱公牛(♂)×本地黄牛(♀)

↓

二元杂交牛 (公牛育肥；母牛繁殖)

图 3-1　二元杂交模式

（二）三元杂交

三元杂交又称三品种固定杂交。是从两品种杂交到的杂种一代母牛中选留优良的个体，再与另一品种的公牛进行杂交，所生后代全部作为商品肉牛肥育。第一次杂交所用的公牛品种称为第一父本，第二次杂交利用的公牛称为第二父本或终端父本。这种杂交方式由于母牛是一代杂种，具有一定的杂种优势，再杂交可望得到更高的杂种优势，所以三品种杂交的总杂种优势要超过两品种。其杂交模式图如图 3-2 所示。

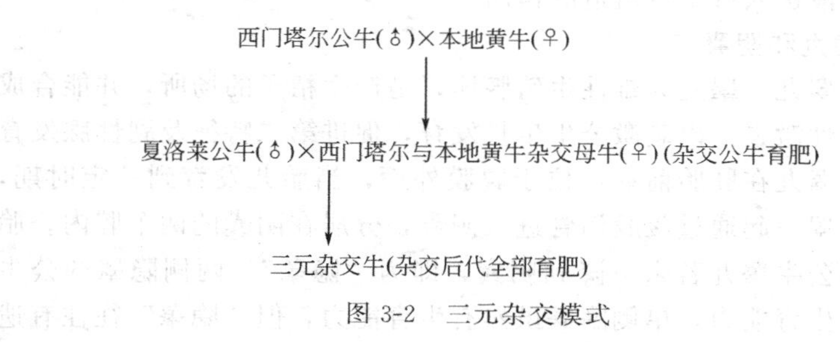

图 3-2　三元杂交模式

（三）品种间的轮回杂交

用 2 个或 3 个以上品种的公母牛进行交替杂交，使逐代都能保持一定的杂种优势。如用本地黄牛与西门塔尔牛杂交一代母牛再与夏洛来牛杂交，杂交二代牛再与西门塔尔牛杂交。轮回杂交模式见图 3-3。

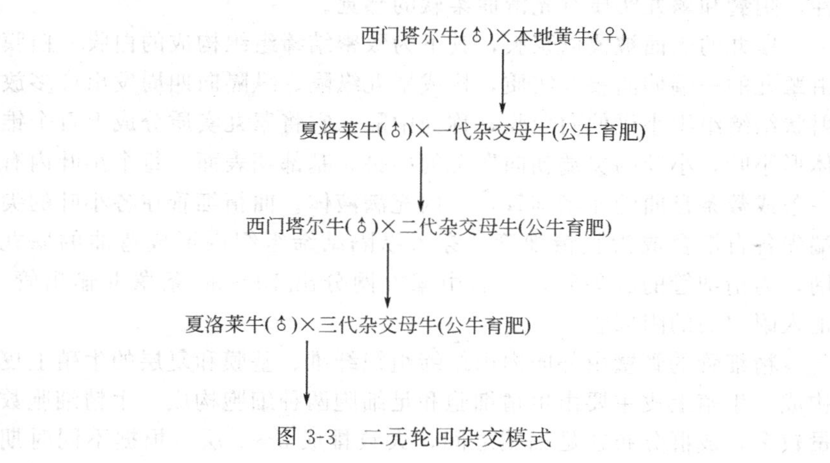

图 3-3　二元轮回杂交模式

第三节　肉牛的繁殖

一、牛的生殖器官构造及功能

（一）公牛

公牛的生殖器官由睾丸、附睾、阴囊、输精管、副性腺、尿生殖道和阴茎七部分组成。公牛的生殖器官具有产生精子、分泌雄性激素以及将精液送入母牛生殖道的作用。

1. 睾丸和阴囊

（1）睾丸　睾丸为雄性生殖腺体，是产生精子的场所，并能合成和分泌雄性激素，以刺激公牛生长发育，促进第二特征及副性腺发育的功能。睾丸在胚胎前期，位于腹膜外面，当胎儿发育到一定时期，它就和附睾一起通过腹股沟管进入阴囊，分居在阴囊的两个腔内。胎儿出生后公牛睾丸若未下降到阴囊，即为“隐睾”。两侧隐睾的公牛完全失去生育能力，单侧隐睾虽然有生育能力，但“隐睾”往往有遗传性，所以两侧或单侧隐睾的公牛均不留作种用。

睾丸是一个复杂的管腺，由曲细精管、直细精管、睾丸精网、输出管及精细管间的间质等部分组成。成年公牛的睾丸呈长卵圆形，左右各一，悬垂于腹下。正常的睾丸触摸时，两睾丸均应坚实，有弹性，阴囊和睾丸实质有光滑而柔软的感觉。

睾丸的表面被覆以浆膜，其下为致密结缔组织构成的白膜，白膜由睾丸的一端伸向睾丸实质，构成睾丸纵隔。纵隔向四周发出许多放射状结缔组织小梁伸向白膜，称为中隔。它将睾丸实质分成上百个锥体形小叶，小叶的尖端朝向睾丸的中央，基部朝表面。每个小叶内有一条或数条盘曲的曲精细管，腔内充满液体。曲精细管在各小叶的尖端先各自汇合成为直精细管，穿入纵隔结缔组织内形成弯曲的睾丸网，为精细管的收集管，最后由睾丸网分出10～30条睾丸输出管，汇入附睾头的附睾管。

精细管的管壁由外向内由结缔组织纤维、基膜和复层的生殖上皮构成。生殖上皮主要由生精细胞和足细胞两种细胞构成。生精细胞数量较多，成群分布在足细胞之间，大致排成3～7层。根据不同时期的发育特点，可分为精原细胞、初级精母细胞、次级精母细胞、精子细胞和精子。

足细胞称为塞托利细胞，又称支持细胞。其体积较大而细长，但数量较少，属体细胞。该细胞高低不等，界限不清，细胞核较大，位于细胞的基部，着色较浅，具有明显的核仁，但不显示分裂现象。一般认为此种细胞对生精细胞起着支持、营养、保护等作用。足细胞失去功能，精子便不能成熟。

睾丸具有生精功能（公牛每克睾丸组织平均每天可产生精子1300万～1900万个）、分泌雄激素（由间质细胞分泌的激素，能激发公畜的性欲及性兴奋，刺激第二性征，刺激阴茎及副性腺的发育，维持精子发生及附睾内精子的存活）和产生睾丸液（由精细管和睾丸网产生大量的睾丸液，其主要作用是维持精子的生存，并有助于精子向附睾头部移动）的功能。

（2）阴囊　阴囊是包被睾丸、附睾及部分输精管的袋状皮肤组织。其皮层较薄、被毛稀少，内层为具有弹性的平滑肌纤维组织构成的肌肉层。

正常情况下，阴囊能维持睾丸保持低于体温的温度，这对于维持生精功能至关重要。阴囊皮肤有丰富的汗腺，肉膜能调整阴囊壁的厚薄及其表面面积，并能改变睾丸和腹壁的距离。气温高时，肉膜松弛，睾丸位置下降，阴囊变薄，散热表面积增加；气温低时，阴囊肉膜皱缩以及提睾肌收缩，使睾丸靠近腹壁并使阴囊壁变厚，散热面积减小。

2. 输精管道

（1）附睾　附睾附着于睾丸的附着缘，由头、体、尾三部分组成。头、尾两端粗大，体部较细。附睾头膨大，主要由睾丸输出管盘曲组成。这些输出管汇集成一条较粗的附睾管，构成附睾体。在睾丸的远端，附睾体延续并转为附睾尾，其中附睾尾弯曲减少，最后逐渐过渡为输精管。牛附睾管的长度为35～50米。

附睾具有吸收和分泌作用（吸收睾丸液，牛睾丸液的精子浓度为1亿个/毫升，而到附睾尾液中约含精子50亿个/毫升；附睾分泌附睾液，对维持精子发育、促进精子成熟等有重要作用）、熟化精子（由睾丸精细管生产的精子，尚未发育成熟。精子在通过附睾的过程中能增加自身的运动和受精能力）、储存精子（可以长时间储存精子，一般认为在附睾内储存的精子经60天后仍具有受精能力。1头成年公牛两侧附睾聚集的精子数约为700多亿个）和运输作用（精子由附睾头运送至附睾尾是靠纤毛上皮的活动以及附睾管平滑肌的收缩）等功能。

（2）输精管　附睾管在附睾尾端延续为输精管，输精管与血管、淋巴管、神经、提睾内肌等，共同包于睾丸系膜内而组成精索，经腹股沟管进入腹腔，折向后进入盆腔，在生殖褶中沿精囊腺内侧向后延伸，变粗形成输精管壶腹，其末端变细，穿过尿生殖道起始部背侧壁，与精囊腺的排泄管共同开口于精阜后端的射精孔。壶腹富含分支管状腺体。

输精管功能：射精时，在催产素和神经系统的支配下输精管肌层发生规律性收缩，使得输精管内和附睾尾储存的精子排入尿生殖道；输精管壶腹部也可视为副性腺的一种，牛精液中部分果糖来自于壶腹部；输精管对死亡和老化的精子具有分解、吸收作用。

3. 副性腺

精囊腺、前列腺及尿道球腺统称为副性腺。射精时它们的分泌物，加上输精管壶腹的分泌物混合在一起称为精清，并将来自于输精管和附睾高密度的精子稀释，形成精液。当家畜达到性成熟时，其副性腺形态和功能得到迅速发育。相反，去势和衰老的家畜腺体萎缩、功能丧失。

副性腺的功能：一是冲洗尿生殖道，为精液通过做准备。交配前阴茎勃起时所排出的少量液体，主要是尿道球腺所分泌，它可以冲洗尿生殖道中残留的尿液，使通过尿生殖道的精子避免受到尿液的危害。二是稀释精子。附睾排出的精子与副性腺液混合后，精子即被稀释，从而也扩大了精液容量。三是供给精子营养物质。精子内某些营养物质是在其与副性腺液混合后得到的，如附睾内的精子不含果糖，当精子与精清（特别是精囊腺液）混合时，果糖即很快地扩散入精子细胞内。果糖的分解是精子能量的主要来源。四是活化精子。副性腺液的pH一般偏碱性，并且副性腺液的渗透压也低于附睾处，这些条件都能增强精子的运动能力。五是运送精液。副性腺分泌物的液流对精液的射出具有推动作用。副性腺管壁收缩所排出的腺体分泌物在与精子混合的同时，随即运送精子排出体外，精液射入母畜生殖道。六是缓冲不良环境对精子的危害。精清中含有柠檬酸盐及磷酸盐，这些物质具有缓冲作用，给精子提供良好的环境，从而延长精子的存活时间，维持精子的受精能力。七是形成阴道栓，防止精液倒流有些家畜的精清有部分和全部凝固的现象。一般认为，这是一种在自然交配时防止精液倒流的天然措施。

4. 阴茎和包皮

阴茎为雄性家畜的交配器官，主要由勃起组织及尿生殖道阴茎部组成，阴茎头为阴茎前端的膨大部，亦称龟头，主要由龟头海绵体构成。牛阴茎勃起时不增大，只是坚挺。阴茎呈“S”状弯曲借助于阴茎缩肌而伸缩。

包皮是腹下皮肤形成的双层鞘囊，分别为内包皮和外包皮，阴茎缩在包皮内，勃起时内外包皮伸展被覆于阴茎表面。包皮的黏膜形成许多褶，并有许多弯曲的管状腺，分泌油脂性分泌物，这种分泌物与脱落的上皮细胞及细菌混合，形成带有异味的包皮垢，经久易引起龟头或包皮的炎症。牛包皮口较狭窄，排尿时阴茎常在包皮内。

（二）母牛

母牛的生殖器官由卵巢、输卵管、子宫、阴道、尿生殖前庭、阴门六部分组成。

1. 卵巢

牛卵巢的形态为扁椭圆形，附着在卵巢系膜上，其附着缘上有卵巢门，血管和神经由此出入。牛的卵巢一般位于子宫角尖端外侧。初产及经产胎次少的母牛卵巢均在耻骨前缘之后；经产多次的母牛子宫因胎次增多而逐渐垂入腹腔，卵巢也随之前移至耻骨前缘的前下方。

牛卵巢组织分为皮质部和髓质部，两者的基质都是结缔组织。皮质内含有卵泡、卵泡的前身和续产物（红体、黄体和白体）。由于卵巢外表面无浆膜覆盖，卵泡可在卵巢的任何部位排卵。髓质内含有许多细小的血管、神经，它们由卵巢门出入，血管分为小支进入皮质，并在卵泡膜上构成血管网。

卵巢皮质部分布着许多原始卵泡。它经过次级卵泡、生长卵泡和成熟卵泡的发育阶段，最终排出卵。排卵后，在原卵泡处形成黄体。多数卵泡在发育到不同阶段时退化、闭锁。

在卵泡发育过程中，包围在卵泡细胞外的两层卵巢皮质基质细胞形成卵泡膜。卵泡膜分为血管性的内膜和纤维性的外膜。内膜分泌雌激素，一定量的雌激素是导致母畜发情的直接因素。排卵后形成的黄体能分泌孕酮，它是维持妊娠所必需的激素。

2. 输卵管

输卵管为一对多弯曲的细管，位于卵巢和子宫角之间，是卵子进入子宫的必经通道。一般可分为漏斗部、壶腹部和峡部三部分。

输卵管的管壁从外向内由浆膜、肌层和黏膜构成。肌层从卵巢端到子宫端逐渐增厚。黏膜上有许多纵襞，其大多数上皮细胞有纤毛，能向子宫蠕动，有助于卵子的运送。

从卵巢排出的卵子先到输卵管伞部，借纤毛的活动将其运输到漏斗部和壶腹部。通过输卵管分节蠕动及逆蠕动，黏膜及输卵管系膜的收缩，以及纤毛活动引起的液流活动，卵子通过壶腹部的黏膜襞被运送到壶峡连接部。子宫和输卵管为精子获能的部位。输卵管壶腹部为精子、卵子结合的部位。

输卵管主要分泌各种氨基酸、葡萄糖、乳酸、黏蛋白及黏多糖，它是精子、卵子及早期胚胎的培养液。输卵管及其分泌物的生理生化状况是精子和卵子正常运行、合子正常发育及运行的必要条件。

3. 子宫

子宫部分为子宫角、子宫体和子宫颈三部分。牛子宫角基部之间有一纵隔，将两角分开，称为对分子宫。子宫角有大小两个弯，大弯游离，小弯供子宫阔韧带附着，血管和神经由此出入。子宫颈前端以子宫内口和子宫体相通，后端突入阴道内，称为子宫颈阴道部，其开口为子宫外口。子宫的组织结构从内向外为黏膜、肌层及浆膜。黏膜层又称子宫内膜，其上皮为柱状细胞，膜内有分支盘曲的子宫腺（管状腺），子宫腺以子宫角最发达，子宫体较少；肌层由较薄的外纵行肌和较厚的内环行肌构成，肌层间有血管网和神经；浆膜与子宫阔韧带的浆膜相连。

子宫颈是精子的“选择性储库”之一，可以滤剔缺损和不活动的精子，它是防止过多精子进入受精部位的第一道栅栏。发情时，子宫颈开张，子宫借其肌纤维的有节律的、强有力的收缩作用运送精液，使精子能以超越其本身的运行速率通过子宫口进入输卵管。子宫内膜的分泌物和渗出物以及内膜中的糖、脂肪、蛋白质代谢物，可为精子获能提供营养。

受胎时，子宫阜形成母体胎盘，与胎儿胎盘结合成为胎儿和母体间交换营养、排泄物的器官，提供胎儿发育的良好场所；妊娠时，子宫颈柱状细胞分泌黏液堵塞子宫颈管，防止感染物侵入；临近分娩时，宫颈扩张，子宫以其强有力的阵缩排出胎儿。

配种未孕母畜在发情周期的一定时期，子宫分泌的前列腺素对卵巢的周期黄体有溶解作用，导致黄体功能减退，脑垂体会大量分泌促卵泡素，引起卵泡发育成长，导致再次发情。

4. 阴道

阴道为母畜的交配器官，又是产道。其背侧为直肠，腹侧为膀胱和尿道。阴道腔为扁平的缝隙。前端有子宫颈阴道部突入其中。子宫颈阴道部周围的阴道腔称为阴道穹隆。后端以阴瓣与尿生殖前庭分开。牛阴道有22～28厘米长。

5. 外生殖器

外生殖器由尿生殖前庭、阴唇、阴蒂构成。

尿生殖前庭为从阴瓣到阴门裂的部分，前高后低，稍微倾斜。尿生殖前庭自阴门下连合至尿道外口，牛的长约10厘米。在其两侧壁的黏膜下层有前庭大腺，为分支管状腺，发情时分泌增强。

阴唇分左右两片构成阴门，其上下端联合形成阴门的上、下角。牛、羊和猪的阴门下角呈锐角，而马、驴则相反，阴门上角较尖，下角浑圆。两阴唇间的开口为阴门裂。阴唇的外面是皮肤，内为黏膜，二者之间有阴门括约肌及大量结缔组织。

阴蒂由两个勃起组织构成，相当于公畜的阴茎。阴蒂头相当于公畜的龟头，富有感觉神经末梢，位于阴唇下角的阴蒂凹陷内。

二、牛的繁殖特性

（一）初情期

初情期是指母牛初次发情（公牛是出现性行为）和排卵（公牛是能够射出精子）的时间。动物到达初情期，虽然可以产生精子（公牛）或排卵（母牛），但性腺仍在继续发育，没有达到正常的繁殖力，母牛发情周期不正常，公牛精子产量很低。这个时候还不能进行繁殖利用。牛的初情期为6～12月龄，公牛略迟于母牛。由于品种、遗传、营养、气候和个体发育等因素，初情期的年龄也有一定的差异。如瑞士黄牛公牛初情期平均为264天，海福特牛公牛则平均为326天。

公牛的初情期比较难以判断，一般来说是指公牛能够第一次释放精子的时期。在这个时期，公牛常表现出嗅闻母畜外阴、爬跨其他牛、阴茎勃起、出现交配动作等多种多样的性行为，但精子还不成熟，不具有配种能力。

（二）性成熟

性成熟就是指母牛卵巢能产生成熟的卵子，公牛睾丸能产生成熟的精子的现象，把这个时期牛的年龄（一般用月龄表示）叫做牛的性成熟期。性成熟期的早晚，因品种不同而有差异。培育品种的性成熟比原始品种早，公牛一般为9月龄，母牛一般为8～14月龄。秦川牛母犊牛性成熟年龄平均为9.3月龄，而公犊则在12月龄左右。性成熟并不是突然出现的，而是一个延续若干时间的逐渐发展过程。

（三）适配年龄

家畜性成熟期配种虽能受胎，但因此期的身体尚未完全发育成熟，即未达到体成熟，势必影响母体及胎儿的生长发育和新生仔畜的存活，所以在生产中一般选择在性成熟后一定时期才开始配种，把适宜配种的年龄叫适配年龄。适配年龄的确定还应根据具体生长发育情况和使用目的而定，一般比性成熟晚一些，在开始配种时的体重应达到其成年体重的70%左右，体高达90%，胸围达到80%。

公、母牛在2～3岁一般生长基本完成，可以开始配种。一般牛的初配年龄：早熟品种16～18月龄，中熟品种18～22月龄，晚数品种22～27月龄；肉用品种适配年龄在16～18月龄，公牛的适配年龄为2.0～2.5岁。

（四）繁殖年限

繁殖年龄指公牛用于配种的使用年限或母牛能繁殖后代的年限。公牛的繁殖年限一般为5～6年，7年后的公牛性欲显著降低，精液品质下降，应该淘汰；母牛的繁殖年限一般在13～15年（11～13胎），老龄牛产奶性能下降，经济价值降低。

三、母牛的发情与发情鉴定

（一）母牛的发情周期与排卵

1. 发情周期

发情周期指母牛性活动表现周期性。母牛出现第一次发情以后，其生殖器官及整个机体的生理状态有规律的发生一系列周期性变化，这种变化周而复始，一直到停止繁殖的年龄为止，这称之为发情的周期性变化。相邻两次发情的间隔时间为一个发情周期。成年母牛的发情周期平均为 21 天（18～25 天）；育成母牛的发情周期平均为 20 天（18～24 天）。根据母牛在发情周期中的生殖道和外部表现的变化，将一个发情周期分为发情期、发情后期、休情期和发情前期。

（1）发情期　发情期也叫发情持续期，指从发情开始到发情结束的时期，一般为 18 小时（6～36 小时）。此期母牛表现为性冲动、兴奋、食欲减退等，详细描述见发情鉴定。

（2）发情后期　母牛由性冲动逐渐进入静止状态，表现安静，卵巢上出现黄体并逐渐发育成熟，孕酮分泌量逐渐增加，此期持续 3～4 天，有 90%的育成母牛和 50%的成年母牛从阴道流出少量的血。

（3）休情期（间情期）　外观表现为相对生理静止时期，母牛的精神状态恢复正常，黄体由成熟到略微萎缩，孕酮的分泌由增长到逐渐下降，此期为 12～15 天。

（4）发情前期　发情前期是下次发情的准备阶段。随着黄体的逐渐萎缩消失，新的卵泡开始发育，卵巢稍变大，雌激素含量开始增加，生殖器官开始充血，黏膜增生，子宫颈口稍有开放，但尚无性表现，此期持续 1～3 天。

2. 排卵时间

成熟的卵泡突出卵巢表面破裂，卵母细胞、卵泡液及部分卵细胞一起排出，称为排卵。正确的估计排卵时间是保证适时输精的前提。在正常营养水平下，76%左右的母牛在发情开始后 21～35 小时或发情结束后 10～12 小时排卵。

3. 产后发情的出现时间

产后第 1 次发情距分娩的时间平均为 63 天（40～110 天）。母牛在产犊后继续哺犊，会有相当数量的个体不发情。在营养水平低下时，通常会出现隔年产犊现象。

4. 发情季节

牛是常年、多周期发情动物，正常情况下，可以常年发情、配种。但由于营养和气候因素，我国北方地区，在冬季母牛很少发情。大部分母牛只是在牧草丰盛季节（6～9月份），膘情恢复后，集中出现发情。这种非正常的生理反应可以通过提高饲养水平和改善环境条件来克服。

（二）发情鉴定

发情鉴定是通过综合的发情鉴定技术来判断母牛的发情阶段，确定最佳的配种时间，以便及时进行人工授精，达到用较少的输精次数和精液消耗量，最大限度地提高配种受胎率的目的。通过发情鉴定，不仅可以判断母牛是否发情以及发情所处的阶段，以便适时配种，提高母牛的受胎率，减少空怀率，而且可以判断母牛的发情是否异常，以便发现问题，及时预防，同时也可为妊娠诊断提供参考。

1. 外部观察法

母牛外表兴奋，举动不安；尤其在圈舍内表现得更为明显。经常哞叫，眼光锐利，感应刺激性提高；岔开后腿，频频排尿；食欲减退，反刍的时间减少或停止，在运动场成群放牧时，常常爬跨其他牛，也接受其他牛爬跨。被爬跨的牛如发情，则站着不动，并举尾；如不是发情牛，则弓背逃走。发情牛爬跨其他牛时，阴门搐动并滴尿，具有与公牛交配的动作。其他牛常嗅发情牛的阴唇，发情母牛的背腰和尻部有被爬跨所留下的泥土、唾液，有时被毛弄得蓬松不整，外阴部肿大充血，在尾上端阴门附近，可以看出黏液分泌物的结痂，或有透明黏液在阴门流出。发情强烈的母牛，体温略有升高（升高0.7～1℃）。

母牛的发情表现虽有一定的规律性，但由于内外因素的影响，有时表现不大明显或欠规律性，因此，在用外部观察法判断发情的同时，对于看似发情但又不能肯定的症状不太明显的母牛，可结合直肠检查法或其他方法进一步诊断。

2. 试情法

应用公牛或喜爱爬跨的母牛对母牛进行试情，根据母牛性欲反应以及爬跨情况来判断母牛的发情程度。此法简单易行，特别适用于群牧的繁殖牛群。为了清楚判断试情情况，需要给公畜或母畜安装特殊的颜料标记装置：一种是颌下钢球发情标志器。该装置由一个具有钢球活塞阀的球状染料库固定于一个扎实的皮革笼头上构成，染料库内装有一种有色染料。使用时，将此装置系在试情公牛的颌下，当它爬跨发情母牛的时候，活动阀门的钢球碰到母牛的背部，于是染料库内的染料流出，印在母牛的背上，根据此标志，便可得知该母牛发情，即被爬跨。另一种是卡马氏发情爬跨测定器。该装置是由一个装有白色染料的塑料胶囊构成。用时，先将母牛尾根上的皮毛洗净并梳刷，再将此鉴定器粘着于牛的尾根上。黏着时，注意塑料囊箭头要向前，不要压迫胶囊，以免引起其变红色。当母畜发情时，试情公畜爬于其上并施加压力于胶囊上，胶囊内的染料由白色变为红色，根据颜色变化程度来推测母畜接受爬跨的安定程度。

当然，除安装标记装置外，结合自己的实际情况，在没有以上装置时，也可以就简处理。例如，有的用粉笔涂擦于母牛的尾根上，如母畜发情时，公畜爬跨其上而将粉笔擦掉。有的将试情公牛的胸前涂以颜色，放在母牛群中，凡经爬跨过的发情母牛，可在尾部或背部留下标记。

3. 直肠检查法

一般正常发情的母牛外部表现明显，排卵有一定规律。但由于品种及个体间的差异，不同的发情母牛排卵时间可能提前或延迟。为了正确确定牛发情时子宫和卵巢的变化，除进行试情及外部观察外，还需进行直肠检查。

操作方法如下：首先将被检母牛进行安全保定，一般可在保定架内进行，以确保人、畜安全。检查者要把指甲剪短磨光，洗净手臂并涂上润滑剂。术者先用手抚摸肛门，然后将五指并拢成锥状，以缓慢的旋转动作伸入肛门，掏出粪便；再将手伸入肛门，手掌展平，掌心向下，按压抚摸；在骨盆腔底部，可摸到一个长圆形质地较硬的棒状物，即为子宫颈；再向前摸，在正前期方可摸到一个浅沟，即为角间沟；沟的两旁为向前下弯曲的两个子宫角，沿着子宫角大弯向下稍向外侧，可摸到卵巢。用手指检查其形状、粗细、大小、反应以及卵巢上卵泡的发育情况来判断母牛的发情情况。

发情母牛子宫颈稍大，较软，由于子宫黏膜水肿，子宫角也增大，子宫收缩反应比较明显，子宫角坚实。不发情母牛，子宫颈细而硬，而子宫较松弛，触摸不那么明显，收缩反应差。

大型、中型成年母牛的卵巢长3.5～4.0厘米，宽1.5～2.0厘米，高2.0～2.5厘米，成年母牛的卵巢较育成牛大。卵巢的表面有小突起，质地坚实。卵巢中的卵泡形状光而圆，发情最大时的直径，中型以上母牛为2.0～2.5厘米。实际上，卵泡埋于卵巢中，它的直径比所摸到的要大。发情初期卵泡直径为1.2～1.5厘米，其表面突出光滑，触摸时略有波动。在排卵前6～12小时，由于卵泡液的增加，卵泡紧张度增加，卵巢体积也有所增大。到卵泡破裂前，其质地柔软，波动明显。排卵后，原卵泡处有不光滑的小凹陷，以后就形成黄体。

母牛在发情的不同时期，卵巢上卵泡的发育表现出不同的变化规律。卵泡发育一般分为五个时期，见表3-1。

表3-1　母牛在发情的不同时期卵泡发育变化规律

时期	变化规律
Ⅰ(卵泡出现期)	卵巢稍增大，卵泡直径为0.5～0.75厘米，触诊时为软化点，波动不明显。母牛在这时已开始出现发情
Ⅱ(卵泡发育期)	卵泡增大到1～1.5厘米，呈小球状，波动明显。此期母牛发情外部表现"明显—强烈—减弱—消失"过程，全期10～12小时
Ⅲ(卵泡成熟期)	卵泡大小不再增大，卵泡壁变薄，弹性增强，触摸时有一压就破的感觉，此时6～8小时。这时，发情表现完全消失
Ⅳ(排卵期)	卵泡破裂，排卵，泡液流失，泡壁变得松软，成为一个小的凹陷
Ⅴ(黄体形成期)	排卵6小时后，原来卵泡破裂处，可摸到一个柔软的肉样突体，这是黄体。以后黄体呈不大的面团块突出于卵巢表面

直肠检查时，要注意卵泡与黄体的区别，卵泡的成长过程是进行性变化，由小到大，由硬到软，由无波动到有波动，由无弹性到有弹性。而黄体则是退行性变化，发育时较大、较软，到退化时期愈来愈小，愈来愈硬。正常的卵泡与卵巢连接处光滑而无界限，而黄体像一个条状突起，突出于卵巢表面，与卵巢连接处有明显的界限。

4. 阴道检查法

用开膣器打开母牛阴道，观察阴道黏膜的颜色和湿润程度来检查母牛发情与否。发情母牛阴道黏膜充血潮红，表面光滑湿润，子宫颈外口充血，松弛，柔软开张，排出大量的透明黏液，呈很长的黏液线垂于阴门之外，不易扯断。发情初期黏液较稀薄，随着发情时间的推移，逐渐变稠，量也由少变多；到发情后期，黏液量逐渐减少且黏性差。不发情的母牛阴道黏膜苍白，干燥，子宫颈口紧闭。

操作的具体方法：保定好待检母牛，尾巴用绳子拴向一边，外阴用0.1%的新洁尔灭清洗消毒后用干净纱布揩干。把消毒过的开膣器轻轻插入母牛阴道，打开开膣器后，通过反光镜或手电筒光线检查阴道变化。应特别注意阴道黏膜的色泽及湿润程度，子宫颈部的颜色和形状，黏液的量、黏度和气味，以及子宫颈口开张及开张程度。在整个操作过程中，消毒要严密，操作要仔细，防止粗暴。

5. 激素测定法

母牛在发情时，孕酮水平降低，雌激素水平升高。应用酶免疫测定技术或放射免疫测定技术测定血液、奶样或尿中雌激素或孕激素水平，便可进行发情鉴定。目前，国外已有十余种发情鉴定或妊娠诊断用酶免疫测定试剂盒供应市场，操作时只需按说明书介绍加适量的受检牛血样、奶样或尿样以及其他试剂，根据反应液颜色可方便地鉴定发情情况。

6. 抹片法

对发情牛的子宫颈黏液进行抹片镜检，呈羊齿植物状花纹，结晶花纹较典型，长列而整齐，并且保持时间较久，达数小时以上，其他杂质（如白细胞、上皮细胞等）很少，这是发情盛期的表现。如结晶结构较短，呈现金鱼藻或星芒状，且保持时间较短，白细胞较多，这是进入发情末期的标志。因此根据子宫颈黏液抹片的结晶状态及其保持时间的长短可判断发情的时期，但并非完全可靠。

（三）异常发情

母牛异常发情多见于初情期后、性成熟前以及繁殖季节开始阶段，也有因营养不良、内分泌失调、疾病以及环境温度突然变化等引起异常发情。常见有以下几种。

1. 隐性发情

这种发情外部症状不明显，难以看出，但卵巢上的卵泡正常发育成熟而排卵。母牛产后第1次发情，年老体弱的母牛或营养状况差时易发生隐性发情。在生产实践中，当发现母牛连续2次发情之间的间隔相当于正常发情间隔的2～3倍，即可怀疑中间有隐性发情。

2. 短促发情

由于发育的卵泡迅速成熟并破裂排卵，也可能卵泡突然停止发育或发育受阻而缩短了发情期。如不注意观察，就极容易错过配种期。此种现象与炎热气候有关，多发生在夏季，也与卵泡发育停止或发育受阻有关。年老体弱母牛或初次发情的青年牛易发生。

3. 假发情

假发情母牛只有外部发情明显征状，但卵巢上无卵泡发育和不排卵，又分为2种情况：一种是母牛怀孕后又出现爬跨其他牛的现象，而阴道检查发现子宫颈口不开张，无松弛和充血现象，无发情分泌物，直肠检查能摸到子宫增大和胎儿等特征；另一种是患有卵巢机能失调或有子宫内膜炎的母牛，也常出现假发情。

4. 持续发情

持续发情是发情频繁而没有规律性。发情时间超过正常发情周期或明显短于正常发情周期。主要是卵泡不规律，生殖激素分泌紊乱所致，又分2种情况：一种情况是由卵巢囊肿而引起，这种母牛有明显发情征状，卵巢上有卵泡发育，但迟迟不成熟，不能排卵，而且继续增大、肿胀，甚至造成整个卵巢囊肿，充满卵泡液。由于卵泡过量分泌雌激素而使母牛持续发情。另一种情况是卵泡交替发育，左右2个卵巢交替出现卵泡发育，交替产生大量雌激素而使母牛延续发情。持续发情时发情持续期延长，有的母牛可以长达3天以上。

5. 不发情

不发情母牛不发情的原因很多，有些是营养不良或气候因素影响，有些是母牛生殖器官先天性缺陷，有些是母牛卵巢、子宫疾病或其他疾病引起。此外产后哺乳期母牛一般发情较迟，对不发情母牛应该仔细检查，从加强饲养管理和治疗疾病两方面采取措施。

（四）影响母牛发情因素

影响母牛发情的因素见表3-2。

表 3-2　影响母牛发情的因素

自然因素	牛一年四季均可发情，但发情持续时间的长短受到气候因素的影响。高温季节，母牛发情持续期明显比其他季节短
营养水平	营养水平对于牛的初情期和发情影响很大。自然环境对牛发情持续期的影响，从某种程度上来说是由营养水平变化导致的。一般情况下，良好的饲养水平可增加牛的生长速度，提早牛的体成熟，也可加强牛的发情表现。但营养水平过高，牛过肥会导致发情特征不明显或间情期长
饲草种类	在牛采食的饲料中，有些植物可能有某种物质，影响牛的初情期和经产牛的再发情。如豆科木草中含有一种植物雌激素，当母牛长期采食豆科牧草，母牛流产率增多，乳房及乳头发达，导致牛繁殖力降低
饲养管理	牛产前、产后分别饲喂低、高能饲料可以缩短第一次发情间隔。如果产前喂以足够的能量而产后喂以低能量，则第一次发情间隔延长，有一部分牛在产犊后长时期内不发情。同时尽可能采取提早断奶法，让母牛提前发情

四、母牛的配种

（一）配种时间

母牛适宜输精时间在发情开始后 9～24 小时，2 次输精间隔 8～12 小时。因为通常母牛发情持续期 18 小时，母牛在发情结束后 10～15 小时排卵，卵子存活时间 6～12 小时，卵子到受精部位需 6 小时，精子进入受精部位 0.25～4 小时，精子在生殖道内保持受精能力24～50 小时，精子获能时间需 20 小时。

母牛多在夜间排卵，生产中应夜间输精或清晨输精，避免气温高时输精，尤其在夏季，以提高受胎率。对老、弱母牛，发情持续期短，配种时间应适当提前。

母牛产后第 1 次发情一般牛在 40 天左右或 40 天以上，这与营养状况有很大关系。一般产后第 2～4 个发情期（即产犊后 60～100 天）配种，易受胎，应抓紧时机及时配种。

（二）配种方法

配种方法有自然交配和人工授精。

1. 自然交配

自然交配又称本交，指公、母牛之间直接交配，这种方法公牛的利用率低，购牛价高，饲养管理成本也高，且易传染疾病，生产上不宜采用。随着科技的发展，自然交配已被人工授精替代。

2. 人工授精

在我国大面积开展黄牛改良的工作中，母牛的人工授精技术已成为养牛业的现代、科学繁殖技术，并且已在全国范围内广泛推广应用。人工授精技术是人工采集公牛精液，经质量检查并稀释、处理和冷冻后，再用输精器将精液输入母牛的生殖道内，使母牛排出的卵子受精后妊娠，最终产下牛犊。人工授精技术应用，提高了优良公牛的配种效率（一头公牛则可配 6000～12000 头母牛）、加速了母牛育种工作进程和繁殖改良速度（使用优质肉公牛可以生产出优良的后代）、提高了配种母牛的受胎率、避免了生殖器官直接接触造成的疾病传播。

（三）人工授精操作

1. 采精

只有认真做好采精前的准备，正确掌握采精技术，科学安排采精频率，才能获得量多质优的精液。

（1）采精前的准备　采精前可从以下几方面进行准备。

① 采精场地准备　采精要有一定的采精环境，以便使公牛建立起巩固的条件反射，同时防止精液污染。采精场应选择或建立在宽敞、平坦、安静、清洁的房子中，不论什么季节或天气均可照常进行工作，温度易控制。采精室应明亮、清洁、地面平坦防滑，宜采用水泥地面，并铺设防滑垫，室内设有采精架以保定台牛或设立假台牛，供公牛爬跨进行采精。室内采精场的面积一般为 10 米×10 米，并附设喷洒消毒和紫外线照射杀菌设备。

② 假阴道准备　假阴道是一筒状结构，主要由外壳、内胎和集精杯三部分组成。外壳为一硬橡胶圆筒，上有注水孔；内胎为弹性强、薄而柔软无毒的橡胶筒，装在外壳内，构成假阴道内壁；集精杯由暗色玻璃或塑料制成，装在假阴道的一端。外壳和内胎之间可装温水和吹入空气，以保持适宜的温度（38～40℃）和压力。

用前进行检查、安装、保温（37～40℃）备用。假阴道安装步骤如下：首先安装内胎及消毒。将内胎放入外壳，使露出两端的内胎长短相等，翻转在外壳上，以胶圈固定。用 65%～70% 的酒精，按照先集精瓶端后阴茎入口的顺序擦拭。在采精前，用生理盐水冲洗，最后装上集精杯；然后注水。将假阴道直立，水面达到中心注水孔即可，采精时内胎温度应达到40℃；再涂润滑剂。润滑剂多用灭菌的白凡士林，早春或冬季可用2∶1的白凡士林与液体石蜡的混合剂。涂抹深度约为假阴道全长的1/2；最后调节压力。从活塞注入空气，使假阴道入口闭合为放射状三条缝时才算适度。

假阴道每次使用后应清洗干净，并用75%酒精或紫外线灯进行消毒。玻璃及金属器械有条件的可用高压灭菌锅消毒。

③ 台牛准备　台牛可用发情母牛、去势公牛。采精前，台牛臀部、外阴部和尾部必须消毒，消毒顺序：先用2%来苏儿液擦拭，然后用净水冲洗，擦干。采精时，台牛要固定在采精架内，保持周围环境安静。

用假台牛采精则更为方便且安全可靠。假台牛可用木材或金属材料制成，要求大小适宜，坚实牢固，表面柔软干净，用牛皮伪装。用假台牛采精，应先对公牛进行调教，使其建立条件反射。

④ 种公牛准备　平时种公牛的饲养管理要良好。采精前用温水对种公牛阴茎、龟头和下腹部进行冲洗并消毒。若阴茎周围有长毛，应进行修剪。

⑤ 采精人员准备　采精人员应技术熟练，要相对固定，这样熟悉种公牛的个体习性，使种公牛射精充分。

（2）采精技术　一种理想的采精方法，应具备下列四个条件：可以全部收集公牛一次射出的精液；不影响精液品质；公牛生殖器官和性机能不会受到损伤或影响；器械用具简单，使用方便。公牛多采用假阴道法采精。假阴道法是利用模拟母牛阴道环境条件的人工阴道，诱导公牛射精而采集精液的方法。

采精员站于台牛的右后侧。公牛爬跨时，采精员左手持假阴道以与地面成30°固定在台牛臀部，左手握公牛包皮，将阴茎导入假阴道，让其自然插入射精，射精后随公牛下落，让阴茎慢慢回缩自动脱落。采精前可使公牛空爬1或2次。

利用假台牛采精时，最好是将假阴道安放到假台牛后躯内，种公牛爬跨假台牛而在阴道内射精，这是一种比较安全而简单的方法。但实践中常采用手持假阴道采精法。采精时将公牛引至台牛后面，采精员站在台牛后部右侧，右手握持备好的假阴道，当公牛爬跨台牛而阴茎未触及台牛时，迅速将阴茎导入假阴道（呈35°左右的角度）内即可射精。射精后，将假阴道的集精杯端向下倾斜，随公牛下落，让阴茎慢慢回缩自动脱出；阴茎脱出后，将假阴道直立、放气、放水，精液送化验室进行检查，合格后稀释备用。

值得注意的是，公牛对假阴道的温度比压力更为灵敏，因此温度要更准确。而且公牛的阴茎非常敏感，在向假阴道内导入阴茎时，只能用掌心托着包皮，切勿用手直接抓握伸出的阴茎。同时，牛交配时间短促，只有数秒钟，当公牛向前一冲后即行射精。因此，采精动作力求迅速敏捷准确，并防止阴茎突然弯折而损伤。

（3）采精频率　采精频率是指每周对公牛的采精次数。为了既最大限度地采集公牛精液，又维持其健康体况和正常生殖机能，必须合理安排采精频率。1头种公牛1周内采精次数在2～3次，或1周采1次，但需连续采取2个批次射精量。对于科学饲养管理的体壮公牛，每周采精6次不会影响繁殖力。青年公牛采精次数应酌减。随意增加采精次数，不仅会降低精液品质，而且会造成公牛生殖机能降低和体质衰弱等不良后果。

2. 精液品质检查

通过精液品质的检查，可断定精液品质的优劣以及在稀释保存过程中精液品质的变化情况，以便决定能否用于输精或冷冻，精液品质检查主要项目如下。

（1）外观和精液量　牛精液正常颜色呈乳白色或乳黄色。精液量一般为3～10毫升。刚采集的牛精液密度大，精子运动翻滚如云，俗称“云雾状”，云雾状越显著，表明牛精子活力、密度越好。

（2）精子密度　测定精子密度的简单方法是，取1滴新鲜精液在显微镜下观察。将精子密度分为密（精子之间没有什么空隙，精子之间距离小于1个精子长度）、中（精子之间有一定空隙，其距离大约等于1个精子的长度）、稀（精子之间距离较大，大于1个精子的长度）。

另一种较精确的方法是，用血球计数板来计算精子数，以确定精子密度。牛每毫升精液中含精子数12亿个以上为密，8亿～12亿个为中，8亿个以下为稀。

还有一种较好的方法，是利用光电比色计，根据精子浓度越大透光性越差的特点，与标准管进行比较，能迅速准确地测出精子浓度。

（3）精子活率　评定精子活率有2种方法：第1种是评分法。用直线前进运动的精子占总精子数的百分比来表示。方法是，在38～40℃，用400倍显微镜进行观察。直线前进运动的精子占精子数90%的为0.9，80%的为0.8，以此类推。牛新鲜精液活率在0.4以下，冷冻精液在0.3以上才能用以受精。第2种是精子染色法。方法是，用苯胺黑、伊红作染料，活精子不着色，死精子着色，据此计算死、活精子的百分数。

（4）精子形态检查　精子形态正常与否和受精率有密切关系。畸形精子和顶体异常精子都无受精能力，畸形精子过多则受精能力降低，死胎、怪胎增多。

① 畸形率　畸形率指精液中畸形精子所占的比例。凡是形态不正常的精子均为畸形精于，如无头、无尾、双头、双尾、头大、头小、尾部弯曲等。这些畸形精子都无受精能力，检查方法是将精液1滴放于载玻片的一端，用另一边缘整齐的盖玻片呈30°～60°角把精液推成均匀的抹片。待干燥后，用0.5%龙胆紫酒精溶液染色2～3分钟，用水冲洗。干燥后，在400倍以上高倍显微镜下计数500个精子；计算畸形精子百分率。牛正常精液畸形率不得越过18%。

② 顶体异常率　正常精子的顶体内含有多种与受精有关的酶类，在受精过程中起着重要作用。顶体异常的精子失去受精能力。顶体异常一般表现有膨胀、缺损、部分脱落、全部脱落等情况。顶体异常发生的原因可能与精子生成过程不正常或副性腺分泌物不良有关，尤其射出的精子遭受低温打击和冷冻伤害所致。正常情况下，牛的顶体异常率不超过6%。

3. 精液的稀释和保存

精液稀释后，扩大了精液量，提高了优良种公牛的利用率。如1次采出4～6毫升精液，按原精液进行输精，1头母牛的输精量为1毫升，只能输4～6头母牛。稀释后可以输50～160头母牛。稀释液中含有营养物质和缓冲物质，可以补充营养及中和精子代谢产物，防止精子受低温打击，延长精子存活时间。

（1）稀释液配制原则和稀释比例　配制稀释液原则上是现用现配。如隔日使用和短期保存（1周），必须严格灭菌、密封，放在0～

5℃冰箱中保存，但卵黄、抗生素、酶类、激素等物质，必须在使用前添加，配制稀释液用水应为新鲜的蒸馏水或重蒸水。药品最好用分析纯，称量药品必须准确，充分溶解、过滤、消毒。所用的应是新鲜鸡蛋的卵黄。所有配制用品都必须认真清洗和严格消毒、抗生素和卵黄等必须在稀释液冷却后加入。

精液稀释比例主要按采得精液的精子密度和活率确定，以保证解冻后每个输精剂量所含的直线前进的精子数不低于标准要求。牛的精液一般稀释比例为1∶(10～40)；精子密度在25亿以上的精液可以1∶(40～50)稀释。

(2) 精液稀释方法　精液在稀释前首先检查其活率和密度，然后确定稀释倍数。将精液与稀释液同时置于30℃左右的恒温箱或水浴锅内，进行短暂的同温处理，稀释时，将稀释液沿器皿壁缓慢加入，并轻轻摇动，使之混合均匀。如做高倍稀释（20倍以上）时，分两步进行，先加入稀释液总量的1/3～1/2，混合均匀后再加入剩余的稀释液。稀释完毕后，再进行活率、密度检查，如活率与稀释前一样，则可进行分装、保存。

(3) 精液的常温保存　常温保存的温度一般是15～25℃。春、秋季可放置在室内，夏季也可置于地窖或用空调控制的房间内，故又称室温保存或变温保存。牛常温保存常用稀释液配方见表3-3。

表3-3　牛常温保存常用稀释液配方

项目	伊利尼变温液[①]	康乃尔大学液[②]	乙酸稀释[②]
基础液	0.3	0.3	0.3
葡萄糖/克	0.21	0.21	
二水柠檬酸钠/克	2	1.46	2
氯酸钾/克	0.04	0.04	
磺乙酰胺钠/克			0.0125
氨基乙酸		0.937	1
氨苯磺胺/克	0.3	0.3	
甘油/毫升			1.25
蒸馏水/毫升	100	100	100

续表

项目	伊利尼变温液①	康乃尔大学液②	乙酸稀释②
稀释液			
基础液/%	90	80	79
2.5%己酸/%			1
卵黄/%	10	20	20
青霉素/(国际单位/毫升)	1000	1000	1000
双氢链霉素/(微克/毫升)	1000	1000	1000
硫酸链霉素/(微克/毫升)			1200
氯霉素/%			0.0005

① 充二氧化碳 20 分钟，使 pH 调至 6.35；② 稀释液配好后充氮 20 分钟。

（4）精液的低温保存　低温保存的温度是 0～5℃。一般将稀释好的精液置于冰箱或广口保温瓶中，在保存期间要保持温度恒定，不可过高过低。操作时注意严格遵守逐步降温的操作规程，防止低温打击（冷休克）。具体操作方法是先将装入稀释后精液的容器用数层纱布或药棉包裹好，然后置于 0～5℃的低温环境中。牛低温保存常用稀释液配方见表 3-4。

表 3-4　牛低温保存常用稀释液配方

项目	葡萄糖-柠檬酸钠-卵黄	葡萄糖-氨基乙酸-卵黄	葡萄糖-柠檬酸钠-奶粉-卵黄
基础液			
二水柠檬酸钠/克	1.40		1.00
奶粉/克			3.00
葡萄糖/克	3.00	5.00	2.00
氨基乙酸/克		4.00	
蒸馏水/毫升	100	100	1000
稀释液			
基础液/%	80	70	80
卵黄/%	20	30	20
青霉素/(国际单位/毫升)	1000	1000	1000
双氢链霉素/(微克/毫升)	1000	1000	1000

(5) 冷冻精液的制作和保存

① 鲜精要求　将新鲜的精液置于30℃环境中，迅速准确检查每头种公牛精液品质。其品质优劣与冷冻效果密切相关，牛冷冻精液国家标准要求鲜精的标准：精子活率（下限）65%，精子密度（下限）8亿/毫升，精子畸形率（上限）15%。

② 精液稀释　牛精液冷冻保存稀释液见表3-5。

表3-5　牛精液冷冻保存稀释液

细管冻精稀释液	基础液:2.9%柠檬酸钠100.0毫升,卵黄10.0毫升;稀释液:取基础液41.75毫升,加果糖2.5克,甘油7.0毫升
	脱脂牛奶83.0毫升,卵黄20.0毫升,甘油7.0毫升
颗粒冻精稀释液	12.0%蔗糖液75.0毫升,卵黄20.0毫升,甘油5.0毫升
	2.9%柠檬酸钠液73.0毫升,卵黄20.0毫升,甘油7.0毫升

注：所有稀释液每100毫升中添加青霉素、链霉素至少各5万～10万国际单位，现配现用。配方中所用试剂应为化学纯，水用双蒸水。

冷冻前的精液稀释方法见表3-6。

表3-6　冷冻前的精液稀释方法

1次稀释法	按常规稀释精液的要求,将精液冷冻保存稀释液按比例1次加入
2次稀释法	效果较好,但操作较为烦琐,常用于细管冷冻精液。2次稀释法的处理,一般将采集的精液先用不含甘油的基础液稀释至最终稀释倍数的1/2,经1小时缓慢降温至5℃,然后再用含甘油的基础液在同温下做等量的第2次稀释。加入稀释液时可采用1次或多次加入或缓慢滴入等方法。经稀释的精液应取样检测其精子活率,要求不应低于原精的精子活率

③ 精液分装　目前冷冻精液的分装，一般采用颗粒、细管2种方法，亦称剂型。颗粒剂型是将处理好的稀释精液直接进行降温平衡，不必分装；细管剂型目前多采用0.25毫升、0.5毫升耐冻无毒塑料细管，有些大型种公牛站多采用自动细管冻精分装装置1次完成灌封、标记。对细管精液进行标记可用喷墨印刷机在塑料细管上印字和采用不同颜色的塑料细管来完成。

④ 降温和平衡　为了使精子免受低温打击造成的损害。采用缓

慢降温的冻前处理，即将稀释后由精液30℃以上温度，经1小时缓慢降温至3～5℃，具体降温处理方法，可将盛装稀释精液的试管封好管口，置于30℃水温的烧杯内，一起送至冰箱内或将盛装精液的试管或细管用6～8层纱布或毛巾包裹好放入冰箱内，使精液在冰箱内3～5℃环境中进行降温、平衡。

平衡是指将经缓慢降温后的精液，放在一定的温度下预冷，经历一定时间，经过平衡处理后的精液可增强冻结效果，其机理尚不清楚。有关平衡处理的温度和时间也尚不统一。欧美各国通常为4～5℃，前苏联多主张在0℃；还有人主张在－5℃下进行，时间2～4小时；我国一般平衡温度为3～5℃，降温、平衡时间3～4小时。

⑤ 冷冻　一般是将液氮盛于广口保温瓶或广口液氮容器内，在液氮面上约1厘米距离。悬置一个铜纱网或其他冻精器材。利用液氮蒸发的冷气（其温度维持为1～11℃）冷却冻精器材和冻结经平衡的精液，制作冷冻精液，冷冻过程中的降温速率通过调节精液与液氮面的距离和时间来加以控制。冷冻操作过程见表3-7。

表3-7　精液冷冻操作

细管精液冷冻	将经平衡的细管精液，平铺摆放在纱网上，停留5～10分钟冻结，最后将合格的冻精移入液氮内储存。目前国内大型种公牛站使用电脑程序控制降温速冻装置，将经平衡的细管精液摆在排放细管架上，放于低温操作柜中，由电脑程序自动控制精液的降温速率，具有很好的冷冻效果。
颗粒精液冷冻	先将灭菌的铜纱网（或灭菌铝饭盒盖）悬置液氮面上一定距离，使之冷却并维持在－80～－110℃，或者用经液氮浸泡5分钟冷却的灭菌聚氮乙烯塑料板，漂浮液氮面上。然后迅速将平衡后的精液按剂量整齐地滴于网（板）上，停留5分钟熏蒸冻结，当精液颜色变白时浸入液氮内。最后将镜检合格的颗粒冻精收集在有标记（品种、牛号、精液数量、生产日期、糟液品质等）的灭菌纱布袋内，每一包装50粒或100粒，移入液氮内保存。在制作冷冻精液过程中，动作要快而准，严格控制好精液冻结的降温速率，以求达到最佳的冻结效果。此外，每冻一批冷冻精液，必须随机取样检验，只有合格的冷冻精液才能长期储存

⑥ 冷冻精液的保存　制作的冷冻精液，要存放于盛有液氮的液氮罐内保存和运输。液氮的温度为－196℃，精子在这样低的温度下，完全停止运动和新陈代谢活动，处于几乎不消耗能量的休眠状态之中，从而达到长期保存的目的。

技术人员将抽样检查合格的各种剂型的冷冻精液，分别妥善包装以后，还要做好品种、种牛号、冻精日期、剂型、数量等标记。然后放入超低温的液氮内长期保存备用。在保存过程中，必须坚持保存温度恒定不变、精液品质不变的原则以达到精液长期保存的目的。

冻精取放时，动作要迅速，每次最好控制在5～10秒，并及时盖好容器塞，以防液氮蒸发或异物进入。在液氮中提取精液时，切忌把包装袋提出液氮罐口外，而应置于罐颈之下。

液氮易于气化，放置一段时间后，罐内液氮的量会越来越少，如果长期放置，液氮就会耗干。因此，必须注意罐内液氮量的变化情况，定期给罐内添加液氮，不能使罐内保存的细管精液或颗粒精液暴露在液氮面上，平时罐内液氮的容量应该达到整个罐的2/3以上。拴系精液包装袋的绳子，切勿让其相互绞缠，使得精液未能浸入液氮内而长时间悬吊于液氮罐中。

⑦ 冷冻精液的运输　冷冻精液需要运输到外地时，必须先查验一下精子的活力，并对照包装袋上的标签查看精子出处、数量，做到万无一失后方可进行运输。应有专人负责，办好交接手续，附带运输精液的单据。选用的液氮罐必须具有良好保温性能，不露气、不露液。运输时应加满液氮，罐外套上保护外套。装卸应轻拿轻放，不可强烈震动，以免把罐掀倒。此外，防止液氮罐被强烈的阳光曝晒，以减少液氮蒸发。

⑧ 液氮罐的使用及保护　液氮罐是长期储存精液的容器，为了使其中存放的精液质量不受影响，我们必须会使用液氮罐，并进行定期管理维护。日常要将液氮罐放置在干燥、避光、通风、阴凉的室内。不能倾斜更不能倒伏，要稳定安放不要随便四处挪动。要精心爱护，随时检查，严防乱碰乱摔容器的事故发生。

4. 输精

（1）输精前准备　牛用玻璃或金属输精器可用蒸汽、75%酒精或放入高温干燥箱内消毒；输精胶管因不宜高温处理，可用酒精或蒸汽消毒。输精器宜每头母牛准备一支。输精器在使用前用稀释液冲洗2次。

（2）母牛准备　将接受输精的母牛固定在六柱栏内，尾巴固定于一侧，用0.1%新洁尔灭溶液清洗消毒外阴部，再用酒精棉球擦拭。

（3）输精员安排　输精员要身着工作服，指甲需剪短磨光，戴一次性直肠检查手套或手臂洗净擦干后用75%酒精消毒，待完全挥发干再持输精器。

（4）精液的解冻与检查

① 颗粒精液的解冻　颗粒冻精解冻的稀释液要另配，解冻前先要配制解冻稀释液，一般常用的是2.9%柠檬酸溶液、维生素B_{12}（0.5毫升）溶液、葡柠液（葡萄糖3%、二水柠檬酸钠1.4%）。各种解冻液均可分装于玻璃安瓿中，经灭菌后长期备用。解冻时，先取1～1.5毫升解冻液放入小试管内，在40℃水浴中经2～3分钟后投入1或2粒精液颗粒。待溶化1小时，即取出精液试管，在常温下轻轻摇动至完全解冻后，检查评定精子活率，然后进行输精。

② 细管精液的解冻　细管冷冻精液不需要解冻稀释液。方法有4种：一是由液氮罐内迅速取出一支细管冷冻精液，立即投入40℃温水中；二是放在室温下自然融化；三是握在手中或装在衣袋里靠体温融化；四是将冷冻细管精液装在输精器上直接输精，靠母牛阴道和子宫颈温度来溶解。细管精液品质检查，可按批抽样测定，不需每支精液均作检查。

③ 冷冻精液的检查　冷冻精液质量的检查，一般是在解冻后进行。其主要指标：精子活率、精子密度、精子畸形率及顶体完整率和存活时间等。要求各项指标符合用于输精冷冻精液的要求，方可用于配种，否则弃之。牛冷冻精液质量的国家标准（GB 4143—2008）主要指标如表3-8。

表3-8　奶牛、兼用牛、肉牛和黄牛的冷冻精液产品国家标准

项　目	要　求
剂型	细管、颗粒和安瓿
剂量	细管：中型0.5毫升；微型0.25毫升；颗粒0.10毫升±0.01毫升；安瓿0.5毫升
精子活力	解冻后的活力，指呈直线前进运动的精子百分率（下限）30%（即0.3）；精子复苏率（下限）50%
每一剂量解冻后呈直线前进运动的精子数	细管：每支（下限）1000万个；颗粒：每粒（下限）1200万个；安瓿：每支（下限）1500万个

续表

项目	要求
解冻后的精子畸形率	(上限)20%
解冻后的精子顶体完整率	(下限)40%
解冻后的精液无病原性微生物	每毫升中细菌菌落数(上限)1000个
解冻后的精子存活时间	在5～8℃储存时(下限)为12小时;在37℃储存时(下限)4小时

④ 精液解冻注意事项　一是冷冻精液宜临用时现解冻，立即输精。解冻后至输精之间的时间，最长不得超过1～2小时，其中细管冻精应在1小时之内，颗粒冻精应在2小时之内；二是解冻时，事先预热好解冻试管及解冻液，再快速由液氮容器内取出1粒（支）冻精，尽快融化解冻；三是在解冻中切忌精液内混入水或其他不利于精子生存的物质，同时避免刺激气味（如农药）等对精子的不良影响；四是解冻时要恰当掌握冷冻精液的融化程度，不能时间长，否则影响精子的受精能力；五是需要冷冻精液解冻后做短时间保存时，应采用含卵黄的解冻液，以1.0～15℃水温解冻，逐渐降到2～6℃环境中保存。保存温度要恒定，切忌温度升高。精液解冻后必须保持所要求的温度，严防在操作过程中温度出现回升或回降。冷冻精液解冻后不宜存放时间过长，应在1小时内输精。

（5）输精适期　冷冻精液输入母畜生殖道以后，其存活时间大大缩短。这就给选定输精时机提出了更高的要求。输精时间过早，待卵子排出后，精于已衰老死亡；输精过晚，排卵后输精的受胎率又很低。所以使用冷冻精液输精的时间应当比使用新鲜精液适当推迟一些，输精间隔时间也应该短一些。母牛输精时机掌握在发情中、后期，发现母牛接受爬跨静立不动后8～12小时输精。生产实践中一般这样掌握：早晨（9时以前）发情的母牛，当日晚输精；中午前后发情的母牛，当日晚输精；下午（2时以后）发情的母牛，次日早晨输精。

（6）输精方法　目前给牛输精常用的方法是直肠把握子宫颈输精法。术者左手臂上涂擦润滑剂后，左手呈楔形插入母牛直肠，触摸子宫、卵巢、子宫颈的位置，并令母牛排除粪便，然后消毒外阴部。为了保护输精器在插入阴道前不被污染，可先使左手四指留在肛门后，向下压拉肛门下缘，同时用左手拇指压在阴唇上并向上提拉，使阴门张开，右手趁势将输精器插入阴道。左手再进入直肠，摸清子宫颈后，左手心朝向右侧握住子宫颈，无名指平行握在子宫颈外口周围。这时要把子宫颈外口握在手中，假如握得太靠前会使颈口游离下垂，造成输精器不易对上颈口。右手持装有精液的输精器，向左手心中深插，输精器即可进入子宫颈外口。然后，多处转换方向向前探插，同时用左手将子宫颈前段稍作抬高，并向输精器上套。输精器通过于宫颈管内的硬皱襞时，会有明显的感觉。当输精器一旦越过子宫颈皱襞，立即感到畅通无阻，这时即抵达子宫体处。当输精器处于宫颈管内时，手指是摸不到的，输精器一进入子宫体，即可很清楚地触摸到输精器的前段。确认输精器进入子宫体时，应向后抽退一点，勿使子宫壁堵塞住输精器尖端出口处，然后缓慢地、顺利地将精液注入，再轻轻地抽出输精器。

（7）输精时注意事项　一是输精操作时，若母牛努责过甚，可采用喂给饲草、捏腰、拍打眼睛、按摩阴蒂等方法使之缓解。若母牛直肠显罐状时，可用手臂在直肠中前后抽动以促使松弛。二是操作时动作要谨慎，防止损伤子宫颈和子宫体；三是输精深度。子宫颈深部、子宫体、子宫角等不同部位输精的受胎率没有显著差别。但是输精部位过深容易引起子宫感染或损伤，所以采取子宫颈深部或子宫体输精是比较安全的。

五、妊娠及其鉴定

（一）妊娠母牛的生理变化

母牛配种后，精子在自身尾部摆动及生殖道蠕动作用下向输卵管壶腹部运动，并在此与卵巢排出的卵子相融合，形成一个受精卵，从受精卵形成开始到分娩结束的一段时间叫妊娠期。母牛妊娠（或怀孕）后，生理及形态会发生相应的变化。

生殖器官的变化如下。

（1）卵巢的变化　妊娠后卵巢上的黄体成为妊娠黄体，并以最大体积持续存于整个妊娠期。

（2）子宫的变化　随着妊娠期延长，子宫体和子宫角随胚胎的生长发育而相应扩大。在整个妊娠期内孕角的增长速度远大于空角，所以孕角始终大于空角。在妊娠前半期，子宫体积增长速度快于胎儿。子宫壁变得较原来肥厚。至妊娠后半期，子宫的增长速度没有胎儿及胎水增长快，因而子宫壁被动扩张而变薄。妊娠后，子宫血流量增加，血管扩张变粗，尤其是动脉血管内膜褶皱变厚，加之和肌肉层的联系疏松，使原来间隔明显的动脉脉搏变为间隔不明显的颤动（孕脉）。

（3）乳房的变化　妊娠开始后，在孕酮和雌激素作用下，乳房逐渐变得丰满，特别是到妊娠中后期，这种变化尤为明显。到分娩前几周，乳房显著增大，能挤出少量乳汁。

（4）营养状况的变化　妊娠母牛新陈代谢旺盛，食欲增加，消化能力提高，营养状况改善，毛色变得光润；加之胎儿、胎水的增长，所以母牛体重增加。妊娠后期，胎儿急剧生长，母牛要消耗在妊娠前期所积蓄的营养物质以满足胎儿生长发育的需要。此阶段如果饲养管理不当，母牛会逐渐消瘦；如果饲料中缺钙，母牛就会动用自身骨骼中的钙以满足胎儿发育的需要，严重时会使母牛后肢跛行，牙齿磨损得较快。

（5）其他变化　随着胎儿逐渐增大，母牛腹内压力升高，内脏器官的容积减小，因而排粪排尿次数增加但量减少。由于胎儿增大，胎水增加，母牛腹部膨大，且孕侧比空侧凸出。至妊娠后半期，母牛的行动变得比较笨重、缓慢、谨慎且易疲劳和出汗。有些母牛至怀孕后期，巨大的子宫压迫后腔血管，使血液循环受阻，常可见到下腹部和后肢出现水肿。

（二）妊娠诊断

通过妊娠诊断可以确定母牛是否妊娠，以便对已妊娠者加强饲养管理，对未妊娠者找出原因，及时补配，从而提高母牛的繁殖率。由于准确的受精时间很难确定，故常以最后一次受配或有效配种之日算起，母牛妊娠期平均为 285 天（范围 260～290 天），不同品种之间略有差异。对于肉牛妊娠期的计算（按妊娠期 280 天计）："月减 3，日加 6"即为预产期。妊娠诊断方法如下。

1. 外部观察法

对配种后的母牛在下一个发情期到来前后，注意其是否 2 次发情，如不发情，则可能受胎。但这并不完全可靠，因为有的母牛虽然没有受胎但在发情时表现不明显（安静发情/暗发情）或不发情，而有些母牛虽已受胎但仍有表现发情的（假发情）。另外，观察其行为、食欲、营养状况及体态等对妊娠诊断也有一定的参考价值。

2. 阴道检查法

妊娠母牛阴道黏膜变苍白，比较干燥。怀孕1～2个月时，子宫颈门附近即有黏稠黏液，但量尚少；至3～4个月后就很明显，并变得黏稠灰白或灰黄，如同稀糊；以后逐渐增多，黏附在整个阴道壁上，附着于开膣器上的黏液呈条纹或块状。至妊娠后半期，可以感觉到阴道壁松软、肥厚，子宫颈位置前移，且往往偏于一侧。

3. 直肠检查法

直肠检查法是判断母牛是否怀孕的最基本、最可靠的方法。在妊娠2个月左右，可以作出正确判断。如果有丰富的直肠检查经验和详细的记载，在1个月左右就可诊断。

首先摸到子宫颈，再将中指向前滑动，寻找角间沟；然后将手向前、向下、再向后，试把2个子宫角都掌握在手内，分别触摸。经产牛子宫角有时不呈绵羊角状而垂入腹腔，不易全部摸到；这时可先握住子宫颈将子宫颈向后拉，然后手带着肠管迅速向前滑动，握住子宫角，这样逐渐向前移，就能摸清整个子宫角；再在子宫角尖端外侧或下侧寻找卵巢。

寻找子宫动脉的方法是将手掌贴骨盆顶向前移，越过岬部（荐骨前端向下突起的地方）以后，可清楚地摸到腹主动脉的两粗大分支——髂内动脉。子宫中动脉和脐动脉共同起于髂内动脉。子宫中动脉从髂内动脉分出后不远即进入子宫阔韧带内，所以追踪时感觉它是游离的。触诊阴道动脉子宫支（子宫后动脉）的方法，是将指尖伸至相当于荐骨末端处，并贴在骨盆侧壁的坐骨上棘附近，前后滑动手指。子宫后动脉是骨盆内比较游离的一条动脉，由上向下行，而且很短，所以容易识别。

牛直肠黏膜受到刺激易渗出血液，手在直肠内操作时，只能用指肚，指尖不要触及黏膜。手应随肠道收缩波面稍向后退，不可向前伸。

妊娠月份不同，母牛卵巢位置、子宫状态及位置及子宫动脉状况都会发生不同变化。

4. 血、奶中孕酮水平测定法

（1）全奶孕酮含量测定法　分别采配种后21～24天和42天的奶样各一份，在室温下摇匀，取奶样20微升，加抗体0.1毫升（稀释度为1∶10000～1∶12000），放置15分钟，再加孕酮0.1毫升，于4℃孵育16～24小时，然后在水浴中加活性炭悬浮液0.2毫升（活性炭625毫克、葡萄糖4062.5毫克、PBS100毫升），振荡15分钟，3000转/分钟离心10分钟，取上清液加闪烁液5毫升，过夜后测定孕酮含量。

（2）乳脂孕酮测定法　取2.5毫升奶样，加混合溶剂（15%正丁醇，49%正丁胺，36%蒸馏水）0.5毫升，混旋提取30秒，85℃水浴1.5分钟，离心2分钟（3000转/分），即提出乳脂。取提取的乳脂10微升，加1毫升石油醚提取乳脂孕酮（用前蒸馏），混旋提取30秒加入1毫升甲醇（90%），提取30秒弃去石油醚，吸0.2毫升（双样）甲醇液，65℃水浴挥发干，然后加入0.1毫升缓冲液。最后测定乳脂孕酮含量，加抗血清0.5毫升（1∶13000～1∶20000），室温放置15分钟，再加孕酮0.1毫升，其余操作与全奶相同。

根据梁素香等（1979）介绍的方法，将样品结合率的Logit值带入标准曲线的回归方程，算出每10微升乳脂的孕酮含量。孕酮判断值以大于5.0纳克/毫升为妊娠，小于5.0纳克/毫升为未妊娠。测定配种后21～24天全乳和乳脂的孕酮值判别为妊娠的准确率分别为87.76%和86.60%。

5. 超声波诊断法

超声波诊断是利用超声波的物理特性和不同组织结构的特性相结合的物理学诊断方法。国内外研制的超声波诊断仪有好多种，国内研制的有两种：一种用探头通过直肠探测母牛子宫动脉的妊娠脉搏，由信号显示装置发出不同的声音信号，来判断妊娠与否；另一种是探头自阴道伸入，显示的方法有声音、符号、文字等形式。测定结果表明，妊娠30天内探测子宫动脉反应，40天以上探测胎心音可达到较高的准确率。用B超诊断仪测定时，其探头放置在右侧上方的腹壁上，探头方向朝向妊娠子宫角，显示屏可清楚地观察胎泡的位置、大小，并且可以定位照相。移动探头的方向和位置可见胎儿各部的轮廓、心脏的位置和跳动情况，确定单胎或双胎等。

6. 激素反应法

给配种 18～22 天的牛肌注合成雌激素（苯甲酸雌二醇、己烯雌酚等）2～3 毫克，5 天后不发情为妊娠。原因是妊娠母牛孕酮含量高，可以对抗适量的外源雌激素，导致不发情。

7. 碘酒法

取配种 20～30 天的母牛鲜尿 10 毫升，滴入 2 毫升 7%的碘酒溶液，充分混合，待 5～6 分钟后，颜色呈紫色为妊娠，不变色或稍带碘酒色为未妊娠。

8. 阴道黏液抹片检查法

取子宫颈阴道黏液一小块，置于载玻片中央，盖上另一玻片，轻轻旋转 2～3 转，去上面玻片，使其自然干燥，加上几滴 10%硝酸银，一分钟后用水冲洗，再滴吉姆萨染色液 3～5 滴，加水 1 毫升染色 30 分钟，用水冲洗后干燥镜检：如果视野中出现短而细的毛发状纹路，并呈紫红色或淡红色为妊娠表现；若出现较粗纹路，为黄体期或妊娠 6 个月以后的征状；若是羊齿植物状纹路，为发情的黏液性状；出现上皮细胞团，则为炎症的表现。对妊娠 23～60 天的母牛检查的准确率达 90%以上。

9. 眼线法

母牛妊娠期瞳孔正上方巩膜上出现 3 根特别显露而竖立的粗血管，呈紫红色，称之为“妊娠血管”。这一征状自妊娠开始产生，产犊后 7～15 天消失。

六、母牛的分娩

（一）预产期预算

肉牛以妊娠期 280 天计，预产期为交配月份数减 3，交配日数加 6。

假如一头母牛是 2011 年 8 月 22 日交配，则预产期为 2012 年 5 月（8－3＝5）28 日（22＋6＝28）。

假如一头母牛是 2011 年 1 月 30 日交配，则预产期为 2012 年 11 月 6 日。推算方法为：1＋12－3＝10（月）（不够减可以预借 1 年），30＋6＝36（日）（超过 1 个月的日数可减去 1 个月 30 天，即下一个月的日数，把减去的 1 个月加到推算的月份上），所以是 2012 年 11 月 6 日。

（二）分娩预兆

分娩预兆见表 3-9。

表 3-9　分娩预兆

乳房	分娩前约一周左右，母牛乳房比原来大一倍，到产前 2～3 天，乳房肿胀，皮肤紧绷，乳头基部红肿，乳头变粗，用手可挤出少量淡黄色黏稠的初乳，有些母牛有漏奶现象
外阴部	临产前 1 周，外阴部松软、水肿，皮肤皲平展，阴道黏膜潮红，子宫颈口的黏液逐渐溶化。在分娩前 1～2 天，子宫颈塞随黏液从阴道排出，呈半透明索状悬垂于阴门外。当子宫颈扩张 2～3 小时后，母牛便开始分娩
骨盆	临分娩前数天，骨盆部的韧带变得松弛，柔软，尾根两边塌陷，以适于胎儿通过。用手握住尾根上下运动时，会明显感到尾根与荐骨容易上下移动
行为	母牛表现为活动困难，起立不安，尾高举，不时地回顾腹部，常做排粪尿姿势，时起时卧，初产牛则更显得不安。分娩预兆与临产间隔时间因个体而有所差异，一般情况下，在预产期前的 1～2 周，将母牛移入产房，对其进行特别照料，做好接产、助产工作。上述各种现象都是分娩即将来临的预兆，但要全面观察综合分析才能作出正确判断

（三）分娩过程

1. 开口期

开口期从子宫开始阵缩到子宫颈口充分开张为止，一般需 2～8 小时（范围为 0.5～24 小时）。特征是只有阵缩而不出现努责。初产牛不安，时起时卧，徘徊运动，尾根抬起，常做排尿姿势，食欲减退；经产牛一般比较安静，有时看不出有什么明显表现。

2. 胎儿产出期

从子宫颈充分开张至产出胎儿为止，一般持续 3～4 小时（范围 0.5～6 小时），初产牛一般持续时间较长。若是双胎，则两胎儿排出间隔时间一般为 20～120 分钟。特点是阵缩和努责同时作用。进入该期，母牛通常侧卧，四肢伸直，强烈努责，羊膜绒毛膜形成囊状突出阴门外，该囊破裂后，排出淡白或微带黄色的浓稠羊水。胎儿产出后，尿囊才开始破裂，流出黄褐色尿水。因此，牛的第一胎水一般是羊水，但有时尿囊可先破裂，然后羊膜囊才突出阴门破裂。在羊膜破裂后，胎儿前肢和唇部逐渐露出并通过阴门，这时母牛稍事休息，继续把胎儿排出。

3. 胎衣排出期

从胎儿产出后到胎衣完全排出为止，一般需 4～6 小时（范围 0.5～12 小时）。若超过 12 小时，胎衣仍未排出，即为胎衣不下，需及时采取处理措施。此期特点是当胎儿产出后，母牛即安静下来，经子宫阵缩（有时还配合轻度努责）而使胎衣排出。

（四）接产前的准备

1. 产房

产房应当清洁、干燥，光线充足，通风良好，无贼风，墙壁及地面应便于消毒。在北方寒冷的冬季，应有相应取暖设施，以防犊牛冻伤。

2. 用品及药械

在产房里，接产用具及药械（70%酒精、2%～5%碘酒、煤酚皂、催产药物等）应放在一定的地方，以免临用时缺此少彼，造成慌乱。此外，产房里最好还备有一套常用的手术助产器械，以备急用。

3. 接产人员

接产人员应当受过接产训练，熟悉牛的分娩规律，严格遵守接产的操作规程及值班制度。分娩期尤其要固定专人，并加强夜间值班制度。

（五）接产

接产目的在于对母畜和胎儿进行观察，并在必要时加以帮助，达到母仔安全。但应特别指出，接产工作一定要根据分娩的生理特点进行，不要过早过多地干预。为保证胎儿顺利产出及母仔安全，接产工作应在严格消毒的原则下进行。其步骤如下：

1. 清洗消毒

清洗母牛的外阴部及其周围，并用消毒液（如 1%煤酚皂溶液或 0.1%高锰酸钾药液对外阴及周围体表和尾根部进行消毒）擦洗。用绷带缠好尾根，拉向一侧系于颈部。在产出期开始时，接产人员穿好工作服及胶围裙、胶鞋，并消毒手臂准备作必要的检查。

2. 临产检查

当胎膜露出时至胎水排出前，可将手臂伸入产道，进行临产检查，以确定胎向、胎位及胎势是否正常，以便对胎儿的反常作出早期矫正，避免难产的发生。如果胎儿正常，正生时，应三件（唇及二前蹄）俱全，可等候其自然排出。除检查胎儿外，还可检查母牛骨盆有无变形，阴门、阴道及子宫颈的松软扩张程度，以判断有无因产道反常而发生难产的可能。

3. 撕破胎膜

正常情况下，在胎儿唇部或头部露出阴门以前，不要急于扯破胎膜，以免胎水流失过早，不利于胎儿产出。当胎儿唇部或头部露出阴门外时，如果上面覆盖有胎膜，可把它撕破，并把胎儿鼻孔内的黏液擦净，以利呼吸。

4. 注意观察

注意观察努责及产出过程是否正常。如果母牛努责，阵缩无力，或其他原因（产道狭窄、胎儿过大等）造成产仔滞缓，应迅速拉出胎儿，以免胎儿因氧气供应受阻，反射性吸入羊水，引起异物性肺炎或窒息。在拉胎儿时，可用产科绳缚住胎儿两前肢球节或两后肢系部（倒生）交于助手拉住，同时用手握住胎儿下颌（正生），随着母牛的努责，左右交替用力，顺着骨盆轴的方向慢慢拉出胎儿。在胎儿头部通过阴门时，要注意用手捂住阴唇，以防阴门上角或会阴撑破。在胎儿骨盆部通过阴门后，要放慢拉出速度，防止子宫脱出和产牛腹压突然下降而导致脑贫血。

5. 助产

一般情况下，母牛的分娩不需要助产，接产人员只需监督分娩过程。但当胎位不正，胎儿过大，母牛分娩无力等情况时，必须进行必要的助产。助产的原则是，尽可能做到母子安全，在不得已情况下舍子保母，同时必须力求保持母牛的繁殖能力。

当胎儿口鼻露出，却不见产出时，将手臂消毒后伸入产道，检查胎儿的方向、位置和姿势是否正常。若头在上，两蹄在下，无曲肢为正常，可让其自然分娩；若是倒生，应及早拉出胎儿，以免脐带挤压在骨盆底下使胎儿窒息死亡。在拉胎儿时，用力应与母牛的阵缩同时进行。当胎头拉出后应放慢拉的动作，以防子宫内翻或脱出。

当胎儿前肢和头部露出阴门，但羊膜仍未破裂，可将羊膜扯破。擦净胎儿口腔、鼻周围的黏液，让其自然产出。当破水过早，产道干燥或狭窄，或胎儿过大时，可向阴道内灌入肥皂水，润滑产道，以便拉出胎儿。必要时切开产道狭窄部，胎牛娩出后，立即进行缝合。

6. 清理

胎儿产出后，应立即将其口鼻内的羊水擦干，并观察呼吸是否正常。身体上的羊水可让母牛舔干，这样一方面母牛可因吃入羊水（内含催产素）而使子宫收缩加强，利于胎衣排出，另外还可增强母子关系。为了尽快让犊牛体表变干和促进犊牛皮肤血液循环，护理人员可以使用洁净的草或干燥的软布帮助擦干，尤其是较为寒冷的季节要尽快擦干，以防犊牛受寒而发病。如果发现胎儿窒息要立即进行抢救。

7. 脐带处理

产出胎儿的脐带有时会自行扯断，一般不必结扎，但要用5%～10%碘酊充分消毒，以防感染；胎儿产出后，如脐带还未断，应将脐带内的血液挤入仔畜体内，这对增进犊牛的健康有一定好处。人工断脐时脐带断端不宜留得太长。断脐后，可将脐带断端在碘酒内浸泡片刻或在其外面涂以碘酒，并将少量碘酒倒入羊膜鞘内。如脐带有持续出血，需加以结扎。

8. 犊牛护理

犊牛产出后不久即试图站立，但最初一般是站不起来的，应加以扶助，以防摔伤。对母牛和新生犊牛注射破伤风抗毒素，以防感染破伤风。

（六）难产处理

在难产的情况下助产时，必须遵守一定的操作原则，即助产时除挽救母牛和胎儿外，要注意保持母牛的繁殖力，防止产道的损伤和感染。为便于矫正和拉出胎儿，特别是当产道干燥时，应向产道内灌注大量滑润剂。为了便于矫正胎儿异常姿势，应尽量将胎儿推回子宫内，否则产道空间有限而不易操作，要力求在母畜阵缩间歇期将胎儿推回子宫内。拉出胎儿时，应随母牛努责而用力。

难产极易引起犊牛的死亡，并严重危害母牛的繁殖力。因此，难产的预防是十分必要的。首先，在配种管理上，不要让母牛过早配种，由于青年母牛仍在发育，分娩时常因骨盆狭窄导致难产；其次。要注意母牛妊娠期间的合理饲养，防止母牛过肥、胎儿过大造成难产。另外，要安排适当的运动，这样不但可以提高营养物质的利用率使胎儿正常发育，还可提高母牛全身和子宫的紧张性，使分娩时增强胎儿活力和子宫收缩力，并有利于胎儿转变为正常分娩胎位、胎势，以减少难产及胎衣不下、产后子宫复位不全等的发生，此外，在临产前及时对孕牛进行检查、矫正胎位也是减少难产发生的有效措施。

（七）产后护理

产后期是指从胎衣排出到生殖器官恢复到妊娠前状态的一段时间。产出胎儿时，子宫颈开张，产道黏膜表层可能造成损伤；产后子宫内又积存大量恶露，都为病原微生物的繁殖和侵入创造了条件，因此，对产后期的母畜应加以妥善护理，以促进母畜机体尽快恢复正常，预防疾病，保证其具有正常的繁殖机能。产后母牛的护理应做到以下几点。

1. 注意产后期卫生

应对母牛外阴部及周围区域进行清洗和消毒，并防止苍蝇蚊虫等叮蜇。经常更换、消毒褥草。

2. 加强饲养

分娩之后，要及时供给母牛新鲜清洁的饮水和麸皮汤等，以补充机体水分。在产后最初几天，应供给母牛质好易消化的饲料，但不宜过多，以免引起消化道疾病。一般经 5～6 天可逐渐恢复正常饲养。

3. 注意日常监护

在分娩之后，还应观察母牛努责状况。如果产后仍有努责，应检查子宫内是否还有胎儿或滞留的胎衣及子宫内翻的可能，如有上述情况应及时处理。牛产后 3～4 天恶露开始大量流出，头 2 天色暗红，以后呈黏液状，逐渐变为透明，10～12 天停止排出，恶露一般只腥不臭，如果母牛在产后 3 周仍有恶露排出或恶露腥臭，表示有子宫感染，应及时治疗。此外，还应观察母牛的精神状态、饮食欲、外生殖器官或乳房等，一旦有异常应查明原因，及时处理。

七、繁殖新技术

规模化饲养肉牛，可以充分利用繁殖方面的新技术，提高繁殖效率和能力。

（一）同期发情

同期发情又称同步发情，就是利用某些激素制剂人为地控制并调整一群母畜发情周期的进程，使之在预定时间内集中发情。同期发情可以使母牛群集中发情，有利于人工授精技术的推广，有利于生产的安排和组织（可使母牛配种妊娠、分娩及犊牛的培育在时间上相对集中，便于肉牛的成批生产和提高劳动效率）和提高繁殖率（能使乏情状态的母牛出现性周期活动）。

同期发情机理是母牛的发情周期从卵巢的机能和形态变化方面可分为卵泡期和黄体期两个阶段。卵巢期是在周期性黄体退化继而血液中孕酮水平显著下降后，卵巢中卵泡迅速生长发育，最后成熟并导致排卵的时期，这一时期一般是从周期第 18 天至第 21 天。卵泡期之后，卵泡破裂并发育成黄体，随即进入黄体期，这一时期一般从周期第 1 天至第 17 天。黄体期内，在黄体分泌的孕激素的作用下，卵泡发育成熟受到抑制，母畜不表现发情，在未受精的情况下，黄体维持 15～17 天，即行退化，随后进入另一个卵泡期。相对高的孕激素水平可抑制卵泡发育和发情，由此可见黄体期的结束是卵泡期到来的前提条件。因此，同期发情的关键就是控制黄体寿命，并同时终止黄体期。

用于母牛同期发情处理应用的药物种类很多，方法也有多种，但较适用的是孕激素埋植法和阴道栓塞法以及前列腺素法。

1. 孕激素埋植法

将一定量的孕激素制剂装入管壁有小孔的塑料细管中，利用套管针或者专门埋植器将药管埋入耳背皮下，经一定时间，在埋植处作切口将药管同时挤出，同时，注射孕马血清促性腺激素 500～800 国际单位。也可将药物装入硅橡胶管中埋植，硅橡胶有微孔，药物可渗出。药物用量依种类而不同，如 18-甲基炔诺酮为 15～25 毫克。目前国外已生产埋植物制品在市场出售。

2. 孕激素阴道栓塞法

栓塞物可用泡沫塑料块或硅橡胶环，后者为一螺旋状钢片，表面敷以硅橡胶。它们包含一定量的孕激素制剂。将栓塞物放在子宫颈外口处，其中激素即渗出。处理结束时，将其取出即可，或同时注射孕马血清促性腺激素。

孕激素的处理有短期（9～12 天）和长期（16～18 天）两种。长期处理后，发情同期率较高，但受胎率较低；短期处理后，发情同期率较低，而受胎率接近或相当于正常水平。如在短期处理开始时，肌注 3～5 毫克雌二醇（可使黄体提前消退和抑制新黄体形成）及 50～250 毫克的孕酮（阻止即将发生的排卵），这样就可提高发情同期化的程度。但由于使用了雌二醇，故投药后数日内母牛出现发情表现，但并非真正发情，故不要授精。使用硅橡胶环时，环内附有一胶囊，内装上述量的雌二醇和孕酮，以代替注射。

孕激素处理结束后，在第 2、第 3、第 4 天内大多数母牛有卵泡发育并排卵。

3. 前列腺素法

前列腺素的投药方法有子宫注入（用输精管）和肌内注射两种，前者用药量少，效果明显，但注入时较为困难；后者操作容易，但用药量需适当增加。

前列腺素处理法只有当母牛在周期第 5～18 天（有功能黄体时期）才能产生发情反应。对于周期第 5 天以前的黄体，前列腺素并无溶解作用。因此，用前列腺素处理后，总有少数牛无反应，对于这些牛需作二次处理。有时为使一群母牛有最大程度的同期发情率，第一次处理后，表现发情的母牛不予配种，经 10～12 天后，再对全群牛进行第二次处理，这时所有的母牛均处于周期第 5 至第 18 天之内。故第二次处理后母牛同期发情率显著提高。

前列腺素制剂不同，给药方法不同，其用药剂量也不相同。具体的用量：子宫内注入 3～5 毫克，肌内注射 20～30 毫克；国产甲基前列腺素 F2a、前列腺素 F2a 甲酯以及十三去氢前列腺素 3 种制剂注入子宫颈的用量分别为 1～2 毫克、2～4 毫克和 1～2 毫克。国外生产的高效 PGF2a 类似物制剂肌内注射 0.5 毫克即可。

用前列腺素处理后，一般第 3 至第 5 天母牛出现发情，比孕激素处理晚 1 天。因为从投药到黄体消退需要将近 1 天时间。

有人将孕激素短期处理与前列腺素处理结合起来，效果优于二者单独处理。即先用孕激素处理 5～7 天或 9～10 天，结束前 1～2 天注射前列腺素。不论采用什么处理方式，处理结束时配合使用孕马血清促性腺激素，可提高同期发情率和受胎率。

同期发情处理后，虽然大多数牛的卵泡正常发育和排卵，但不少牛无外部发情症状和性行为表现，或表现非常微弱，其原因可能是激素未达到平衡状态；第二次自然发情时，其外部症状，性行为和卵泡发育则趋于一致。

（二）超数排卵

超数排卵简称超排，就是在母畜发情周期的适当时间注射促性腺激素，使卵巢比自然状况下有更多的卵泡发育并排卵。超数排卵可以诱发多个卵泡发育，增加受胎比例（双胎率提高），提高繁殖率。

1. 药物种类

用于超排的药物大体可分为两类：一类促进卵泡生长发育；另一类促进排卵。前者主要有孕马血清促性腺激素和促卵泡素；后者主要有人绒毛膜促性腺激素和促黄体素。

2. 处理方法

处理时间一般在预计发情到来之前4天，即发情周期的第16天，注射促卵泡素或孕马血清促性腺激素，在出现发情的当天注射人绒毛膜促性腺激素。目前各国对供体母牛作超排处理的方法是供母牛发情周期的中期肌注孕马血清促性腺激素，以诱导母牛有多数卵泡发育，2天后肌注前列腺素F2α。或其类似物以消除黄体，2～3天发情。为了使排出的卵子有较多的受精机会，一般在发情后授精2～3次，每次间隔8～12小时。

我国内蒙古自治区制定了超数排卵的地方标准。促卵泡素5天注射法：以母牛发情之日作为周期的0天，在母牛发情周期的第9天，每天早（7：00～8：00）和晚（19：00～20：00）各注射一次促卵泡素，连续5天，递减注射。

影响超数排卵效果的因素很多，有许多仍不十分清楚。一般不同品种不同个体用同样的方法处理，其效果差别很大。青年母牛超数排卵效果优于经产母牛。此外，使用促性腺激素的剂量，前次超排至本次发情的间隔时间、采卵时间等均可影响超排效果。如反复对母牛进行超排处理，需间隔一定时期。一般第二次超排应在首次超排后60～80天进行，第三次超排应在第二次超排后100天进行。增加用药剂量或更换激素制剂，药量过大、过于频繁地对母畜进行超排处理，则不仅超排效果差，还可能导致卵巢囊肿等病变。

（三）诱发发情

诱发发情是家畜繁殖控制的一种技术，它是指母牛在乏情期（如泌乳期生理性乏情、生殖病理性乏情）借助外源激素或其他方法人为引起母牛发情并进行配种，从而缩短母牛繁殖周期的一种技术。根据母牛的不同状况，可采用如下方法。

1. 生长到初情期仍不见初次发情的青年母牛

可用"三合激素"（雌激素、雄激素和孕激素的配伍制剂）处理，剂量一般为3～4支/头。或用18-甲基炔诺酮15～25毫克/头进行皮下埋植，12周后取出，同时注射800～1000国际单位的孕马血清促性腺激素，可诱发发情。

2. 对于泌乳期处于乏情的母牛

应促使犊牛断奶并与母牛隔离，同时肌内注射100～200国际单位促卵泡素，每日或隔日一次。每次注射后须作检查，如无效，可连续应用2～3次，直至有发情表现为止。

3. 患持久黄体或黄体囊肿的母牛

可用前列腺素F2α进行治疗。前列腺素的作用是溶解黄体，从而引发发情。前列腺素的用量：子宫内灌注只需1毫升/头，肌内注射需2毫升/头。

另外，肌内注射初乳20毫升的同时，注射新斯的明10毫克，在发情配种时再注射促性腺激素释放激素（GnRH）类似物（如LRH-A1）100微克，也可诱导母牛发情并排卵。

（四）胚胎移植

胚胎移植又称受精卵移植，就是将1头母畜（供体）的受精卵移植到另一头母畜（受体）的子宫内，使之正常发育，俗称"借腹怀胎"。胚胎移植不仅可以充分发挥优良母牛的繁殖潜力（一般情况下，1头优良成年母牛一年只能繁殖1头犊牛，应用胚胎移植技术，一年可得到几头至几十头优良母牛的后代，大大加速了良种牛群的建立和扩大），而且可以诱发肉牛产双胎（对发情的母牛配种后再移植一个胚胎到排卵对侧子宫角内。这样配种后未受孕的母牛可能因接受移植的胚胎而妊娠，而配种后受母牛则由于增加了一个移植的胚胎而怀双胎。另外，也可对未配种的母牛在两侧子宫角各移植一个胚胎而怀双胎，从而提高生产效率）。

1. 胚胎移植的操作原则

（1）胚胎移植前后所处环境的一致性　即胚胎移植后的生活环境和胚胎的发育阶段相适应。包括生理上的一致性（即供体和受体在发情时间上的一致性）和解剖位上的一致性（即移植后的胚胎与移植前所处的空间环境的相似性）以及种属一致性（即供体与受体应属同一物种，但并不排除种间移植成功的可能性）。

（2）胚胎收集期限　胚胎收集和移植的期限（胚胎的日龄）不能超过周期黄体的寿命，最迟要在周期黄体退化之前数日进行移植。通常是在供体发情配种后3～5日内收集和移植胚胎。

（3）避免不良因素影响　在全部操作过程中，胚胎不应受到任何不良因素（物理的、化学的、微生物的）的影响而危及生命力。移植的胚胎必须经鉴定并认为是发育正常者。

2. 胚胎移植的基本程序

胚胎移植的基本程序包括供体超排与授精，受体同期发情处理、采卵、检卵和移植。超排和同期发情处理见前文相关部分。

（1）胚胎回收（采卵）　从供体收集胚胎的方法有手术法和非手术法两种。

① 手术法　按外科剖腹术的要求进行术前准备。手术部位位于右肋部或腹下乳房至脐部之间的腹白线处切开。伸进食指找到输卵管和子宫角，引出切口外。如果在输精后3～4天期间采卵，受精卵还未移行到子宫角，可采用输卵管冲卵的方法：将一直径2毫米，长约10厘米的聚乙烯管从输卵管腹腔口插入2～3厘米，另用注射器吸取5～10毫升30℃左右冲卵液，连接7号针头，在子宫角前端刺入，再送入输卵管峡部，注入冲卵液。穿刺针头应磨钝，以免损伤子宫内膜；冲洗速度应缓慢，使冲洗液连续地流出。如果在输精后5天收胚，还必须做子宫角冲胚。即用10～15毫升冲卵液由宫管结合部子宫角上部向子宫角分叉部冲洗。为了使冲卵液不致由输卵管流出，可用止血钳夹住宫管结合部附近的输卵管，在子宫角分叉部插入回收针，并用肠钳夹住子宫与回收针后部，固定回收针，并使冲卵液不致流入子宫体内。

② 非手术法　非手术采卵一般在输精后5～7天进行。可采用二

路导管的冲卵器。二路式冲卵器是由带气囊的导管与单路管组成。导管中一路为气囊充气用，另一路为注入和回收冲卵液用。

导管中插1根金属通杆以增加硬度，使之易于通过子宫颈。一般用直肠把握法将导管经子宫颈导入子宫角。为防止子宫颈紧缩及母牛努责不安，采卵时可在腰荐或尾椎间隙用2%的普鲁卡因或利多卡因5～10毫升进行硬膜外腔麻醉。操作前洗净外阴部并用酒精消毒。为防止导管在阴道内被污染，可用外套膜（有商品出售）套在导管外，当导管进入子宫颈后，扯去套膜。将导管插入一侧子宫角后，从充气管向气囊充气，使气囊胀起并触及子宫角内壁，以防止冲卵液倒流。然后抽出通杆，经单路管向子宫角注入冲卵液，每次15～50毫升，冲洗5～6次，并将冲卵液收集在漏斗形容器中。为更多地回收冲卵液，可在直肠内轻轻按摩子宫角。用同样方法冲洗对侧子宫角。

冲卵液多数为组织培养液，如林格液、杜氏磷酸盐缓冲液（PE）、布林斯特液（BMOC-3）和TCM-199等。常用的为杜氏磷酸盐缓冲液，加入0.4%的牛血清白蛋白或1%～10%犊牛血清。

冲卵液温度应为35～37℃，每毫升要加入青霉素1000国际单位，链霉素500～1000微克，以防止生殖道感染。

（2）胚胎检查　包括以下几项。

① 检卵　将收集的冲卵液于37℃温箱内静置10～15分钟。胚胎沉底后，移去上层液。取底部少量液体移至平皿内，静置后，在实体显微镜下先在低倍（10～20倍）下检查胚胎数量，然后在较大倍数（50～100倍）下观察胚胎质量。

② 吸卵　吸卵是为了移取、清洗、处理胚胎，要求目标准确，速度快，带液量少，无丢失。可用1毫升的注射器装上特别的吸头进行吸卵，也可使用自制的吸卵管。

③ 胚胎质量鉴定　正常发育的胚胎，其中细胞（卵裂球）外形整齐，大小一致，分布均匀，外膜完整。无卵裂现象（未受精）和异常卵（外膜破裂、卵裂球破裂等）都不能用于移植。

（3）胚胎移植　可以手术移植或非手术移植。

① 手术移植　先将受体母牛作好术前准备。已配种母牛，在右肋部切口，找到非排卵侧子宫角，再把吸有胚胎的注射器或移卵管刺入子宫角前端，注入胚胎；未配母牛在每侧子宫角各注入一个胚胎；

然后将子宫复位，缝合切口。

② 非手术移植　非手术移植一般在发情后第 6 至第 9 天（即胚泡阶段）进行，过早移植会影响受胎率。在非手术移植中采用胚胎移植枪和 0.25 毫升细管移植的效果较好。将细管截去适量，吸入少许保存液，吸一个气泡，然后吸入含胚胎的少许保存液，吸入一个气泡，最后再吸取少许保存液。将装有胚胎的吸管装入移植枪内，通过子宫颈插入子宫角深部，注入胚胎。非手术移植要严格遵守无菌操作规程，以防生殖道感染。

第四章

<<<<<

肉牛的饲料营养

核心提示

根据不同类型、不同阶段牛的生理和消化特点科学设计日粮配方，选择优质的、无污染的饲料原料，饲料种类多样化，精、粗、青、辅料等科学配合，一方面满足肉牛对能量、蛋白质（特别是氨基酸）、维生素、矿物质以及水等营养素的需要，保证生产水平的发挥，另一方面充分利用粗饲料，降低生产成本，提高养殖效益。

第一节　肉牛的营养需要

一、需要的营养物质

（一）水

1. 水的营养生理作用

水是动物必需的养分。动物的饮水量比采食干物质量多3～8倍，而且动物因缺水而死亡的速度比缺食物死亡快得多。水除作为养分外，还具有多种重要的用途，如水参与动物体内许多生物化学反应，具有运输其他养分的作用。体温调节、营养物质的消化代谢、有机物质的水解、废物的排泄、内环境的稳定、神经系统的缓冲、关节的润滑等都需要水的参与。

2. 水的来源及排出途径

肉牛所需要的水主要来源于饮水、饲料水，另外有机物质在体内氧化分解或合成过程中所产生的代谢水也是水分来源之一。

肉牛体内的水经复杂的代谢可以通过粪尿的排泄、肺和皮肤的蒸发等途径排出体外，保持动物体内水的平衡。由尿中排出的水通常可占总排水量的一半左右；粪中排出的水受饲料性质和饮水的影响，采食多汁饲料和饮水较多时，粪中水分量增加；通过肺和皮肤蒸发排出的水分随温度的升高和运动量的增加而增加。

3. 水的需要量

肉牛对水的需要量与肉牛的品种、年龄、体重、饲料干物质采食量和季节、气温等多种因素有关。气温为－5～15℃时，肉牛每采食1千克饲料干物质，需要饮水2～4千克；气温为15～25℃时，每采食1千克饲料干物质，需要饮水3～5千克；气温为25～35℃时，每采食1千克饲料干物质，需要饮水4～10千克；而气温高于35℃，则每采食1千克饲料干物质，需要饮水8～15千克。

生产实践中，最好的方法是给肉牛提供充足的饮水。应该根据牛群的大小，设立足够的饮水槽或饮水器，使所有的牛都能够有机会自由饮水。尤其在炎热的夏天，饮水不足还可导致肉牛不能及时散发体热、有效调节体温。因此给肉牛提供充足的饮水是非常重要的。

在提供肉牛充足饮水的同时还要注意饮水的质量，当水中食盐含量超过1%时，就会发生食盐中毒，含过量亚硝酸盐和碱的水对肉牛也非常有害。

（二）干物质

肉牛干物质进食量（DMI）受体重、增重速度、饲料能量水平、日粮类型、饲料加工、饲养方式和气候因素的影响。

根据国内的各方面试验和测定资料总结得出，日粮代谢能水平在8.4～10.5兆焦/千克干物质时，生长育肥牛的干物质需要量计算公式为：

$$\text{DMI(千克)}=0.062W^{0.75}+(1.5296+0.00371\times W)\times G$$

式中：$W^{0.75}$为代谢体重（千克），即体重的0.75次方；W为体重（千克）；G为日增重（千克）。

妊娠后半期母牛供参考的干物质进食量为：

$$\text{DMI(千克)}=0.062W^{0.75}+(0.790+0.005587\times t)$$

式中：$W^{0.75}$为代谢体重（千克），即体重的0.75次方；W为体重（千克）；t为妊娠时间（天）。

哺乳母牛供参考的干物质进食量为：

$$DMI(千克)=0.062W^{0.75}+0.45FCM$$

式中：$W^{0.75}$为代谢体重（千克），即体重的0.75次方；W为体重（千克）；FCM为4%乳脂标准乳预计量（千克）。

（三）能量

能量是肉牛营养的重要基础，它是构成体组织、维持生理功能和增加体重的主要原料。牛所需的能量除用于维持需要外，多余的能量用于生长和繁殖。肉牛所需要的能量来源于饲料中的碳水化合物、脂肪和蛋白质。最重要的能源是从饲料中的碳水化合物（粗纤维、淀粉等）在瘤胃的发酵产物——挥发性脂肪酸中取得的。脂肪的能量虽然比其他养分高2倍以上，但作为饲料中的能源来说并不占主要地位。蛋白质也可以产生能量，但从资源的合理利用及经济效益考虑，用蛋白质供能是不适宜的，在配制日粮时尽可能以碳水化合物提供能量。

当能量水平不能满足肉牛需要时，则生产力下降，健康状况恶化，饲料能量的利用率降低。生长期牛能量不足，则生长停滞。肉牛能量营养水平过高对生产和健康同样不利。能量营养过剩，可造成机体能量大量沉积（过肥），繁殖力下降。由此不难看出，合理的能量营养水平对提高肉牛能量利用效率，保证牛的健康，提高生产力具有重要的实践意义。

可见，能量是肉牛生命所必需的。能量是肉牛营养需要的一个重要方面，由于肉牛饲料的能量用于维持和增重的效率差异较大，以致饲料能量价值的评定和能量需要的确定比较复杂。

1. 能量体系

各国采用了不同的能量体系。例如，以英国为代表的代谢能体系，由于饲料代谢能水平转化为增重净能和维持净能的效率差异较大，必须在能量需要表中列出不同代谢能水平的档次。同一增重的各能量水平档次的能量需要量各不相同，这样在使用时就很复杂，同时也会对饲料成分表中所列出的能量价值造成误解。美国NBC肉牛饲养标准将维持和增重的需要分别以维持净能和增重净能表示。维持净能是指牛在不增重，维持正常生理活动所需要的能量；增重净能是指肉牛用来增重生产所需要的能量。每种饲料也列出维持净能和增重净能2种数值。这种体系在计算上较为准确，但用起来也很麻烦，生产中难以推广应用。法国、荷兰和北欧一些国家等采用综合净能来统一评定维持和增重2种净能。

为了解决消化能（或代谢能）转化为维持净能和增重净能效率不同的矛盾，而在应用时比较方便，我国肉牛饲养标准把维持净能与增重净能结合起来称为综合净能，并用肉牛能量单位（RND）表示能量价值，为便于国际交流，其英语缩写为BCEU。

2. 饲料能值的测算

肉牛一般用综合净能或肉牛能量单位表示饲料的能值。

（1）综合净能的评定　用实验方法（体外法）评定牛的饲料消化能工作效率较高，成本较低，用体内消化率进行校正也较容易，并且消化能转为代谢能的效率也很稳定。所以，本标准采用消化能作为评定能量价值的基础。消化能转化为净能的效率用统一公式计算。

① 消化能转化为维持净能的效率　饲料消化能转化为维持净能的效率较高，而且比较稳定。但是也受消化能水平（DE/DM）的影响。各国研究的结果较相似。根据国内饲养试验和消化代谢试验结果，所得出的计算消化能转化为维持净能的效率（K_m）的回归式：

$$K_m = 0.1875 \times (DE/GE) + 0.4579 \quad (n = 15, r = 0.9552)$$

式中：DE 为饲料的消化能；GE 为饲料的总能。

② 消化能转化为增重净能的效率　饲料消化能转化为增重净能的效率较低，而且受能量水平影响很大。各国已进行了很多研究，计算的公式有所不同。根据国内饲养试验和消化代谢试验结果，所得出的计算消化能转化为增重净能的效率（K_f）的回归公式：

$$K_f = 0.5230 \times (DE/GE) + 0.00589 \quad (n = 15, r = 0.9999)$$

③ 肉牛饲料消化能对维持和增重的综合效率（K_{mf}）按以下公式计算：

$$K_{mf} = K_m \times K_f \times APL / [K_f + (APL - 1) \times K_m]$$

$$APL = (NE_m + NE_g) / NE_m$$

式中：APL 为生产水平即总净能需要与维持净能需要之比；NE_m 为维持净能；NE_g 为增重净能。

如果对饲料综合净能价值的评定采用不同档次的 APL，将造成一个饲料有几个不同的综合净能价值，应用时很不方便。因此，对饲料综合净能价值的评定统一用1.5APL 计算。即：饲料的综合净能

(NE_{mf}，兆焦/千克)＝$DE \times K_{mf} = DE \times [(K_m \times K_f \times 1.5)/(K_f + K_m \times 0.5)]$

我国将肉牛的维持和增重所需要的能量统一起来采用综合净能值表示，并以肉牛能量单位（RND）表示能量价值。

（2）肉牛能量单位　为了生产中应用方便，本标准将肉牛综合净能值以肉牛能量单位表示，并以1千克中等玉米所含的综合净能值8.08MJ为一个肉牛能量单位，即RND＝NE_{mf}（MJ）/8.08（MJ）。

3. 能量的需要量

（1）维持能量需要　维持的能量需要是维持生命活动，包括基础代谢、自由运动、保持体温等所必需的能量。维持能量需要与代谢体重（$W^{0.75}$）成比例，我国肉牛饲养标准（1992）推荐的计算公式：

$$NE_{mf}(\text{kJ}) = 322W^{0.75}$$

此数值适合于中立温度、舍饲、有轻微运动和无应激环境条件下使用。维持能量需要受性别、品种、年龄、环境等因素的影响，这些因素的影响程度可达3%～14%。当气温低于12℃时，每降低1℃，维持能量需要增加1%。

（2）增重的能量需要　增重的能量需要是由增重时所沉积的能量来确定的，包括肌肉、骨骼、体组织、体脂肪的沉积等。肉牛的能量沉积就是增重净能，我国饲养标准对生长肉牛增重净能的计算公式如下：

增重净能(kJ)＝日增重×(2092＋25.1×体重)/(1－0.3×日增重)

式中日增重和体重的单位均为千克。

生长母牛的增重净能需要在上式计算基础上增加10%。

（3）妊娠母牛的能量需要　根据国内78头母牛饲养试验结果，在维持净能需要的基础上，不同妊娠时间（天）每千克胎儿增重的维持净能为：

$$NE_m(\text{MJ}) = 0.19769t - 11.76122$$

式中t为天数。

不同妊娠天数不同体重母牛的胎儿日增重（千克）＝(0.00879t～0.85454)×（0.1439＋0.0003558W）

式中W为母牛体重（千克）。

由上述两式计算出不同体重母牛妊娠后期各月的维持净能需要，

再加维持净能需要（$0.322W^{0.75}$），即为总的维持净能需要。总的维持净能需要乘以0.82即为综合净能（NE_{mf}）需要量。

（4）哺乳母牛的能量需要　泌乳的净能需要为每千克4%乳脂率的标准乳3.138MJ。代谢能用于维持和产奶的效率相似。所以，维持和产奶净能需要都以维持净能表示，维持的净能需要为$0.322W^{0.75}$（千克）。总的维持净能需要经校正后即为综合净能需要。

（四）蛋白质

蛋白质是生命的重要物质基础。它主要由碳、氢、氧、氮4种元素组成，有些蛋白质还含有少量的硫、磷、铁、锌等。蛋白质是三大营养物质中唯一能提供牛体氮素的物质。因此，它的作用是脂肪和碳水化合物所不能代替的。常规饲料分析测得的蛋白质包括真蛋白质和氨化物，通常称粗蛋白质，其数值等于样品总含氮量乘以6.25。

1. 蛋白质的营养生理功能

蛋白质是构成体组织、体细胞的基本原料，牛体的肌肉、神经、结缔组织、皮肤、血液等，均以蛋白质为其基本成分；牛体表的各种保护组织（如毛、蹄、角等），均由角质蛋白质与胶质蛋白质构成；蛋白质还是体内多种生物活性物质的组成部分，如牛体内的酶、激素、抗体等都是以蛋白质为原料合成的；蛋白质是形成牛产品的重要物质，肉、乳、绒毛等产品的主要成分都是蛋白质。

当日粮中缺乏蛋白质时，牛体内蛋白质代谢变为负平衡，幼龄牛生长缓慢或停止，体重减轻，成年牛体重下降。长期缺乏蛋白质，还会发生血红蛋白减少的贫血症；当血液中免疫球蛋白数量不足时，则牛抗病力减弱，发病率增加。蛋白质缺乏的牛，食欲不振，消化能力下降，生产性能降低；日粮蛋白质不足还会影响牛的繁殖机能，如母牛发情不明显，不排卵，受胎率降低，胎儿发育不良，公牛精液品质下降。反之，过多地供给蛋白质，不仅造成浪费，而且还可能有害。蛋白质过多时，其代谢产物的排泄加重了肝、肾的负担，来不及排出的代谢产物可导致中毒。蛋白质水平过高，对繁殖也有不利影响，公牛表现为精子发育不正常，降低精子的活力及受精能力，母牛则表现为不易形成受精卵或胚胎的活力下降。

2. 蛋白质的需要量

（1）生长育肥牛的粗蛋白质需要　包括维持的粗蛋白质需要和增

重的粗蛋白质需要。

维持的粗蛋白质需要（g）$=5.5W^{0.75}$；

增重的粗蛋白质需要（g）$=\Delta W(168.07-0.16869W+0.0001633W^{2})\times(1.12-0.1233\Delta W)/0.34$。式中 ΔW 为日增重（千克），W 为体重（千克）。

（2）妊娠后期母牛的粗蛋白质需要　可括下文计算。

维持的粗蛋白质需要（g）$=4.6W^{0.75}$；

在维持基础上粗蛋白质的给量，6个月时为77克，7个月时145克，8个月时255克，9个月时403克。

（3）哺乳母牛的粗蛋白质需要　可根据以下内容计算。

维持的粗蛋白质需要（g）$=4.6W^{0.75}$；

生产需要按每千克4%乳脂率的标准乳需粗蛋白质85克计算。

（五）矿物质

饲料经过充分燃烧、剩余的部分就称其为矿物质或灰分。矿物质的种类很多，一般根据其占畜体体重的比例大小可分为常量元素（0.01%以上）和微量元素（0.01%以下）。在常量元素中有钙、磷、钠、氯、硫、镁、钾等。在微量元素中有铁、铜、锰、锌、硅、硒、钴、碘、铬、氟、钼等，其在羊体内含量虽少，但具有重要作用。

肉牛正常营养需要多种矿物质。矿物质是肉牛体组织、细胞、骨骼和体液的重要成分。体内缺乏矿物质，会引起神经系统、肌肉、消化系统、循环系统（如血液凝固）等功能紊乱和体内酸碱平衡，影响肉牛健康，生长发育，繁殖和畜产品产量，乃至造成死亡。

1. 钙和磷

钙、磷参与机体的代谢活动，是骨骼的重要组成成分。钙、磷关系密切，幼龄牛其比例为2∶1。血液中的钙有抑制神经和肌肉兴奋，促进血凝和保持细胞膜完整性等作用；磷参与糖代谢和保持血液pH值正常。缺乏钙或磷，骨骼发育不正常。长期缺钙、磷或由于钙、磷的比例不当和维生素D的供应不足，幼肉牛出现佝偻病，成年肉牛会发生骨软症和骨质疏松。奶中的钙、磷含量占其矿物质含量的5%。若饲料中钙磷不足，会影响肉牛的机体健康。豆科牧草含钙较多，禾本科牧草合钙量低，因此饲喂禾本科牧草应注意补充钙质。但日粮中钙过量，会加速其他元素（如磷、镁、铁、碘、锌和锰）缺乏。实践证明，理想的钙磷比例为（1～2）∶1。

2. 钾、钠、氯

它们主要分市在肉牛的体液及软组织中，在维持体液的酸碱平衡和渗透压方面起着重要的作用，并能调节体内水的平衡。钠是制造胆汁的重要原料，氯构成胃液中盐酸而参与蛋白质消化。钠、氯在肉牛体内主要以食盐形式存在，食盐还有调味作用，能刺激唾液分泌，促进淀粉酶的活性。缺乏时可导致消化不良、食欲减退、采食量减少、异嗜、利用饲料营养物质的能力下降、发育障碍、生长迟缓、体重减轻、生殖机能减弱、生产力下降等现象。所以在饲料中必须补充食盐，食盐供给量占日粮干物质的0.3%。但喂量过多会引起食盐中毒。钾主要存在于细胞内液中，影响机体的渗透压和酸碱平衡。对一些酶的活性有促进作用。缺乏钾会导致采食量下降，精神不振和痉挛。夏季给牛补钾，可以缓解热应激。钾需要量占日粮0.65%。

3. 硫

硫是保证瘤胃微生物最佳生长的重要养分，在瘤胃微生物消化过程中，硫对含硫氨基酸（蛋氨酸和胱氨酸）、维生素 B_{12} 的合成有重要作用。硫是构成蛋白质、某些维生素、酶、激素和谷胱甘肽辅酶A的必需成分，也是机体中间代谢和解毒过程中不可缺少的物质。缺硫时，可发生流涎过多、虚弱、食欲不振、异食癖、消瘦等现象。硫还是黏蛋白和牛毛的重要成分。硫缺乏与蛋白质缺乏症状相似，出现食欲减退，增重减少，毛的生长速度降低。此外，还表现出唾液分泌过多、流泪和脱毛。缺硫会影响牛对粗纤维的消化率，降低氮的利用率。肉牛硫的需要量占日粮0.16%。一般不会缺硫，但添加尿素容易缺硫。尿素作为补充料时，添加100克尿素需要添加3克硫酸钠。

4. 碘

碘是形成甲状腺素不可缺少的元素。参与物质的代谢过程。缺碘时，新生的犊牛甲状腺肿大，无毛、死亡或生存亦很衰弱，发育缓慢。母牛缺碘受胎率低，导致胚胎发育受阻，早期胚胎死亡，流产，胎衣不下。因为碘化钾容易氧化、蒸发或滤过，所以建议用碘化钙。碘的需要量为0.25毫克/千克日粮干物质。

5. 铁

铁参与形成血红蛋白和肌红蛋白，保证机体组织氧的运输。铁还是细胞色素酶类和多种氧化酶的成分，与细胞内生物氧化过程密切相关。缺乏铁的症状是生缓慢，嗜眠，贫血，呼吸频率增加。铁过量时，其慢性中毒症状是采食量下降、生长速度慢、饲料转化率低；其急性中毒表现出厌食、尿少、腹泻、体温低、代谢性酸中毒、休克，甚至死亡。肉牛铁的需要量为50毫克/千克日粮干物质。

6. 钴

钴是牛瘤胃微生物合成维生素B_{12}的原料，血液中，肝中钴的含量可作为钴在牛体中含量充足与否的标志。缺钴时影响血红蛋白和红细胞的形成。牛缺钴时出现食欲减退，流泪、被毛粗硬、精神不振、逐渐消瘦、贫血，发情次数减少、受胎率显著下降、易流产、泌乳量降低。饲料中钴含量过多对牛也有害，肉牛钴的需要量为0.1毫克/千克日粮干物质。日粮中补充钴，则母牛中发情牛增加，公牛精子数增加。

7. 硒

硒是谷胱苷肽过氧化物酶的主要成分，具有抗氧化作用，也是日粮中必需的元素，每千克饲料中必须含有0.1毫克硒才能满足牛的需要。缺硒时，对犊牛的发育有严重影响，主要表现在犊牛生长慢，特别是易导致白肌病的发生，死亡较多。缺硒母牛繁殖机能紊乱，多空怀和死胎。对缺乏硒的犊牛可采取补饲亚硒酸钠办法。但硒过量易发生慢性积累性中毒，表现为脱毛、蹄发炎或溃烂，繁殖力下降。当喂含硒量低的日粮，体内的硒便迅速排出体外。肉牛硒的需要量为0.3毫克/千克日粮干物质。

8. 铜

铜促进铁在小肠的吸收，铜是形成血红蛋白的催化剂。铜是许多酶的组成成分或激活剂，参与细胞内氧化磷酸化的能量转化过程。铜还可促进骨和胶原蛋白的生成及磷脂的合成，参与被毛和皮肤色素的代谢，与肉牛的繁殖有关。牛缺铜还表现为体重减轻，胚胎早期死亡，胎衣不下，空怀增多；公牛性欲减退，精子活力下降，受精率降低。牛也易受高铜的危害。牛对铜的最大耐受量为70～100毫克/千克日粮，长期用高铜日粮喂牛对健康和生产性能不利，甚至引起中毒。

9. 锰

锰对于骨骼发育和繁殖都有作用。牛的骨骼发育需要锰。缺锰时，母牛受胎率低、流产，犊牛的初生体重减轻。肉牛锰的需要量为40毫克/千克日粮干物质。

10. 锌

锌是牛体内多种酶的组成成分，直接参与牛体蛋白质、核酸、碳水化合物的代谢。锌还是一些激素的必需成分或激活剂。锌可以控制上皮细胞角化过程和修复过程，是牛创伤愈合的必需因子，并可调节机体内的免疫机能，增强机体的抵抗力。日粮中缺锌时，牛食欲减退，消化功能紊乱，异嗜，皮肤角化不全，创伤难愈合，发生皮炎（特别是牛颈、头及腿部），皮肤增厚，有痂皮和皲裂。公母牛繁殖力下降。肉牛锌的需要量为40毫克/千克日粮干物质。

（六）维生素

维生素就是维持生命的要素，属于低分子有机化合物，其功能在于启动和调节有机体的物质代谢。在饲料中虽然含量甚微，但所起作用极大。维生素种类很多，目前已知20多种，分为脂溶性（维生素A、维生素D、维生素E、维生素K）和水溶性（B族维生素和维生素C）两大类。B族包括硫胺素（维生素B_1）、核黄素（维生素B_2）、烟酸（维生素B_3）、吡哆醇（维生素B_6）、泛酸（维生素B_5）、叶酸、生物素（维生素B_4）、胆碱和维生素B_{12}。牛对维生素的需要量虽然极少，但缺乏了会引起许多疾病。维生素不足会引起机体代谢紊乱。犊牛表现生长停滞，抗病力弱。成年牛则出现生产性能下降和繁殖机能紊乱。牛体所需的维生素，除由饲料中获取外，还可由消化道微生物合成。养牛业中一般对维生素A、维生素D、维生素E、维生素B和维生素K比较重视。

1. 维生素A

维生素A是一种环状不饱和一元醇，具有多种生理作用，不足时会出现多种症状。机体缺乏维生素A时，会出现生长停滞、夜盲、流眼泪、咳嗽、流鼻液、肺炎、步法不协调、上皮细胞角质化、食欲下降、消瘦、被毛粗乱、骨骼畸形、繁殖器官退化、流产死胎等。青草、胡萝卜、黄玉米、鲜树叶、青干草内含有丰富的胡萝卜素，牛的小肠能把胡萝卜素转化为维生素A。

2. 维生素D

维生素D为类固醇的衍生物，功能为促进钙磷吸收、代谢和成骨作用。机体缺乏维生素D会影响对钙、磷的吸收和代谢障碍，幼牛出现佝偻病，成年牛出现骨骼组织疏松症。从而引起佝偻病。牛还可以借助太阳光的照射作用，把皮肤中含有的7-脱氢胆固醇转化为维生素D。

3. 维生素E

维生素E叫抗不育维生素，化学结构类似酚类的化合物，极易被氧化，具有生物学活性。其主要功能是作为机体的生物催化剂。缺乏维生素E会发生肌肉营养不良的退化性疾病，如白肌病和公牛睾丸萎缩症，这些疾病均影响生育。青草中维生素E的含量足够牛的需要，所以只要注意牛的优质青干草的供给就不会导致维生素E的缺乏。日粮中适宜水平的硒和维生素E可以防治子宫炎和胎衣不下。犊牛日粮中维生素E需要量为每千克干物质含25单位，成年牛为15～16单位。

4. 维生素B

B族维生素主要作为细胞酶的辅酶，催化碳水化合物、脂肪和蛋白质代谢中的各种反应。牛瘤胃机能正常时，由微生物合成的维生素B能满足牛体需要。但是犊牛在瘤胃发育正常之前，瘤胃微生物区系尚未建立，日粮中需要添加维生素B。维生素B族对牛维持正常生理代谢也非常重要。牛瘤胃中的微生物可以合成维生素B，所以不易缺乏。若牛患某种疾病或得不到完全营养时，有机体合成维生素B的功能遭到破坏时，应补给维生素B。

5. 维生素K

维生素K分为维生素K_1、维生素K_2和维生素K_3三种，维生素K_1称为叶绿醌，在植物中形成。维生素K_2由胃肠道微生物合成。维生素K_3为人工合成。维生素K的主要作用是催化肝中凝血酶原和凝血活素的合成。经凝血活素的作用使凝血酶原转变为凝血酶。凝血酶能使可溶性的血纤维蛋白原变为不溶性的血纤维蛋白而使血液凝固。当维生素K不足时，因限制了凝血酶的合成而使血凝变差。青饲料富含维生素K_1，瘤胃微生物可大量合成维生素K_2，一般不会缺乏。但在生产中，由于饲料间的拮抗作用，如草木樨和一些杂类草中含有与维生素K化学结构相似的双香豆素，能妨碍维生素K的利用；霉变饲料中的真菌霉素有制约维生素K的作用，需要适当增加维生素

K 的饲喂量。

（七）粗纤维

为了保证肉牛的日增重和瘤胃的正常发酵功能，日粮中粗饲料应占 40%～60%，含有 15%～17%的粗纤维（CF），19%～21%的酸性洗涤纤维（ADF），25%～28%的中性洗涤纤维（NDF）。并且日粮中中性洗涤纤维总量的 75%必须由粗饲料来提供。

二、肉牛饲养标准

饲养标准是根据大量饲养试验结果和动物生产实践的经验总结，对各种特定动物所需要的各种营养物质的定额作出的规定，这种系统的营养定额及有关资料统称为饲养标准。简言之，即特定动物系统成套的营养定额就是饲养标准，简称“标准”。现行饲养标准则更为确切和系统地表述了经试验研究确定的特定动物（不同种类、性别、年龄、体重、生理状态、生产性能、不同环境条件等）能量和各种营养物质的定额数值（表 4-1～表 4-7）。

表 4-1 生长肥育牛的每日营养需要（中国肉牛的饲养标准 NY/T 815—2004）

活体重/千克	平均日增重/千克	干物质采食量/千克	维持净能/兆焦	生产净能/兆焦	粗蛋白质/克	钙/克	磷/克
150	0	2.66	13.80	0.00	236	5	5
	0.3	3.29	13.80	1.24	377	14	8
	0.4	3.49	13.80	1.71	421	17	9
	0.5	3.70	13.80	2.22	465	19	10
	0.6	3.91	13.80	2.76	507	22	11
	0.7	4.12	13.80	3.34	548	25	12
	0.8	4.33	13.80	3.97	589	28	13
	0.9	4.54	13.80	4.64	627	31	14
	1.0	4.75	13.80	5.38	665	34	15
	1.1	4.95	13.80	6.18	704	37	16
	1.2	5.16	13.80	7.06	739	40	16

续表

活体重/千克	平均日增重/千克	干物质采食量/千克	维持净能/兆焦	生产净能/兆焦	粗蛋白质/克	钙/克	磷/克
175	0	2.98	15.49	0.00	265	6	6
	0.3	3.63	15.49	1.45	403	14	9
	0.4	3.85	15.49	2.00	447	17	9
	0.5	4.07	15.49	2.59	489	20	10
	0.6	4.29	15.49	3.22	530	23	11
	0.7	4.51	15.49	3.89	571	26	12
	0.8	4.72	15.49	4.63	609	28	13
	0.9	4.94	15.49	5.42	650	31	14
	1.0	5.16	15.49	6.28	686	34	15
	1.1	5.38	15.49	7.22	724	37	16
	1.2	5.59	15.49	8.24	759	40	17
200	0	3.30	17.12	0.00	293	7	7
	0.3	3.98	17.12	1.66	428	15	9
	0.4	4.21	17.12	2.28	472	17	10
	0.5	4.44	17.12	2.95	514	20	11
	0.6	4.66	17.12	3.67	555	23	12
	0.7	4.89	17.12	4.45	593	26	13
	0.8	5.12	17.12	5.29	631	29	14
	0.9	45.34	17.12	6.19	669	31	15
	1.0	5.57	17.12	7.17	708	34	16
	1.1	5.80	17.12	8.25	743	37	17
	1.2	6.03	17.12	9.42	778	40	17
225	0	3.6	18.71	0.00	320	7	7
	0.3	4.31	18.71	1.86	452	15	10
	0.4	4.55	18.71	2.57	494	18	11
	0.5	4.78	18.71	3.32	535	20	12
	0.6	5.02	18.71	4.13	576	23	13
	0.7	5.26	18.71	5.01	614	26	14
	0.8	5.49	18.71	5.95	652	29	14
	0.9	5.73	18.71	6.97	691	31	15
	1.0	5.96	18.71	8.07	726	34	16
	1.1	6.20	18.71	9.28	761	37	17
	1.2	6.44	18.71	10.59	796	39	18

续表

活体重/千克	平均日增重/千克	干物质采食量/千克	维持净能/兆焦	生产净能/兆焦	粗蛋白质/克	钙/克	磷/克
250	0	3.90	20.24	0.00	346	8	8
	0.3	4.64	20.24	2.07	475	16	11
	0.4	4.88	20.24	2.85	517	18	12
	0.5	5.13	20.24	3.69	558	21	12
	0.6	5.37	20.24	4.59	599	23	13
	0.7	5.62	20.24	5.56	637	26	14
	0.8	5.87	20.24	6.61	672	29	15
	0.9	6.11	20.24	7.74	711	31	16
	1.0	6.36	20.24	8.97	746	34	17
	1.1	6.60	20.24	10.31	781	36	18
	1.2	6.85	20.24	11.77	814	39	18
275	0	4.19	21.74	0.00	372	9	9
	0.3	4.96	21.74	2.28	501	16	12
	0.4	5.21	21.74	3.14	543	19	12
	0.5	5.47	21.74	4.06	581	21	13
	0.6	5.72	21.74	5.05	619	24	14
	0.7	5.98	21.74	6.12	657	26	15
	0.8	6.23	21.74	7.27	696	29	16
	0.9	6.49	21.74	8.51	731	31	16
	1.0	6.74	21.74	9.86	766	34	17
	1.1	7.00	21.74	11.34	798	36	18
	1.2	7.25	21.74	12.95	834	39	19
300	0	4.46	23.21	0.00	397	10	10
	0.3	5.26	23.21	2.48	523	17	12
	0.4	5.53	23.21	3.42	565	19	13
	0.5	5.79	23.21	4.43	603	21	14
	0.6	6.06	23.21	5.51	641	24	15
	0.7	6.32	23.21	6.67	679	26	15
	0.8	6.58	23.21	7.93	715	29	16
	0.9	6.85	23.21	9.29	750	31	17
	1.0	7.11	23.21	10.76	785	34	18
	1.1	7.38	23.21	12.37	818	36	19
	1.2	7.64	23.21	14.21	850	38	19

续表

活体重/千克	平均日增重/千克	干物质采食量/千克	维持净能/兆焦	生产净能/兆焦	粗蛋白质/克	钙/克	磷/克
325	0	4.75	24.65	0.00	421	11	11
	0.3	5.57	24.65	2.69	547	17	13
	0.4	5.84	24.65	3.71	586	19	14
	0.5	6.12	24.65	4.80	624	22	14
	0.6	6.39	24.65	5.97	662	24	15
	0.7	6.66	24.65	7.23	700	26	16
	0.8	6.94	24.65	8.59	736	29	17
	0.9	7.21	24.65	10.06	771	31	18
	1.0	7.49	24.65	11.66	803	33	18
	1.1	7.76	24.65	13.40	839	36	19
	1.2	8.03	24.65	15.30	868	38	20
350	0	5.02	26.06	0.00	445	12	12
	0.3	5.87	26.06	2.90	569	18	14
	0.4	6.15	26.06	3.99	607	20	14
	0.5	6.43	26.06	5.17	645	22	15
	0.6	6.72	26.06	6.43	683	24	16
	0.7	7.00	26.06	7.79	719	27	17
	0.8	7.28	26.06	9.25	757	29	17
	0.9	7.57	26.06	10.83	789	31	18
	1.0	7.85	26.06	12.55	824	33	19
	1.1	8.13	26.06	14.43	857	36	20
	1.2	8.41	26.06	16.48	889	38	20
375	0	5.28	27.44	0.00	469	12	12
	0.3	6.16	27.44	3.10	593	18	14
	0.4	6.45	27.44	4.28	631	20	15
	0.5	6.74	27.44	5.54	669	22	16
	0.6	7.03	27.44	6.89	704	25	17
	0.7	7.32	27.44	8.43	743	27	17
	0.8	7.62	27.44	9.91	778	29	18
	0.9	7.91	27.44	11.60	810	31	19
	1.0	8.20	27.44	13.45	845	33	19
	1.1	8.49	27.44	15.46	878	35	20
	1.2	8.79	27.44	17.65	907	38	20

续表

活体重/千克	平均日增重/千克	干物质采食量/千克	维持净能/兆焦	生产净能/兆焦	粗蛋白质/克	钙/克	磷/克
400	0	5.55	28.80	0.00	492	13	13
	0.3	6.45	28.80	3.31	613	19	15
	0.4	6.76	28.80	4.56	651	21	16
	0.5	7.06	28.80	5.91	689	23	17
	0.6	7.36	28.80	7.35	727	25	17
	0.7	7.66	28.80	8.90	763	27	18
	0.8	7.96	28.80	10.57	798	29	19
	0.9	8.26	28.80	12.38	830	31	19
	1.0	8.56	28.80	14.35	866	33	20
	1.1	8.87	28.80	16.49	895	35	21
	1.2	9.17	28.80	18.83	927	37	21
425	0	5.80	30.14	0.00	515	14	14
	0.3	6.73	30.14	3.52	636	19	16
	0.4	7.04	30.14	4.85	674	21	17
	0.5	7.35	30.14	6.28	712	23	17
	0.6	7.66	30.14	7.81	747	25	18
	0.7	7.97	30.14	9.45	783	27	18
	0.8	8.29	30.14	11.23	818	29	19
	0.9	8.60	30.14	13.15	850	31	20
	1.0	8.91	30.14	15.24	886	33	20
	1.1	9.22	30.14	17.52	918	35	21
	1.2	9.53	30.14	20.01	947	37	22
450	0	6.06	31.46	0.00	538	15	15
	0.3	7.02	31.46	3.72	659	20	17
	0.4	7.34	31.46	5.14	697	21	17
	0.5	7.66	31.46	6.65	732	23	18
	0.6	7.98	31.46	8.27	770	25	19
	0.7	8.30	31.46	10.01	806	27	19
	0.8	8.62	31.46	11.89	841	29	20
	0.9	8.94	31.46	13.93	873	31	20
	1.0	9.26	31.46	16.14	906	33	21
	1.1	9.58	31.46	18.55	939	35	22
	1.2	9.90	31.46	21.18	967	37	22

续表

活体重/千克	平均日增重/千克	干物质采食量/千克	维持净能/兆焦	生产净能/兆焦	粗蛋白质/克	钙/克	磷/克
475	0	6.31	32.76	0.00	560	16	16
	0.3	7.30	32.76	3.93	681	20	17
	0.4	7.63	32.76	5.42	719	22	18
	0.5	7.96	32.76	7.01	754	24	19
	0.6	8.29	32.76	8.73	789	25	19
	0.7	8.61	32.76	10.57	825	27	20
	0.8	8.94	32.76	12.55	860	29	20
	0.9	9.27	32.76	14.70	892	31	21
	1.0	9.60	32.76	17.04	928	33	21
	1.1	9.93	32.76	19.58	957	35	22
	1.2	10.26	32.76	22.36	989	36	23
500	0	6.56	34.05	0.00	582	16	16
	0.3	7.58	34.05	4.14	700	21	18
	0.4	7.91	34.05	5.71	738	22	19
	0.5	8.25	34.05	7.38	776	24	19
	0.6	8.59	34.05	9.18	811	26	20
	0.7	8.93	34.05	11.12	847	27	20
	0.8	9.27	34.05	13.21	882	29	21
	0.9	9.61	34.05	15.48	912	31	21
	1.0	9.94	34.05	17.93	947	33	22
	1.1	10.28	34.05	20.61	979	34	23
	1.2	10.62	34.05	23.54	1011	36	23

表 4-2　生长母牛的每日营养需要量

活体重/千克	平均日增重/千克	干物质采食量/千克	维持净能/兆焦	生产净能/兆焦	粗蛋白质/克	钙/克	磷/克
150	0	2.66	13.80	0.00	236	5	5
	0.3	3.29	13.80	1.37	377	13	8
	0.4	3.49	13.80	1.88	421	16	9
	0.5	3.70	13.80	2.44	465	19	10
	0.6	3.91	13.80	3.03	507	22	11
	0.7	4.12	13.80	3.67	548	25	11
	0.8	4.33	13.80	4.36	589	28	12
	0.9	4.54	13.80	5.11	627	31	13
	1.0	4.75	13.80	5.92	665	34	14
175	0	2.98	15.49	0.00	265	6	6
	0.3	3.63	15.49	1.59	403	14	8
	0.4	3.85	15.49	2.20	447	17	9
	0.5	4.07	15.49	2.84	489	19	10
	0.6	4.29	15.49	3.54	530	22	11
	0.7	4.51	15.49	4.28	571	25	12
	0.8	4.72	15.49	5.09	609	28	13
	0.9	4.94	15.49	5.96	650	30	14
	1.0	5.16	15.49	6.91	686	33	15
200	0	3.30	17.12	0.00	293	7	7
	0.3	3.98	17.12	1.82	428	14	9
	0.4	4.21	17.12	2.51	472	17	10
	0.5	4.44	17.12	3.25	514	19	11
	0.6	4.66	17.12	4.04	555	22	12
	0.7	4.89	17.12	4.89	593	25	13
	0.8	5.12	17.12	5.82	631	28	14
	0.9	5.34	17.12	6.81	669	30	14
	1.0	5.57	17.12	7.89	708	33	15

续表

活体重/千克	平均日增重/千克	干物质采食量/千克	维持净能/兆焦	生产净能/兆焦	粗蛋白质/克	钙/克	磷/克
225	0	3.60	18.71	0.00	320	7	7
	0.3	4.31	18.71	2.05	452	15	10
	0.4	4.55	18.71	2.82	494	17	11
	0.5	4.78	18.71	3.66	535	20	12
	0.6	5.02	18.71	4.55	576	23	12
	0.7	5.26	18.71	5.51	614	25	13
	0.8	5.49	18.71	6.54	652	28	14
	0.9	5.73	18.71	7.66	691	30	15
	1.0	5.96	18.71	8.88	726	33	16
250	0	3.90	20.24	0.00	346	8	8
	0.3	4.64	20.24	2.28	475	15	11
	0.4	4.88	20.24	3.14	517	18	11
	0.5	5.13	20.24	4.06	558	20	12
	0.6	4.37	20.24	5.05	599	23	13
	0.7	5.62	20.24	6.12	637	25	14
	0.8	5.87	20.24	7.27	672	28	15
	0.9	6.11	20.24	8.51	711	30	15
	1.0	6.36	20.24	9.86	746	33	17
275	0	4.19	21.74	0.00	372	9	9
	0.3	4.96	21.74	2.50	501	16	11
	0.4	5.21	21.74	3.45	543	18	12
	0.5	5.47	21.74	4.47	581	20	13
	0.6	5.72	21.74	5.56	619	23	14
	0.7	5.98	21.74	6.73	657	25	14
	0.8	6.23	21.74	7.99	696	28	15
	0.9	6.49	21.74	9.36	731	30	16
	1.0	6.74	21.74	10.85	766	32	17

续表

活体重/千克	平均日增重/千克	干物质采食量/千克	维持净能/兆焦	生产净能/兆焦	粗蛋白质/克	钙/克	磷/克
300	0	4.46	23.21	0.00	397	10	10
	0.3	5.26	23.21	2.73	523	16	12
	0.4	5.53	23.21	3.77	565	18	13
	0.5	5.79	23.21	4.87	603	21	14
	0.6	6.06	23.21	6.06	641	23	14
	0.7	6.32	23.21	7.34	679	25	15
	0.8	6.58	23.21	8.72	715	28	16
	0.9	6.85	23.21	10.21	750	30	17
	1.0	7.11	23.21	11.84	785	32	17
325	0	4.75	24.65	0.00	421	11	11
	0.3	5.57	24.65	2.96	547	17	13
	0.4	5.84	24.65	4.08	586	19	14
	0.5	6.12	24.65	5.28	624	21	14
	0.6	6.39	24.65	6.57	662	23	15
	0.7	6.66	24.65	7.95	700	25	16
	0.8	6.94	24.65	9.45	736	28	16
	0.9	7.21	24.65	11.07	771	30	17
	1.0	7.49	24.65	12.82	803	32	18
350	0	5.02	26.06	0.00	445	12	12
	0.3	5.87	26.06	3.19	569	17	14
	0.4	6.15	26.06	4.39	607	19	14
	0.5	6.43	26.06	5.69	645	21	15
	0.6	6.72	26.06	7.07	683	23	16
	0.7	7.00	26.06	8.56	719	25	16
	0.8	7.28	26.06	10.17	757	28	17
	0.9	7.57	26.06	11.92	789	30	18
	1.0	7.85	26.06	13.81	824	32	18

续表

活体重/千克	平均日增重/千克	干物质采食量/千克	维持净能/兆焦	生产净能/兆焦	粗蛋白质/克	钙/克	磷/克
375	0	5.28	27.44	0.00	469	12	12
	0.3	6.16	27.44	3.41	593	18	14
	0.4	6.45	27.44	4.71	631	20	15
	0.5	6.74	27.44	6.09	669	22	16
	0.6	7.03	27.44	7.58	704	24	17
	0.7	7.32	27.44	9.18	743	26	17
	0.8	7.62	27.44	10.90	778	28	18
	0.9	7.91	27.44	12.77	810	30	19
	1.0	8.20	27.44	14.79	845	32	19
400	0	5.55	28.80	0.00	492	13	13
	0.3	6.45	28.80	3.64	613	18	15
	0.4	6.76	28.80	5.02	651	20	16
	0.5	7.06	28.80	6.50	689	22	16
	0.6	7.36	28.80	8.08	727	24	17
	0.7	7.66	28.80	9.79	763	26	17
	0.8	7.96	28.80	11.63	798	28	18
	0.9	8.26	28.80	13.62	830	29	19
	1.0	8.56	28.80	15.78	866	31	19
450	0	6.06	31.46	0.00	537	12	12
	0.3	7.02	31.46	4.10	625	18	14
	0.4	7.34	31.46	5.65	653	20	15
	0.5	7.65	31.46	7.31	681	22	16
	0.6	7.97	31.46	9.069	708	24	17
	0.7	8.29	31.46	11.01	734	26	17
	0.8	8.61	31.46	13.08	759	28	18
	0.9	8.93	31.46	15.32	784	30	19
	1.0	9.25	31.46	17.75	808	32	19

续表

活体重/千克	平均日增重/千克	干物质采食量/千克	维持净能/兆焦	生产净能/兆焦	粗蛋白质/克	钙/克	磷/克
500	0	6.56	34.05	0.00	582	13	13
	0.3	7.57	34.05	4.55	662	18	15
	0.4	7.91	34.05	6.28	687	20	16
	0.5	8.25	34.05	8.12	712	22	16
	0.6	8.58	34.05	10.10	736	24	17
	0.7	8.92	34.05	12.23	760	26	17
	0.8	9.26	34.05	14.53	783	28	18
	0.9	9.60	34.05	17.02	805	29	19
	1.0	9.93	34.05	19.72	827	31	19

表 4-3 妊娠母牛的每日营养需要量

体重/千克	妊娠月份	干物质采食量/千克	维持净能/兆焦	生产净能/兆焦	粗蛋白质/克	钙/克	磷/克
300	6	6.32	23.21	4.32	409	14	12
	7	6.43	23.21	7.36	477	16	12
	8	6.60	23.21	11.17	587	18	13
	9	6.77	23.21	15.77	735	20	13
350	6	6.86	26.06	4.63	499	16	13
	7	6.98	26.06	7.88	517	18	14
	8	7.15	26.06	11.97	627	20	15
	9	7.32	26.06	16.89	775	22	15
400	6	7.39	28.80	4.94	488	18	15
	7	7.51	28.80	8.40	556	20	16
	8	7.68	28.80	12.76	666	22	16
	9	7.84	28.80	18.01	814	24	17

续表

体重/千克	妊娠月份	干物质采食量/千克	维持净能/兆焦	生产净能/兆焦	粗蛋白质/克	钙/克	磷/克
450	6	7.90	31.46	5.24	526	20	17
	7	8.02	31.46	8.92	594	22	18
	8	8.19	31.46	13.55	704	24	18
	9	8.36	31.46	19.13	852	27	19
500	6	8.40	34.05	5.55	563	22	19
	7	8.52	34.05	9.45	631	24	19
	8	8.69	34.05	14.35	741	26	20
	9	8.86	34.05	20.25	889	29	21
550	6	8.89	36.57	85.86	599	24	20
	7	9.00	36.57	9.97	667	26	21
	8	9.17	36.57	15.14	777	29	22
	9	9.34	36.57	21.37	925	31	23

表 4-4 哺乳母牛的每日营养需要量

体重/千克	干物质采食量/千克	4%乳脂率标准乳/千克	维持净能/兆焦	生产净能/兆焦	粗蛋白质/克	钙/克	磷/克
300	4.47	0	23.21	0.00	332	10	10
	5.82	3	23.21	9.41	587	24	14
	6.27	4	23.21	12.55	672	29	15
	6.72	5	23.21	15.69	757	34	17
	7.17	6	23.21	18.83	842	39	18
	7.62	7	23.21	21.97	927	44	19
	8.07	8	23.21	25.10	1012	48	21
	8.52	9	23.21	28.24	1097	53	22
	8.97	10	23.21	31.38	1182	58	23

续表

体重/千克	干物质采食量/千克	4%乳脂率标准乳/千克	维持净能/兆焦	生产净能/兆焦	粗蛋白质/克	钙/克	磷/克
350	5.02	0	26.06	0.00	372	12	12
	6.37	3	26.06	9.41	627	24	16
	6.82	4	26.06	12.55	712	32	17
	7.27	5	26.06	15.69	797	37	19
	7.72	6	26.06	18.83	882	42	20
	8.17	7	26.06	21.97	967	46	21
	8.62	8	26.06	25.10	1052	51	23
	9.07	9	26.06	18.24	1137	56	24
	9.52	10	26.06	31.38	1222	61	25
400	5.55	0	28.80	0.00	411	13	13
	6.90	3	28.80	9.41	666	28	17
	7.35	4	28.80	12.55	751	33	18
	7.80	5	28.80	15.69	836	38	20
	8.25	6	28.80	18.83	921	43	21
	8.70	7	28.80	21.97	1006	47	22
	9.15	8	28.80	25.10	1091	52	24
	9.60	9	28.80	28.24	1176	57	25
	10.05	10	28.80	31.38	1261	62	26
450	6.06	0	31.46	0.00	449	15	15
	7.41	3	31.46	9.41	704	30	19
	7.86	4	31.46	12.55	789	35	20
	8:31	5	31.46	15.69	874	40	22
	8.76	6	31.46	18.83	959	45	23
	9.21	7	31.46	21.97	1044	49	24
	9.66	8	31.46	25.10	1129	54	26
	10.11	9	31.46	28.24	1214	59	27
	10.56	10	31.46	31.38	1299	64	28

续表

体重/千克	干物质采食量/千克	4%乳脂率标准乳/千克	维持净能/兆焦	生产净能/兆焦	粗蛋白质/克	钙/克	磷/克
500	6.56	0	34.05	0.00	486	16	16
	7.91	3	34.05	9.41	741	31	20
	8.36	4	34.05	12.55	826	36	21
	8.81	5	34.05	15.69	911	41	23
	9.26	6	34.05	18.83	996	46	24
	9.71	7	34.05	21.97	1081	50	25
	10.16	8	34.05	25.10	1166	55	27
	10.61	9	34.05	28.24	1251	60	28
	11.06	10	34.05	31.38	1336	65	29
550	7.04	0	36.57	0.00	522	18	18
	8.39	3	36.57	9.41	777	32	22
	8.84	4	36.57	12.55	862	37	23
	9.29	5	36.57	15.69	947	42	25
	9.74	6	36.57	18.83	1032	47	26
	10.19	7	36.57	21.97	1117	52	27
	10.64	8	36.57	25.10	1202	56	29
	11.09	9	36.57	28.24	1287	61	30
	11.54	10	36.57	31.38	1372	66	31

表 4-5 哺乳母牛每千克4%标准乳中营养含量

干物质/克	肉牛能量单位/RND	综合净能/MJ	脂肪/克	粗蛋白质/克	钙/克	磷/克
450	0.32	2.57	40	85	2.46	1.12

表 4-6 肉牛对日粮微量矿物元素的需要量

微量元素	需要量(以日粮干物质计)/(毫克/千克)			最大耐受浓度/(毫克/千克)
	生长和肥育牛	妊娠母牛	泌乳早期母牛	
钴(Co)	0.10	0.10	0.10	10
铜(Cu)	10.00	10.00	10.00	100

续表

微量元素	需要量(以日粮干物质计)/(毫克/千克)			最大耐受浓度/(毫克/千克)
	生长和肥育牛	妊娠母牛	泌乳早期母牛	
碘(I)	0.50	0.50	0.50	50
铁(Fe)	50.00	50.00	50.00	1000
锰(Mn)	20.00	40.00	40.00	1000
硒(Se)	0.10	0.10	0.10	2
锌(Zn)	30.00	30.00	30.00	500

表 4-7 肉牛对日粮维生素的需要量

种类	需要量(以日粮干物质计)/(国际单位/千克)				最大耐受浓度/(国际单位/千克)
	生长和肥育牛	生长母牛	妊娠母牛	泌乳早期母牛	
维生素 A	2200	2400	2800	3900	30000
维生素 D	275	275	275	275	4500
维生素 E	15	15	15	15	900

第二节 肉牛常用饲料原料

饲料原料又称单一饲料，是指以一种动物、植物、微生物或矿物质为来源的饲料。肉牛饲料由粗饲料、青绿饲料、青储饲料、能量饲料、蛋白质饲料、矿物质饲料、维生素饲料和饲料添加剂等部分组成。

一、粗饲料

粗饲料是指天然水分含量小于 45%，干物质中粗纤维含量大于或等于 18%，并以风干物质为饲喂形式的饲料。包括干草与农副产品秸秆、秕壳及藤蔓、荚壳、树叶、糟渣类等。粗饲料的特点是粗纤维含量高，可达 25%～45%，可消化营养成分含量较低，有机物消化率在 70%以下，质地较粗硬，适口性差。不同类型的粗饲料，粗纤维的组成不一，但大多数是由纤维素、半纤维素、木质素、果胶、多糖醛和硅酸盐等组成，其组成比例又常因植物生长阶段变化而不同。

粗饲料是肉牛主要的饲料来源。虽然粗饲料消化率低，但它具有来源广、数量大、成本低的优越性，在肉牛日粮中占有较大比重。它们不仅提供养分，而且可以促进肌肉生长，满足肉牛反刍及正常消化等生理功能的需求，还具有填充胃肠道，使肉牛有饱感的作用。因此，是肉牛饲粮中不可缺少的部分，对肉牛极为重要。

粗饲料主要来源是农作物秸秆、秕壳，总量是粮食产量的1～4倍之多。据不完全统计，目前全世界每年农作物秸秆产量达20多亿吨，我国每年产5.7亿吨。野生的禾本科草本植物量更大。

（一）秸秆饲料

秸秆通常指农作物在籽实成熟并收获后剩余的植株。由茎秆和枯叶组成，包括禾本科秸秆和豆科秸秆两大类。这类饲料最大的营养特点是质地坚硬，适口性差，不易消化，采食量低；粗纤维含量高，一般都在30%以上，其中木质素的比例大；粗蛋白质含量很低，仅3%～8%；粗灰分含量高，含有大量的硅酸盐，除豆科、薯秧外大多数钙、磷含量低；维生素中，除维生素D外，其余均较缺乏；有机物的消化率一般不超过60%；但有机物总量高达80%以上，总能值大抵与玉米、淀粉相当。

我国秸秆饲料主要有稻草、玉米秸、麦秸、豆秸和谷草等。不同农作物秸秆、同一作物不同生长阶段、同一种秸秆的不同部位，其营养成分和消化率均有一定差异，甚至差别很大。

1. 稻草

稻草是水稻收获后剩下的茎叶，是我国南方农区的主要粗饲料，其营养价值很低，但数量非常大。据统计，我国稻草产量为1.88亿吨，因此应引起注意。研究表明，牛、羊对其消化率为50%左右，猪一般在20%以下。

稻草的粗蛋白质含量为3%～5%，粗脂肪为1%左右，粗纤维为35%；粗灰分含量较高，约为17%，但硅酸盐所占比例大；钙、磷含量低，分别为0.29%和0.07%，远低于家畜的生长和繁殖需要。据测定，稻草的产奶净能为3.39～4.43兆焦/千克，增重净能0.21～7.32兆焦/千克，消化能为8.33兆焦/千克。为了提高稻草的饲用价值，除了添加矿物质和能量饲料外，还应对稻草作氨化、碱化处理。经氨化处理后，稻草的含氮量可增加一倍，且其中氮的消化率可提高

20%～40%。

2. 玉米秸

玉米秸具有光滑外皮，质地坚硬，一般作为反刍家畜的饲料，若用来喂猪，则难以消化。肉牛对玉米秸粗纤维的消化率在65%左右，对无氮浸出物的消化率在60%左右。玉米秸青绿时，胡萝卜素含量较高，达3～7毫克/千克。

生长期短的夏播玉米秸，比生长期长的春播玉米秸粗纤维少，易消化。同一株玉米秸，上部比下部的营养价值高，叶片又比茎秆的营养价值高，肉牛较为喜食。玉米秸的营养价值优于玉米芯，而和玉米苞叶的营养价值相似。

玉米秸的饲用价值低于稻草。为了提高玉米秸的饲用价值，一方面，在果穗收获前，在植株的果穗上方留下一片叶后，削取上梢饲用，或制成干草、青贮料。因为割取青梢改善了通风和光照余件，所以并不影响籽实产量。另一方面，收获后立即将全株分成上半株或上2/3株切碎直接饲喂或调制成青贮饲料。

3. 麦秸

麦秸的营养价值因品种、生长期的不同而有所不同。常用作肉牛饲料的有小麦秸、大麦秸和燕麦秸。

小麦秸粗纤维含量高，并含有硅酸盐和蜡质，适口性差，营养价值低。但经氨化或碱化处理后效果较好。

大麦秸的产量比小麦秸要低得多，但适口性和粗蛋白质含量均高于小麦秸。

在麦类秸秆中，燕麦秸是饲用价值最好的一种，其对肉牛的消化率达9.17兆焦/千克。

4. 豆秸

豆秸有大豆秸、豌豆秸和蚕豆秸等种类。由于豆科作物成熟后叶子大部分凋落，因此豆秸主要以茎秆为主，茎已木质化，质地坚硬，维生素与蛋白质也减少，但与禾本科秸秆相比较，其粗蛋白质含量和消化率都较高。

大豆秸适于喂肉牛，风干大豆茎含有的消化能为6.82兆焦/千克。在各类豆秸中，豌豆秸的营养价值最高，但是新豌豆秸水分较多，容易腐败变黑，使部分蛋白质分解，营养价值降低，因此刈割后要及时晾晒，干燥后储存。在利用豆秸类饲料时，要很好地加工调制，搭配其他精粗饲料混合饲喂。

5. 谷草

谷草即粟的秸秆，其质地柔软厚实，适口性好，营养价值高。在各类禾本科秸秆中，以谷草的品质最好，可铡碎与野干草混喂，效果更好。

（二）秕壳饲料

农作物收获脱粒时，除分离出秸秆外还分离出许多包被籽实的颖壳、荚皮与外皮等，这些物质统称为秕壳。由于脱粒时常沾染很多尘土异物，也混入一部分瘪的籽实和碎茎叶，这样使它们的成分与营养价值往往有很大的变异。总的看来，除稻壳、花生壳外，一般秕壳的营养价值略高于同一作物的秸秆。

1. 豆荚类

有大豆荚、豌豆荚、蚕豆荚等。无氮浸出物含量为42%～50%，粗纤维为33%～40%，粗蛋白质为5%～10%，牛和绵羊消化能分别为7.0～11.0兆焦/千克、7.0～7.7兆焦/千克，饲用价值较好，尤其适于反刍家畜利用。

2. 谷类皮壳

有稻壳、小麦壳、大麦壳、荞麦壳和高粱壳等。这类饲料的营养价值仅次于豆荚，但数量大，来源广，值得重视。其中稻壳的营养价值很差，对牛的消化能低，适口性也差，仅能勉强用作反刍家畜的饲料。稻壳经过适当的处理，如氨化、碱化、高压蒸煮或膨化可提高其营养价值。另外大麦秕壳带有芒刺，易损伤口腔黏膜引起口腔炎，应当注意。

3. 其他秕壳

一些经济作物副产品（如花生壳、油菜子壳、棉籽壳、玉米芯和玉米苞叶等）也常用作饲料。这类饲料营养价值很低，需经粉碎与精料、青绿多汁饲料搭配使用，主要用于饲喂牛、羊等反刍家畜。棉籽壳含少量棉酚（约0.068%），饲喂时要小心，以防引起中毒。

（三）干草

干草，又称青干草，是将牧草及禾谷类作物在尚未成熟之前刈割，经自然或人工干燥调制成长期保存的饲草。因仍保留有一定的青绿色，故称“青干草”。

青干草可常年供家畜饲用。优质的青干草，颜色青绿，气味芳香，质地柔松，适口性好，叶片不脱落或脱落很少，绝大部分的蛋白质和脂肪、矿物质、维生素被保存下来，是肉牛冬季和早春必备的优质粗饲料，是秸秆等不可替代的饲料种类。

我国的牧草资源比较丰富，特别是南方的草山草坡有很大的开发潜力，为制作青干草提供了充足的原料。据统计，我国南方有0.45亿公顷，可利用草山草坡，平均每公顷产干草3750～5250千克，现已利用约0.2亿公顷。农区约有0.13亿公顷“四边”草地，平均每公顷产干草1800千克。此外，有人工草地240万公顷，平均每公顷产干草7500～15000千克，可利用的海滩涂地22.8万公顷，平均每公顷产干草7500～11250千克。

1. 青干草的饲养价值

青干草的营养价值与原料种类、生长阶段、调制方法有关。多数青干草每千克消化能值在8～10兆焦，少数优质干草消化能值可达到12.5兆焦/千克。还有部分干草，消化能值低于8兆焦/千克。干草粗蛋白质含量变化较大，平均在7%～17%，个别豆科牧草可以高达20%以上。粗纤维含量高，在20%～35%，但其中纤维的消化率较高。此外，干草中矿物元素含量丰富，一些豆科牧草中的钙含量超过1%，足以满足一般家畜需要，禾本科牧草中的钙也比谷类籽实中的高。维生素D含量可达到每千克16～150毫克，胡萝卜素含量每千克为5～40毫克。营养价值高低还与干草的利用有关，干草利用好坏，涉及干草营养物质利用的效率和利用干草的经济效益。利用不好，可使损失超过15%。

干草饲喂前要加工调制，常用加工方法有铡短、粉碎、压块和制粒。铡短是较常用的方法，对优质干草，更应该铡短后饲喂，这样可以避免挑食和浪费。有条件的情况下，干草制成颗粒饲用，可明显提高干草利用率。干草可以单喂，饲喂时最好将高低质量干草搭配饲喂，用饲槽让其随意采食；干草也可以与精料混合喂，混合饲喂的好处是避免牛挑食和剩料，增加干草的适口性和采食量；粗蛋白质含量低的干草可配合尿素使用，有利于补充肉牛粗蛋白质摄入不足。

2. 青干草的优缺点

（1）青干草的优点是　青干草牧草长期储藏的最好方式，可以保证饲料的均衡供应，是某些维生素和矿物质的来源，用干草饲喂肉牛还可以促进消化道蠕动，增加瘤胃微生物的活力，干草打捆后容易运输和饲喂，可以降低饲料成本。

（2）青干草的缺点是　收割时需要大量劳力和昂贵的机器设备，收割过程中营养损失大，尤其是叶的损失多，由于来源不同，收割时间不同，利用方法不同及天气的影响，使干草的营养价值和适口性差别很大，如果干草晒制的时间不够，水分含量高，在储存过程中容易产热，发生自燃，干草不能满足高产肉牛的营养需要。

（四）树叶和其他饲用林产品

林业副产品主要包括树叶、树籽、嫩枝和木材加工下脚料。新采摘的槐树叶、榆树叶、松树针等蛋白质含量一般占干物质的25%～29%，是很好的蛋白质补充料；同时，还含有大量的维生素和生物激素。树叶可直接饲喂畜禽，而嫩枝、木材加工下脚料可通过青储、发酵、糖化、膨化、水解等处理方式加以利用。

利用针、阔叶林嫩枝叶作为畜禽饲料，在国外已有30多年的历史，俄罗斯、罗马尼亚、加拿大等早已工厂化生产，且用叶粉代替草粉在全价配合饲料中应用，质优价廉，很受市场青睐。日本曾利用刺槐叶粉代替苜蓿草粉养鸡，效果很好。我国现有森林面积1.3亿多公顷，树叶产量占全树生物量的5%。每年各类乔木的嫩枝叶约有5亿多吨，薪炭林及灌木林的嫩枝叶数量也相当巨大，如果能合理利用这一宝贵资源，对我国饲养业的发展将会起到重要作用。

研究表明，大多数树叶（包括青叶和秋后落叶）及其嫩枝和果实，可用作肉牛饲料。有些优质青树叶还是肉牛很好的蛋白质和维生素饲料来源，如紫穗槐、洋槐和银合欢等树叶。树叶外观虽硬，但养分丰富（表4-8）。青嫩鲜叶很容易消化，不仅作为肉牛的维持饲料，而且可以用来生产配合饲料。树叶虽是粗饲料，但营养价值远优于秸秆类。

树叶的营养成分随产地、品种、季节、部位和调制方法不同而异，一般鲜叶、嫩叶营养价值最高，其次为青干叶粉，青落叶、枯黄干叶营养价值最差。树叶中维生素含量也很丰富。据分析，柳、桦、赤杨等青树叶中胡萝卜素含量为110～130毫克/千克，紫穗槐青干叶中胡萝卜素含量可达到270毫克/千克。核桃树叶中含有丰富的维生素C，松柏叶中也含有大量胡萝卜素和维生素C、维生素E、维生素D、维生素B_{12}和维生素K等，并含有铁、钴、锰等多种微量元素。

表4-8　几种树叶的营养成分（干物质为基础）

类别	粗蛋白质/%	粗脂肪/%	粗纤维/%	无氮浸出物/%	粗灰分/%	钙/%	磷/%
槐树叶	22.4	2.5	17.3	48.5	7.6	0.97	0.17
榆树叶	23.2	6.2	9.8	44.8	16.0	2.49	0.23
柳树叶	15.6	6.0	12.9	55.5	9.6	—	0.21
白杨叶	17.5	5.2	19.0	52.2	5.8	1.32	0.25
紫穗槐叶	21.5	10.1	12.7	48.9	6.6	0.18	0.94
洋槐叶	29.9	5.6	8.6	48.9	7.8	1.25	0.12
松针	8.0	11.0	27.1	50.7	3.0	1.10	0.19
枣树叶	14.4	5.6	10.9	57.0	12.1	—	—
桑叶	14.1	13.0	22.9	32.8	16.9	2.29	3.00

除树叶以外，许多树木的籽实，如橡子、槐豆等，果园的残果、落果也是肉牛的良好多汁饲料。

有些树叶中含有单宁，有涩味，肉牛不喜采食，必须加工调制（发酵或青储）再喂。有的树木有剧毒，如荚竹桃等，要严禁饲喂。

二、青绿饲料

青绿饲料是指天然水分含量等于或大于60%的青绿多汁饲料。青绿饲料主要包括天然牧草、人工栽培牧草、田间杂草、青饲作物、叶菜类、非淀粉质根茎瓜类、水生植物及树叶类等。

这类饲料种类多、来源广、产量高、营养丰富，具有良好的适口性，能促进肉牛分泌消化液，增进食欲，是维生素的良好来源，以抽穗或开花前的营养价值较高，被人们誉为“绿色能源”。

青绿饲料是一类营养相对平衡的饲料，是肉牛不可缺少的优良饲料，但其干物质少，能量相对较低。在肉牛生长期可用优良青绿饲料作为唯一的饲料来源，但若要在育肥后期加快育肥则需要补充谷物、饼粕等能量饲料和蛋白质饲料。

（一）青绿饲料的营养特性

1. 水分含量高

陆生植物的水分含量为 60%～90%，而水生植物可高达 90%～95%。因此青绿饲料中干物质含量一般较低，能值较低。陆生植物每千克鲜重的消化能在 1.20～2.50 兆焦。

2. 粗蛋白质含量丰富、消化率高、品质优良、生物学价值高

一般禾本科牧草和叶菜类饲料的粗蛋白质含量在 1.5%～3.0%，豆科牧草在 3.2%～4.4%。若按干物质计算，前者粗蛋白质含量达 13%～15%，后者可高达 18%～24%。叶片中含量较茎秆中多，豆科比禾本科多。青绿饲料的粗蛋白质品质较好，必需氨基酸全面，尤其以赖氨酸、色氨酸含量较高，故消化率高，蛋白质生物学价值较高，一般可达 70%以上。

3. 粗纤维含量较低

幼嫩的青绿饲料含粗纤维较少，木质素低，无氮浸出物较高。若以干物质为基础，则其中粗纤维含量为 15%～30%，无氮浸出物在 40%～50%。粗纤维的含量随着植物生长期的延长而增加，木质素的含量也显著增加。一般来说，植物开花或抽穗之前，粗纤维含量较低。

4. 钙磷比例适宜

各种青绿饲料的钙、磷含量差异较大，按干物质计，钙含量为 0.25%～0.5%，磷为 0.20%～0.35%，比例较为适宜，特别是豆科牧草钙的含量较高。青绿饲料中矿物质含量因植物种类、土壤与施肥情况而异。青饲料中钙、磷多集中在叶片内，它们占干物质的百分比随着植物的成熟程度而下降。此外，青绿饲料尚含有丰富的铁、锰、锌、铜等微量矿物元素。但牧草中钠和氯一般含量不足，所以放牧肉牛需要补给食盐。

5. 维生素含量丰富

青绿饲料是供应家畜维生素营养的良好来源，特别是含有大量的胡萝卜素，每千克饲料含 50～80 毫克之多，高于任何其他饲料；在正常采食情况下，放牧肉牛所摄入的胡萝卜素要超过其本身需要量的 100 倍。此外，青绿饲料中维生素 B 族、维生素 E、维生素 C 和维生

素K的含量也较丰富，如青苜蓿中含硫胺素1.5毫克/千克、核黄素4.6毫克/千克、烟酸18毫克/千克。但缺乏维生素D，维生素B_6（吡哆醇）的含量也很低。豆科青草中的胡萝卜素、B族维生素等含量高于禾本科，春草的维生素含量高于秋草。

另外，青绿饲料幼嫩、柔软和多汁，适口性好，还含有各种酶、激素和有机酸，易于消化。肉牛对青绿饲料中有机物质的消化率为75%～85%。

（二）我国主要的青绿饲料

1. 牧草

（1）牧草的分类　见表4-9。

表4-9　牧草的分类

分类方式	种　类
按来源分	天然牧草
	人工栽培牧草
按牧草生育期的长短分	一年生牧草。播种当年能完成整个发育过程，在开花结实后死亡的牧草，常用的牧草有苏丹草、紫云英、毛苕子等
	二年生牧草。播种当年不开花，在第二年开花结实，并且枯死的牧草有黄花草木樨、白花草木樨等
	多年生牧草。分为短寿牧草、中寿牧草和长寿牧草。短寿牧草，平均繁育3～4年，如多年生黑麦草、燕麦、披碱草、红三叶等，一般在第三年产量开始下降，当年补播可以保持平稳的产量。中寿牧草，平均繁育5～6年，如猫尾草、苇状羊茅、鸭茅、沙打旺、白三叶等，产量在第四年开始下降。长寿牧草，平均寿命10年以上，有无芒雀麦、紫羊茅、草地早熟禾、小糠草和山野豌豆等

（2）天然牧草　我国天然草地上生长的牧草种类繁多，主要有禾本科、豆科、菊科和莎草科4大类。这4类牧草干物质中无氮浸出物含量均在40%～50%；粗蛋白质含量稍有差异，豆科牧草的蛋白质含量偏高，在15%～20%，莎草科为13%～20%，菊科与禾本科多在10%～15%，少数可达20%；粗纤维含量以禾本科牧草较高，约为30%，其他3类牧草约为25%左右，个别低于20%；粗脂肪含量以菊科含量最高，平均达5%左右，其他类在2%～4%；矿物质中一般都是钙高于磷，比例恰当。

总的来说，豆科牧草的营养价值较高。虽然禾本科牧草的粗纤维含量较高，对其营养价值有一定影响，但由于其适口性较好，特别是在生长早期，幼嫩可口，采食量高，因而也不失为优良的牧草。并且，禾本科牧草的匍匐茎或地下茎再生力很强，比较耐牧，对其他牧草起到保护作用。菊科牧草往往有特殊的气味，肉牛不喜欢采食。

（3）栽培牧草　是指人工播种栽培的各种牧草，其种类很多，但以产量高、营养好的豆科（如紫花苜蓿、草木樨、如紫云英、苕子等）和禾本科牧草（如黑麦草、无芒雀麦、羊草、苏丹草、鸭茅、象草等）占主要地位。栽培牧草是解决青绿饲料来源的重要途径，可为肉牛常年提供丰富而均衡的青绿饲料。

① 紫花苜蓿　也叫紫苜蓿、苜蓿，为我国最古老、最重要的栽培牧草之一，广泛分布于西北、华北、东北地区，江淮流域也有种植。其特点是产量高、品质好、适应性强，是最经济的栽培牧草，被冠以“牧草之王”。紫花苜蓿的营养价值很高，在初花期刈割的干物质中粗蛋白质为20%～22%，而且必需氨基酸组成较为合理，赖氨酸可高达1.34%，钙3.0%，此外还含有丰富的维生素与微量元素，如胡萝卜素含量可达161.7毫克/千克。紫花苜蓿的营养价值与刈割时期关系很大，幼嫩时含水多，粗纤维少。刈割过迟，茎的比重增加而叶的比重下降，饲用价值降低（表4-10）。

表4-10　不同生长阶段苜蓿营养成分的变化（占干物质）

生长阶段	粗蛋白质/%	粗脂肪/%	粗纤维/%	无氮浸出物/%	灰分/%
营养生长期	26.1	4.5	17.2	42.2	10.0
花前期	22.1	3.5	23.6	41.2	9.6
初花期	20.5	3.1	25.8	41.3	9.3
1/2盛花期	18.2	3.6	28.5	41.5	8.2
花后期	12.3	2.4	40.6	37.2	7.5

一般认为紫花苜蓿最适刈割期是在第1朵花出现至1/10开花，根茎上又长出大量新芽的阶段，此时，营养物质含量高，根部养分蓄积多，再生良好。蕾前或现蕾时刈割，蛋白质含量高，饲用价值大，但产量较低，且根部养分蓄积少，影响再生能力。刈割时期还要视饲

喂要求来定，青饲宜早，调制干草可在初花期刈割。苜蓿为多年生牧草，管理良好时可利用5年以上，以第2～4年产草量最高。

苜蓿的利用方式有多种，可青饲、放牧、调制干草或青贮。

紫花苜蓿茎叶中含有皂角素，有抑制酶的作用，肉牛大量采食鲜嫩苜蓿后，可在瘤胃内形成大量泡沫样物质，引起膨胀病，甚至死亡，故饲喂鲜草时应控制喂量，放牧地最好采取豆禾草混播。

② 三叶草　三叶草属共有300多种，大多数为野生种，少数为重要牧草，目前栽培较多的为红三叶和白三叶。红三叶又名红车轴草、红菽草、红荷兰翘摇等，是江淮流域和灌溉条件良好的地区重要的豆科牧草之一。新鲜的红三叶含干物质13.9%，粗蛋白质2.2%。以干物质计，其所含可消化粗蛋白质低于苜蓿，但其所含的净能值则较苜蓿略高。红三叶草质柔软，适口性好。既可以放牧，也可以制成干草、青贮利用，放牧时发生臌胀病的机会也较苜蓿为少，但仍应注意预防。

白三叶也叫白车轴草、荷兰翘摇，是华南、华北地区的优良草种。由于草丛低矮、耐践踏、再生性好，最适于放牧利用。白三叶适口性好，营养价值高，鲜草中粗蛋白质含量较红三叶高（表4-11），而粗纤维含量较红三叶低。

表4-11　红三叶、白三叶和杂三叶营养成分比较（鲜样）

类别	干物质/%	可消化粗蛋白质/%	粗蛋白质/%	粗脂肪/%	粗纤维/%	无氮浸出物/%	粗灰分/%	钙/%	磷/%
红三叶	27.5	3.0	4.1	1.1	8.2	12.1	2.0	0.46	0.07
白三叶	17.8	3.8	5.1	0.6	2.8	7.2	2.1	0.25	0.09
杂三叶	22.2	2.7	3.8	0.6	5.8	9.7	2.3	0.29	0.06

③ 苕子　苕子是一年生或越年生豆科植物，在我国栽培的主要有普通苕子和毛苕子两种。普通苕子又称春苕子、普通野豌豆、普通舌豌豆等，其营养价值较高，茎枝柔嫩，生长茂盛，叶多，适口性好，是肉牛喜食的优质牧草。既可青饲，又可青贮、放牧或调制干草。

毛苕子又名冬苕子、毛野豌豆等，是水田或棉田的重要绿肥作物。它生长快，茎叶柔嫩，可青饲、调制干草或青贮。毛苕子蛋白质和矿物质含量都很丰富，营养价值较高，无论鲜草或干草，适口性均好。

普通苕子或毛苕子的籽实中粗蛋白质高达30%，较蚕豆和豌豆稍高，可作精饲料用，但因其中含有生物碱和氰苷，氰苷经水解酶分解后会释放出氢氰酸，饲用前需浸泡、淘洗、磨碎、蒸煮，同时要避免大量、长期、连续使用，以免中毒。

④ 草木樨　草木樨属植物约有20种，最重要的是二年生白花草木樨、黄花草木樨和无味草木樨3种。草木樨既是一种优良的豆科牧草，也是重要的保土植物和蜜源植物。草木樨可青饲、调制干草、放牧或青贮，具有较高的营养价值，与苜蓿相似。以干物质计，草木樨含粗蛋白质19.0%，粗脂肪1.8%，粗纤维31.6%，无氮浸出物31.9%，钙2.74%，磷0.02%。

草木樨含有香豆素，有不良气味，故适口性差，饲喂时应由少到多，使肉牛逐步适应。无味草木樨的最大特点是香豆素含量低，只有0.01%～0.03%，仅为白花草木樨和黄花草木樨的1%～2%，因而适口性较佳。当草木樨保存不当而发霉腐败时，在霉菌作用下，香豆素会变为双香豆素，其结构式与维生素K相似，二者具有颉颃作用。肉牛采食了霉烂草木樨后，遇到内外创伤或手术时，血液不易凝固，有时会因出血过多而死亡。减喂、混喂、轮换喂可防止出血症的发生。

⑤ 紫云英　紫云英又称红花草，我国长江流域及以南各地均广泛栽培，属于绿肥、饲料兼用作物，产量较高，鲜嫩多汁，适口性好。在现蕾期营养价值最高，以干物质计，粗蛋白质含量31.76%，粗脂肪4.14%，粗纤维11.82%，无氮浸出物44.46%，灰分7.82%。由于现蕾期产量仅为盛花期的53%，就营养物质总量而言，则以盛花期刈割为佳。

⑥ 沙打旺　又名直立黄芪、苦草，在我国北方各省均有分布。沙打旺适应性强，产量高，是饲料、绿肥、固沙保土等方面的优良牧草。沙打旺的茎叶鲜嫩，营养丰富，以干物质计，沙打旺含粗蛋白质23.5%，粗脂肪3.4%，粗纤维15.4%，无氮浸出物44.3%，钙1.34%，磷0.34%。沙打旺为黄芪属牧草，含有硝基化合物，有苦

味，饲喂时应与其他牧草搭配使用。

⑦ 小冠花　也称多变小冠花，原产于南欧和东地中海地区，我国从20世纪70年代引进，在南京、北京、陕西、山西、辽宁等地生长良好。小冠花根系发达、花期长，既可饲用又可作为保土、蜜源植物。小冠花茎叶繁茂柔软，叶量丰富，以干物质计，含粗蛋白质20.0%，粗脂肪3.0%，粗纤维21.0%，无氮浸出物46.0%，钙1.55%，磷0.30%。

⑧ 红豆草　也叫驴食豆、驴喜豆，原产于欧洲，在山西、甘肃、内蒙古、陕西、青海等地种植较多。红豆草花色粉红艳丽，气味芳香，适口性极好，饲用价值可与紫花苜蓿相媲美，被称为“牧草皇后”。开花期干物质中含粗蛋白质15.1%，粗脂肪2.0%，粗纤维31.5%，无氮浸出物43.0%，钙2.09%，磷0.24%。

⑨ 黑麦草　本属有20多种，其中最有饲用价值的是多年生黑麦草和一年生黑麦草，我国南北方都有种植。黑麦草生长快，分蘖多，一年可多次收割，产量高，茎叶柔嫩光滑，适口性好，以开花前期的营养价值最高，可青饲、放牧或调制干草。新鲜黑麦草干物质含量约17%，粗蛋白质2.0%。

黑麦草干物质的营养组成随其刈割时期及生长阶段而不同（表4-12）。由表4-12可见，随生长期的延长，黑麦草的粗蛋白质、粗脂肪、灰分含量逐渐减少，粗纤维明显增加，尤其不能消化的木质素增加显著，故刈割时期要适宜。

表4-12　不同刈割期黑麦草的营养成分（占干物质）

刈割期	粗蛋白质/%	粗脂肪/%	灰分/%	无氮浸出物/%	粗纤维/%	粗纤维中木质素含量/%
叶丛期	18.6	3.8	8.1	48.3	21.1	3.6
花前期	15.3	3.1	8.5	48.3	24.8	4.6
开花期	13.8	3.0	7.8	49.6	25.8	5.5
结实期	9.7	2.5	5.7	50.9	31.2	7.5

黑麦草制成干草或干草粉再与精料配合，做肉牛育肥饲料效果很好。试验证明，周岁阉牛在黑麦草地上放牧，日增重为700克；喂黑

麦草颗粒料（占饲粮 40%、60%、80%），日增重分别为 994 克、1000 克、908 克，而且肉质较细。

冬牧 70 黑麦原产于中东及地中海，于 1979 年由美国引入我国，在我国南北方推广面积均较大。此草株高 1.7 米，适应性广，耐旱、抗寒、耐瘠薄，分蘖再生能力强，生长速度快，产量高。冬牧 70 具有营养丰富全面、适口性好、饲用价值高等优点，干物质中粗蛋白占 18%，尤其是赖氨酸含量较高，是玉米、小麦的 4～6 倍，脂肪含量也高，并含有丰富的铁、铜、锌等微量元素和胡萝卜素，是肉牛冬春季节的良好青绿饲料。

冬牧 70 以秋播为主，一般冬前不青割，待翌年 3 月初进入旺盛生长期开始青割，直到夏播前还可青割 2～3 次，每次青割留茬 7～10 厘米，最后一次麦收时刈割，但不留茬。随着黑麦物候期的延长，植株逐渐老化，粗蛋白质含量逐渐下降，头茬饲草粗蛋白含量高，可以作为蛋白质饲料使用。除了利用其青饲外，也可制作青贮或晒制青干草。

⑩ 无芒雀麦　又名无芒草、禾萱草，在我国东北、西北、华北等地均有分布。无芒雀麦适应性广，生活力强，适口性好，茎少叶多，营养价值高，幼嫩的无芒雀麦干物质中所含粗蛋白质不亚于豆科牧草，到种子成熟时，其营养价值明显下降（表 4-13）。无芒雀麦有地下根茎，能形成絮结草皮，耐践踏，再生力强，青饲或放牧均宜。据报道，无芒雀麦在 160 天左右放牧期内可获肉牛增重 45 千克。

表 4-13　不同生长期无芒雀麦的营养成分

生育期	干物质/%	占干物质比例				
		粗蛋白质/%	粗脂肪/%	粗纤维/%	无氮浸出物/%	粗灰分/%
营养生长期	25.0	20.4	4.0	23.2	42.8	9.6
抽　穗　期	30.0	16.0	6.3	30.0	44.7	7.0
种子成熟期	53.0	5.3	2.3	36.4	49.2	6.8

⑪ 羊草　又名碱草，是广泛分布的禾草，在东北、华北、西北等地都有大面积的分布。羊草为多年生禾本科牧草，叶量丰富，适口性好。羊草鲜草干物质含量 28.64%，粗蛋白质 3.49%，粗脂肪

0.82%，粗纤维 8.23%，无氮浸出物 14.66%，灰分 1.44%。

羊草营养生长期长，有较高的营养价值，种子成熟后茎叶仍可保持绿色，可放牧、割草。羊草干草产量高，营养丰富，但刈割时间要适当，过早过迟都会影响其质量（表 4-14），抽穗期刈割调制成干草，颜色浓绿，气味芳香，是各种家畜的上等青干草，也是我国出口的主要草产品之一。

表 4-14　不同刈割期羊草的营养成分（占干物质）

生长期	粗蛋白质/%	粗脂肪/%	粗纤维/%	无氮浸出物/%	灰分/%	磷/%	钙/%
分蘖期	20.35	4.04	35.62	32.95	7.03	0.43	1.12
拔节期	17.99	3.07	47.9	25.19	6.74	0.45	0.42
抽穗期	14.82	2.86	34.92	41.63	5.76	0.48	0.38
结实期	4.97	2.96	33.56	52.05	6.46	0.62	0.16

⑫ 苏丹草　也称为野高粱，原产于非洲苏丹，现遍布全国各地，尤以西北和华北干旱地区栽培最多。苏丹草具有高度的适应性，抗旱能力特强，在夏季炎热干旱地区，一般牧草都枯萎而苏丹草却能旺盛生长。苏丹草的营养价值取决于其刈割日期，由表 4-15 可以看出，抽穗期刈割要比开花期和结实期刈割营养价值高，适口性也好，肉牛均喜采食。

表 4-15　苏丹草不同生育期的营养成分（占干物质）

生育期	干物质/%	占干物质比例				
		粗蛋白质/%	粗脂肪/%	粗纤维/%	无氮浸出物/%	水分/%
抽穗期	21.6	15.3	2.8	25.9	47.2	8.8
开花期	23.4	8.1	1.7	35.9	44.0	10.3
结实期	28.5	6.0	1.6	33.7	51.2	7.5

苏丹草的茎叶比玉米、高粱柔软，容易晒制干草。喂肉牛的效果和喂苜蓿、高粱干草差别不大。利用时第一茬适于刈割鲜喂或晒制干草，第二茬以后可用于肉牛放牧。由于幼嫩茎叶含少量氢氰酸，为防止发生中毒，要等到株高达 50～60 厘米以后才可以放牧。

⑬ 高丹草　高丹草是由饲用高粱和苏丹草自然杂交形成的一年生禾本科牧草，由第三届全国牧草品种审定委员会第二次会议于1998年12月10日审定通过，高丹草综合了高粱茎粗、叶宽和苏丹草分蘖力、再生力强的优点，能耐受频繁的刈割，并能多次再生。其特点是产量高，抗倒伏和再生能力出色，抗病抗旱性好，茎秆更为柔软纤细，可消化的纤维素和半纤维素含量高，而难以消化的木质素低，消化率高，适口性好，营养价值高。经测定高丹草在拔节期的营养成分为水分83%、粗蛋白质3%、粗脂肪0.8%、无氮浸出物7.6%、粗纤维3.2%、粗灰分1.7%，是肉牛的一种优良青饲料。

高丹草的主要利用方式是调制干草和青贮，也可直接用于放牧。干草生产适宜刈割期是抽穗至初花期，即播种6～8周后，植株高度达到1～1.5米，此时的干物质中蛋白质含量较高，粗纤维含量较低，可开始第1次刈割，留茬高度应不低于15厘米，过低的刈割会影响再生，再次刈割的时间以3～5周以后为宜，间隔过短会引起产量降低。高丹草青贮前应将含水量由80%～85%降到70%左右；适宜放牧的时间是播种6～8周株高到45～80厘米时可开始利用，此时的消化率可达到60%以上，粗蛋白质含量高于15%，过早放牧会影响牧草的再生，放牧可一直持续到初霜前。

⑭ 鸭茅　又叫鸡脚草、果园草，原产于欧洲西部，我国、湖北、湖南、四川、江苏等省有较大面积栽培。鸭茅草质柔嫩，叶量多，营养丰富，适口性好，是肉牛的优良牧草。抽穗期茎叶干物质中含粗蛋白质12.7%，粗脂肪4.7%，粗纤维29.5%，无氮浸出物45.1%，粗灰分8%。鸭茅适宜青饲、调制干草或青储，也适于放牧。青饲宜在抽穗前或抽穗期进行；晒制干草时收获期不迟于抽穗盛期；放牧时以拔节中后期至孕穗期为好。

⑮ 象草　又称紫狼尾草，原产于热带非洲，在我国南方各省区有大面积栽培。象草具有产量高、管理粗放、利用期长等特点，已成为南方青绿饲料的重要来源。象草营养价值较高，茎叶干物质中含粗蛋白质10.58%，粗脂肪1.97%，粗纤维33.14%，无氮浸出物44.70%，粗灰分9.61%。象草主要用于青割和青贮，也可以调制成干草备用。适时刈割，柔软多汁，适口性好，利用率高，是肉牛的好饲草。

2. 高产青饲作物

青饲作物是指农田栽培的农作物或饲料作物，在结实前或结实期收割作为青绿饲料用。常见的青饲作物有青刈玉米、青刈大麦、青刈燕麦、大豆苗、豌豆苗、蚕豆苗等。高产青饲作物突破单位面积土地常规牧草生产的生物总收获量，单位能量和蛋白质产量大幅度增加，一般青割作物用于直接饲喂，也可以调制成青干草或作青贮，这是解决青绿饲料供应的一个重要途径。目前以饲用玉米、甜高粱、籽粒苋等最有价值。

（1）青刈玉米　玉米是重要的粮食和饲料兼用作物，其植株高大，生长迅速，产量高，茎中糖分含量高，胡萝卜素及其他维生素丰富，饲用价值高。青刈玉米用作肉牛饲料时可从吐丝到蜡熟期分批刈割，取代玉米先收籽粒再全部利用风干秸秆，在营养成分、产量上表现出巨大的优势。青刈玉米味甜多汁，适口性好，消化率高，营养价值远远高于收获籽实后剩余的秸秆（表 4-16），是肉牛的良好青绿饲料。

表 4-16　青刈玉米的营养成分比较（干物质基础）

种类	粗蛋白质/%	可消化粗蛋白质/%	粗脂肪/%	粗纤维/%	无氮浸出物/%	粗灰分/%	产奶净能/(兆焦/千克)
玉米青割	8.5	5.1	2.3	33.0	50.0	6.3	5.51
玉米秸秆	6.5	2.0	0.9	68.9	17.0	6.8	4.22

将玉米在乳蜡熟期收割，做肉牛的青饲料，其总收获量以绝对风干物质折算，当 0.067 公顷产鲜草 4500 千克时，其粗蛋白质产量达 87.8 千克，比收籽粒加秸秆的粗蛋白质总产量高出 15.9 千克，即高出 42%，比单独收获籽粒高出 195%。玉米适期青割，比收获籽粒加枯黄秸秆或者比单纯地收获籽实的蛋白质总产量高 2～3 倍，可消化蛋白质也同样增产。青饲玉米的能量为 8846.2 兆焦，但比玉米成熟后分别收籽粒和秸秆的总能量 8244 兆焦要高 7%。将饲用玉米留作青贮是养牛的良好青饲料，宜于大力推广。

近年来，我国育成了一些饲料专用玉米新品种，如“龙牧 3 号”、“新多 2 号”等，均适合于青饲或青贮，属于多茎多穗型，即使果实成熟后茎叶仍保持鲜绿，草质优良，每公顷鲜草产量可达45～135吨。

（2）青刈大麦　大麦也是重要的粮饲兼用作物之一，有冬大麦和春大麦之分。大麦有较强的再生性，分蘖能力强，及时刈割后可收到再生草，因此是一种很好的青饲作物。青割大麦可在拔节至开花时，分期刈割，随割随喂。延迟收获则品质迅速下降（表4-17）。早期收获的青刈大麦质地鲜嫩，适口性好，可以直接作为肉牛的饲料，也可调制成青干草或青贮饲料利用。

表4-17　青刈大麦不同生育阶段的营养成分（占干物质比例）

生长时间/天	粗蛋白质/%	粗脂肪/%	无氮浸出物/%	粗纤维/%	灰分/%
170	27.4	5.3	42.6	16.8	7.9
190	19.6	4.9	45.6	24.0	5.9
210	14.7	2.8	43.0	35.1	4.4
230	11.0	2.1	44.3	37.8	4.8
250	7.5	1.8	34.5	50.5	5.7

（3）青刈高粱　严格讲，饲用高粱可分为籽粒型高粱和饲草专用型高粱。籽粒型高粱主要用作配合饲料，饲草专用型高粱又包括两种类型，一种是甜高粱，另一种是高粱-苏丹草杂交种（即前面讲过的高丹草），如晋草1号、皖草2号、茭草、哥伦布草、约翰逊草等。甜高粱主要有饲用和粮饲兼用两种方式，饲用时主要以青贮为主。高粱-苏丹草杂交种主要以饲用为主，可进行青饲、干饲和青贮，是一种高产优质的饲用高粱类型。

甜高粱饲料通常是普通高粱与甜高粱杂交的F1代。其茎秆中汁多、含糖量高、植株高大、生物产量高，一般籽粒产量5250～6000千克/千平方米，茎叶鲜重7.5万千克/千平方米，茎秆中含糖分50%～70%。生产中可在籽粒接近成熟时收割，将高粱籽粒、茎叶一起青饲或青贮以后喂饲。

（4）青刈燕麦　燕麦叶多茎少，叶片宽长，柔嫩多汁，适口性强，是一种极好的青刈饲料。青刈燕麦可在抽穗后，产量高时刈割饲喂肉牛。青刈燕麦营养丰富，干物质中粗蛋白质含量14.7%，粗脂肪 4.6%，粗纤维 27.4%，无氮浸出物 45.7%，粗灰分 7.6%，钙 0.56%，磷 0.36%，产奶净能为 6.40 兆焦/千克。饲喂青刈燕麦可为肉牛提供早春的维生素、蛋白质，可节约精料，降低成本，提高经济效益。

（5）青割豆苗　包括青刈大豆、青刈秣食豆、青刈豌豆、青刈蚕豆等，也是很好的一类青饲作物。与青饲禾本科作物相比，蛋白质含量高，且品质好，营养丰富，肉牛喜食，但大量饲喂肉牛时易发生臌胀病。刈割时间因饲喂目的不同而异，早期急需青绿饲料可在现蕾至开花初期株高 40～60 厘米时刈割，刈割越早品质越好，但产量低。通常在开花至荚果形成时期刈割，此时茎叶生长繁茂，干物质产量最高，品质也好。

适时刈割的豆苗茎叶鲜嫩柔软，适口性好，富含蛋白质和各种氨基酸（表 4-18），胡萝卜素、维生素 B_1、维生素 B_2、维生素 C 和各种矿物质含量也高，是肉牛的优质青绿饲料。饲喂时，可整喂或切短饲喂，但多量采食易患臌胀症，应与其他饲料搭配饲喂为宜。除供青饲外，在开花结荚时期刈割的豆苗，还可供调制干草用。秋季调制的干草，颜色深，品质佳，是肉牛的优良越冬饲料。也可制成草粉，作为畜禽配合饲料的原料。

表 4-18　几种青刈豆苗的营养成分（占干物质比例）

种类	粗蛋白质/%	粗脂肪/%	粗纤维/%	无氮浸出物/%	粗灰分/%	钙/%	磷/%
青刈大豆	21.6	2.9	22.0	42.0	11.6	0.44	0.12
青刈秣食豆	17.37	4.24	26.69	41.53	10.17	—	—
青刈豌豆	6.73	2.40	27.9	55.77	7.21	0.20	0.04
青刈蚕豆	23.94	3.23	21.26	40.31	11.26	—	—

（6）籽粒苋　一年生草本植物中的一种粮饲兼用作物，以高产、优质、抗逆性强、生长速度快等特性著称。籽粒苋的叶片柔软，茎秆脆嫩，适口性好，具有很高的营养价值。

籽粒苋的蛋白质和赖氨酸含量也高于其他谷物，特别是赖氨酸含量高（约 1%），是任何作物所不及的；粗脂肪含量高，不饱和脂肪酸达70%～80%；粗纤维含量低；茎、叶还含有丰富的有机物、维生素和多种微量元素，钙、铁含量高于其他饲料作物。籽粒苋籽的营养成分也相当高，苋籽粗蛋白质含量比玉米高1倍，矿物质含量也高，特别是钾、镁、钙、铁等元素的含量是一般作物的几倍，甚至几十倍，苋籽比玉米的含磷量高近3倍，钙含量高10倍以上。籽粒苋结实后老茎秆的蛋白质含量虽下降至8%～9%，但仍然接近玉米籽粒（9%～10%），并高于红薯干粉的营养水平。

籽粒苋青饲料产量高，全年可刈割3～5次，青刈产量比其他饲料作物高，一般亩产青绿茎叶都在1.0万千克以上，最高可达2.0万千克。而且刈割后再生能力很强。

（7）小黑麦　小黑麦适宜于小麦不宜种植的地区，是粮饲兼用作物，有春性和冬性两种。小黑麦地上部分生长旺盛，叶片肥厚，营养成分好。小黑麦的鲜草产量，在播种较早时，每公顷产量达60～125吨；播种较迟时每公顷产量可达45～60吨。小黑麦抽穗前和籽实中营养成分含量很高（表4-19）。

表4-19　小黑麦干物质中营养成分含量

种类	粗蛋白质/%	粗脂肪/%	粗纤维/%	无氮浸出物/%	粗灰分/%	钙/%	磷/%
抽穗前植株	23.2	5.3	4.3	39.4	10.8	0.29	0.15
籽实中	20	1.6	3.4	72.1	2.9	0.08	0.64

3. 叶菜类

叶菜类饲料种类很多，除了作为饲料栽培的苦荬菜、聚合草、甘蓝、牛皮菜、猪苋菜、串叶松香草、菊苣、杂交酸模等以外，还有食用蔬菜、根茎瓜类的茎叶及野草野菜等，都是良好的青绿饲料来源。

（1）苦荬菜　又叫苦麻菜或山莴苣等。苦荬菜生长快，再生力强，南方一年可刈割5～8次，北方3～5次，一般每公顷产鲜草75～112.5吨。苦荬菜鲜嫩可口，粗蛋白质含量较高，粗纤维含量较少，营养价值较高。

（2）聚合草　又称饲用紫草、爱国草等。聚合草产量高，营养丰富，利用期长，适应性广，全国各地均可栽培，是优质青绿多汁饲料。聚合草为多年生草本植物，再生性很强，南方一年可刈割5～6次，北方为3～4次，第一年每公顷产75～90吨，第二年以后每公顷产112.5～150吨，聚合草营养价值较高，其干草的粗蛋白质含量与苜蓿接近，高的可达24%，而粗纤维含量则比苜蓿低。风干聚合草茎叶的营养成分：粗蛋白质21.09%，粗脂肪4.46%，粗纤维7.85%，无氮浸出物36.55%，粗灰分15.69%，钙1.21%，磷0.65%，胡萝卜素200.0毫克/千克，核黄素13.80毫克/千克。

聚合草有粗硬刚毛，肉牛不喜食，可在饲喂前先经粉碎或打浆，则具有黄瓜香味，或与粉状精料拌和，则适口性提高，饲喂效果较好。聚合草也可调制成青贮或干草。如晒制干草，需选择晴天刈割，就地摊成薄层晾晒，宜快干，以免日久颜色变黑，品质下降。

(3) 牛皮菜　又称莙达菜，国内各地均有栽培。牛皮菜产量高，易于种植，叶柔嫩多汁，适口性好，营养价值也较高。喂时宜生喂，忌熟喂，煮熟放置时，易产生亚硝酸盐而致中毒。

(4) 杂交酸模　也叫酸模菠菜、高秆菠菜、鲁梅克斯等。该品种是1974—1982年原苏联乌克兰国家科学院中央植物园以巴天酸模为母本、天山酸模为父本远缘杂交育成。我国于1995年开始引进，并在新疆、黑龙江、山东、江西等地推广利用。

杂交酸模为蓼科酸模属多年生草本植物，抗寒、耐盐碱、耐旱涝、喜水肥，但易感白粉病，也易发生虫危害。在水肥条件较好的情况下，每公顷产量可达150～225吨，折合干草为15～22.5吨。

杂交酸模蛋白质含量高，干物质中粗蛋白质含量在叶簇期达30%～34%，并且还含有较高水平的胡萝卜素、维生素C等维生素。可整株喂牛。青贮时可加20%～30%的禾本科干草粉或秸秆，效果很好。因其水分很高，干物质含量低，故不适宜调制青干草。该草抗热性差，夏季产量很低，且因单宁含量高，适口性差。

(5) 菊苣　菊苣原产欧洲，1988年山西农业科学院畜牧兽医研究所从新西兰引入普那菊苣，现已在山西、陕西、浙江、河南等地推广种植。菊苣为菊科多年生草本植物，喜温暖湿润气候，抗旱、耐寒、耐盐碱，喜水肥，一年可刈割3～4次，每公顷产鲜草120～150吨。

菊苣莲座期干物质中分别含粗蛋白质21.4%，粗脂肪3.2%，粗纤维22.9%，无氮浸出物37.0%，粗灰分15.5%；开花期干物质中分别含粗蛋白质17.1%，粗脂肪2.4%，粗纤维42.2%，无氮浸出物28.9%，粗灰分9.4%。动物必需的氨基酸含量高而且齐全，茎叶柔嫩，适口性良好，牛极喜食。一般多用于青饲，还可与无芒雀麦、紫花苜蓿等混合青贮，以备冬、春饲喂牛。

(6) 菜叶、蔓秧和蔬菜类　菜叶是指菜用瓜果、豆类的叶子及一般蔬菜副产品，人们通常不食用而作废料遗弃。这些菜叶种类多、来源广、数量大，是值得重视的一类青绿饲料。以干物质计，其能量较高，易消化，畜禽都能利用。尤其是豆类叶子营养价值很高，能量高，蛋白质含量也较丰富；蔓秧是指作物的藤蔓和幼苗，一般粗纤维含量较高；白菜、甘蓝和菠菜等食用蔬菜，也可用于饲料。在蔬菜上市旺季，大量剩余的蔬菜、次菜及菜帮等均可饲喂肉牛。为了均衡全年的青绿饲料供应，还可适时栽种些蔬菜。

4. 非淀粉质根茎瓜类饲料

非淀粉质根茎瓜类饲料包括胡萝卜、芜青甘蓝、甜菜及南瓜等。这类饲料天然水分含量很高，可达70%～90%，粗纤维含量较低，而无氮浸出物含量较高，且多为易消化的淀粉或糖分，是肉牛冬季的主要青绿多汁饲料。至于马铃薯、甘薯、木薯等块根块茎类，因其富含淀粉，生产上多被干制成粉后用作饲料原料，因此放在能量饲料部分介绍。

(1) 胡萝卜　胡萝卜产量高、易栽培、耐储藏、营养丰富，是家肉牛冬、春季重要的多汁饲料。胡萝卜的营养价值很高，大部分营养物质是无氮浸出物，含有蔗糖和果糖，故具甜味。胡萝卜素尤其丰富，为一般牧草饲料所不及。胡萝卜还含有大量的钾盐、磷盐和铁盐等。一般来说，颜色愈深，胡萝卜素或铁盐含量愈高，红色的比黄色的高，黄色的又比白色的高。

胡萝卜按干物质计产奶净能为7.65～8.02兆焦/千克，可列入能量饲料，但由于其鲜样中水分含量高、容积大，在生产实践中并不依赖它来供给能量。它的重要作用是冬春季饲养时作为多汁饲料和供给胡萝卜素等维生素。

在青绿饲料缺乏季节，向干草或秸秆比重较大的饲粮中添加一些胡萝卜，可改善饲粮口味，调节消化机能。对于种畜，饲喂胡萝卜供给丰富的胡萝卜素，对于公畜精子的正常生成及母畜的正常发情、排卵、受孕与怀胎，都有良好作用。胡萝卜熟喂，其所含的胡萝卜素、维生素C及维生素E会遭到破坏，因此最好生喂。

(2) 芜青甘蓝　芜青在我国较少用作饲料，但芜青甘蓝（也称灰萝卜）在我国已有近百年栽培历史。这两种块根饲料性质基本相似，水分含量都很高（约90%）。干物质中无氮浸出物含量相当高，大约为70%，因而能量较高，每千克消化能可达14.02兆焦左右，鲜样由于水分含量高只有1.34兆焦/千克。

这2种块根不仅能量价值高，而且其块根在地里存留时间可以延长，即使抽苔也不空心。因而可以解决块根类饲料在部分地区夏初难以储藏的问题。

(3) 甜菜　甜菜作物的品种较多，按其块根中干物质与糖分含量多少，可大致分为糖甜菜、半糖甜菜和饲用甜菜三种（表4-20）。

表4-20　甜菜不同类别的成分比较

类别	干物质/%	占干物质比例		
		蛋白质/%	粗纤维/%	糖分/%
饲用甜菜	9～14	8～10	4～6	55～65
半糖用甜菜	14～22	6～8	4～6	60～70
糖用甜菜	22～25	4～6	4～6	65～75

由表4-20可见各类甜菜的无氮浸出物主要是糖分（蔗糖），但也含有少量淀粉与果胶物质。由于糖用与半糖用甜菜中含有大量蔗糖，故其块根一般不用作饲料而是先用以制糖，然后以其副产品甜菜渣作为饲料。

喂肉牛的主要是饲用甜菜。刚收获的甜菜不可立即饲喂肉牛，否则易引起腹泻。这可能与块根中硝酸盐含量有关，当经过一个时期储藏以后，大部分硝酸盐即可能转化为天门冬酰氨而变为无害。

(4) 南瓜　南瓜又名窝瓜，既是蔬菜，又是优质高产的饲料作物。南瓜营养丰富，耐储藏，运输方便，是肉牛的好饲料。其营养成分见表4-21。

表 4-21 南瓜的营养成分

类别	水分/%	占干物质比例						
		粗蛋白质/%	粗脂肪/%	粗纤维/%	无氮浸出物/%	粗灰分/%	钙/%	磷/%
南瓜	90.70	12.90	6.45	11.83	62.37	6.45	0.32	0.11
南瓜藤	82.50	8.57	5.14	32.00	44.00	10.29	0.40	0.23
饲料南瓜	93.50	13.85	1.54	10.77	67.69	6.15	—	—

南瓜中无氮浸出物含量高，且其中多为淀粉和糖类。中国南瓜含多量淀粉，而饲料南瓜含果糖和葡萄糖较多。南瓜中还含有很多的胡萝卜素和核黄素。南瓜含水分在90%左右，不宜单喂。

5. 水生饲料

水生饲料大部分原为野生植物，经过长期驯化选育已成为青绿饲料和绿肥作物。主要有水浮莲、水葫芦、水花生、绿萍、水芹菜和水竹叶等。这类饲料具有生长快、产量高、不占耕地和利用时间长等优点。在南方水资源丰富地区，因地制宜发展水生饲料，并加以合理利用，是扩大青绿饲料来源的一个重要途径。

水生饲料茎叶柔软，细嫩多汁，施肥充足者长势茂盛，营养价值较高，缺肥者叶少根多，营养价值也较低。这类饲料水分含量特别高，可达90%～95%，干物质含量很低，故营养价值也降低（表4-22），因此，水生饲料应与其他饲料搭配使用，以满足肉牛的营养需要。

表 4-22 水生饲料成分及营养价值

种类	干物质/%	粗蛋白质/%	粗纤维/%	钙/%	磷/%	消化能/(兆焦/千克)
水浮莲	7.0	1.1	1.2	0.13	0.07	0.54
水葫芦	5.1	0.9	1.2	0.04	0.02	0.59
水花生	6.0	1.1	1.1	0.08	0.02	0.54
绿萍	6.0	1.6	0.9	0.06	0.02	0.71
水芹菜	10.0	1.3	1.5	0.09	0.02	0.96
水竹叶	6.0	0.8	1.0	—	—	0.54

此外，水生饲料最易带来寄生虫（如猪蛔虫、姜片虫、肝片吸虫等），利用不当往往得不偿失。解决的办法除了注意水塘的消毒、灭

螺工作外，最好将水生饲料青贮发酵后饲喂，有的也可制成干草粉。

6. 树叶类

我国有丰富的树木资源，除少数不能饲用外，大多数树木的叶子、嫩枝及果实含有丰富的蛋白质、胡萝卜素和粗脂肪，有增强肉牛食欲的作用，都可用作的肉牛饲料。供作饲料的树叶种类较多，有苹果叶、杏树叶、桃树叶、桑叶、梨树叶、榆树叶、柳树叶、紫穗槐叶、刺槐叶、泡桐叶、橘树叶及松针叶等。

（1）紫穗槐叶、刺槐叶　紫穗槐又名紫花槐，是很有价值的饲用灌木类。刺槐又名洋槐，为豆科乔木。两者叶中蛋白质含量很高，以干物质计可达20%以上，且粗纤维含量又较低，因此鲜叶制成的青干叶粉属于蛋白质饲料。槐叶中的氨基酸也十分丰富，如刺槐叶中含赖氨酸为1.29%～1.68%，苏氨酸为0.56%～0.93%，精氨酸为1.27%～1.48%等。此外，维生素（尤以胡萝卜素和维生素B含量高）和矿物质含量丰富，如紫穗槐青干叶中胡萝卜素含量可达270毫克/千克，与优质苜蓿相当。按营养特性，两者除具相同的共性外，刺槐叶尚有口味香甜、适口性好等特点。

采集季节不同，槐叶质量不同。一般春季质量较好，夏季次之，秋季较差。但过早采集影响林木生长，因此，科学采集时间宜在不影响林木生长的前提下尽量提前。北方可在七月底、八月初采集，最迟不超过九月上旬。采集过迟，绿叶变黄，营养价值大幅度下降。采集部位一般为叶柄和叶片。槐叶叶片薄、易晒，一般2天水分可降至10%左右，即可粉碎储藏。暂不加工的，可装入麻袋或化纤袋内，置于通风、阴凉、干燥处保存。鲜槐叶可直接青饲，叶粉可作配合饲料原料。

（2）泡桐叶　泡桐又名白花泡桐、大果泡桐。为玄参科泡桐属落叶乔木，分布于我国中部及南部各省，在河南、山东、河北、陕西等地都生长良好。泡桐生长快，管理得当时5～6年即可成材，故有“3年成檩、5年成梁”之说。据测定，一株10年轮伐期的泡桐，年产鲜叶100千克，折干叶28千克左右；一株生长期泡桐，年可得干叶10千克左右。按此计算，全国泡桐叶若能充分利用，其量亦十分可观。

用泡桐叶、花、果均可作为动物的饲料。鲜泡桐叶肉牛不喜食，干制可改善适口性。泡桐叶干物质中含粗蛋白质19.3%，粗纤维11.1%，粗脂肪5.82%，无氮浸出物54.8%，钙1.93%，磷0.21%。

(3) 桑叶 桑也称桑树，原产于中国，已有3000多年的栽培历史，除高寒地区外，全国都有种植。桑叶的产量高，生长季节可采4～6次。桑叶不仅是蚕的基本饲料，也可作动物的饲料。鲜桑叶含粗蛋白4%，粗纤维6.5%，钙0.65%，磷0.85%。还含有丰富的维生素E、维生素B_2、维生素C及各种矿物质。桑树枝、叶营养价值接近，均为肉牛的优质饲料。桑叶、枝采集可结合整枝进行，宜鲜用，否则营养价值下降。枝叶量大时，可阴干储藏供冬季饲用。

(4) 苹果叶、橘树叶 苹果枝叶来源广、价值高。据分析一般含粗蛋白质9.8%，粗脂肪7%，粗纤维8%，无氮浸出物59.8%，钙0.29%，磷0.13%。

橘树叶粗蛋白质含量较高，其量比稻草高3倍。每千克橘树叶含维生素C约151毫克，并含单糖、双糖、淀粉和挥发油，故该叶具舒肝、通气、化痰、消肿解毒等药效。《日本农业新闻》报道，将整枝剪下的橘树枝叶加工成2～3厘米的碎条青储一个月后喂肉牛，牛生长速度加快，健康。橘叶采集宜结合秋末冬初修剪整枝时进行。

(5) 松叶 松叶主要是指马尾松、黄山松、油松以及桧、云杉等树的针叶。据分析，马尾松针叶干物质为53.1%～53.4%，总能9.66～10.37兆焦/千克，粗蛋白质6.5%～9.6%，粗纤维14.6%～17.6%，钙0.45%～0.62%，磷0.02%～0.04%。富含维生素、微量元素、氨基酸、激素和抗生素等，对多种肉牛具抗病、促生长之效。针叶一般以每年11月至翌年3月采集较好，其他时间因针叶含脂肪和挥发性物质较多，易对肉牛胃肠和泌尿器官产生不良影响。采集时应选嫩绿肥壮松针，采集后避免阳光曝晒，采集到加工要求不应超过3天。

7. 其他青绿饲料

(1) 菜叶类 这类饲料多是蔬菜和经济作物的副产品，来源广、数量大、品种多。用作饲料的菜叶主要有萝卜叶、甜菜叶、甘蓝边叶等。它们质地柔软细微，水分含量高达80%～90%，干物质含量少，干物质中蛋白质含量在20%左右，其中大部分为非蛋白氮化合物，粗纤维含量少，能量不足，但矿物质丰富。

（2）藤蔓类 主要包括南瓜藤、丝瓜藤、甘薯藤、马铃薯藤以及各种豆秧、花生秧等。

三、青储饲料

青储饲料是指将新鲜的青饲料（青绿玉米秸、高粱秸、牧草等）切短装入密封容器里，经过微生物发酵作用，制成一种具有特殊芳香气味、营养丰富的多汁饲料。它能够长期保存青绿多汁饲料的特性，扩大饲料资源，保证家畜均衡供应青绿多汁饲料。青储饲料具有气味酸香、柔软多汁、颜色黄绿、适口性好等优点。

（一）青贮饲料的特点

1. 青贮饲料能够保存青绿饲料的营养特性

青绿饲料在密封厌氧条件下保藏，由于不受日晒、雨淋的影响，也不受机械损失影响，贮藏过程中，氧化分解作用微弱，养分损失少，一般不超过10%。据试验，青绿饲料在晒制成干草的过程中，养分损失一般达20%～40%。每千克青贮甘薯藤干物质中含有胡萝卜素可达94.7毫克，而在自然晒制的干藤中，每千克干物质只含2.5毫克。据测定，在相同单位面积耕地上，所产的全株玉米青贮料的营养价值比所产的玉米籽粒加干玉米秸秆的营养价值高出30%～50%。

2. 可以四季供给家畜青绿多汁饲料

由于青饲料生长期短，老化快，受季节影响较大，很难做到一年四季均衡供应。调制良好的青贮料，管理得当，可贮藏多年，因此可以保证家畜一年四季都能吃到优良的多汁料，调剂青饲料供应的不平衡。青贮饲料仍保持青绿饲料的水分、维生素含量高、颜色青绿等优点。我国西北、东北、华北地区，气候寒冷，生长期短，青绿饲料生产受限制，整个冬春季节都缺乏青绿饲料，调制青贮饲料把夏、秋多余的青绿饲料保存起来，供冬春利用，解决了冬春肉牛缺乏青绿饲料的问题。

3. 饲喂价值高，消化率高，适口性好

整株植物都可以用作青贮，比单纯收获子实的饲喂价值高30%～50%。与晒成的干草相比，养分损失少，在较好的条件下晒制的干草

养分损失达20%～40%，而青贮方法只损失10%，比干草的营养价值高，蛋白质、维生素保存较多。青贮饲料经过乳酸菌发酵，产生大量乳酸和芳香族化合物，具酸香味，柔软多汁，适口性好。青贮料对提高肉牛日粮内其他饲料的消化也有良好的作用。用同类青草制成的青贮饲料和干草，青贮料的消化率有所提高（表4-23）。

表4-23 青贮料与干草消化率比较

种类	干物质/%	粗蛋白质/%	脂肪/%	无氮浸出物/%	粗纤维/%
干草	65	62	53	71	65
青贮料	69	63	68	75	72

4. 青贮饲料单位容积内贮量大

青贮饲料贮藏空间比干草小，可节约存放场地。1米^{3}青贮料重量为450～700千克，其中含干物质为150千克，而1米^{3}干草重量仅70千克，约含干物质60千克。1吨青贮苜蓿占体积1.25米^3，而1吨苜蓿干草则占体积13.3～13.5米^3。在贮藏过程中，青贮饲料不受风吹、日晒、雨淋的影响，也不会发生火灾等事故。

5. 青贮饲料调制方便，可以扩大饲料资源

青贮饲料的调制方法简单、易于掌握。修建青贮窖或备制塑料袋的费用较少，一次调制可长久利用。调制过程受天气条件的限制较小，在阴雨季节或天气不好时，晒制干草困难，对青贮的进行则影响较小。调制青贮饲料可以扩大饲料资源，一些植物和菊科类及马铃薯茎叶在青饲时，具有异味，家畜适口性差，饲料利用率低。但经青贮后，气味改善，柔软多汁，提高了适口性，成为家畜喜食的优质青绿多汁饲料。有些农副产品（如甘薯、萝卜叶、甜菜叶等）收获期很集中，收获量很大，短时间内用不完，又不能直接存放，或因天气条件限制不易晒干，若及时调制成青储饲料，则可充分发挥此类饲料的作用。

6. 消灭害虫及杂草

很多危害农作物的害虫多寄生在收割后的秸秆上越冬。把秸秆铡碎青贮，青贮饲料经发酵后，由于青贮窖里缺乏氧气，并且酸度较高，就可使其所含的害虫虫卵和杂草种子失去活力，减少对肉牛生长发育的危害。如玉米螟的幼虫常钻入玉米秸秆越冬，翌年便孵化为成虫继续繁殖为害。秸秆青贮是防治玉米螟的最有效措施之一。此外，许多杂草的种子经过青贮后可丧失发芽的机会和能力。如将杂草及时青储，不仅给家畜储备了饲草，也减少了杂草的滋生。

7. 受天气因素影响较少

在阴雨季节调制干草较为困难，而制作青贮饲料从收割到储存的时间要比调制干草的干燥时间短，而且不受天气变化和气候的影响。

（二）青贮过程中营养物质的变化

1. 碳水化合物

在青贮发酵过程中，由于各种微生物和植物本身酶体系的作用，使青贮原料发生一系列生物化学变化，引起营养物质的变化和损失。在青贮的饲料中，只要有氧存在，且 pH 值不发生急剧变化，植物呼吸酶就有活性，青贮作物中的水溶性碳水化合物就会被氧化为二氧化碳和水。在正常青贮时，原料中水溶性碳水化合物，如葡萄糖和果糖，发酵成为乳酸和其他产物。另外，部分多糖也能被微生物发酵作用转化有机酸，但纤维素仍然保持不变，半纤维素有少部分水解，生成的戊糖可发酵生成乳酸。

2. 蛋白质

正在生长的饲料作物，总氮中有 75%～90%的氮以蛋白氮的形式存在。收获后，植物蛋白酶会迅速将蛋白质水解为氨基酸，在12～24 小时内，总氮中有 20%～25%被转化为非蛋白氮。青贮饲料中蛋白质的变化，与 pH 值的高低有密切关系，当 pH 值小于 4.2 时，蛋白质因植物细胞酶的作用，部分蛋白质分解为氨基酸，且较稳定，并不造成损失。但当 pH 值大于 4.2 时，由于腐败菌的活动，氨基酸便分解成氨、胺等非蛋白氮，使蛋白质受到损失。

3. 色素和维生素

青贮期间最明显的变化是饲料的颜色。由于有机酸对叶绿素的作用，使其成为脱镁叶绿素，从而导致青贮料变为黄绿色。青贮料颜色的变化，通常在装贮后 3～7 天内发生。窖壁和表面青贮料常呈黑褐色。青贮温度过高时，青贮料也呈黑色，不能利用。

维生素 A 前体物 β-胡萝卜素的破坏与温度和氧化的程度有关。二者值均高时，β-胡萝卜素损失较多。但贮存较好的青贮料，胡萝卜素的损失一般低于30%。

（三）青贮饲料的营养价值

由于青贮饲料在青贮过程中化学变化复杂，它的化学成分与营养价值与原料相比，有许多方面有差别。

1. 化学成分

青贮料干物质中各种化学成分与原料有很大差别。从表4-24可以看出，从常规分析成分看，黑麦草青草与其青贮料没有明显差别，但从其组成的化学成分看，青贮料与其原料相比，则差别很大。青贮料中粗蛋白质主要由非蛋白氮组成。而无氮浸出物中，青贮料中糖分极少，乳酸与醋酸则相当多。虽然这些非蛋白氮（主要是游离氨基酸）与脂肪酸使青贮料在饲喂性质上相对于青饲料发生了改变，但对动物营养价值还是比较高的。

表4-24　黑麦草青草与它的青贮料的化学成分比较（以干物质为基础）

名称	黑麦草青草		黑麦草青贮	
	比例/%	消化率/%	比例/%	消化率/%
有机物质	89.8	77	88.3	75
粗蛋白质	18.7	78	18.7	76
粗脂肪	3.5	64	4.8	72
粗纤维	23.6	78	25.7	78
无氮浸出物	44.1	78	39.1	72
蛋白氮	2.66	—	0.91	—
非蛋白氮	0.34	—	2.08	—
挥发氮	0	—	0.21	—
糖类	9.5	—	2.0	—
聚果糖类	5.6	—	0.1	—
半纤维素	15.9	—	13.7	—
纤维素	24.9	—	26.8	—
木质素	8.3	—	6.2	—
乳酸	0	—	8.7	—
乙酸	0	—	1.8	—
pH值	6.3	—	3.9	—

2. 营养物质的消化利用

从常规分析成分的消化率看，各种有机物质的消化率在原料和青贮料之间非常相近，两者无明显差别，因此它们的能量价值也是近似的。据测定，青草与其青贮料的代谢能分别为 10.46 兆焦/千克和 10.42 兆焦/千克，两者非常相近。由此可见我们可以根据青贮原料当时的营养价值来考虑青贮料。多年生黑麦草青贮前后营养价值见表 4-25。

表 4-25　多年生黑麦草青贮前后营养价值的比较

项　目	黑麦草	乳酸菌青贮	半干青贮
pH 值	6.1	3.9	4.2
DM/(克/千克)	175	186	316
乳酸/(克/千克干物质)	—	102	59
水溶性糖/(克/千克干物质)	140	10	47
DM 消化率	0.784	0.794	0.752
GE/(兆焦/千克干物质)	18.5	—	18.7
ME/(兆焦/千克干物质)	11.6	—	11.4

青贮料同其原料相比，蛋白质的消化率相近，但是它们被用于增加动物体内氮素的沉积效率则往往低于其他原料。其主要原因是由大量青贮料组成的饲粮，在肉牛瘤胃中往往产生相当大量的氨，这些氨被吸收后，相当一部分以尿素形式从尿中排出。因此，为了提高青贮料对氮素的作用，可以按照反刍动物应用尿素等非蛋白氮的办法，在饲粮中增加玉米等谷实类富含碳水化合物的比例，可获得较好的效果。如果由半干青贮或甲醛保存的青贮料来组成饲粮，则可见氮素沉积的水平提高。

四、能量饲料

能量饲料是指干物质中，粗纤维含量低于 18%，同时粗蛋白质含量低于 20%的饲料。这类饲料常用来补充肉牛饲料中能量的不足，包括谷实类、糠麸类、脱水块根、块茎及其加工副产品、动植物油脂、糖蜜以及乳清粉等。能量饲料在肉牛饲粮中所占比例最大，一般为50%～70%。

实际应用中主要包括谷实类、糠麸类和动植物油脂等。其特点：能值高，粗蛋白质和必需氨基酸含量以及粗纤维、粗灰分含量低，缺乏维生素A和维生素D，但富含维生素B族和维生素E。

（一）谷实类饲料

谷实类饲料是指禾本科作物的籽实。我国常用的有玉米、大麦、燕麦、黑麦、小麦、稻谷和高粱等。

谷实类饲料富含无氮浸出物，一般都在70%以上；粗纤维含量少，多在5%以内，仅带颖壳的大麦、燕麦、水稻和粟可达10%左右；粗蛋白含量一般不及10%，但也有一些谷实（如大麦、小麦等）达到甚至超过12%；谷实蛋白质的品质较差，赖氨酸、蛋氨酸、色氨酸等含量较少；脂肪的含量低，一般2%～5%，大部分在胚中和种皮内，主要是不饱和脂肪酸；灰分中，钙少磷多，但磷多以植酸盐形式存在；谷实中维生素E、维生素B_1较丰富，但维生素C、维生素D贫乏，除黄玉米外，均缺乏胡萝卜素；谷实的适口性好，消化率高，有效能值高，易保存。正是由于上述营养特点，谷实是肉牛最主要的能量饲料。

1. 玉米

玉米又名玉蜀黍、苞谷、苞米等，为禾本科玉米属一年生草本植物。玉米的单位面积产量高，有效能值多，所含的可利用物质高于任何谷实类饲料，是在肉牛饲养中使用比例最大的一种能量饲料，故有“饲料之王”的美称。

在我国，玉米主要分布在东北、华北、西北、西南、华东等地，其栽培面积和产量仅次于水稻和小麦，约占第三位。我国玉米产区可分为北方春玉米区、黄淮海套种复种玉米区、西北灌溉玉米区、西南山地套种玉米区和南方丘陵玉米区等。

根据籽粒性状特点和成分，可将玉米分为以下9种：A. 马齿玉米，芯长，粒多，呈马齿状；B. 硬质玉米，芯细长，粒硬；C. 甜玉米，葡萄糖多，味甜，呈半透明质；D. 蜡质玉米，胚乳呈蜡状组织；E. 粉质玉米，粒软；F. 爆粒玉米，粒硬，脂质，蛋白质较马齿玉米多；G. 有稃玉米，玉米的原种，近椭圆形；H. 高赖氨酸玉米，如Opaque-2，Flour-2等属于高赖氨酸玉米；I. 高油玉米，其含油量、总能水平、粗蛋白质含量均高于普通玉米，还含有较多的维生素E、胡萝卜素，而其单产已达到普通玉米的水平。此外，高油玉米籽实成熟时，茎、叶仍碧绿多汁，含较多的蛋白质和其他养分，是草食动物的良好饲料。以“高油玉米115”为代表的高油玉米杂交种，其含油量均在8%以上；根据籽粒颜色，可将玉米分为黄玉米、白玉米、混合色玉米（含黄白色）。

玉米中碳水化合物含量在70%以上，多存在于胚乳中。主要是淀粉，单糖和二糖较少，粗纤维含量也较少。粗蛋白质含量一般为7%～9%。其品质较差，赖氨酸、蛋氨酸、色氨酸等必需氨基酸含量相对贫乏。粗脂肪含量为3%～4%，是小麦和大麦的2倍，高油玉米中粗脂肪含量可达8%以上，主要存在于胚芽中；玉米中亚油酸的含量达2%，是谷实中含量最高者。玉米为高能量饲料，肉牛对其消化能为14.73兆焦/千克。粗灰分较少，仅1%稍多，其中钙少磷多，但磷多以植酸盐形式存在。玉米中其他矿物元素，尤其是微量元素很少。维生素含量较少，但维生素E含量较多，为20～30毫克/千克。黄玉米胚乳中含有较多的色素，主要是胡萝卜素、叶黄素和玉米黄素等。

玉米含抗烟酸因子，即烟酸原或烟酸结合物，在高产牛饲料中大量使用玉米时，应注意烟酸的补充。由于玉米不饱和脂肪酸含量高，粉碎后容易酸败变质，不易长期保存，否则发热变质，导致胡萝卜素损失，因此牛场以储存整粒玉米为最佳。此外，带芯玉米饲喂肉牛效果也很好。

玉米品质不仅受储藏期和储藏条件的影响，而且还受产地和季节的影响，应注意褐变玉米的黄曲霉毒素含量较高。另外，应注意玉米水分含量，以防发热和霉变，一般控制在14%以下。

玉米适口性好，能量高，是肉牛的良好能量补充饲料。此外，黄玉米的色素为肉牛奶油和体脂色素的重要来源。可大量用于牛的精料补充料中。但最好与其他体积大的糠麸类并用，以防积食和引起膨胀。饲喂玉米时，必须与豆科籽实搭配使用，来补充钙、维生素等，用整粒玉米喂牛，因为不能嚼得很碎，有18%～33%未经消化而排出体外，所以以饲喂碎玉米效果较好。宜粗粉碎，颗粒大小2.5毫米，不能粉碎太细，以免影响适口性和粗饲料的消化率。玉米在瘤胃中的降解率低于其他谷类，可以部分通过瘤胃到达小肠，减少在瘤胃中的降解，从而提高其应用价值。玉米压片（蒸汽压扁）后喂牛，在饲料效率及生产方面都优于整粒、细碎或粗碎的玉米。

2. 大麦

大麦为禾本科大麦属一年生草本植物。我国大麦年产量较少，仅一些局部地区用大麦作为动物的饲料。

大麦按有无麦稃，可将大麦分为有稃大麦（皮大麦）和裸大麦。裸大麦又称裸麦、元麦或青稞。按栽培季节，可将大麦分为春大麦、冬大麦。欧洲国家、北美和亚洲西部地区较广泛地种植春大麦。我国长江流域各省、河南等地主要种植冬大麦；东北、内蒙古、青藏高原、山西和新疆北部地区种植春大麦。另外，青藏高原、云贵以及江浙一带尚种有裸大麦。

大麦的粗蛋白质含量一般为9%～13%，且蛋白质质量稍优于玉米，氨基酸中除亮氨酸及蛋氨酸外均比玉米多，但利用率比玉米差，赖氨酸含量（0.40%）接近玉米的2倍。无氮浸出物含量（67%～68%）低于玉米，其组成中主要是淀粉，其中，支链淀粉占74%～78%，直链淀粉占22%～25%。大麦籽实包有一层质地坚硬的颖壳，故粗纤维含量（6%）高，为玉米的2倍左右，因此，有效能值较低，产奶净能（6.70兆焦/千克）约为玉米的82%，综合净能为7.19兆焦/千克。大麦脂肪含量较少，约2%，为玉米的1/2，饱和脂肪酸含量比玉米高，其主要组分是甘油三酯，约为73.3%～79.1%，亚油酸含量只有0.78%。大麦所含的矿物质主要是钾和磷，其次为镁、钙及少量的铁、铜、锰、锌等。大麦富含B族维生素，包括维生素B_1、维生素B_2、维生素B_6和泛酸，烟酸含量较高，但利用率较低，只有10%。脂溶性维生素A、维生素D、维生素K含量低，少量的维生素E存在于大麦的胚芽中。

另外，大麦中非淀粉多糖（NSP）含量较高，达10%以上，其中主要由β-葡聚糖（33克/千克干物质）和阿拉伯木聚糖（76克/千克干物质）组成。大麦中还含有抗胰蛋白酶和抗胰凝乳酶，前者含量低，后者可被胃蛋白酶分解，故一般对肉牛影响不大。

大麦是肉牛的良好能量饲料，是肉牛饲养上产生肉块和脂肪的原料。大麦质地疏松，生产高档牛肉时，被认为是最好的精料。牛对大麦中所含β-1，3-葡聚糖有较高的利用率，供肉牛育肥时与玉米营养价值相当。大麦粉碎太细易引起瘤胃肠胀，宜粗粉碎，或用水浸泡数小时或压片后调喂可起到预防作用。此外，大麦进行压片、蒸汽处理可改善适口性及和育肥效果，微波以及碱处理可提高消化率。

3. 高粱

高粱为禾本科高粱属一年生草本植物。我国高粱总产量约居世界第三位，而在国内各类谷物产量中居第五位。在中国，高粱产量主要产于吉林、辽宁、黑龙江等省。

高粱按用途可将高粱分为粒用高粱、糖用高粱（供生产糖浆和酒精用）、帚用高粱（常供制作扫帚）、饲用高粱；按籽粒颜色可将高粱分为褐高粱、白高粱、黄高粱（红高粱）和混合型高粱。

高粱的营养特点：高粱的营养价值稍低于玉米。除壳高粱籽实的主要成分为淀粉，多达70%。粗蛋白质含量略高于玉米，一般为8%～9%，但品质较差，且不易消化，必需氨基酸中赖氨酸、蛋氨酸等含量少。脂肪含量稍低于玉米，脂肪中必需脂肪酸水平低于玉米，但饱和性脂肪酸的比例高于玉米。有效能值较高，产奶净能为6.61兆焦/千克，综合净能为7.08兆焦/千克。所含灰分中钙少磷多，所含磷70%为植酸磷。含有较多的烟酸，达48毫克/千克，但所含烟酸多为结合型，不易被动物利用。高粱中含有毒物质单宁，影响其适口性和营养物质消化率。含有鞣酸，所以适口性不如玉米，且易引起牛便秘。

高粱是牛的良好能量饲料。一般情况下，可取代大多数其他谷实。高粱籽实中的单宁为缩合单宁，一般含单宁1%以上者为高单宁高粱。低于0.4%的为低单宁高粱，单宁含量与籽粒颜色有关，色深者单宁含量高。单宁的抗营养作用主要是苦涩味重，影响适口性。当饲粮中高粱比例很大时，首先影响动物的食欲，降低采食量。单宁在消化道中与蛋白质结合形成不溶性化合物，与消化酶类结合影响酶的活性和功能，也可与多种矿物质离子发生沉淀作用，干扰消化过程，影响蛋白质及其他养分的利用率。高单宁高粱在日粮中可用到10%，而低单宁的饲用高粱可用到70%。高粱整粒饲喂时，约有1/2不消化而排出体外，所以必须粉碎或压扁。诸多加工处理，如压片、水浸、蒸煮及膨化等均可改善肉牛对高粱的利用。

4. 小麦

小麦为禾本科小麦属一年生或越年生草本植物，起源于亚洲西部。我国小麦产量占粮食总产量的1/4，仅次于水稻而位居第二。按栽培制度，我国小麦产区可分为春麦区、冬麦区和冬春麦区。春麦区主要有东北、西北；冬麦区包括黄淮、长江中下游、西南、华南等；新疆、青海等归入冬春麦区。

小麦按栽培季节，可将小麦分为春小麦和冬小麦。按籽粒硬度，可将小麦分为硬质小麦、软质小麦。硬质小麦其截面是呈半透明，蛋白质含量较高；软质小麦截面呈粉状，质地疏松。按籽粒表面颜色，可将小麦分为红皮小麦、白皮小麦。

小麦粗蛋白质含量居谷实类之首位，一般达12%以上，但必需氨基酸（尤其是赖氨酸）不足，因而小麦蛋白质品质较差。无氮浸出物多，在其干物质中可达75%以上。粗脂肪含量低（约1.7%），这是小麦能值低于玉米的主要原因。矿物质含量一般都高于其他谷实，磷、钾等含量较多，但半数以上的磷为植酸磷。小麦中非淀粉多糖（NSP）含量较多，可达小麦干重6%以上。小麦非淀粉多糖主要是阿拉伯木聚糖，这种多糖不能被动物消化酶消化，而且有黏性，在一定程度上影响小麦的消化率。

小麦是牛的良好能量饲料，饲用前应破碎或压扁，在饲粮中用量不能过多（控制在50%以下），否则易引起瘤胃酸中毒。

5. 稻谷

稻谷为禾本科稻属一年生草本植物。世界上稻谷有2个栽培种，即亚洲栽培稻和非洲栽培稻，前者被广泛栽种。我国水稻产区主要有湖南、四川、江苏、湖北、广西、安徽、浙江、广东等地区。

我国稻谷按粒形和粒质可分为籼稻、粳稻和糯稻三类。按栽培季节，可将其分为早稻和晚稻，早粳稻和晚粳稻，糯稻与粳糯稻等。稻谷脱壳后，大部分果种皮仍残留在米粒上，称为糙米。

稻谷中所含无氮浸出物在60%以上，但因含有坚实的外壳，粗纤维达8%以上，粗纤维主要集中于稻壳中，且半数以上为木质素等。因此，稻壳是稻谷饲用价值的限制成分。稻谷的可利用能值低，综合净能为6.98兆焦/千克。稻谷中粗蛋白质含量为7%～8%，粗蛋白质中必需氨基酸（如赖氨酸、蛋氨酸、色氨酸等）较少。矿物质中含硅酸盐较高，微量元素含量明显较其他谷实类偏低，钙、锌、铜和硒等元素更低。

糙米中无氮浸出物多，主要是淀粉，其有效能与玉米相近。糙米中蛋白质含量（8%～9%）及其氨基酸组成与玉米相似，但色氨酸（0.12%）比玉米（0.08%）高50%，亮氨酸（0.61%）较玉米（1.03%）低40%。糙米中脂质含量约2%，其中不饱和性脂肪酸比例较高。糙米中灰分含量（约1.3%）较少，其中钙少磷多，磷多以植酸磷形式存在。

碎米是糙米去米核制作大米时的碎粒。其中养分含量变异很大，如其中粗蛋白质含量变动范围为5%～11%，无氮浸出物含量变动范围为61%～82%，而粗纤维含量最低仅0.2%，最高可达2.7%以上。因此，用碎米作饲料时，要对其养分实测。

稻谷被坚硬外壳包被，稻壳量约占稻谷重的20%～25%。稻壳含40%以上的粗纤维，且半数为木质素。稻谷由于适口性差，饲用价值不高，仅为玉米的80%～85%，用稻谷作为牛的饲料，应粉碎后饲用，并且注意与优质的饼粕类饲料配合使用，以补充蛋白质的不足。糙米、碎米、陈米也是牛的良好能量词料，可完全取代玉米，但仍以粉碎使用为宜。

6. 燕麦

燕麦为禾本科燕麦属一年生草本植物。在我国内蒙古、山西、陕西、甘肃、青海等地栽培燕麦较多，在其他地区（如云南、四川、贵州等）也有植种。

燕麦按照籽实颜色可分为白、灰、红、黑及混合色5种，按栽培季节分为春燕麦和冬燕麦，按有无稃壳分为皮燕麦和裸燕麦。皮燕麦就是通常所说的燕麦，裸燕麦又称为莜麦。

燕麦所含稃壳的比例大，占整个籽实的1/5～1/3，因而其粗纤维含量较高，在10%以上。燕麦中淀粉含量不足，占60%。燕麦蛋白质含量在10%左右，其品质较差，氨基酸组成不平衡，赖氨酸含量低。裸燕麦蛋白质含量较高，为14%～20%。粗脂肪含量在4.5%以上，且不饱和脂肪酸含量高，其中，亚油酸占40%～47%，油酸占34%～39%，棕榈酸10%～18%。由于不饱和脂肪酸比例较大，所以燕麦不宜久存。由于燕麦含稃壳多，粗纤维高，故其有效能明显低于玉米等谷实，综合净能为6.95兆焦/千克。燕麦富含B族维生素和胆碱，但烟酸含量不足。燕麦脂溶性维生素和矿物质含量低。

燕麦是肉牛的良好能量饲料，其适口性好，饲用价值较高。但因含壳多，育肥效果比玉米差，在精料中可用到50%，饲喂效果为玉米的85%。饲用前可磨碎或粗粉碎，甚至可整粒饲喂。

7. 其他谷实

（1）粟　粟为禾本科狗尾草属一年生草本植物，脱壳前称为“谷子”，脱壳后称为“小米”。粟原产于我国，现今在全国各地均有栽培。其中山东、山西、河北、湖北、河南与东北各省种粟较多。

粟既是粮食作物，又为饲料作物。按籽粒特性分为粳粟、糯粟和混合粟。粟的有效能值高，增重净能为4.90兆焦/千克，粗蛋白质9.7%，粗脂肪2.3%，粗纤维6.8%。粟中叶黄素、胡萝卜素和硫胺素含量较高。粟对牛的饲用价值相当于玉米的75%～90%。整粒粟粗纤维含量高，不易消化，最好磨碎或粗粉碎后使用。

（2）荞麦　荞麦为蓼科荞麦属一年生草本植物，有甜荞麦、苦荞麦等栽培种。甜荞麦俗称“花荞”、苦荞麦又称“春荞”。我国华北、东北、西北地区种植荞麦较多，其他地区也有栽培。

荞麦外壳粗糙坚硬，约占全粒的60%，因此，粗纤维含量较高。脱壳后营养价值较高，甜荞麦和苦荞麦的粗蛋白质含量分别为13.9%和11.6%。富含赖氨酸（0.67%～1.17%）、精氨酸、色氨酸和组氨酸，可与其他谷实类互补。苦荞麦脂肪含量较高（2.1%～2.8%），其中油酸和亚油酸占80%左右。苦荞麦矿物质含量丰富，钙、镁、钾、铁、铜、锌和铬等含量均高于其他谷实类。苦荞麦含有丰富的维生素B_1（4.03～4.94毫克/千克）、维生素B_2（14.4～20.88毫克/千克）、维生素E（69毫克/千克）、维生素C（6.08～6.76毫克/千克）和磷（1.1%）。苦荞麦含有大量的黄酮类物质（占干重2%）。荞麦中也存在胰蛋白酶抑制剂。

荞麦的适口性不好，应与其他谷实类搭配使用，用量以30%以下为宜，应磨碎或粗粉碎后饲喂。饲用价值较燕麦低5%～10%。另外，荞麦（尤其是其茎叶）中含有光敏物质，长期使用该饲料，能引起动物皮肤瘙痒、疹块甚至溃疡，被毛白色的动物比被毛深色的动物对其更为敏感。

(3) 黑麦 黑麦为禾本科一年生或越年生草本植物，分为冬黑麦和春黑麦。世界年产黑麦约2900万吨，其中我国年产几十万吨。

黑麦粗蛋白质含量（11%）与皮大麦近似。有效能值与小麦近似。常规成分及钙磷含量与一般麦类近似，含量不高且质量较差，铁、锰含量高，铜、锌含量低。黑麦中含单宁和可溶性非淀粉多糖（10%以上，主要是阿拉伯木聚糖）等抗营养因子。

（二）糠麸类饲料

糠麸类饲料是谷实经加工后形成的一些副产品，主要由果种皮、外胚乳、糊粉层、胚芽、颖稃纤维残渣等组成。全国年产量在2200万吨以上，有85%可用于饲料。包括米糠、小麦麸、大麦麸、高粱糠、玉米糠、小米糠等其他杂糠等。其中以小麦麸产量较高，其次为米糠。

糠麸成分不仅受原粮种类影响，而且还受原粮加工方法和精度影响。

糠麸类饲料的优点：糠麸中除无氮浸出物外，其他成分都比原粮多。蛋白质含量为15%左右，比谷实类饲料（平均蛋白质含量10%）高3%～5%；B族维生素含量丰富，尤其含硫胺素、烟酸、胆碱和吡哆醇较多，维生素E含量也较多；物理结构疏松、体积大、容重小、吸水膨胀性强，含有适量的粗纤维和硫酸盐类，有利于胃肠蠕动，易消化，有轻泻作用；可作为载体、稀释剂和吸附剂。故属于一类有效能较低的饲料。另外，糠麸结构疏松、体积大、其中多数对动物有一定的轻泻作用。

糠麸类饲料的缺点：有效能值较低，仅为谷实类饲料的一半，但价格却比谷实类饲料的一半还高很多；含钙量低，含磷量很高，磷多以植酸磷形式存在。

1. 小麦麸

小麦麸俗称麸皮，是以小麦籽实为原料加工面粉后的副产品。小麦籽实由种皮、胚乳和胚芽三部分组成。其中种皮占14.5%，胚乳占83%，胚芽占2.5%。小麦麸主要由籽实的种皮、胚芽部分组成，并混有不同比例的胚乳、糊粉层成分。小麦麸的成分变异较大，主要受小麦品种、制粉工艺、面粉加工精度等因素影响。如生产的面粉质量要求高，麸皮中来自胚乳、糊粉层成分的比例就高，麸皮的质量也相应较高，反之则麸皮的质量较低。

我国对小麦麸的分类方法较多。按面粉加工精度，可将小麦麸分为精粉（70 粉）麸、特粉（75 粉）麸和标粉（85 粉）麸；按小麦品种，可将小麦麸分为红粉麸和白粉麸；按制粉工艺产出麸的形态、成分等，可将其分为大麸皮、小麸皮、次粉和粉头等。大、小麸皮是麦麸的主体。大麸皮是指 60%通过 0.42 毫米筛、2%以上通过 0.25 毫米筛的麸皮，呈片状，容重在 180～260 克/升；小麸皮是指 70%通过 0.42 毫米筛、20%以上通过 0.25 毫米筛的麸皮，形状较细，容重在 210～350 克/升。据有关资料统计，我国每年用作饲料的小麦麸约为 1000 万吨。

小麦麸的粗蛋白质含量高于原粮，一般为 12%～17%，氨基酸组成较佳，赖氨酸含量约 0.5%～0.7%，但蛋氨酸含量较低，只有 0.11%左右。与原粮相比，小麦麸中无氮浸出物（60%左右）较少，但粗纤维含量高得多，多达 10%，甚至更高。正是这个原因，小麦麸中有效能较低。灰分较多，所含灰分中钙少（0.1%～0.2%）磷多（0.9%～1.4%），Ca、P 比例（约 1：8）极不平衡，但其中磷多为（约 75%）植酸磷。另外，小麦麸中铁、锰、锌较多。由于麦粒中 B 族维生素多集中在糊粉层与胚中，故小麦麸中 B 族维生素含量很高。如含核黄素 3.5 毫克/千克，硫胺素 8.9 毫克/千克。

小麦麸适口性好，是肉牛的良好饲料。小麦麸具有轻泻性，可通便润肠，是母畜饲粮的良好原料。在饲粮配制时，应与其他饲料或优质矿物饲料配合使用以调整钙磷比例。另外，因小麦麸含能量低，在肉牛育肥期宜与谷实类搭配使用，肉牛精料中可用到 20%。

2. 米糠

水稻加工大米的副产品，称为稻糠。稻糠包括砻糠、米糠和统糠。砻糠是稻谷的外壳或其粉碎品。稻壳中仅含 3%的粗蛋白质，但粗纤维含量在 40%以上，且粗纤维中半数以上为木质素。故砻糠对肉牛的饲用价值很低。米糠是除壳稻后（糙米）加工的副产品。统糠是砻糠和米糠的混合物。例如，通常所说的三七统糠，意为其中含三份米糠，七份砻糠。二八统糠，意为其中含二份米糠，八份砻糠。统糠营养价值视其中米糠比例不同而异，米糠所占比例越高，统糠的营养价值越高。

米糠是糙米精制时产生的果皮、种皮、外胚乳和糊粉层等的混合物。米糠的品质与成分，因糙米精制程度而不同，精制的程度越高，米糠的饲用价值愈大。

米糠中蛋白质含量较高，约为13%，氨基酸的含量与一般谷物相似或稍高，但其赖氨酸含量高达0.55%。脂肪含量高达10%～17%，比同类饲料高得多，约为麦麸、玉米糠的3倍多，脂肪酸组成中多为不饱和脂肪酸，油酸和亚油酸占79.2%。粗纤维含量较高，质地疏松，容重较轻。但米糠中无氮浸出物含量不高，一般在50%以下。米糠中有效能较高，能值位于糠麸类饲料之首，干物质中综合净能为8.00兆焦/千克。矿物质中钙（0.07%）少磷（1.43%）多，钙、磷比例极不平衡（1∶20），但80%以上的磷为植酸磷，锰、钾、镁较多。B族维生素和维生素E丰富，如维生素B_1、维生素B_5、泛酸含量分别为19.6毫克/千克、303.0毫克/千克、25.8毫克/千克。但缺乏维生素A、维生素D、维生素C。

米糠中也含有较多种类的抗营养因子。植酸含量高，为9.5%～14.5%；含胰蛋白酶抑制因子；含阿拉伯木聚糖、果胶、β-1，1，3，1，4-葡聚糖等非淀粉多糖；含有生长抑制因子。

由于米糠所含脂肪多，易氧化酸败，不能久存，所以常对其脱脂。脱脂米糠指米糠经过脱脂后的饼粕，用压榨法取油后的产物为米糠饼；用有机溶剂取油后的产物为米糠粕。与米糠相比，脱脂米糠的脂肪含量较少，尤其是米糠粕脂肪含量仅为2%，粗蛋白质、粗纤维、氨基酸和微量元素含量有所提高，有效能使降低。

米糠是能值最高的糠麸类饲料，新鲜米糠适口性好，饲用价值相当于玉米的80%～90%。米糠中含胰蛋白酶抑制因子、生长抑制因子，但它们均不耐热，加热可破坏这些抗营养因子，故米糠宜熟喂或制成脱脂米糠后饲喂。米糠中脂肪多，其中的不饱和脂肪酸易氧化酸败，不仅影响米糠的适口性，降低其营养价值，而且还产生有害物质。因此，全脂米糠不能久存，要使用新鲜的米糠，酸败变质的米糠不能饲用。脱脂米糠（米糠饼、米糠粕）储存期可适当延长，但仍不能久存，乃因其中还含有相当量的脂肪，所以对脱脂米糠也应及时使用。米糠适于作肉牛的饲料，用量可达20%～30%。但米糠中钙、磷比例严重失衡，因此在大量使用米糠时，应注意补充含钙饲料。

3. 其他糠麸

（1）大麦麸　大麦麸是加工大麦的副产品，分为粗麸、细麸及混合麸。粗麸多为碎大麦壳，因而粗纤维含量高；细麸的能量、蛋白质及粗纤维含量皆优于小麦麸；混合麸是粗细麸混合物，营养价值也居于两者之间。可用于肉牛，在不影响热能需要时可尽量使用，对改善肉质有益，但生长期肉牛仅可使用10%～20%，太多会影响生长。

（2）高粱糠　高粱糠是加工高粱的副产品，一般出糠量为20%。高粱糠的有效能值较高，粗蛋白质含量11%～15%，粗脂肪含量4%～10%。但因其中含较多的单宁，适口性差，易引起便秘，故应控制用量。在高粱糠中，若添加5%的豆饼，再与青饲料搭配喂牛，则其饲用价值将得到明显提高。

（3）玉米糠　玉米糠是玉米制粉过程中的副产品，主要包括种皮、胚、种脐与少量胚乳。因其中果种皮所占比例较大，粗纤维含量较高，粗蛋白质含量低，必需氨基酸含量也较低，胡萝卜素含量很低，但水溶性维生素和矿物质含量较高。

玉米糠可作为肉牛的良好饲料。但玉米品质对玉米糠品质影响很大，尤其含黄曲霉毒素高的玉米，玉米糠中毒素的含量约为原料玉米的3倍多，使用时应注意。

（4）小米糠　在小米加工过程中，产生的种皮、秕谷和较多量的颖壳等副产品即为小米糠。其营养价值随加工程度而异，粗加工时，除产生种皮和秕谷外，还含许多颖壳，这种粗糠粗纤维含量很高，达23%以上，接近粗料，粗蛋白质含量只有7%左右，无氮浸出物含量40%，脂肪含量2.8%。在饲用前，将之进一步粉碎，浸泡和发酵，可提高消化率。

（5）大豆皮　大豆皮是大豆加工过程中分离出的种皮，含粗蛋白质18.8%，粗纤维含量高，但其中木质素少，所以消化率高，适口性也好。粗饲料中加入大豆皮能提高肉牛的采食量，饲喂效果与玉米相同。

（三）块根、块茎及其加工副产品

块根块茎类饲料主要包括薯类（甘薯、马铃薯、木薯）、胡萝卜、甜菜等。这类饲料含水量高，体积大，适口性好，易消化。干物质中主要是无氮浸出物，而蛋白质、脂肪、粗灰分等较少。纤维素含量少，一般不超过10%，且不含木质素，干物质的净能含量与籽实类相近；粗蛋白质含量少，只有1%～2%，其中赖氨酸、色氨酸较多；矿物质含量不一致，缺少钙、磷、钠，而钾的含量却丰富；维生素含量因种类不同而差别很大，胡萝卜中含有丰富的维生素，尤以含胡萝卜素最多；甘薯中则缺乏维生素，甜菜中仅含有维生素C，缺乏维生素D。

块根块茎类饲料适口性好，能刺激牛食欲，有机物质消化率高；产量高，生长期短，生产成本低，易组织轮作，但因含水量高，运输较困难，不易保存。由于其可溶性碳水化合物含量高，在瘤胃发酵速度快，所以喂量过多时会造成瘤胃pH下降，消化紊乱，平均日喂量不宜超过日粮干物质的20%（按干物质折算）。

1. 甘薯

甘薯为旋花科甘薯属蔓生草本植物，又名红薯、白薯、山芋、红苕、地瓜等。甘薯原产于南美洲，现几乎遍及全世界，主要分布于南美墨西哥、印度、印度尼西亚、美国、日本、中国和非洲各地。甘薯在我国分布很广，南至海南岛、北及黑龙江。其中栽培面积和产量较多的省份主要有四川、山东、河南、安徽、江苏、广东等。

我国甘薯的年产量仅次于水稻、小麦、玉米而居于第4位。甘薯除供作粮食、酿造业、淀粉工业等的原料外，还是重要的饲料。

新鲜甘薯中水分多，达75%左右，甜而爽口，因而适口性好。脱水甘薯块中主要是无氮浸出物，含量达75%以上，甚至更高，其中绝大部分是淀粉和糖分，营养价值较高。甘薯中粗蛋白质含量低，以干物质计，也仅约4.5%，且蛋白质品质较差。脱水甘薯中虽然无氮浸出物含量高，但有效能值明显低于玉米等谷实。红色或黄色的甘薯含有大量的胡萝卜素，但维生素B_1和维生素B_2较少，矿物质中钙和磷均较缺乏。甘薯中还含有胰蛋白酶抑制因子。

新鲜甘薯是优良的多汁饲料，不论是生喂还是熟喂，其适口性均佳，且容易消化，因此是肉牛良好的热能来源。饲喂甘薯时，应将其切碎或切成小块，以免发生牛食道梗塞。鲜甘薯忌冻，必须储存在13℃左右的环境下才比较安全。保存不当时，会生芽或出现黑斑。黑斑甘薯有苦味，牛吃后易引发喘气病，严重者死亡。因此，有黑斑病的甘薯不能作为肉牛的饲料。甘薯还可以切成片或制成丝再晒干粉碎制成甘薯粉使用。甘薯粉便于储藏，体积大，动物食之易产生饱腹感，在牛日粮中可代替50%的其他能量饲料，但仍需注意勿使其发霉变质。甘薯藤叶青绿多汁，适口性好，也是肉牛的良好饲料，鲜喂或青储，其饲用效果都好。但牛采食过多的甘薯藤叶往往出现腹泻，故应注意控量饲用。

2. 马铃薯

马铃薯为茄科多年生草本植物，又称土豆、地蛋、山药蛋、洋芋等。除用作粮食、蔬菜和工业原料外，也是一种重要的饲料作物，马铃薯原产于南美洲的秘鲁、智利等国，目前世界各地均有栽培。我国，马铃薯主要在东北、内蒙古与西北黄土高原栽培，其他地方如西南山地、华北高原与南方各地等也有植种。

马铃薯块茎含干物质17%～26%，其中80%～85%为无氮浸出物，粗纤维含量少，因而能值高，干物质中含增重净能5.31兆焦/千克，略高于甘薯，但比玉米低。粗蛋白质约占干物质9%，主要是球蛋白，生物学价值高。胡萝卜素含量极低，其他维生素含量同玉米接近。

马铃薯喂肉牛可生喂，也可熟喂。生喂时宜切碎后投喂。脱水马铃薯块茎为较好的能量饲料，可将其粉碎后加到肉牛饲粮中。马铃薯中含有一种有毒的配糖体叫龙葵素，或名龙葵精。它在马铃薯各部位含量差异很大：绿叶中含0.25%，芽内含0.5%，花内含0.7%，果实内含1.0%，果实外皮中含0.01%，成熟的块茎含0.004%。若将发芽的块茎放在阳光下，则块茎内龙葵素含量可增至0.08%～0.5%，芽内可增到4.76%。霉变的马铃薯中龙葵素含量一般可达0.58%～1.34%。随着储存时间的延长，龙葵素含量亦渐增多。一般成熟的马铃薯中毒素含量少，饲用这种马铃薯是不会引起动物中毒的。未成熟的、发芽或腐烂的马铃薯毒素含量多，大量投喂会引起中毒。

因此，应科学储藏马铃薯，选择阴凉干燥的地方，尽量避免其发芽、变绿。不用发芽、未成熟和霉烂的马铃薯作饲料，若用，须将嫩芽、发绿及腐烂部分除去，加醋充分煮熟后饲用。

3. 木薯

木薯为大戟科木薯属多年生植物，原产于巴西亚马逊河流域与墨西哥东南部低洼地区。我国广东、广西、福建、云南、海南、台湾等省种植木薯较多。此外，贵州、湖南、江西等省也有少量种植。木薯不仅是杂粮作物，而且也是良好的饲料作物。

木薯干（脱水木薯）中无氮浸出物含量高，可达 80%，因此其有效能值较高。粗蛋白质含量很低，以风干物质计，仅为 2.5%。另外，木薯中矿物质贫乏，维生素含量几乎为零。木薯中含有毒物氢氰酸，其含量随品种、气候、土壤、加工条件等不同而异。脱皮、加热、水煮、干燥可除去或减少木薯中氢氰酸。

木薯在饲用前，最好要测定其中氢氰酸含量，符合卫生标准方能饲用。若超标，要对其进行脱毒处理。在肉牛饲粮中，木薯干用量可达 30%。

4. 胡萝卜

胡萝卜为伞形花科植物，属二年草本作物，是最常见的一种蔬菜。目前，胡萝卜在世界各地广泛栽培，已被世界许多国家公认为营养丰富的上等蔬菜。在日本，胡萝卜被作为“长寿菜”，荷兰人将胡萝卜列为“国菜”之一，我国也称胡萝卜为“土人参”。胡萝卜不仅具有营养价值，还具有保健价值，是菜药兼用、清甜适口的好饲料。

胡萝卜含水分高达 80%～90%，干物质中含有丰富的糖类、蛋白质、脂肪、纤维素、多种维生素、各种无机盐、微量元素及 10 多种酶、双歧因子、核酸物质、芥子油、伞形花内酯、咖啡酸、氯原酸、没食子酸等成分，胡萝卜细胞壁中含有丰富的果胶酸酯。现代营养学分析表明：胡萝卜每 100 克可食部分含热量 37 千卡、蛋白质 1.0 克、脂肪 0.2 克、碳水化合物 8.8 克、纤维素 1.1 克、钙 32.0 毫克、磷 27.0 毫克、钠 71.4 毫克、镁 14.0 毫克、铁 1.0 毫克、锌 0.23 毫克、硒 0.63 毫克、铜 0.08 毫克、锰 0.24 毫克、钾 190.0 毫克、尼克酸 0.6 毫克、维生素 C 13.0 毫克、核黄素 0.03 毫克、硫胺素 0.04 毫克、维生素 E 0.36 毫克、叶酸 14 微克、维生素 A 688 微克。

胡萝卜最主要的营养成分是类胡萝卜素，它包括β-胡萝卜素、α-胡萝卜素、黄体素等多种胡萝卜素，其中含量最高的是β-胡萝卜素，占胡萝卜素的 80%，每 100 克熟胡萝卜含β-胡萝卜素 9800 微克；每 100 克生胡萝卜含β-胡萝卜素 4130 微克，比白萝卜及其他各种蔬菜高出30～40倍。

肉牛生产中并不依赖胡萝卜提供能量，而主要补充维生素（胡萝卜素），尤其在冬、春季节。冬季由于青绿饲料缺乏，多用秸秆、干草喂牛，容易造成胡萝卜素缺乏，导致牛的生产性能下降。幼牛生长发育停滞，严重时出现夜盲症甚至失明；种畜生殖功能降低，精液品质下降；母牛不易受孕或流产，胎儿发育不正常等。储存一定量的胡萝卜在冬季补饲，对幼牛、种公牛、母牛，特别对妊娠母牛具有良好的作用。

胡萝卜以生喂为宜，以保全其所含营养。但喂前要清洗干净，也可将胡萝卜切碎，加入麦麸、草粉、干甜菜丝等饲喂。发霉、腐烂者不能饲喂。胡萝卜参考日喂量：3月龄以上犊牛2千克，6月龄以上幼牛或架子牛4千克，种公牛5～8千克，妊娠母牛5～7千克，也可根据饲粮组成酌情增减。

5. 甜菜和甜菜渣

甜菜为藜科甜菜属二年生植物。甜菜原产于欧洲中南部，现在欧洲各国以及美国等国均有栽培。甜菜在我国南北各地都有栽培，其中以东北、华北、西北等地种植较多。甜菜主要作为制糖原料，同时也是饲料作物。

（1）甜菜　根据块根大小、根型变化与含糖量多少，可将甜菜分为糖甜菜、半糖甜菜和饲料甜菜。甜菜的营养成分见表4-26。

表4-26　甜菜中营养成分含量

部位及处理	水分/%	粗蛋白质/%	粗脂肪/%	粗纤维/%	无氮浸出物/%	灰分/%
鲜块根	88.8	1.5	0.1	1.4	7.1	1.1
脱水块根	0	13.4	0.9	12.5	63.4	9.8
茎叶鲜样	93.1	1.4	0.2	0.7	4.2	0.4
茎叶干样	0	20.3	2.9	10.2	60.9	5.7

糖甜菜味甚甜，含糖量高达15%～20%。干物质含量高，为20%～22%，最高达25%，但收获量少。半糖甜菜味甜，含糖量中等。饲料甜菜味微甜、含糖量一般为4%～8%，干物质含量少，蛋白质含量较高，总收获量大。甜菜的根、茎、叶营养价值均较高。

用甜菜喂动物时，要将甜菜切碎后生喂，不可熟喂。蒸煮不仅破坏甜菜中维生素，而且其中生成较多量的亚硝酸盐。

（2）甜菜渣　是甜菜在制糖过程中经切丝、渗出、充分提取糖分后含糖很少的菜丝，是制糖工业的副产品之一。未经处理的甜菜渣也可称为鲜湿甜菜渣；湿甜菜渣经晾晒后得到干甜菜渣。甜菜渣为淡灰色或灰色，略具甜味，干燥后呈粉状、粒状或丝状。

甜菜渣中主要成分是无氮浸出物，以干物质计，达60%以上，因而其消化能值较高，达12兆焦/千克以上。粗蛋白质含量较少，且品质差，必需氨基酸含量少，特别是蛋氨酸极少。Ca、毫克、Fe等矿物元素含量较多，但P、Zn等元素很少。甜菜渣中维生素较贫乏，但胆碱、烟酸含量较多。甜菜渣中含有大量的可消化纤维，可有效刺激肉牛反刍。

无论是鲜甜菜渣还是干甜菜渣，均具有营养丰富、适口性强、消化率高、价格低廉等优点。甜菜渣还具有在肉牛胃肠道内流过速度慢和在盲肠内存留时间长的消化特性，是肉牛良好的能量饲料来源。

干甜菜渣饲喂肉牛，一般可取代混合精料中半数以上的谷实类饲料。新鲜甜菜渣有甜味，适口性好，可直接喂给肉牛。

在选购或使用甜菜渣时应注意以下问题：因甜菜渣含有游离酸（如草酸），大量饲喂易引起动物腹泻，故应控制鲜甜菜渣的喂量；若甜菜渣有烤焦味，则表示加热过度，其利用效率降低；若甜菜渣有过长纤维丝或过粗料，则应加以粉碎；甜菜渣含水量多时，不易储存，应充分制干。

（四）其他能量饲料

1. 油脂

肉牛由于生产性能的不断提高，对日粮养分水平尤其是日粮能量水平的要求愈来愈高。对高产牛，常通过增大精饲料用量、减少粗饲料用量来配制高能量日粮，但这会引起瘤胃酸中毒等营养代谢疾病。鉴于这些原因，近几年来，油脂作为能量饲料在肉牛日粮中的应用愈来愈普遍。

油脂种类较多，按来源可将其分为动物油脂、植物油脂、饲料级水解油脂和粉末状油脂4类。动物油脂是指用家畜、家禽和鱼体组织（含内脏）提取的一类油脂，其成分以甘油三酯为主，另含少量的不皂化物和不溶物等。动物油脂中脂肪酸主要为饱和脂肪酸，但鱼油有高含量的不饱和脂肪酸；植物油脂是从植物种子中提取而得，主要成分为甘油三酯，另含少量的植物固醇与蜡质成分。大豆油、菜籽油、棕榈油等是这类油脂的代表。植物油脂中的脂肪酸主要为不饱和脂肪酸；饲料级水解油脂是指制取食用油或生产肥皂过程中所得的副产品，其主要成分为脂肪酸；粉末状油脂是对油脂进行特殊处理，使其成为粉末状。这类油脂便于包装、运输、储存和应用。

为避免动物疾病传播，预防传染性疾病，尤其疯牛病等，我国无公害食品标准中规定奶牛和肉牛均不允许使用动物性饲料原料，因此在肉牛上只能使用植物性油脂及其产品。

油脂的能值高，热增耗值比碳水化合物、蛋白质都低，其总能和有效能远比一般的能量饲料高，如大豆油代谢能为玉米代谢能的2.87倍；棕榈酸油产奶净能为玉米的3.33倍。植物油脂中还富含必需脂肪酸。油脂可促进脂溶性维生素的吸收，有助于脂溶性维生素的运输。油脂可延长饲料在消化道内的停留时间，从而能提高饲料养分的消化率和吸收率。在日粮中添加油脂，能增强风味，改善外观，减少粉尘，降低加工机械磨损程度，防止分级。油脂由于热增耗少，故给热应激肉牛补饲油脂有良好作用。

使用油脂的注意：一是油脂应储存于非铜质的密闭容器中，储存期间应防止水分混入和气温过高；二是饲粮添加油脂后，能量水平增加，因此应相应增加饲粮中其他养分的水平；三是油脂容易氧化酸败，应避免使用已发生氧化酸败的油脂。为了防止油脂酸败，加入占油脂0.01%的抗氧化剂。常用的抗氧化剂为丁羟甲氧基苯（BHA）和丁羟甲苯（BHT）。抗氧化剂添加到油脂中的方法：若是液态油脂，直接将抗氧化剂加入并混匀；若是固态油脂，将油脂加热熔化，再加入抗氧化剂并混匀。四是避免使用劣质油脂，如高熔点的油脂（椰子油和棉籽油）和含毒素油脂（棉籽油、蓖麻油和桐籽油等）以及被二噁英污染的油脂；五是由于瘤胃内可溶的脂肪酸（如C_8～C_{14}脂肪酸和较长碳链不饱和脂肪酸）能抑制瘤胃微生物，若补饲油脂不当，会使纤维素消化率降低。

2. 糖蜜

糖蜜为制糖工业副产品，根据制糖原料不同，可将糖蜜分为甘蔗糖蜜、甜菜糖蜜、玉米葡萄糖蜜、柑橘糖蜜、木糖蜜、高粱糖蜜等。产量最大的是蔗糖蜜和甜菜糖蜜。糖蜜一般呈黄色或褐色液体，大多数糖蜜具甜味，但柑橘糖蜜略有苦味。

糖蜜的原料不同，所产生的糖蜜的颜色、味道、黏度和化学成分也有很大差异。即使是同一种糖蜜，受产地、季节、制糖工艺和储存条件等不同的影响，其营养成分也有一定差异。

糖蜜中主要成分是糖类（主要是蔗糖、果糖和葡萄糖），如甘蔗糖蜜含蔗糖24%～36%，甜菜糖蜜中含蔗糖47%左右。糖蜜中含有少量的粗蛋白质，其中多数属非蛋白质氮，如氨、硝酸盐和酰胺等。糖蜜中矿物质含量较多（8.1%～10.5%），其中钙（0.1%～0.81%）多磷（0.02%～0.08%）少，钾含量很高（2.4%～4.8%），如甜菜糖蜜钾含量高达4.7%。糖蜜中有效能量较高，甜菜糖蜜对牛的消化能为12.12兆焦/千克，增重净能为4.75兆焦/千克。

由于糖蜜有甜味，故能掩盖饲粮中其他成分的不良气味，提高饲料的适口性。糖蜜有黏稠性，故能减少饲料加工过程中产生的粉尘，并能作为颗粒饲料的优质黏结剂。糖蜜富含糖分，可为肉牛瘤胃微生物提供充足的速效能源，从而提高了微生物的活性。糖蜜中含有缓泻因子，可能是含有硫酸镁和氯化镁的缘故，或者是消化道中蔗糖酶活性不高，从而引起粪便含水量增加。在混合精料中，肉牛适宜用量为10%～20%。

五、蛋白质饲料

饲料干物质中粗蛋白质含量大于或等于20%，同时粗纤维含量小于18%的饲料，称作蛋白质饲料。

蛋白质饲料可分为植物性蛋白质饲料、动物性蛋白质饲料、单细胞蛋白质饲料和非蛋白氮饲料。因肉牛饲料中不允许使用动物源性饲料，因此，本章主要介绍植物性蛋白质、单细胞蛋白质和非蛋白氮饲料。

（一）植物性蛋白质饲料

植物性蛋白质饲料包括豆类籽实、饼粕类和其他植物性蛋白质饲料。这类蛋白质饲料是肉牛生产中使用量最多、最常用的蛋白质饲料。该类饲料具有以下共同特点：蛋白质含量高，且蛋白质质量较好

（一般植物性蛋白质饲料粗蛋白质含量在20%～50%，因种类不同差异较大）。蛋白质主要由球蛋白和清蛋白组成，其必需氨基酸含量和平衡明显优于谷蛋白和醇溶蛋白，因此蛋白质品质优于谷物类蛋白，蛋白质利用率是谷类的1～3倍。但植物性蛋白质的消化率一般仅有80%左右，原因在于其中大量蛋白质（如球蛋白）与细胞壁多糖结合，有明显抗蛋白酶水解的作用；存在蛋白酶抑制剂，阻止蛋白酶消化蛋白质；含胱氨酸丰富的清蛋白，可能产生一种核心残基，对抗蛋白酶的消化。此类饲料经适当加工调制，可提高其蛋白质利用率。饼粕类蛋白质饲料粗脂肪含量变化大（油料籽实含量在15%～30%以上，非油料籽实只有1%左右。饼粕类脂肪含量因加工工艺不同差异较大，高的可达10%，低的仅1%左右）、粗纤维含量一般不高（基本上与谷类籽实近似，饼粕类稍高些）、矿物质中钙少磷多且主要是植酸磷、维生素含量与谷实相似（B族维生素较丰富，而维生素A、维生素D较缺乏）、大多数含有一些抗营养因子（影响其饲喂价值）。

1. 豆类籽实

豆类籽实包括大豆、豌豆、蚕豆等，曾作为我国主要役畜的蛋白质饲料。现在一般以食用为主，全脂大豆经加热或膨化用在高热能饲料和颗粒料中。

粗蛋白质含量高，占干物质的20%～40%，为禾谷类籽实的1～3倍，且品质也好。精氨酸、赖氨酸和蛋氨酸等必需氨基酸的含量均多于谷类籽实。脂肪含量除大豆和花生含量高外，其他均只有2%左右，略低于谷类籽实。钙、磷含量较禾谷类籽实稍多，但钙磷比例不恰当，钙多磷少。胡萝卜素缺乏。无氮浸出物含量为30%～50%，纤维素易消化。总营养价值与禾谷类籽实相似，可消化蛋白质较多，是肉牛重要的蛋白质饲料。

（1）大豆　大豆为双子叶植物纲豆科大豆属一年生草本植物，原产于中国。全世界大豆总产量中，美国产量最高，约占全世界总产量的一半以上。中国总产量约占全世界总产量的1/10，居第2位。我国大豆主产区为黑龙江、河北、安徽、江苏、河南及山西等省。

将大豆按种皮颜色分为黄色大豆、黑色大豆、青色大豆、其他大豆和饲用豆（秣食豆）5类，其中黄豆最多，其次为黑豆。

大豆蛋白质含量高，为32%～40%，如黄豆和黑豆的粗蛋白质含量分别为37%和36.1%，氨基酸组成良好，植物蛋白中普遍缺乏的赖氨酸含量较高，如黄豆和黑豆分别为2.30%和2.18%，但蛋氨酸等含硫氨酸含量不足。大豆脂肪含量高，达17%～20%，其中不饱和脂肪酸较多，亚油酸和亚麻酸可占55%。综合净能为8.25兆焦/千克。碳水化合物含量不高，无氮浸出物仅26%左右，其中蔗糖占无氮浸出物总量的27%，水苏糖、阿拉伯木聚糖、半乳糖分别占16%、18%、22%；淀粉在大豆中含量甚微，仅0.4%～0.9%；纤维素占18%。矿物质中钾、磷、钠较多，钙的含量高于谷实类，但仍低于磷，但60%磷为不能利用的植酸磷，铁含量较高。维生素含量与谷实类相似，略高于谷实类，B族维生素多而维生素A、维生素D少。

生大豆中存在多种抗营养因子，如胰蛋白酶抑制因子、血细胞凝集素、脲酶、致甲状腺肿物质、赖丙氨酸、植酸、抗维生素因子、大豆抗原、皂苷、雌激素和胀气因子等。它们影响饲料的适口性、消化性与肉牛的一些生理过程。生大豆直接饲喂肉牛，会导致腹泻和生产性能的下降，降低维生素A的利用率，饲喂价值较低。因此，生产中一般不直接使用生大豆。大豆经焙炒、压扁、微波处理、挤压处理以及制粒等加热处理后饲喂。

与生大豆相比，热处理的大豆具有适口性好，水分较低，其他营养含量相对提高、抗营养因子大大降低，过瘤胃蛋白率提高，蛋白质的利用率提高，饲喂价值提高，使用安全等优点。但大豆在加热过程中，蛋白质中一些不耐热的氨基酸会分解，更主要的是还原糖与氨基酸之间发生的美拉德反应，该反应导致大多数氨基酸，尤其是赖氨酸利用率下降，降低大豆的营养价值。因此，大豆的适宜加工非常重要。

肉牛饲料中也可使用生大豆，但应控制喂量，且不宜与尿素同用，这是由于生大豆中含有尿素酶，会使尿素分解，发生氨中毒的危险。而且需配合胡萝卜素含量高的粗料使用。另外，大豆蛋白质中含蛋氨酸、色氨酸、胱氨酸较少，最好与禾谷类籽实混合饲喂。

（2）豌豆　豌豆又名毕豆、小寒豆、准豆、麦豆。豌豆适应性强，喜冷凉而湿润的气候。我国豌豆种植面积约200万/公顷，总产量150万吨，以四川种植最多。豌豆除作食用外，也供作饲料。

豌豆风干物中粗蛋白质含量20.0%～24%，介于谷实类和大豆之间。豌豆中清蛋白、球蛋白和谷蛋白分别为21.0%、66.0%和2%。豌豆蛋白质中含有丰富的赖氨酸，而其他必需氨基酸含量都较低，特别是含硫氨基酸与色氨酸。干豌豆中碳水化合物的含量约60%，淀粉含量为24.0%～49.0%，粗纤维含量约7%。粗脂肪含量约2%，且多为不饱和脂肪酸。各种矿物质微量元素含量都偏低。干豌豆富含维生素B_1、维生素B_2和尼克酸，胡萝卜素含量比大豆中的多，与玉米近似，缺乏维生素D。能值虽比不上大豆，但也与大麦和稻谷相似。

国外广泛地用豌豆作为蛋白质补充料。但是目前我国豌豆的价格较贵，很少作为饲料。豌豆中含有微量的胰蛋白酶抑制因子、外源植物凝集素、致胃肠胀气因子、单宁、皂角苷和色氨酸抑制剂等抗营养因子，因此不宜生喂。一般在肉牛饲粮中用量占12%以下。

(3) 蚕豆　蚕豆又叫胡豆、川豆、大豌豆、佛豆或罗汉豆，是一种比较好的饲料资源。主要在我国南方作为配合饲料原料。

蚕豆营养成分主要以蛋白质和淀粉为主。粗蛋白质含量以及蛋白质和氨基酸的消化率均低于大豆，干物质中平均粗蛋白质含量为23.0%～31.2%，氨基酸中赖氨酸和精氨酸较多，赖氨酸含量(1.60%～1.95%)比谷实类高6～7倍；其氨基酸中色氨酸、胱氨酸和蛋氨酸比较短缺。无氮浸出物含量高于大豆，为47.3%～57.5%，是大豆中的的2倍多。粗脂肪含量1.2%～1.8%，其中油酸45.6%、亚油酸30.0%、亚麻酸12.8%。能值虽比不上大豆，但也与大麦和稻谷相似。各种矿物质含量都偏低。维生素含量高于大米和小麦。

蚕豆中也含有胰蛋白酶抑制因子、肌醇六磷酸等抗营养因子，不宜生喂。一般肉牛日粮可用量15%以下。

2. 饼粕类

饼粕类是豆科籽实或其他科植物籽实提取大部分油脂后的副产品。由于原料不同和加工方法不同，营养及饲用价值有相当大的差异。饼粕类是配合饲料的主要蛋白质原料。使用广泛，用量较大。

(1) 大豆饼粕　大豆饼粕是以大豆为原料取油后的副产物，是目前使用最广泛、用量最大的植物性蛋白质原料。一般其他饼粕类的使用与否以及使用量都以与大豆饼粕的比价来决定。由于制油工艺不同，通常将压榨法取油后的产品称为大豆饼，而将浸提法取油后的产品称为大豆粕。大豆饼粕的加工方法有4种：液压压榨、旋压压榨、溶剂浸出法和预压后浸出法。浸提法比压榨法可多取油4%～5%，且粕中残脂少，易保存，目前大豆饼粕产品主要为大豆粕。

大豆饼粕粗蛋白质含量高，一般在40%～50%，必需氨基酸含量高，组成合理。赖氨酸含量在饼粕类中最高，为2.4%～2.8%，是玉米中含量的10倍。赖氨酸与精氨酸比约为100∶130，比例较为恰当。异亮氨酸含量是饼粕饲料中最高者，约2.39%，是异亮氨酸与缬氨酸比例最好的一种。大豆饼粕色氨酸、苏氨酸含量也很高，与谷实类饲料配合可起到互补作用。蛋氨酸含量不足，在玉米-大豆饼粕为主的日粮中，一般要额外添加蛋氨酸才能满足畜禽营养需求。大豆饼粕粗纤维含量较低，主要来自大豆皮。无氮浸出物的含量一般为30%～32%，其中主要是蔗糖、棉籽糖、水苏糖和多糖类，淀粉含量较低。大豆饼粕中胡萝卜素、核黄素和硫胺素含量少，烟酸和泛酸含量较多，胆碱含量丰富（2200～2800毫克/千克），维生素E在脂肪残量高和储存不久的饼粕中含量较高。矿物质中钙少磷多，磷多为植酸磷（约61%），硒含量低。

大豆粕和大豆饼相比，具有较低的脂肪含量，而蛋白质含量较高，且质量较稳定。大豆在加工过程中先经去皮而加工获得的粕称去皮大豆粕，近年来此产品有所增加，其与大豆粕相比，粗纤维含量低，一般在3.3%以下，蛋白质含量为48%～50%，营养价值较高。

大豆饼粕色泽佳，适口性好，加工适当的大豆饼粕仅含微量抗营养因子，不易变质，使用上无用量限制。大豆饼粕是肉牛的优质蛋白质原料，各阶段牛饲料中均可使用，长期饲喂也不会厌食。采食过多会有软便现象，但不会下痢。肉牛可有效利用未经加热处理的大豆饼粕，但注意不要与脲酶活性高的饲料同食。

（2）菜籽饼粕　油菜是我国的主要油料作物之一，我国油菜籽总产量为1000万吨左右，主产区在四川、湖北、湖南、江苏、浙江、安徽等省，四川菜籽产量最高。除作种用外，95%的油菜籽用作生产食用油，菜籽饼和菜籽粕是油菜籽榨油后的副产品。菜籽粕的合理利用，是解决我国蛋白质饲料资源不足的重要途径之一。

菜籽饼粕均含有较高比例的粗蛋白质，34%～38%，可消化蛋白质为27.8%，蛋白质中非降解蛋白比例较高。氨基酸组成平衡，含硫氨基酸较多，精氨酸含量低，精氨酸与赖氨酸的比例适宜，是一种良好的氨基酸平衡饲料。粗纤维含量较高，为12%～13%，有效能值较低，干物质中综合净能为7.35兆焦/千克。碳水化合物为不易消化的淀粉，且含有8%的戊聚糖。菜籽外壳几乎无利用价值，是影响菜籽粕代谢能的根本原因。矿物质中钙、磷含量均高，但大部分为植酸磷，富含铁、锰、锌、硒，尤其是硒含量远高于豆饼。维生素中胆碱、叶酸、烟酸、核黄素、硫胺素含量均比豆饼高，但胆碱与芥子碱呈结合状态，不易被肠道吸收。

菜籽饼粕含有硫葡萄糖苷、芥子碱、植酸、单宁等抗营养因子，影响其适口性。

为解决菜籽的毒性问题，改善菜籽饼粕的饲用价值，植物育种学家一直致力于“双低”油菜品种的培育。1974年第一个“双低”油菜品种在加拿大诞生，之后许多“双低”油菜品种陆续育种成功，并得到迅速推广，到20世纪80年代末，欧洲一些国家基本实现了油菜品种双低化。我国双低油菜品种的研究始于20世纪70年代中后期，但发展迅速，已选育出多个双低油菜品种，推广面积也迅速扩大，达到目前油菜种植总面积的30%以上。

“双低”菜籽饼粕与普通菜籽饼粕相比，粗蛋白质、粗纤维、粗灰分、钙、磷等常规成分含量差异不大，“双低”菜籽饼粕有效能略高。赖氨酸含量和消化率显著高于普通菜籽饼粕，蛋氨酸、精氨酸含量略高。

菜籽饼粕是一种良好的蛋白质饲料，但因含有多种抗营养因子，使其应用受到限制，实际用于饲料的仅占2/3，饲喂价值明显低于大豆粕。

菜籽饼粕对肉牛适口性差，长期大量使用可引起甲状腺肿大，采食量下降，生产性能下降。肉牛精料中使用5%～10%对胴体品质无不良影响。菜籽饼粕进行脱毒处理或“双低”品种的菜籽饼粕饲养效果明显优于普通品种，可提高使用量。

(3) 棉籽饼粕　棉籽饼粕是棉籽经脱壳取油后的副产品，因脱壳程度不同，通常又将去壳的叫作棉仁饼粕。年产约300多万吨，主产区在新疆、河南、山东等省。棉籽经螺旋压榨法和预压浸提法，得到棉籽饼和棉籽粕。

棉籽饼粕的粗纤维含量主要取决于制油过程中棉籽脱壳程度。国产棉籽饼粕粗纤维含量较高，达13%以上，有效能值低于大豆饼粕。脱壳较完全的棉仁饼粕粗纤维含量约12%，代谢能水平较高。

棉籽饼粕粗蛋白质含量较高，达34%以上，棉仁饼粕粗蛋白质含量可达41%～44%。氨基酸中赖氨酸水平较低，仅相当于大豆饼粕的50%～60%，蛋氨酸含量亦低，精氨酸含量较高，赖氨酸与精氨酸之比在100∶270以上。矿物质中钙少磷多，其中71%左右为植酸磷，含硒少。维生素B_1含量较多，维生素A、维生素D则较少。棉籽饼干物质中综合净能为7.39兆焦/千克。棉籽粕干物质中综合净能为7.16兆焦/千克。棉籽饼粕中的抗营养因子主要为棉酚、环丙烯脂肪酸、单宁和植酸。

棉籽饼粕是肉牛良好的蛋白质来源之一。棉籽饼粕中含有的棉酚是一种危害血管细胞和神经的毒素。由于瘤胃微生物的发酵，对游离棉酚有一定的解毒作用，对瘤胃功能健全的成年肉牛影响小。成年肉牛可以以棉籽饼粕为主要蛋白质饲料，但应供应优质粗饲料，再补充胡萝卜素和钙，方能获得良好的增重效果，一般在精料中可占30%～40%。但瘤胃尚未发育完善的犊牛，则极易引起中毒。因此，用它喂犊牛时要进行脱毒处理，并且要饲喂得法和控制喂量。

此外，由于游离棉酚可使种用动物（尤其是雄性动物）生殖细胞发生障碍，因此种用雄性动物应禁止用棉粕，雌性种畜也应尽量少用。

（4）花生（仁）饼粕　花生（仁）饼粕是花生脱壳后，经机械压榨或溶剂浸提油后的副产品。以中国、印度、英国产量最多。我国年加工花生饼粕约150万吨，主产区为山东省，产量约近全国的1/4，其次为河南、河北、江苏、广东、四川等地，是当地畜禽的重要蛋白质来源。

花生脱壳取油的工艺可分浸提法、机械压榨法、预压浸提法和土法夯榨法四种。用机械压榨法和土法夯榨法榨油后的副产品为花生饼，用浸提法和预压浸提法榨油后的副产品为花生粕。

花生（仁）饼蛋白质含量约44%，花生（仁）粕蛋白质含量约47%，蛋白质含量高，但63%为不溶于水的球蛋白，可溶于水的白蛋白仅占7%。氨基酸组成不平衡，赖氨酸、蛋氨酸含量偏低，精氨酸含量在所有植物性饲料中最高，赖氨酸与精氨酸之比在100∶380以上。花生（仁）饼粕的有效能值在饼粕类饲料中最高，花生（仁）饼干物质中综合净能为8.24兆焦/千克。花生（仁）粕干物质中综合净能为7.39兆焦/千克。无氮浸出物中大多为淀粉、糖分和戊聚糖。残余脂肪融点低，脂肪酸以油酸为主，不饱和脂肪酸占53%～78%。钙磷含量低，磷多为植酸磷，铁含量略高，其他矿物元素较少。胡萝卜素、维生素D、维生素C含量低，维生素B族较丰富，尤其烟酸含量高，约174毫克/千克。核黄素含量低，胆碱含量1500～2000毫克/千克。

花生（仁）饼粕中含有少量胰蛋白酶抑制因子。花生（仁）饼粕极易感染黄曲霉，产生黄曲霉毒素，引起动物黄曲霉毒素中毒。我国饲料卫生标准中规定，其黄曲霉素B_1含量不得大于0.05毫克/千克。

花生（仁）饼粕适口性好，对肉牛的饲用价值与大豆饼粕相当。饲喂时适于和精氨酸含量低的菜籽饼粕等配合使用。花生（仁）饼粕有通便作用，采食过多易导致软便。经高温处理的花生（仁）饼粕，蛋白质溶解度下降，可提高过瘤胃蛋白量，提高氮沉积量。为避免黄曲霉毒素中毒，幼牛应避免使用。

（5）芝麻饼粕　芝麻饼粕是芝麻取油后的副产品。我国年产芝麻饼粕不足20万吨，主产区为河南，其次为湖北、安徽、江苏、河北、四川、山东、山西等省。芝麻饼和芝麻粕是一种很有价值的蛋白质来源。

芝麻饼粕蛋白质含量较高，约40%，氨基酸组成中蛋氨酸、色氨酸含量丰富，尤其蛋氨酸高达0.8%以上，为饼粕类饲料之首。赖氨酸缺乏，精氨酸含量极高，赖氨酸与精氨酸之比为100∶420，比例严重失衡。粗纤维含量低于7%，代谢能低于花生、大豆饼粕。芝麻饼干物质中综合净能为6.58兆焦/千克。矿物质中钙、磷较多，但多为植酸盐形式存在，故钙、磷、锌的吸收均受到抑制。维生素A、维生素D、维生素E含量低，核黄素、烟酸含量较高。

芝麻饼粕中的抗营养因子主要为植酸和草酸，二者能影响矿物质的消化和吸收。

芝麻饼粕是一种略带苦味的优质蛋白质饲料，是肉牛良好的蛋白质来源，可使被毛光泽良好，但过量采食可使体脂变软，最好与豆饼、菜籽饼等蛋白质饲料配合使用。

（6）向日葵仁饼粕　向日葵仁饼粕是向日葵籽生产食用油后的副产品，可制成脱壳或不脱壳2种，是一种较好的蛋白质饲料。我国的主产区在东北、西北和华北，年产量25万吨左右，以内蒙和吉林省产量最多。向日葵仁饼粕榨油工艺有压榨法、预压浸提法和浸提法。

向日葵仁饼粕的营养价值取决于脱壳程度，完全脱壳的饼粕营养价值很高，其饼粕的粗蛋白质含量可分别达到41%、46%，与大豆饼粕相当。但脱壳程度差的产品，其营养价值较低。氨基酸组成中，赖氨酸含量低，含硫氨基酸丰富。粗纤维含量较高，有效能值低，残留脂肪6%～7%，其中50%～75%为亚油酸。矿物质中钙、磷含量高，但以磷植酸磷为主，微量元素中锌、铁、铜含量丰富。B族维生素含量均较高，其中烟酸和硫胺素的含量均位于饼粕类饲料之首。

向日葵仁饼粕中的难消化物质，有外壳中的木质素和高温加工条件下形成的难消化糖类。此外还有少量的酚类化合物，主要是绿原酸，含量0.7%～0.82%，氧化后变黑，是饼粕色泽变暗的内因。绿原酸对胰蛋白酶、淀粉酶和脂肪酶有抑制作用，加蛋氨酸和氯化胆碱可抵消这种不利影响。

向日葵仁饼粕适口性好，是肉牛良好的蛋白质原料，肉牛采食后，瘤胃内容物pH值下降，可提高瘤胃内容物溶解度。脱壳向日葵仁饼粕的饲用价值与豆粕相当。但含脂肪高的压榨向日葵饼采食过多，易造成体脂变软。未脱壳的向日葵仁饼粕粗纤维含量高，有效能值低，若作为配合饲料的主要蛋白质饲料来源时，必须调配能量值或增大日喂量，否则肥育效果不佳。

（7）亚麻仁饼粕　亚麻仁饼粕是亚麻籽经脱油后的副产品。亚麻籽在我国西北、华北地区种植较多，主要产区有内蒙古、吉林、河北省北部、宁夏、甘肃等沿长城一带。我国年产亚麻仁饼粕约30多万吨，以甘肃最多。因亚麻籽中常混有芸芥籽及菜籽等，部分地区又将亚麻称为胡麻。

粗蛋白质含量一般为32%～36%，氨基酸组成不平衡，赖氨酸、蛋氨酸含量低，富含色氨酸，精氨酸含量高，赖氨酸与精氨酸之比为100：250。粗纤维含量高，为8%～10%，有效能值较低。残余脂肪中亚麻酸含量可达30%～58%。钙磷含量较高，硒含量丰富，是优良的天然硒源之一。维生素中胡萝卜素、维生素D含量少，但维生素B族含量丰富。

亚麻仁饼粕中的抗营养因子包括生氰糖苷、亚麻籽胶、抗维生素B_6。生氰糖苷在自身所含亚麻酶作用下，生成氢氰酸而有毒。亚麻籽胶含量为3%～10%，它是一种可溶性糖，主要成分为乙醛糖酸。

亚麻仁饼粕是反刍动物良好的蛋白质来源，适口性好，可提高肉牛肥育效果，使其被毛光泽改善。饲料中使用亚麻籽饼粕时，需添加赖氨酸或搭配赖氨酸含量较高的饲料，以提高饲喂效果。

（8）椰子粕　椰子粕又称椰子干粕，是将椰子胚乳部分干燥为椰子干，再提油后所得的副产品。椰子粕为淡褐色或褐色，纤维含量高而有效能值低。粗蛋白质含量为20%～23%，氨基酸组成欠佳，缺乏赖氨酸、蛋氨酸及组氨酸，但精氨酸含量高。所含脂肪属饱和脂肪酸，B族维生素含量高。椰子粕易滋生霉菌而产生毒素。对肉牛适口性好，是肉牛的良好蛋白质来源，但为防止便秘，精料中使用20%以下为宜。

（9）苏子饼　苏子饼为苏子种子榨油后的产品。粗蛋白质含量35%～38%，赖氨酸含量高。粗纤维含量高，有效能值低。含有抗营养因子—单宁和植酸。机榨法取油的含有苏子特有的臭味，适口性不好。

（10）蓖麻籽饼粕　蓖麻别名大麻子，是大戟科的一年生灌木状草本植物。蓖麻籽饼粕是蓖麻籽提油后所得的副产品。蓖麻籽饼粕含粗蛋白质因去壳程度不同有所差异，一般25%～45%，其中60%为球蛋白，16%为白蛋白，20%为谷蛋白。氨基酸较为平衡，其中赖氨酸0.87%～1.42%，蛋氨酸0.57%～0.87%，亮氨酸和精氨酸等含量均较高。粗脂肪1.4%～2.6%，粗纤维14%～43%。蓖麻饼营养价值较高，但因其含有蓖麻毒蛋白、蓖麻碱、CB-1A变应原和血细胞凝集素4种有毒物质，必须经过脱毒，才能饲喂。

3. 其他植物性蛋白质饲料

（1）玉米蛋白粉　玉米蛋白粉是玉米淀粉厂的主要副产物之一，为玉米除去淀粉、胚芽、外皮后剩下的产品。玉米蛋白粉粗蛋白质含量35%～60%，氨基酸组成不佳，蛋氨酸、精氨酸含量高，赖氨酸和色氨酸严重不足，赖氨酸与精氨酸比达100：(200～250)，与理想比值相差甚远。粗纤维含量低（2%左右），易消化，代谢能与玉米近似或高于玉米，为高能饲料。矿物质含量少，含铁较多，含钙、磷较低。维生素中胡萝卜素含量较高，B族维生素含量少；富含色素，主要是叶黄素和玉米黄质，前者是玉米含量的15～20倍，是较好的着色剂。玉米蛋白粉可用作肉牛的部分蛋白质饲料原料，因其密度大，可配合密度小的原料使用，精料添加量以30%为宜，过高会影响生产性能。在使用玉米蛋白粉的过程中，应注意霉菌含量，尤其是黄曲霉毒素含量。不同厂家生产的玉米蛋白粉的含量和外观差异较大，这是导致玉米蛋白粉的质量差异大的主要原因。一般来说，蛋白质含量高，颜色鲜艳，灰分含量较低的玉米蛋白粉，营养价值相对较高。

玉米蛋白粉呈淡黄色、金黄色或橘黄色，色泽均匀，多数为固体状，少数为粉状，具有发酵气味；无发霉、变质、虫蛀、结块，不带异臭气味，不得掺杂。加入抗氧化剂、防霉剂等添加剂时应作相应的说明。

（2）玉米胚芽粕　玉米胚芽粕是以玉米为原料，在生产淀粉前，将玉米浸泡、粉碎、分离胚芽，然后取油后的副产物产品。

玉米胚芽粕的粗蛋白质含量为20%～27%，是玉米的2～3倍，其中的蛋白质都是白蛋白和球蛋白，是玉米蛋白质中生物学价值最高的蛋白质。淀粉含量为20%，粗脂肪含量为5%～7%，粗纤维含量6%～7%，粗灰分含量5.9%，钙少磷多，钙磷比例不平衡。维生素E含量非常丰富，高达87毫克/千克，能值较低。

玉米胚芽粕适口性好，是肉牛的良好饲料来源，但品质不稳定，易变质，使用时要小心。一般在肉牛精料中可用到15%～20%。

（3）粉丝蛋白　指利用绿豆、豌豆或蚕豆制作粉丝过程中的浆水经浓缩而获得的蛋白质饲料。粉丝蛋白饲料营养丰富，含有原料豆中淀粉以外的蛋白质、脂肪、矿物质、维生素等营养物质。粗蛋白质含量可达80%以上，总氨基酸含量可达75%以上。粉丝蛋白在浓缩饲料中是一种重要的蛋白质补充饲料。

（4）浓缩叶蛋白　浓缩叶蛋白为从新鲜植物叶汁中提取的一种优质蛋白质饲料。目前商业化产品是浓缩苜蓿叶蛋白，蛋白质含量在38%～61%，蛋白质消化率比苜蓿草粉高得多，使用效果仅次于鱼粉而优于大豆饼。叶黄素含量相当突出，产品着色效果比玉米蛋白粉更佳。但因含有皂苷，使用量过高会影响生长速度和肉料比。

(5) 玉米酒精糟　玉米酒精糟是以玉米为主要原料用发酵法生产酒精时的蒸馏液经干燥处理后的副产品。根据干燥浓缩蒸馏液的不同成分而得到不同的产品可分为干酒精糟（DDG）、可溶干酒精糟（DDS）和干酒精糟液（DDGS）。DDG是用蒸馏废液的固体物质进行干燥得到的产品，色调鲜明，也叫透光酒糟。DDS是用蒸馏废液去掉固体物质后剩余的残液进行浓缩干燥得到的产品。DDGS则是DDG和DDS的混合物，也叫黑色酒糟。

玉米酒精糟因加工工艺与原料品质差别，其营养成分差异较大。一般除碳水化合物减少外，其他成分为原料的2～3倍。玉米酒精糟粗蛋白质含量在26%～32%，氨基酸含量和利用率均不理想，蛋氨酸和赖氨酸含量稍高，色氨酸明显不足。粗脂肪含量为9.0%～14.6%，粗纤维含量高，无氮浸出物含量较低。矿物质中含有有利于动物生长的多种矿物质成分，但仍是钙少磷多。玉米酒糟的能值较高，还含有未知生长因子。

玉米酒精糟气味芳香，是肉牛良好的饲料。在肉牛精料中添加可以调节饲料的适口性。与豆粕相比，玉米酒精糟是较好的过瘤胃蛋白质饲料，可以替代牛日粮中部分玉米和豆饼，改善肉牛瘤胃内环境，从而改善瘤胃发酵状况，提高增重速度。一般在肉牛精料中用量应在50%以下。

(6) 醋糟　醋糟是以淀粉质原料为主料固态发酵法酿造食醋过程中的副产品，其成分和性质主要取决于酿醋原料和生产工艺的不同。醋糟的粗蛋白含量偏低，粗纤维含量较高。作为食醋生产的副产品，醋糟的另一个特点是呈酸性，刚生产出的鲜醋糟pH值为5.0～5.5。这是醋糟中残留一部分有机酸所致。

醋糟中的粗纤维含量高，同时粗蛋白质含量不低于玉米，并富含铁、锌和硒等微量元素，因此具有一定的饲用价值。

(7) 酱油渣　酱油渣是黄豆经米曲霉菌发酵后，浸提出其中的可溶性氨基酸、低肽和呈味物质后的渣粕。酱油渣粗蛋白质含量高达20%～40%，且含有大量菌体蛋白；脂肪含量约14%；还含有B族维生素、无机盐、未发酵淀粉、糊精、氨基酸、有机酸等。粗纤维含量高，无氮浸出物含量低，有机物质消化率低，有效能值低。

酱油渣中食盐含量高，肉牛采食过多酱油渣会造成饮水量上升和腹泻现象，还会软化肉质。因此，肉牛饲料中用量不宜超过10%，且在饲喂酱油渣期间应经常供给充足的饮水。

（8）豆腐渣　豆腐渣是来自豆腐、豆奶工厂的副产品，为黄豆浸渍成豆乳后，过滤所得的残渣。豆腐渣干物质中粗蛋白质含量较高，蛋白质质量较好，其蛋白质功效比为2.71。粗纤维和粗脂肪含量也较高，维生素含量低且大部分转移到豆浆中，与豆类籽实一样含有抗胰蛋白酶因子。鲜豆腐渣是肉牛的良好多汁饲料，可提高日增重。鲜豆腐渣经干燥、粉碎可作配合饲料原料，但加工成本较高，宜鲜喂。

（二）单细胞蛋白质饲料

单细胞蛋白质是单细胞或具有简单构造的多细胞生物的菌体蛋白质的统称，有的又称微生物蛋白饲料。目前可用来生产单细胞蛋白质的微生物种类非常多，主要有酵母类（如酿酒酵母、产朊假丝酵母和热带假丝酵母等）、真菌类（如曲霉、根霉、木霉等）、非病原性细菌类（如芽孢杆菌、分枝杆菌等）和微型藻类（如细小球藻和螺旋蓝藻等）4大类。

1. 单细胞蛋白质的基本特性

单细胞蛋白质的生产原料来源广泛，可充分利用工农业的废物，净化污水，减少环境污染；可以工业化生产，不与农业争地，也不受气候条件限制；生产周期短、效率高；营养丰富。一般风干制品中含粗蛋白质在50%以上，氨基酸种类齐全，必需氨基酸组成和利用率与优质豆饼相似；富含多种酶系和较多的矿物质、维生素和其他具有生物活性的物质，营养价值接近于鱼粉，是高质量的蛋白质饲料。

2. 单细胞蛋白质的种类

（1）酵母菌类　在单细胞蛋白质（SCP）饲料中饲料酵母利用得最多。饲料酵母按培养基不同常分为石油酵母，工业废液（渣）酵母（包括啤酒酵母、酒精废液酵母、味精废液酵母、纸浆废液酵母）。酵母细胞膜不易被消化酶破坏，为提高饲用价值，国外生产饲用酵母有时先用自溶酶将膜破坏后再制成饲用酵母粉。

①石油酵母　石油酵母是以石油为碳原，用酵母菌发酵生产的微生物蛋白质经干燥制成的茵体蛋白质产品。生产石油酵母的原料一

般分2种，一种是以重质油为原料，另一种是以石油蜡烃为原料。以重质油为原料生产石油酵母时，因重油中含蜡量高，低温下易凝固，生产时需要脱蜡。以石油蜡烃为原料生产时，可直接在发酵槽加入酵母，进行发酵生产。生产石油酵母要求加入一定量氨调整发酵槽pH，还需加入一定量的磷、钾、铁盐，并提供充足的空气和水进行冷却。当石油蜡烃等和酵母菌种一并注入发酵槽后，在弱酸性和30～36℃温度条件下，经数小时滞留发酵，发酵后取出，进行离心、温水洗涤，浓缩、干燥等步骤即得石油酵母。

石油酵母粗蛋白质含量约60%，赖氨酸含量接近优质鱼粉，但蛋氨酸含量很低。含水分5%～8%，含粗脂肪8%～10%，多以结合型存在于细胞质中，稳定、不易氧化，利用率较高。矿物质中铁高、碘低。维生素中胆碱、核黄素和泛酸含量很高，但胡萝卜素和维生素B_{12}含量不足。

石油酵母可以作为肉牛的蛋白质来源，对于犊牛其饲用价值与大豆饼粕相近，但应注意补充蛋氨酸、胡萝卜素和维生素B_{12}。由于石油酵母有苦味，适口性差，对生长快的牛饲料中最好不添加。一般在肉牛精料中用量以5%～15%为宜。但以轻油或重质油直接作发酵原料生产的石油酵母含有致癌物质3，4-苯并芘，应慎用。

②工业废液酵母　工业废液酵母是指以发酵、造纸、食品等工业废液（如酒精、啤酒、纸浆废液和糖蜜等）为碳源和一定比例的氮（硫酸铵、尿素）作营养源，接种酵母菌液，经发酵、离心提取和干燥、粉碎而获得的一种菌体蛋白质饲料。

工业废液酵母因原料及工艺不同，其营养组成有相当大的变化，一般风干制品中含粗蛋白质45%～60%，如酒精液酵母45%，味精菌体酵母62%，纸浆废液酵母46%，啤酒酵母52%。这类SCP中，赖氨酸含量为5%～7%，蛋氨酸＋胱氨酸含量为2%～3%，所含必需氨基酸和鱼粉中含量相近，但适口性差。有效能值一般与玉米近似，生物学效价虽不如鱼粉，但与优质豆饼相当。在矿物质元素中，富锌和硒，尤其含铁量很高。近年来在酵母的综合利用中，也有先提取酵母中的核酸再制成“脱核酵母粉”的。同时酵母产品不断开发，如含硒酵母、含铬酵母、含锌酵母已有了商品化产品，均有其特殊营养功能。工业废液酵母从环保及物尽其用的原则出发，最具有开发前途。

（2）单细胞藻类 单细胞藻类是指以阳光为能源，以天然有机物和无机物为培养基，生活于水中的小型单细胞浮游生物体。目前主要供饲用的藻类有绿藻和蓝藻2种。绿藻呈单细胞微球状，直径5～10微米，池塘水变绿就是由其所致。蓝藻因呈相连螺旋状又名螺旋藻，长300～500微米，易培养捕捞，色素和蛋白质的利用率高。从发展前景看，蓝藻有取代绿藻的趋势。2种藻类的营养成分含量见表4-27。

表4-27 绿、蓝藻营养成分比较

种类	水分/%	粗蛋白质/%	粗脂肪/%	粗纤维/%	粗灰分/%	无氮浸出物/%	颜色	形状
绿藻	5	60	15	5	7	8	绿	微球状
蓝藻	5	65	3	2	6	19	绿—青绿	螺旋状

（来自梁邢文等主编《饲料原料与品质检测》，中国林业出版社1999）

① 绿藻 绿藻为小球藻属生物，呈深绿色，可以生长在咸水中或以脏水、动物的粪便、或其他废弃物为肥料的池塘内。稍具苦味，营养成分较全，含有动物未知生长因子，类胡萝卜素含量丰富，所以被认为是一种既可以作为动物饲料又可以净化动物及人类废弃物的生物。但绿藻细胞壁厚，叶绿体不易消化，所以动物对其消化率低，饲料中利用量受到限制。一般肉牛精料中用量以15%以下为宜。

② 蓝藻 蓝藻为螺旋藻属生物，可生长在因碱性强而不能用于灌溉的淡水和湖泊里。这种高pH值的水可以保证为蓝藻的光合作用提供丰富的CO_2，有利于提高产量。蓝藻的粗蛋白质含量65%～70%，粗脂肪、粗纤维含量比绿藻低，无氮浸出物含量比绿藻高。赖氨酸、蛋氨酸含量低，精氨酸、色氨酸含量高，氨基酸组成略欠平衡。脂肪以软脂酸、亚油酸、亚麻油酸居多，维生素C含量丰富，其他方面与绿藻相近。由于蓝藻适口性好，故可大量用作肉牛饲料。

（3）其他单细胞蛋白质 包括真菌类和非致病细菌类。

真菌中常用的有地霉属、曲霉属、根霉属、木霉属、镰刀菌属和伞菌目的霉菌等。除去培养基质后的SCP的营养价值和酵母SCP相似。

在非病原性细菌中常见的有芽孢杆菌属、甲烷极毛杆菌属、氢极毛杆菌属以及放线菌属中的分枝杆菌、诺卡菌、小球菌等。

这类菌的特点是菌体蛋白质含量高，有些不仅是优质饲料，还可以食用。但目前由于生产工艺的限制，仍处于开发阶段。

(三) 非蛋白氮饲料

凡含氮的非蛋白可饲物质均可称为非蛋白氮饲料（nonprotein nitrogen，NPN)。

NPN包括饲料用的尿素、双缩脲、氨、铵盐及其他合成的简单含氮化合物。作为简单的纯化合物质，NPN对动物不能提供能量，其作用只是供给瘤胃微生物合成蛋白质所需的氮源，以节省饲料蛋白质。目前世界各国大都用NPN作为反刍动物蛋白质营养的补充来源，效果显著。在人多地少的我国和其他发展中国家，开发应用NPN以节约常规蛋白质饲料具有重要意义。

1. 尿素

尿素［$CO(NH_2)_2$］为白色，无臭，结晶状。味微咸苦，易溶于水，吸湿性强。纯尿素含氮量为46%，一般商品尿素的含氮量为45%。每千克尿素相当于2.8千克粗蛋白质，或相当于7千克豆饼的粗蛋白质含量。试验证明，用适量的尿素取代饲粮中的蛋白质饲料，不仅可降低生产成本，而且还能提高生产力。

尿素是最普通的非蛋白氮源。它是动物体代谢的产物，是由动物体内氨基酸代谢产生的氨在肝中合成的，然后由肝分泌而进入血液循环，经过肾的过滤作用，最终从尿中排出。用于饲料中的尿素和用作肥料的尿素相同，是利用空气中的氮、二氧化碳和天然气的化学能通过化学方法合成的。

尿素在肉牛瘤胃中可被瘤胃微生物产生的脲酶转化为氨，进而被微生物体所利用。尿素溶解度很高，在瘤胃中可以迅速地转化为氨，所以肉牛进食含有尿素的饲料后，瘤胃中氨水平将迅速升高。若大剂量饲喂，在瘤胃中可能积聚大量的氨而引起致命性的氨中毒；若饲喂恰当，则是肉牛很好的氮源。肉牛饲粮中使用尿素应注意如下几点。

(1) 瘤胃微生物对尿素的利用有一个逐渐适应的过程，一般需2～4周适应期。

(2) 用尿素提供氮源时，应补充硫、磷、铁、锰、钴等的不足，因尿素不含这些元素，且氮与硫之比以（10～14）∶1为宜，为微生物合成含硫氨基酸和吸收利用氮素提供有利条件。

（3）当日粮已满足瘤胃微生物正常生长对氮的需要时，添加尿素效果不佳。至于多高的日粮蛋白质水平可满足微生物的正常生长并无定值，常随着日粮能量水平、采食量和日粮蛋白质本身的降解率而变，一般高能或高采食量情况下，微生物生长旺盛，对NPN的利用能力较高。

（4）饲粮中应有充足的可溶性碳水化合物，微生物利用碳水化合物的实质是满足自身生长繁殖的能量，同时为合成菌体蛋白质提供碳源，保证尿素的充分利用。

（5）供给适量的维生素，特别是维生素A、维生素D，以保证微生物的正常活性。

（6）要控制尿素在瘤胃中分解的速度，注意氨的中毒。当瘤胃氨水平上升到800毫克/升，血氨浓度超过50毫克/升就可能出现中毒，氨中毒一般多表现为神经症状及强直性痉挛，0.5～2.5小时可发生死亡。灌服冰醋酸中和氨或用冷水使瘤胃降温可以防止死亡。

（7）尿素的饲喂对象为6个月以上肉牛。

（8）要注意正确的饲喂方法：尿素不宜单一饲喂，应与其他精料合理搭配，均匀混合后饲喂，用量不能超过饲粮总氮量的1/3，或干物质的1%，即每100千克体重按20～30克饲喂，如果饲粮本身含NPN较高，如青储料，尿素用量则应酌减；尿素在饲喂前可粉碎成粉末状，均匀混合到精料中，也可用少量水把尿素溶解、拌入精料中成团块状，一定要混合均匀，以免引起中毒，并且要现拌现喂，否则会由于氨气的挥发影响饲料的适口性和尿素的利用效果；尿素不能集中一次大量饲喂．应分数次均匀投喂；禁止将尿素加入饮水中喂饮，喂完尿素后也不能立即让牛饮水，至少间隔1小时后再饮水；尿素不可与脲酶活性高的饲料（如加热不足的大豆饼粕、生大豆、南瓜等）一起喂牛，以免引起中毒；浸泡粗饲料投喂或调制成尿素青储料饲喂，与糖浆制成液体尿素精料投喂或做成尿素颗粒料、尿素精料砖等也是有效的利用方式。

2. 胺盐类

为降低尿素在瘤胃中的水解速度和延缓氨的生成速度，目前比较有效的方法和产品有以下几种：

（1）缩二脲　[$NH(CONH_2)_2$] 当尿素被加热到很高的温度时，由2分子尿素可缩合成1分子的缩二脲。缩二脲在瘤胃中水解成氨的速度要比尿素慢，氨随时释放随时被微生物利用，所以提高了氮的利用率。因为尿素具有苦味而缩二脲无味，所以缩二脲的适口性比尿素好。缩二脲在瘤胃里被微生物产生的缩脲酶作用水解成氨，只有当瘤胃中含有一定量的缩二脲和保持一段时间后，瘤胃微生物才能产生这种缩脲酶，因此若有效地利用缩二脲需要约6个星期的适应期，如果连续几天不在饲粮中添加缩二脲，就需要一个新的适应期。在瘤胃中不能被代谢的缩二脲以尿的形式排出体外。

（2）脂肪酸尿素　脂肪酸尿素又称脂肪脲，是以脂肪膜包被尿素，目的是提高能量、改善适口性和降低尿素分解速率。含N量一般大于30%，呈浅黄色颗粒。

（3）腐脲（硝基腐脲）　是尿素和腐殖酸按4∶1在100～150℃温度下生产的一种黑褐色粉末，含氮24%～27%。

（4）羧甲基纤维素尿素　按1∶9用羧甲基纤维素钠盐包被尿素，再以20%水拌成糊状，制粒（直径12.5毫米），经24℃温度干燥2小时即成。用量可占牛日粮2%～5%。另外也可将尿素添加到苜蓿粉中制粒。

（5）氨基浓缩物　用20%尿素、75%谷实和5%膨润土混匀，在高温、高湿和高压下制成。

（6）磷酸脲（尿素磷酸盐）[$CO(NH_2)_2 \cdot H_3PO_4$]　为20世纪70年代国外开发的一种含磷非蛋白氮饲料添加物。含氮10%～30%，含磷8%～19%。毒性低于尿素，对肉牛增重效果明显。

（7）铵盐　铵盐包括无机铵盐（如碳酸氢铵、硫酸铵、多磷酸铵、氯化铵）和有机铵盐（如醋酸铵、丙酸铵、乳酸铵、丁酸铵）2类。

① 硫酸铵　分子式 $(NH_4)_2SO_4$，呈无色结晶，易溶于水。工业级一般呈白色或微黄色结晶，少数呈微青或暗褐色。含氮20%～21%，蛋白质当量为125%。硫酸铵既可作氮源也可作硫源。生产中多将其与尿素以（2～3）∶1混后饲用。

② 碳酸氢铵　分子式 NH_4HCO_3，白色结晶，易溶于水。当温度升高或温度变化时可分解成氨、二氧化碳和水。味极咸，有气味，含氨20%～21%，含氮17%，蛋白质当量106%。

③ 多磷酸铵　属一种高浓度氮磷复合肥料，由氨和磷酸制得。一般含氮 22%、含 P_2O_5 34.4%，易溶于水。蛋白质当量为 137%，可供作肉牛的氮、磷源。

(8) 液氨（NH_3）和氨水（$NH_3 \cdot H_2O$）　液氨又称无水氨，一般由气态氨液化而成，含氮 82%。氨水系氨的水溶液，含氮 15%～17%，具刺鼻气味，可以用来处理蒿秆、青贮饲料及糟渣等饲料。

六、矿物质饲料

矿物质是一类无机营养物质，存在于动物体内的各组织中，广泛参与体内各种代谢过程。除碳、氢、氧和氮 4 种元素主要以有机化合物形式存在外，其余各种元素无论含量多少，统称为矿物质或矿物质元素。

肉牛日粮组成主要是植物性饲料。而大多数植物性饲料中的矿物质不能满足肉牛快速生长的需要，矿物元素在机体生命活动过程中起十分重要的调节作用，尽管占体重很小，且不供给能量、蛋白质和脂肪，但缺乏时易造成肉牛生长缓慢、抗病能力减弱，以致威胁生命。因此生产中必须给肉牛补充矿物质，以达到日粮中的矿物质平衡，满足肉牛生存、生长、生产、高产的需要。目前，肉牛常用的矿物质饲料主要有含钠和氯元素的食盐，含钙、磷饲料的骨粉，碳酸钙，磷酸氢钙，蛋壳粉，贝壳粉等。

1. 食盐

食盐的成分是氯化钠，是肉牛饲料中钠和氯的主要来源。在植物性饲料中含钠和氯都很少，故需以食盐方式添加。精制的食盐含氯化钠 99%以上，粗盐含氯化钠 95%，加碘盐含碘 0.007%。纯净的食盐含钠 39%，含氯 60%，此外尚有少量的钙、镁、硫。食用盐为白色细粒，工业用盐为粗粒结晶。

饲料中缺少钠和氯元素会影响肉牛的食欲，长期摄取食盐不足，可引起活力下降、精神不振或发育迟缓，降低饲料利用率。缺乏食盐的肉牛往往表现舔食棚、圈的地面、栏杆，啃食土块或砖块等异物。但饲料中盐过多，而饮水不足，就会发生中毒，中毒主要表现在口渴，腹泻，身体虚弱，重者可引起死亡。

动物性饲料中食盐含量比较高，一些食品加工副产品，甜菜渣、酱渣等的食盐含量也较多，故用这些饲料配合日粮时，要考虑它们的食盐含量。食盐容易吸潮结块，要注意捣碎或经粉碎过筛。饲用食盐的粒度应全部通过 30 目筛，含水量不得超过 0.5%，氯化钠纯度应在 95%以上。喂量一般占日粮干物质的 0.3%。喂量不可过多，否则引起中毒。饲喂青贮饲料需盐量比喂干草多，给高粗日粮需盐量比高精日粮多。

2. 含钙饲料

钙是动物体内最重要的矿物质饲料之一。在生产实际中，含钙饲料来源广泛，并且价格便宜，常用的含钙饲料主要有石粉、蛋壳粉、贝壳粉，还有含钙和磷的骨粉及磷酸钙等。肉牛处在不同的生长时期、用于不同的生产目的，不仅对钙的需求量不同，而且对不同来源的钙利用率也不同。一般饲料中钙的利用率随肉牛的生长而变低，但泌乳和怀孕期间对钙的利用率则提高。微量元素预混料通常使用石粉或贝壳粉作为稀释剂或载体，配料时应将其钙含量计算在内。

钙源饲料价格便宜，但用量不能过大，用量过大，会影响钙磷平衡，使钙和磷的消化、吸收、代谢都受到影响。钙过多，像缺钙一样，也会引起生长不良，发生佝偻病和软骨症，流产。常见的含钙饲料见表 4-28。

表 4-28　常见的含钙饲料

名称	简　介
碳酸钙(石粉)	由石灰石粉碎而成，是最经济的矿物质原料。常用的石粉为灰白色或白色无臭的粗粉或呈细粒状。100%通过 35 目筛。一般认为颗粒越细，吸收率越佳。市售石粉的碳酸钙含量应在 95%以上，含钙量在 38%以上
蛋壳粉	用新鲜蛋壳烘干后制成的粉。用新鲜蛋壳制粉时应注意消毒，在烘干时，最后产品温度应达 82℃，以免蛋白质腐败及携带病原菌，蛋壳粉中钙的含量约为 25%左右。性质与石灰石相似
贝壳粉	用各种贝类外壳(牡蛎壳、蛤蜊壳、蚌、海螺等的贝壳)粉碎后制成的产品。海滨多年堆积的贝壳，其内层有机物质已经消失，主要含碳酸钙，一般产品含钙量为 30%～38%。细度依用途而定，为较廉价的钙质饲料。质量好的贝壳粉杂质少，钙含量高，呈白色粉状或片状
硫酸钙	主要提供硫和钙，生物学利用率较好。在高温高湿条件下可能会结块。高品质的硫酸钙来自矿心开采所得产品精制而成，来自磷石膏者品质较差，含砷、铅、氟等较高，如未除去，不宜用作饲料

3. 含磷饲料

我国是一个缺乏磷矿资源的同家，磷源饲料的解决，十分重要。常见的含磷饲料见表4-29。

表4-29　常见的含磷饲料

分类及名称		简　介
磷酸钙类	磷酸钙	又称磷酸三钙，含磷20%，含钙38.7%，纯品为白色、无臭的粉末。不溶于水，而溶于酸。经过脱氟的磷酸钙成为脱氟磷酸钙，为灰白色或茶褐色粉末
	磷酸氢钙	又称磷酸二钙，有无水和二水两种。稳定性较好，生物学效价较高，一般含磷18%以上，含钙23%以上，是常用的磷补充饲料
	磷酸二氢钙	又称磷酸一钙及其水合物，一般含磷21%，含钙20%，生物学效价较高。作为饲料时要求含氟量不得高于磷含量的1%。纯品为白色结晶粉末。含一结晶水的磷酸二氢钙在100℃下为无水化合物，152℃时熔融变成磷酸钙
磷酸钠类	磷酸一钠	本品为磷酸的钠盐，呈白色粉末，有潮解性，宜干燥储存。在钙要求低的饲料可用它作为磷源，在产品设计调整高钙、低磷配方时使用，磷酸一钠含磷26%以上，含钙19%以上。其价格比较昂贵
	磷酸二钠	为白色无味的细粒状，一般含磷18%～22%，含钠27%～32.5%，应用价值同磷酸一钠
骨粉类		以家畜骨骼加工而成。是一种钙磷平衡的矿物质饲料，且含氟量低。在使用前应脱脂、脱胶、消毒，以免传播疾病。一般多用作磷饲料，也能提供一定量的钙，但不如石粉、蛋壳粉价格便宜。动物骨粉同样属于在反刍动物日粮中禁止使用的饲料原料
磷矿石粉		磷矿石经粉碎后的产品。常常含有超过允许量的氟，并有其他杂质，如铅、砷、汞等。必须合乎标准才能用作饲料
液体磷酸		为磷酸水溶液，具有强酸性，使用复杂。尿素、糖蜜及微量元素混合制成液体饲料

4. 天然矿物质饲料

天然矿物质饲料是大自然经过成千上万年筛选、积累下来的宝贵财富。它们含有多种矿物元素和营养成分，可以直接添加到饲料中去，也可以作为添加剂的载体使用。常见的天然矿物质主要有膨润土、沸石、麦饭石、海泡石等。

（1）膨润土　饲用膨润土是指钠基膨润土，或称膨润土钠，是一种天然矿产，呈灰色或灰褐灰，细粉末状。我国膨润土资源非常丰富，易开采，成本低，使用方便，容易保存。钠基膨润土具有多方面的功能，如吸附、膨胀、置换、塑造、乳合、润滑、悬浮等。在饲料工业中，它主要有三项作用：一是作为饲料添加成分，以提高饲料效率；二是代替糖浆等作为颗粒饲料的熟结剂；三是代替粮食作为各种微量成分的载体，起稀释作用。例如稀释各种添加剂和尿素。

膨润土所含元素至少在11种以上，产地和来源不同，其成分也有差异。各种元素含量一般如下：硅30%、钙10%、铝8%、钾6%、镁4%、铁4%、钠2.5%、锰0.3%、氯0.3%、锌0.01%、铜0.008%、钴0.004%。大都是肉牛生长发育必需的常量和微量元素，它还能使酶和激素的活性或免疫反应发生显著变化，对肉牛生长有明显的生物学价值。

（2）沸石　天然沸石大多是由盐湖沉积和火山灰烬形成的，主要成分是硅酸盐利矾土及钠、钾、钙、镁等离子，为白色或灰白色，呈块状，粉碎后为细四面体颗粒。四面体颗粒具有独特的多孔蜂窝状结构。到目前已被发现的天然沸石有40多种，其中有利用价值的主要有斜发沸石、丝光沸石、镁碱沸石、菱沸石、方沸石、片沸石、浊沸石、钙十字沸石等。其中以斜发沸石和丝光沸石使用价值较好。

沸石在结构上具有很多孔径均匀一致的孔道和内表面积很大的孔穴，空穴和孔道占总体积的50%以上。因此进入体内具有交换金属离子的功能，即吸收环境中的自由水分子把其本身所带的钾、钠、钙离子等交换出来，它可以吸收和吸附一些有害元素和气体，故有除臭作用，起到了“分子筛”和“离子筛”的功能。沸石还具有很高的活性和抗毒性，可调整肉牛瘤胃的酸碱性，对肝、肾功能有良好的促进作用。沸石还具有较好的催化性、耐酸性、热稳定性。在生产实践中沸石可以作为天然矿物质添加剂用于肉牛日粮中，在精饲料中按5%添加。沸石也可作为添加剂的载体，用于制作微量元素预混料或其他预混料。

（3）麦饭石　麦饭石的主要成分是硅酸盐，它富含肉牛生长发育所必需的多种微量元素和稀土元素，如硅、钙、铝、钾、镁、铁、钠、锰、磷等，有害成分含量少，是一种优良的天然矿物质营养饲料。我国北方各省均有麦饭石矿藏，有的产品命名为中华麦饭石。

麦饭石具有一定的生理功能和药物作用，它能增强动物肝中

DNA 和 RNA 的含量，使蛋白质合成增多。还可提高抗疲劳和抗缺氧能力，增加血清中的抗体，具有刺激机体免疫能力的作用。此外，麦饭石还具有吸附性和吸气、吸水性能，因能吸收肠道内有害气体，故能改善消化，促进生长，还可防止饲料在储藏过程中受潮结块。麦饭石可作为添加剂载体使用。每头牛每天在日粮中添加 150～250 克，可起到明显的增重效果。

(4) 海泡石 海泡石是一种海泡沫色的纤维状天然黏土矿物质。呈灰白色，有滑感，无毒，无臭，具有特殊的层链状晶体结构和稳定性、抗盐性及脱色吸附性，有除毒、去臭、去污能力。

海泡石具有很大的表面积，吸附能力很强，可以吸收自身重量 200%～250%的水分，还具有较低的阳离子交换特性和良好的流动性。海泡石在饲料工业上可以作为添加剂加入到肉牛日粮中，在精饲料中按 1%～3%添加。也可作为其他添加剂的载体或稀释剂。

(5) 稀土 稀土由 15 种镧系元素和钪、钇共 17 种元素组成。研究表明，稀土可激活具有吞噬能力的异嗜性细胞，故可增强机体免疫力，提高动物的成活率，而有益于增重及改善饲料效率，并且与微量元素有协同作用。稀土在饲料中的用量很小，来源不同，用量差别很大，应注意产品的说明书。

七、维生素饲料

维生素饲料包括工业合成或由原料提纯的精制的各种单一维生素和混合多种维生素，但富含维生素的天然饲料则不属于维生素饲料，例如，鱼肝富含维生素 A、维生素 D，种子的胚富含维生素 E，酵母富含各种 B 族维生素，水果与蔬菜富含维生素 C，它们都不是维生素饲料，可以根据其特性给予充分利用。

由于各种维生素化学性质不同，生理功能各异，所以对十几种维生素再进行分类。目前将维生素分为脂溶性维生素和水溶性维生素。脂溶性维生素主要如下：维生素 A、维生素 D、维生素 K、维生素 E，它们只含有碳、氢、氧三种元素；水溶性维生素包括：维生素 B_1、维生素 B_2、维生素 B_4（胆碱）、维生素 B_5（烟酸）、维生素 B_6（吡哆醇）、维生素 B_7（生物素）、维生素 B_{10}（叶酸）、维生素 B_{12}（钴胺素）和维生素 C。

成年牛瘤胃微生物能合成B族维生素和维生素K，肝、肾可合成维生素C，一般不缺乏。因此一般除犊羊外，不需额外添加，哺乳犊牛应补给维生素B_2。但当青饲料不足时应考虑添加维生素A、维生素D和维生素E。

在生产实际中，为了适应不同小长阶段肉牛对维生素的营养需要，添加剂预混料生产厂有针对性的系列复合多种维生素产品，用户可以根据自己肉牛生产需要直接选用。在此不对相关内容进行赘述。

八、饲料添加剂

饲料添加剂是为了满足牛的营养需要、完善饲粮的全价性或某种目的，如改善饲料的适口性、提高牛对饲料的消化率，提高抗病力或产品质量等而加入饲料中的少量或微量物质。主要有营养性添加剂和非营养性添加剂两大类。

（一）营养性添加剂

营养性添加剂主要包括维生素类添加剂、微量元素添加剂、氨基酸添加剂、非蛋白氮类添加剂。这类添加剂在配合饲料中普通应用，根据肉牛不同的生理、生长和肥育阶段，按照其营养需要或饲养标准来确定这类添加剂的种类及使用量，以补充饲粮中这些营养物质的不足。添加时一定要按添加剂说明书上的操作方法加入饲料中。一般先用少量饲料搅拌混匀，将添加剂至少扩大到100倍后才能加入全部饲料中，充分搅拌混合，以保证均匀有效。

1. 维生素添加剂

维生素添加剂是由合成或提纯方法生产的单一或复合维生素。对肉牛来说，由于瘤胃微生物能够合成B族维生素和维生素K，肝、肾中能合成维生素C，如饲料供应平衡，一般不会缺乏。除犊牛外，一般不需额外添加此类维生素。但维生素A、维生素D、维生素E等脂溶性维生素应另外补充，它们是维持家畜健康和促进生长所不可缺少的有机物质。

2. 微量元素添加剂

微量元素一般指占动物体重0.01%以下的元素。肉牛常常容易缺乏的微量元素有铜、锌、锰、铁、钴、碘、硒等，一般制成混合添加剂进行添加。这些微量元素除为肉牛提供必需的养分外，还能激活或抑制某些维生素、激素和酶，对保证肉牛的正常生理机能和物质代谢有着极其重要的作用。因此，它们是肉牛生命过程中不可缺少的物质。微量元素添加剂组成原料是含这些微量元素的无机或有机化合物，如机酸酸盐、氧化物、氨基酸螯合物等。

3. 氨基酸添加剂

用于肉牛饲料的氨基酸添加剂，一般是植物性饲料中最缺的必需氨基酸，如蛋氨酸与赖氨酸。它们可以促进蛋白质的合成。

一般在成年肉牛饲料中不需专门补给氨基酸，因为氨基酸进入瘤胃后会被微生物分解为氨，起不到添加氨基酸的效果。但给3月龄前的犊牛专用人工乳、开食料中添加氨基酸，具有良好的作用。

4. 非蛋白氮类添加剂

非蛋白氮是指除蛋白质、肽及氨基酸以外的含氮化合物，在饲料中应用的NPN一般为简单化合物，作为反刍动物饲料添加剂使用的化合物如下：尿素、硫酸铵、磷酸铵、磷酸脲、缩二脲和异丁叉二脲等。以有效性和经济可行性分析，尿素应用最普遍。

（二）非营养性添加剂

非营养性饲料添加剂不是饲料内的固有营养成分。其种类很多，它们的作用是提高饲料利用率，促进肉牛生长发育，改善饲料加工性能、改善畜产品品质等。

1. 抗生素

抗生素是微生物（细菌、放射菌、真菌等）的发酵产物，对特异微生物的生长有抑制或杀灭作用。目前所称的抗生素也包括用化学合成或半合成法生产的具有相同或相似结构或结构不同但功效相同的物质。饲用抗生素是指以亚治疗剂量应用于饲料中，以保障动物健康、促进动物生长与生产、提高饲料利用率的抗生素。目前，我国允许作为饲料添加剂的抗生素主要有如下几种。

（1）杆菌肽锌　是从地衣芽孢杆菌发酵而制得的杆菌肽与锌的络合物，为多肽类抗生素。干燥状态时较稳定，抗菌谱与青霉素相似，对革兰阳性菌十分有效，对部分革兰阴性菌、螺旋体、放线菌有抑制作用。毒性小，安全，几乎不被消化器官吸收、不产生耐药性及污染环境。配伍禁忌：不能与莫能霉素、盐霉素等聚醚类抗生素混用。

（2）硫酸黏菌素　是多肽类抗生素，对革兰阳性菌有极强的抑菌作用，若与抗革兰阴性菌的抗生素联合使用，效果更好。可预防大肠杆菌和沙门菌引起的疾病。因其与杆菌肽锌协同作用较好，常与杆菌肽锌以1∶5比例配合使用。

（3）维吉尼霉素　是2种抗生素的复合体，对多种病原菌有很强的抑菌效果，不易吸收及产生耐药性，能有效防止细菌性下痢，稳定性好。预混剂的商品名为“速大肥”。由于其能减缓肠道蠕动，影响肠黏膜上皮形态及功能，延长饲料在肠道内的消化时间，故能增加养分吸收，促进生长。

（4）恩拉霉素　为一种放线菌的发酵产物，对革兰阳性菌有很强的抑菌活性，不易被消化道吸收，长期使用不易产生抗药性，在饲料中的添加量小，安全性稳定性好。

（5）盐霉素钠　属聚醚类抗生素，对革兰阳性菌、真菌、病毒具有较强的抑制作用。

（6）泰乐菌素　属大环内酯类抗生素，最广泛应用的为磷酸泰乐菌素，对大部分革兰阳性菌（链球菌、葡萄球菌、双球菌等）有显著的抑菌效果，对支原体有特效。其在肠道内不易吸收，毒性低，混入饲料后稳定。与其他大环内酯类抗生素有交叉耐药性。

（7）莫能霉素　属聚醚类抗生素，它可增加瘤胃内丙酸含量，提高粗纤维消化率，促进生长与增重，因此现多用于肉牛生产。

（8）四环素类抗生素　有关四环素类抗生素能否作为饲料添加剂的争议很多。此类抗生素主要对多数革兰阳性菌有效，其作用机理为干扰菌体蛋白合成。四环素抗生素能与多种金属离子，如钙、镁、铁等形成络合物，因此以钙盐形式添加较好。常用的四环素类抗生素为土霉素和金霉素。土霉素属广谱抗生素，毒性小，有残留，部分细菌对其产生耐药性。四环素类抗生素毒性较低，对肝、肾功能的影响较小，但从长远看，此类抗生素继续作为饲料添加剂的应用前景不大。

（9）化学合成抗生素　曾经作为促生长剂使用的化学合成剂有很多，如磺胺类、硝基呋喃类、卡巴氧和硝呋烯腙等抗菌药剂，其毒副作用高，大多数国家已禁止将这些药物作为饲料添加剂，而仅作为治疗动物疾病用药。目前我国仅批准使用喹乙醇。

2. 酶制剂

饲用酶制剂是将一种或多种用生物工程技术生产的酶与载体和稀

释剂采用一定的加工工艺生产的一种饲料添加剂。

饲用酶制剂按其特性及作用主要分为两大类：一类是外源性消化酶，包括蛋白酶、脂肪酶和淀粉酶等，这类酶畜禽消化道能够合成与分泌，但因种种原因需要补充和强化。其应用的主要功能是补充幼年动物体内消化酶分泌不足，以强化生化代谢反应，促进饲料中营养物质的消化与吸收。另一类是外源性降解酶，包括纤维素酶、半纤维素酶、β-葡聚糖酶、木聚糖酶和植酸酶等。这些酶，动物组织细胞不能合成与分泌，但饲料中又有相应的底物存在（多数为抗营养因子）。

目前生产上使用的酶主要是复合酶。复合酶制剂是由2种或2种以上的酶复合而成的，其包括蛋白酶、脂肪酶、淀粉酶和纤维素酶等。其中蛋白酶有碱性蛋白酶、中性蛋白酶和酸性蛋白酶3种。许多试验表明，添加复合酶能提高饲粮代谢能5%以上，提高蛋白质消化率10%左右，可使饲料转化率得到改善。

由于饲用酶制剂无毒害、无残留、可降解，使用酶制剂不但可提高畜禽的生产性能，充分挖掘现有饲料资源的利用率，而且还可降低畜禽粪便中有机物、氮和磷等的排放量，缓解发展畜牧业与保护生态环境间的矛盾，开发应用前景广阔。

酶制剂的应用方式主要有以下几种：第一，直接将固体状的饲用酶制剂添加在配合饲料之中。这是目前的主要应用方式，特点是操作简单，但饲料制粒可能破坏酶的活性。第二，将液态酶喷洒在制粒后的颗粒表面。国际上正在推行这种方式，其优点是避免了制粒对酶活的影响，但液态酶本身的稳定性比固态酶差。第三，用于饲料原料的预处理。第四，直接饲喂动物。

3. 酸化剂

能使饲料酸化的物质叫酸化剂。饲料添加酸化剂，可以增加幼龄动物发育不成熟的消化道的酸度，刺激消化酶的活性，提高饲料养分消化率。同时，酸化剂既可杀灭或抑制饲料本身存在的微生物，又可抑制消化道内的有害菌，促进有益菌的生长。因此，使用酸化剂可以促进动物健康，减少疾病，提高生长速度和饲料利用率。

目前用作饲料添加剂的酸化剂有三种，一是单一酸化剂，如延胡索酸、柠檬酸；二是以磷酸为基础的复合酸；三是以乳酸为基础的复合酸。许多研究表明，在单一酸化剂（包括有机酸和无机酸）中，只有延胡索酸和柠檬酸才有正效果，磷酸的效果不佳，而硫酸和盐酸基本无效。复合酸化剂中，以乳酸为基础的复合酸优于以磷酸为基础的复合酸，因为乳酸没有刺激性气味，能提高饲粮的适口性；能明显促进消化道中有益菌的生长；能提供动物所需的能量（乳酸能值为10兆焦/千克）。

在犊牛饲粮中添加酸化剂对其健康和生长有一定的促进作用。

4. 缓冲剂

肉牛在使用高精料饲粮时，或由高纤维饲粮向高精料饲粮转化过程中，瘤胃发酵产生大量的挥发性脂肪酸（VFA），超过唾液的缓冲能力时，瘤胃内的pH就会下降。pH低于6.0时，蛋白质、纤维素的消化率就会降低，乳脂生成被抑制。pH过低时，就出现酸中毒。饲粮中添加缓冲剂，可以弥补内源缓冲能力的不足，预防酸中毒，提高瘤胃的消化功能，从而改善生产性能。

一般肉牛日粮中精料水平达50%～60%时，就应该加缓冲剂，当饲喂高纤维饲粮时不必使用缓冲剂。最常用的缓冲剂是碳酸氢钠，一般用量为日粮干物质进食量的0.5%～1.0%，或精料的1.2%～2.0%。

5. 脲酶抑制剂

肉牛动物可以利用尿素作为氮源。尿素进入瘤胃后，分解的速度比较快。尿素分解过快，产生大量的氨不能被利用，且易造成动物氨中毒，这些原因严重限制了肉牛对尿素的利用。

脲酶抑制剂能特异性地抑制脲酶活性，减慢氨释放速度、使瘤胃微生物有平衡的氨氮供应，从而提高瘤胃微生物对氨氮的利用效率，增加蛋白质的合成量，使肉牛对氮的利用效率提高，在降低日粮水平、节约蛋白质饲料同时，增加了肉的生产量。

中国农业科学院北京畜牧兽医研究所合成并筛选出专一、高效的瘤胃微生物脲酶抑制剂，合成纯度为80%，合成效率超过50%，合成工艺属国内外新工艺。该抑制剂使尿素分解速度降低55.3%，粗蛋白质利用效率提高16.7%，减慢饲料尿素分解速度的同时，也减慢了瘤胃内循环尿素的分解速度，这样即使在不喂尿素时，添加脲酶抑制剂也可提高肉牛生产力。瘤胃微生物脲酶抑制剂于1998年被批准为新饲料添加剂。

其他生产上常用的脲酶抑制剂：氧肟酸类化合物（乙酰氧肟酸和辛酰氧肟酸），二胺类化合物（三胺苯磷酸二酰胺、环己磷酰三胺），醌类化合物（氢醌、对苯醌）异位酸类化合物（异丁酸、异戊酸等）。

6. 抗氧化剂

饲料中的某些成分，如鱼粉和肉粉中的脂肪及添加的脂溶性维生素A、维生素D、维生素E等，可因与空气中的氧、饲料中的过氧化物及不饱和脂肪酸等的接触而发生氧化变质或酸败。为了防止这种氧化作用，可加入一定量的抗氧化剂。常用的抗氧化剂见表4-30。

表4-30　常用的抗氧化剂

名称	特性	用量用法	注意
乙氧基喹啉(又称乙氧喹,商品名为山道喹)	是一种黏滞的黄褐色或褐色,稍有异味的液体。极易溶于丙酮、氯仿等有机溶剂,不溶于水。一旦接触空气或受光线照射便慢慢氧化而着色,是目前饲料中应用最广泛、效果好而又经济的抗氧化剂	饲用油脂,夏天500～700克/吨,冬天250～500克/吨;动物副产品,夏天750克/吨,冬季500克/吨;鱼粉750～1000克/吨;苜蓿及其他干草150～200克/吨;各种动物配合饲料62～125克/吨;维生素预混料0.25%～5.5%。乙氧基喹啉在最终配合日粮中的总量不得超过150克/吨	由于液体乙氧基喹啉黏滞性高,低浓度添加于粉料中很难混匀,一般将其以蛭石、氢化黑云母粉等作为吸附剂制成含量为10%～70%的乙氧基喹啉干粉剂,可均匀地混入干粉料中,且使用方便
二丁基羟基甲苯(简称BHT)	为白色结晶或结晶性粉末,无味或稍有特殊气味。不溶于水和甘油,易溶于酒精、丙酮和动植物油。对热稳定,与金属离子作用不会着色,是常用的油脂抗氧化剂。可用于长期保存的油脂和含油脂较高的食品及饲料中和维生素添加剂中	油脂为100～200克/吨,不得超过200克/吨;各种动物配合饲料为150克/吨	与丁基羟基茴香醚并用效果更好,二者总量不得超过油脂的200克/吨

续表

名称	特性	用量用法	注意
丁基羟基茴香醚（简称BHA）	为白色或微黄褐色结晶或结晶性粉末，有特异的酚类刺激性气味。不溶于水，易溶于丙二醇、丙酮、乙醇和猪油、植物油等，对热稳定，是目前广泛使用的油脂抗氧化剂。除抗氧化外，还有较强抗菌力。250毫克/千克BHA可以完全抑制黄曲霉毒素的产生，200毫克/千克BHA可完全抑制饲料中青霉、黑曲霉等孢子生长	BHA可用做食用油脂、饲用油脂、黄油、人造黄油和维生素等的抗氧化剂。与BHA、柠檬酸、维生素C等合用效果更好。其添加量，油脂为100～200克/吨，不得超过200克/吨；饲料添加剂为250～500克/吨	

注：由于各种抗氧化剂之间存在“增效作用”，当前的趋势是常将多种抗氧化剂混合使用，同时还要辅助地加入一些表面活性物质等，以提高其效果。

7. 防霉剂

饲料中常含有大量微生物，在高温、高湿条件下，微生物易于繁殖而使饲料发生霉变。不但影响适口性，而且还可产生毒素（如黄曲霉素等）引起动物中毒。因此，在多雨季节，应向日粮中添加防霉剂。常用的防霉剂有丙酸钠、丙酸钙、山梨酸钾和苯甲酸等，见表4-31。

表4-31 常用的防霉剂

名称	特性	用量用法
丙酸及其盐类	主要包括丙酸钠、丙酸钙。丙酸为具有强刺激性气味的无色透明液体，对皮肤有刺激性，对容器加工设备有腐蚀性。丙酸主要作为青贮饲料的防腐剂，因其有强烈的臭味，影响饲料的适口性，所以，一般不用做配合饲料的防腐剂。丙酸钙、丙酸钠均为白色结晶或颗粒状或粉末，无臭或稍有特异气味，溶于水，流动性好，使用方便，对普通钢材没有腐蚀作用，对皮肤也无刺激性，因此逐渐代替丙酸而用于饲料	在饲料中的添加量以丙酸计，一般为0.3%左右。实际添加量往往视具体情况而定。①直接喷洒或混入饲料中；②液体的丙酸可以蛭石等为载体制成吸附型粉剂，再混入到饲料中去，这种制剂因丙酸的蒸发作用可由吸附剂缓慢释放，作用时间长，效果较前者好；③与其他防霉剂混合使用可扩大抗菌谱，增强作用效果

续表

名称	特　性	用量用法
富马酸和富马酸二甲酯	富马酸又称延胡索酸，为无色结晶或粉末，水果酸香味。在饲料工业中，主要用作酸化剂，对仔猪有很好的促生长作用，同时对饲料也有防霉防腐作用。富马酸二甲酯(DMF)为白色结晶或粉末，对微生物有广泛、高效的抑菌和杀菌作用，其特点是抗菌作用不受 pH 的影响，并兼有杀虫活性。DMF 的 pH 适用范围为 3～8	在饲料中的添加量一般为 0.025%～0.08%。可先溶于有机溶剂，如异丙醇、乙醇，再加入少量水及乳化剂使其完全溶解，然后用水稀释，加热除去溶剂，恢复到应稀释的体积，混于饲料中或喷洒于饲料表面。也可用载体制成预混剂
“万保香”(霉敌粉剂)	为一种含有天然香味的饲料及谷物防霉剂。其主要成分：丙酸、丙酸铵及其他丙酸盐(丙酸总量不少于 25.2%)，其他还含有乙酸、苯甲酸、山梨酸、富马酸。因有香味，除防霉外，还可增加饲料香味，增进食欲	其添加量为 100～500 克/吨，特殊情况下可添加 1000～2000 克/吨

8. 饲料风味剂

饲料风味剂的用途是改善饲料适口性，增加动物采食量，促进动物消化吸收，提高饲料利用率。比如饲用药物及某些有不良气味的原料（如燕麦、菜籽饼粕）等，动物不愿采食，在这些饲料中加入适量风味剂，就可改善饲料的适口性，防止动物拒食。

饲料风味剂主要有香料（调整饲料气味）与调味剂（调整饲料的口味）两大类。目前广泛使用的香料由酯类、醚类、酮类、脂肪酸类、脂肪族高级醇类、脂肪族高级醛类、脂肪族高级烃类、酚醚类、酚类、芳香族醇类、芳香族醛类及内酯类等中的 1 种或 2 种以上化合物所构成的芳香物质。如香草醛（3-甲氧基-4-羟基苯丙醛）、丁香醛（丁香子醛）和茴香醛（对甲氧基苯甲醛）等。常用的调味剂有甜味剂（例如甘草和甘草酸二钠等天然甜味剂，糖精、糖山梨醇和甘素等人工合成品）和酸味剂（主要有柠檬酸和乳酸）。

9. 中草药饲料添加剂

中草药兼有营养和药用 2 种属性。其营养属性主要是为动物提供一定的营养素。药用功能主要是调节动物机体的代谢机能，健脾健胃，增强机体的免疫力。中草药还具有抑菌杀菌功能，可促进动物的生长，提高饲料的利用率。中草药中有效成分绝大多数呈有机态，如寡糖、多糖、生物碱、多酚和黄酮等，通过动物机体消化吸收再分布，病原菌和寄生虫不易对其产生抗药性，动物机体内无药物残留，可长时间连续使用，无需停药期。由于中草药成分复杂多样，应用中草药作添加剂需根据肉牛的不同生长阶段特点，科学设计配方；确定、提取与浓缩有效成分，提高添加剂的效果；对有毒性的中药成分，应通过安全试验，充分证明其安全有效。

第三节　饲料的配制方法

一、日粮配方设计的原则

（一）营养性原则

1. 合理确定饲料配方的营养水平

确定饲料配方的水平，必须以饲养标准为基础，同时要根据动物生产性能、饲养技术水平与饲养设备、饲养环境条件、市场行情等及时调整饲粮的营养水平，特别要考虑外界环境与加工条件等对饲料原料中活性成分的影响。

设计配方时要特别注意诸养分之间的平衡，也就是全价性。有时即使各种养分的供给量都能满足甚至超过需要量，但由于没有保证有颉颃作用的营养素之间的平衡，反而出现营养缺乏症或生产性能下降。设计配方时应重点考虑能量和蛋白质、氨基酸之间、矿物元素之间、抗生素与维生素之间的相互平衡。诸养分之间的相对比例比单种养分的绝对含量更重要。

2. 合理选择饲料原料，正确评估和决定饲料原料营养成分含量

饲料配方平衡与否，很大程度上取决于设计时所采用的原料营养成分值。条件允许的情况下，应尽可能多的选择原料种类。原料营养成分值尽量有代表性，避免极端数字，要注意原料的规格、等级和品质特性。对重要原料的重要指标最好进行实际测定，以提供准确参考依据。选择饲料原料时除要考虑其营养成分含量和营养价值，还要考虑原料的适口性、原料对畜产品风味及外观的影响、饲料的消化性及容重等。

3. 正确处理配合饲料配方设计值与配合饲料保证值的关系

配合饲料中的某一养分往往由多种原料共同提供，且各种原料中养分的含量与其真实值之间存在一定的差异，加之饲料加工过程的偏差，同时生产的配合饲料产品往往有一个合理的储藏期，储藏过程中某些营养成分可能因受外界各种因素的影响而损失。所以，配合饲料的营养成分设计值通常应略大于配合饲料保证值，以保证商品配合饲料营养成分在有效期内不低于产品标签中的标示值。

（二）安全性原则

配合饲料对动物自身必须是安全的，发霉、酸败、污染和未经处理的含毒素等饲料原料不能使用。动物采食配合饲料而生产的动物产品对人类必须既富营养而又健康安全。设计配方时，某些饲料添加剂（如抗生素等）的使用量和使用期限应符合安全法规。

（三）经济性原则

经济性即经济效益和社会效益。不断提高配合饲料设计质量，降低成本是配方设计人员的责任。饲料原料种类越多，越能起到饲料原料营养成分的互补作用，有利于配合饲料的营养平衡，但原料种类过多，会增加加工成本。所以设计配方时，一方面应掌握使用适度的原料种类和数量，另一方面还要考虑动物废弃物（如粪、尿等）中氮、磷、药物等对人类生存环境的不利影响。

（四）市场性原则

产品设计必须以市场为目标。配方设计人员必须熟悉市场，及时了解市场动态，准确确定产品在市场中的定位（如高、中、低档等），明确用户的特殊要求（如外观、颜色、风味等），设计出各种不同档次的产品，以满足不同用户的需要。同时还要预测产品的市场前景，不断开发新产品，以增强产品的市场竞力。

二、日粮配方的设计方法

常用的日粮配方设计方法有电脑配方设计法和手工计算法。手工设计包括试差法和对角线法。

【例 1】设计体重 350 千克，预期日增重 1.2 千克的舍饲生长育肥牛日粮配方（对角线法）。

第一步：查肉牛饲养标准，见表 4-32。

表 4-32 体重 350 千克，预期日增重 1.2 千克的舍饲生长育肥牛营养需要量

干物质/千克	肉牛能量单位/RND	粗蛋白质/克	钙/克	磷/克
8.41	6.47	889	38	20

第二步：查出所选饲料的营养成分，见表 4-33。

表 4-33 饲料营养含量（干物质）

饲料名称	干物质/千克	肉牛能量单位/RND	粗蛋白质/克	钙/克	磷/克
玉米青储	22.7	0.54	7.0	0.44	0.26
玉米	88.4	1.13	9.7	0.09	0.24
麸皮	88.6	0.82	16.3	0.20	0.88
棉饼	89.6	0.92	36.3	0.30	0.90
碳酸氢钙				23.00	16.00
石粉				38.00	

第三步：确定精、粗饲料用量及比例。确定日粮中精料占 50%，粗饲料占 50%。由肉牛的营养需要可知每日每头牛需 8.41 千克干物质，所以每日每头由粗料（青储玉米）应供给的干物质质量为 8.41×50%=4.2 千克，首先求出青储玉米所提供的养分量和尚缺的养分量见表 4-34。

表 4-34 粗饲料提供的养分量

项目	干物质/千克	肉牛能量单位/RND	粗蛋白质/克	钙/克	磷/克
需要量	8.41	6.47	889	38	20
4.2 千克青储玉米干物质提供	4.2	2.27	294	18.48	10.92
尚差	4.12	4.20	595	19.52	9.08

第四步：求出各种精料和拟配合料粗蛋白质/肉牛能量单位比。

玉米=97/1.13=85.84

麸皮=163/0.82=198.78

棉饼=363/0.92=394.57

拟配合精料混合料=595/4.2=141.67

第五步：用对角线法算出各种精料的用量。

（1）先将各精料按蛋白能量比分为两类：一类高于拟配混合料；另一类低于拟配混合料，然后一高一低两两搭配成组。本例高于141.67的有麸皮和棉饼，低的有玉米。因此玉米既要和麸皮搭配，又要和棉饼搭配，每组画一个正方形。将3种精料的蛋白质能量比置于正方形的左侧，拟配混合料的蛋白质能量比放在中间，在两条对角线上做减法，大数减小数，得数是该饲料在混合料中应占有的能量比例数。

（2）本例要求混合精料中肉牛能量单位是4.20，所以应将上述比例算成总能量4.20时的比例，即将各饲料原来的比例数分除各饲料比例数之和，再乘4.20。然后将所得数据分别被各原料每千克所含的肉牛能量单位除，得到这三种饲料的用量。

```
麸皮 198.78              55.83
            141.67
玉米 85.84               57.11
                         252.9
            141.67
棉饼 394.5               55.83
                        ------
                        421.67
```

则：玉米：$310.01\times\frac{4.20}{421.67}\div1.13=2.73$ 千克

麸皮：$55.83\times\frac{4.20}{421.67}\div0.82=0.68$ 千克

棉饼：$55.83\times\frac{4.20}{421.67}\div0.92=0.60$ 千克

第六步：验证精料混合料养分含量，见表4-35。

表4-35　精料混合料养分含量

饲料名称	用量/千克	干物质/千克	肉牛能量单位/RND	粗蛋白质/克	钙/克	磷/克
玉米	2.73	2.41	3.08	264.81	2.46	6.55
麸皮	0.68	0.60	0.56	110.84	1.36	5.98
棉饼	0.60	0.54	0.55	217.80	1.80	5.40
合计	4.01	3.55	4.19	593.50	7.62	17.93
差		−0.66	−0.01	−1.50	−11.90	+8.85

由表 4-35 可以看出，精料混合料中肉牛能量单位和粗蛋白质含量与要求基本一致，干物质尚差 0.66 千克，可以适当增加青贮玉米的喂量。钙磷的余缺可以使用矿物质调整。本例中磷已经满足需要，不必考虑补充，只需要用石粉补钙即可。石粉用量＝11.9÷0.38＝31.32 克。混合料中另加 1％食盐，约合 0.04 千克。

第七步：列出日粮配方与精料混合料的百分比组成，见表 4-36。

表 4-36 育肥牛的日粮配方

项目	青贮玉米	玉米	麸皮	棉饼	石粉	食盐
干物质含量/千克	4.2	2.73	0.68	0.60	0.031	0.04
饲喂量/千克	18.5	3.09	0.77	0.67	0.031	0.04
精料组成/％		67.16	16.74	14.56	0.67	0.87

注：在实际生产中，青贮玉米的喂量应增加 10％的安全系数，即每天饲喂 20.35 千克/头。混合精料每天饲喂 4.6 千克。

三、日粮配方举例

1. 犊牛舍饲持续育肥日粮配方

（1）舍饲持续育肥日粮配方

① 精料补充料配方。具体配方（％）：玉米 40，棉子饼 30，麸皮 20，鱼粉 4，磷酸氢钙 2，食盐 0.6，微量元素维生素复合预混料 0.4，沸石 3。6 月龄后按 1 千克混合精料添加 15 克尿素。

② 不同阶段饲料喂量如表 4-37 所示。

表 4-37 不同阶段饲料喂量

月龄	体重/千克	青干草/(千克/天·头)	青贮料/(千克/天·头)	精料补充料/(千克/天·头)
3～6	70～166	1.5	1.8	2.0
7～12	167～328	3.0	3.0	3.0
13～16	329～427	4.0	8.0	4.0

（2）强度育肥 1 岁左右出栏日粮配方　选择良种牛或其改良牛，在犊牛阶段采取较合理的饲养，使日增重达 0.8～0.9 千克。180 日龄体重超过 200 千克后，按日增重大于 1.2 千克配制日粮，12 月龄

体重超过200千克后，按日增重大于1.2千克配制日粮，12月龄体重达450千克左右，上等膘时出栏。具体见表4-38。

表4-38　强度育肥1岁左右出栏日粮配方

项目	相关数值							
日龄/天	0～30	31～60	61～90	91～120	121～180	181～240	241～300	301～360
始重/千克	30～50	62～66	88～91	110～114	136～139	209～221	287～299	365～377
日增重/千克	0.8	0.7～0.8	0.7～0.8	0.8～0.9	0.8～0.9	1.2～1.4	1.2～1.4	1.2～1.4
全乳喂量/千克	6～7	8	7	4	0	0	0	0
精料补充料喂量/千克	自由	自由	自由	1.2～1.3	1.8～2.5	3～3.5	4～5	5.6～6.5
精料补充料配方	10周龄前		10周龄后至180日龄					
玉米/%	60		60			67		
高粱/%	10		10			10		
饼粕类/%	15		24			30		
鱼粉/%	3		0			0		
动物性油脂/%	10		3			0		
磷酸氢钙/%	1.5		1.5			1		
日龄/天	0～60		61～180			180～360		
食盐/毫克	0.5		1			1		
小苏打/毫克	0		0.5			1		
土霉素/(毫克/千克,另加)	22		0			0		
维生素A/(万单位/千克)(另加)	干草期加1～2		干草期加0.5～1			干草期加0.5		

2. 不同粗饲料类型日粮配方

（1）青贮玉米秸类型日粮　适用于玉米种植密集、有较好青贮基础的地区。使用如下配方，青贮玉米秸日喂量15千克。精料配方如表4-39。

表 4-39　青贮玉米秸类型日粮系列配方

项目	相关数值							
体重阶段/千克	300～350		350～400		400～450		450～500	
精料配比	配方 1	配方 2	配方 1	配方 2	配方 1	配方 2	配方 1	配方 2
玉米/%	71.8	77.7	80.7	76.8	77.6	76.7	84.5	87.6
麸皮/%	3.3	2.4	3.3	4.0	0.7	5.8	0	0
棉粕/%	21.0	16.3	12.0	15.6	18.0	14.2	11.6	8.2
尿素/%	1.4	1.3	1.7	1.4	1.7	1.5	1.9	2.2
食盐/%	1.5	1.5	1.5	1.5	1.2	1.0	1.2	1.2
石粉/%	1.0	0.8	0.8	0.7	0.8	0.8	0.8	0.8
日喂料量/千克	5.2	7.2	7.0	6.1	5.6	7.8	8.0	8.0
营养水平								
肉牛能量单位/(个/头)	6.7	8.5	8.4	7.2	7.0	9.2	8.8	10.2
粗蛋白质/克	747.8	936.6	756.7	713.5	782.6	981.76	776.4	818.6
钙/克	39	43	42	36	37	46	45	51
磷/克	21	36	23	22	21	28	25	27

（2）青贮和谷草类日粮配方及喂量　见表 4-40。

表 4-40　青贮＋谷草类型日粮配方及喂量

月龄	精料配方/%							采食量/(千克/日·头)		
	玉米	麸皮	豆粕	棉粕	石粉	食盐	碳酸氢钠	精料	青储玉米秸	谷草
7～8	32.5	24	7	33	1.5	1	1	2.2	6	1.5
9～10								2.8	8	1.5
11～12	52	14	5	26	1	1	1	3.3	10	1.8
13～14								3.6	12	2
15～16	67	4		26	0.5	1	1	4.1	14	2
17～18								5.5	14	2

（3）酒糟类型日粮　酒糟作为酿酒的副产品，经与干粗料、精料及预混合料合理搭配，实现了酒糟的合理利用。见表 4-41。

表 4-41　酒糟类型日粮

项目	相关数值							
体重阶段/千克	300～350		350～400		400～450		450～500	
精料配比	配方 1	配方 2	配方 1	配方 2	配方 1	配方 2	配方 1	配方 2
玉米/%	58.9	69.4	64.9	75.1	73.1	80.8	78.0	85.2
麸皮/%	20.3	14.3	16.6	11.1	12.1	7.8	9.6	5.9
棉粕/%	17.7	12.7	14.9	9.7	11.0	7.0	9.6	4.5
尿素/%	0.4	1.0	1.0	1.6	1.5	2.1	8.4	2.3
食盐/%	1.5	1.5	1.5	1.5	1.5	1.5	1.9	1.5
石粉/%	1.2	1.1	1.0	1.0	0.8	0.8	1.5	1.5
采食量								
精料/[千克/(头·千克)]	4.1	6.8	4.6	7.6	5.2	7.5	5.8	8.2
酒糟/[千克/(头·千克)]	11.8	10.4	12.1	11.3	14.0	12.0	15.3	13.1
玉米秸/[千克/(头·千克)]	1.5	1.3	1.9	1.7	2.0	1.8	2.2	1.8
营养水平								
肉牛能量单位	7.4	9.4	9.4	11.8	10.7	12.3	11.9	13.2
粗蛋白质/克	787.8	919.4	1016.4	1272.3	1155.7	1306.6	1270.2	1385.6
钙/克	46	54	47	57	48	52	49	51
磷/克	30	37	32	39	34	37	37	39

（4）干玉米秸日粮　详见表 4-42。

表 4-42　干玉米秸日粮配方

项目	相关数值							
体重阶段/千克	300～350		350～400		400～450		450～500	
精料配比	配方 1	配方 2	配方 1	配方 2	配方 1	配方 2	配方 1	配方 2
玉米/%	66.2	69.6	70.5	72.0	72.7	74.0	78.3	79.1
麸皮/%	2.5	1.4	1.9	4.8	6.6	6.6	1.6	2.0
棉粕/%	27.9	25.4	24.1	19.5	16.8	15.8	16.3	15.0

续表

项目	相关数值							
尿素/%	0.9	1.06	1.2	1.25	1.43	1.56	1.77	1.90
食盐/%	1.5	1.5	1.5	1.5	1.5	1.5	1.5	1.5
石粉/%	1.0	1.1	0.8	0.9	1.0	0.6	0.5	0.5
采食量								
精料/[千克/(头·千克)]	4.8	5.6	5.4	6.1	6.0	6.3	6.7	7.0
酒糟/[千克/(头·千克)]	3.6	3.0	4.0	3.0	4.2	4.5	4.6	4.7
玉米秸/[千克/(头·千克)]	0.5	0.2	0.3	1.0	1.1	1.2	0.3	0.5
营养水平								
肉牛能量单位	6.1	6.4	6.8	7.2	7.6	8.0	8.4	8.8
粗蛋白质/克	660	684	691	713	722	744	754	776
钙/克	38	40	38	40	37	39	36	38
磷/克	27	27	28	29	31	32	32	32

3. 架子牛舍饲育肥日粮配方

(1) 氨化稻草类型日粮配方　见表4-43。

表4-43　架子牛舍饲育肥氨化稻草类型日粮配方

千克/(天·头)

阶段	玉米面	豆饼	骨粉	矿物微量元素	食盐	碳酸氢钠	氨化稻草
前期	2.5	0.25	0.060	0.030	0.050	0.050	20
中期	4.0	1.00	0.070	0.030	0.050	0.050	17
后期	5.0	1.50	0.070	0.035	0.050	0.050	15

(2) 酒精糟＋青贮玉米秸日粮配方　饲喂效果，日增重1千克以上。精料配方：玉米93%、棉粕2.87%、尿素1.2%、石粉1.2%、食盐1.8%、添加剂（育肥灵）另加。不同体重阶段，精粗料用量见表4-44。

表 4-44 不同体重阶段精粗料用量

项目	不同体重阶段及用量			
体重/千克	250～350	350～450	450～550	550～650
精料/千克	2～3	3～4	4～5	5～6
酒精糟/千克	10～12	12～14	14～16	16～18
青贮(鲜)/千克	10～12	12～14	14～16	16～18

第四节 饲料的加工调制

一、精饲料的加工调制

精饲料加工调制的主要目的是便于牛咀嚼和反刍，提高养分的利用率，同时为合理和均匀搭配饲料提供方便。

（一）粉碎与压扁

精饲料最常用的加工方法是粉碎，可以为合理和均匀地搭配饲料提供方便，但用于肉牛日粮时不宜过细。与细粉相比，粗粉可提高适口性，提高牛唾液分泌量，增加反刍，一般筛孔3～6毫米。将谷物用蒸汽加热到120℃左右，再用压扁机压成厚1毫米的薄片，迅速干燥。由于压扁饲料中的淀粉经加热糊化，用于饲喂牛消化率明显提高。

（二）浸泡

豆类、油饼类、谷物等饲料相当坚硬，不经浸泡很难嚼碎。经浸泡后吸收水分，膨胀柔软，容易咀嚼，便于消化。浸泡方法：用池子或缸等容器把饲料用水拌匀，一般料水比为1：(1～1.5)，即手握指缝渗出水滴为准，不需任何温度条件。有些饲料中含有单宁、棉酚等有毒物质，并带有异味，浸泡后毒素、异味均可减轻，从而提高适口性。浸泡的时间应根据季节和饲料种类的同而异，注意不要引起饲料变质。

（三）肉牛饲料的过瘤胃保护

强度育肥的肉牛补充过瘤胃保护蛋白质、过瘤胃淀粉和脂肪能提高生产性能。

1. 热处理

加热可降低饲料蛋白质的降解率，但过度加热也会降低蛋白质的消化率，引起一些氨基酸、维生素的损失，加热应适度。一般认为，140℃左右烘焙4小时，或130～145℃火烤2分钟，或3420.5×10^3帕压力和121℃处理饲料45～60分钟较适宜。也有研究表明，加热以150℃、45分钟最好。

膨化技术用于全脂大豆的处理，取得了理想效果。李建国等用YG-Q型多功能糊化机进行豆粕糊处理，使蛋白质瘤胃降解率显著下降，方法简单易行。

2. 化学处理

(1) 甲醛处理　甲醛可与蛋白质分子的氨基、羟基、巯基发生烷基化反应而使其变性，免于瘤胃微生物降解。处理方法：饼粕经2.5毫米筛孔粉碎，然后每100克粗蛋白质称0.6～0.7克甲醛溶液(36%)，用水稀释20倍后喷雾与饼粕混合均匀，然后用塑料薄膜封闭24小时后打开薄膜，自然风干。

(2) 锌处理　锌盐可以沉淀部分蛋白质，从而降低饲料蛋白质瘤胃的降解。处理方法：硫酸锌溶解在水里，其比例为豆粕：水：硫酸锌＝1：2：0.03，拌匀后放置2～3小时，50～60℃烘干。

(3) 鞣酸处理　用1%的鞣酸均匀地喷洒在蛋白质饲料上，混合后烘干。

(4) 过瘤胃保护脂肪　许多研究表明，直接添加脂肪对反刍动物效果不好，脂肪在瘤胃中干扰微生物的活动，降低纤维消化率，影响生产性能的提高，所以，添加的脂肪采用某种方法保护起来，形成过瘤胃保护脂肪。目前最常见的是脂肪酸钙产品。

二、干草的加工处理

干草是青绿饲料在尚未结籽子以前刈割，经过日晒或人工干燥除去大量水分而制成的。因其较好地保留了青绿饲料的养分和绿色，故称青干草。优质干草叶多且有芳香味，适口性好，含有丰富的蛋白质、维生素及矿物质。干草中粗蛋白质含量：禾本科干草为7%～13%，豆科干草为10%～21%；粗纤维含量高，为20%～30%。干草中维生素D丰富，并含有一定的B族维生素。钙的含量：苜蓿干草为1.29%，而禾本科干草仅为0.4%左右。影响青干草质量的因素很多，不同种类的牧草质量不同，一般豆科牧草较禾本科质量好。刈割时间过早水分含量多，不易晒干；刈割过晚营养价值降低。禾本科类在抽穗期，豆科草类在孕蕾及初花期刈割为好。另外，在干燥过程中应尽可能减少机械损失、雨淋等。

（一）牧草的干燥方法

1. 田间晒制法

牧草刈割后，在原地或附近干燥地段摊开曝晒，每隔数小时加以翻晒，待水分降至40%～50%时，用搂草机或手工搂成松散的草垄，可集成高0.5～1米的草堆，保持草堆的松散通风。天气晴好可倒堆翻晒，天气恶劣时小草堆外面最好盖上塑料布，以防雨水冲淋。直到水分降到17%以下即可储藏，如果采用摊晒和捆晒相结合的方法，可以更好地防止叶片、花序和嫩枝的脱落。

2. 草架干燥法

田间晒制青干草虽然简单易行，但营养损失很大。如果是多雨季节最好采用草架干燥法，草架可用木棍搭成，也可以做成组合式三角形草架，架的大小可根据草的产量和场地而定。虽然花费一定的物力，但架上明显加快干燥速度，干草品质好。牧草刈割后在田间干燥半天或1天，使其水分降到40%～50%时，把牧草自下而上逐渐堆放或打成15厘米左右的小捆，草的顶端朝里，并避免与地面接触吸潮，草层厚度不宜超过70～80厘米。上架后的牧草应堆成圆锥屋顶形，力求平顺。由干草架中部空虚，空气可以流通加快牧草水分散失，提高牧草的干燥速度，其营养损失比地面干燥减少5%～10%。

3. 发酵干燥法

晒草季节如遇连阴雨，可将已割下的青草铺平自然干燥，使水分减少到50%左右，然后分层堆积高3～5米。新割的草，亦可堆为草堆。为防止发酵过度，应逐层堆紧，每层可撒上青草重量0.5%～1%的食盐。经堆放2～3天后，堆内温度可上升到60～70℃，未干草料所含水分即受热蒸发，并产生一种酸香味。发酵干燥需30～60天的时间，方可完成，也可适时把草堆打开，使水分蒸发。这种经过高温发酵的干草，可消化营养物质的损失可达50%以上，蛋白质的消化率也明显下降，干草颜色变成棕褐色。

4. 常温鼓风干燥法

为了保存营养价值高的叶片、花序、嫩枝，减少干燥后期阳光曝晒时对胡萝卜素的破坏，把刈割后的牧草在田间就地晒干至水分到40％～50％时，再放置于设有通风道的干草棚内，用鼓风机、电风扇等吹风装置，进行常温吹风干燥。采用此方法调制干草时只要不受雨淋、渗水等危害，就能获得品质优良的青干草。

5. 常温快速干燥法

此法多用于工厂化生产草粉、草块。先把牧草切碎，放入烘干机中，通过高温空气，使之迅速干燥，然后把草段制成草粉或草块等。干燥时间的长短取决于烘干机的性能，从数秒钟到几小时不等，可使牧草含水量从80％～90％下降到15％以下。虽然有的烘干机内热空气温度可达到1100℃，但牧草的温度一般不超过30～35℃，所以可以保存90％以上的养分。

（二）青干草的储藏

1. 露天堆垛储藏

垛址应选择地势平坦干燥、排水良好的地方，离牛舍不宜太远。垛底应用石块、木头、秸秆等垫起铺平，高出地面40～50厘米，四周有排水沟。垛的形式一般采用圆形和长方形两种。无论哪种形式，其外形均应由下向上逐渐扩大，顶部又逐渐形成圆形，形成下狭、中大、上圆的形状。垛的大小可根据需要，圆形垛一般直径4.5～5米，高6～5米，长方形垛一般长8～10米，宽4.5～5米，高6～6.5米。封顶时可用麦秸或杂草覆盖顶部，最后用草绳或泥土封压；以防大风吹刮。

2. 草棚堆垛

有条件的地方可建筑简易干草棚，以防雨雪，潮湿和阳光直射。存放干草时，应使青干草与地面和棚顶保持一定距离，以便通风散热。

3. 防腐剂的使用

要使调制成的青干草达到合乎储藏安全指标（含水量17％以下），生产上很困难。为了防止干草在储存过程中因水分过高而发霉变质，可以使用防腐剂。较为普遍的有丙酸和丙酸盐、液态氨和氢氧化物（氨或钠）等。目前丙酸应用较为普遍。液态氨不仅是一种有效的防腐剂，而且还能增加干草中氮的含量。氢氧化物处理干草不仅能防腐，而且能提高青干草消化率。

（三）草捆、草粉的生产与储藏

1. 草捆生产

主要是利用打捆机，将松散的牧草打成密实的捆，以利于机械操作、堆垛、装卸和运输。采用常规小型打捆机，草捆重量在14～16千克，密度为每立方米160～300千克。采用大圆柱形打捆机，常用的草捆重600千克左右，密度为每立方米110～250千克。青草和干草均可进行打捆。

2. 草粉加工

草粉是将青干草粉碎而制成的饲料。我国农村地区饲料粉碎机的普及率很高，草粉生产量也很大，但草粉的质量有待进一步提高。保证加工草粉质量的主要措施是提高加工原料青干草的质量。只有调制出优质的青干草，才能生产出高质量的草粉。养牛业中草粉主要用于饲养犊牛和成年牛短期育肥。一般喂牛，饲草不需要粉碎即可作为主要饲料使用。

3. 草捆和草粉的储藏

干草捆本身是青干草的一种储藏方法，占地面积小，节约空间，适于储藏在草棚内，重点是防潮和防鼠。利用鲜草打成的草捆，其储藏原理和青储饲料相同。这种草一般用塑料薄膜密封，在管理上应严防塑料薄膜破裂，以免造成饲草腐败变质。

草粉安全储藏的含水量和温度：含水量12%时，要求温度为15℃以下；含水量在13%以上时，要求储藏温度为5～10℃。在密闭低温条件下储藏，可减少草粉中胡萝卜素损失。在寒冷地区利用自然低温容易储藏。草粉也可以利用添加抗氧化剂和防腐剂的方式储藏。

（四）青干草的品质鉴定

1. 质量鉴定

（1）含水量及感官鉴定　青干草的最适含水量为15%～17%，适于堆垛永久保存，用手成束紧握时，发出沙沙响声和破裂声，草束反复折曲时易断，搓揉的草束能迅速、完全地散开，叶片干而卷曲。青干草含水量为17%～19%时也能较好的保存，用手成束紧握时无干裂声，只有沙沙声，草束反复折曲不易断，搓揉的草束散开缓慢，叶片干而卷曲。青干草含水量为19%～20%堆垛储藏时会发热，甚至起火，用手成束紧握时无清脆响声，容易拧成紧实而柔韧的草瓣，搓拧时不易折断。青干草含水量为23%以上时，不能堆垛储藏，搓揉是无沙沙响声，多次折曲草束时，折曲处有水珠，手插入草中有凉感。

（2）颜色、气味　绿色越深，营养物质损失越少，质量越好，并具有浓郁的芳香味；如果发黄，且有褐色斑点，无香味，列为劣等。如果发霉变质，则不能饲用。

（3）植物组成　干草组成中，如豆科草的比例超过5%～10%时为上等，禾本科草和杂草比例占80%以上为中等。不可食杂草占15%～20%的为劣等，有毒有害草超过1%的不可饲用。

（4）叶量　叶量越多说明营养损失越少，植株叶片保留95%以上的为优等，叶片损失10%～15%的为中等。叶片损失15%以上时为劣等。

（5）含杂质量　干草中夹杂土、枯枝、树叶等杂质量越少，品质越好。

2. 综合感官评定

青干草综合感官评定见表4-45。

表4-45　青干草综合感官评定指标

级别	感官指标
一级	枝叶鲜绿或深绿色，叶及花序损失不到5%，含水量15%～17%，有浓郁的干草香味，但再生草调制的干草香味较淡
二级	绿色，叶及花序损失不到10%，含水量15%～17%，有香味
三级	叶色发黑，叶及花序损失不到15%，含水量15%～17%，有干草香味
四级	茎叶发黄发白，部分由褐色斑点，叶及花序损失大于15%，含水量15%～17%，香味较淡
五级	发霉有臭味，不能饲用

三、青储饲料的加工调制

青储是养牛业最主要的辅料来源，在各种粗饲料加工方式中保存的营养物质水平最高（保存83%的营养），粗硬的秸秆在青储过程中还可以得到软化，增加适口性，使消化率提高。在密封状态下可以长年保存，制作简便，成本低廉。

青贮是在厌氧环境中，让乳酸菌大量繁殖，从而将饲料中的淀粉和可溶性糖变成乳酸，当乳酸积累到一定浓度后，便抑制霉菌和腐败菌的生长，pH 值降到 4.2 以下时可以把青饲料中的养分长时间地保存下来。青储饲料制作要保持无氧。在青储发酵的第一阶段，窖内的氧气越多，植物原料呼吸时间就越长，不仅消耗大量糖，还会导致窖中温度升高。若窖内氧气多，还会使好气性细菌很快繁殖，使青储料腐败、降低品质。有氧环境不利于乳酸菌增殖及乳酸生成，影响青储质量。

（一）青储窖的准备

1. 窖址选择

青贮窖应建在离牛舍较近的地方，地势要干燥，易排水，切忌在低洼处或树阴下建窖，以防漏水、漏气和倒塌。

2. 窖形及规格

窖形及规格见表 4-46。几种青贮原料的容重见表 4-47。

表 4-46　窖形及规格

窖形		规格	备注
小园窖		直径 2 米×深 3 米	适用于用草量少的养殖户
长方形窖	一般窖	宽 1.5～2 米（内壁呈倒梯形，倾斜度为每深 1.0 米上口外倾 15 厘米）×深 2.5～3 米×长 6～10 米	适用于用草量多的养牛场
	大型窖	宽 4.5～6 米（内壁呈倒梯形）×深 3.5～7 米×长 10～30 米	适用于规模化的养牛场

宽度和深度确定后，根据青贮需要量，计算出青贮窖的长度。

$$\text{窖长(米)}=\text{青贮需要量(千克)}\div\left[\frac{\text{上口宽(米)}+\text{下口宽(米)}}{2}\times\text{深度(米)}\times\text{每立方米原料质量(千克)}\right]$$

表 4-47　几种青贮原料的容重

原料	铡得细碎		铡得较粗	
	制作时/千克	利用时/千克	制作时/千克	利用时/千克
玉米秸	450～500	500～600	400～450	450～550
藤蔓类	500～600	700～800	450～550	650～750
叶、根茎类	600～700	800～900	550～650	750～850

（二）青贮原料的选择

1. 对青贮原料的要求

（1）适宜的含水量　为造成无氧环境，要把原料压实。而水分含量过低（低于60%），不容易压实，所以青贮料一般要求适宜的含水量为65%～70%，最低不少于55%。含水量也不要过高，否则使青贮料腐烂，因为压挤结成黏块易引起酪酸发酵。用手抓一把铡短的原料，轻揉后用力握，手指缝中出现水珠但不成串滴出，说明含水量适宜；无水珠则含水分少，成串滴出水珠则水分过多。原料中含水分过多会造成压实结块，腐败发臭，品质降低。这样的原料青贮前需加入适量的麸皮或干草等吸收水分，也可适当延长晾晒时间；原料中含水分过少，青贮时难压紧，窖内空气较多，使好气性菌大量繁殖，导致饲料发霉腐烂，所以应适量均匀加入清水或含水分高的青饲料。

（2）有一定的含糖量　青贮原料要有一定的含糖量，一般不应低于1%～1.5%，这样才能保证乳酸菌活动。含糖多的玉米秸和禾本科草易于青贮，若含糖量不足的原料青贮时（如苜蓿等豆科牧草）应与含糖量高的青贮原料混合青贮或加含糖高的青贮添加剂。禾本科牧草或秸秆含糖量符合青贮要求，可制作单一青贮；豆科牧草含糖量少，粗蛋白质含量高，不宜单独作青贮，应按1∶3比例与禾本科牧草混贮。此外每1000千克豆科牧草与带穗玉米秸3000千克或者每3000千克豆科牧草与100千克青高粱混贮都可以。

（3）原料切铡　任何青贮原料装窖前必须铡短，质地粗硬的原料，如玉米秸等以长1厘米为宜；柔软的原料，如藤蔓类以长4～5厘米为宜。铡短后利于压实，减小原料间隙，入窖时层层踩实、压紧，造成无氧环境。

2. 常用的青贮原料

凡是无毒的青绿植物均可制成青贮料。

（1）青刈带穗玉米　乳熟期整株玉米含有适宜的水分和糖分，是青贮的好原料。用这样的玉米青贮，从单位面积土地上获得的营养物质或换回的产肉数量要比玉米籽实加玉米秸饲喂的效果好。

（2）玉米秸　收获果穗后的玉米秸上能保留1/2的绿色叶片，适于青贮。若部分秸秆发黄，3/4的叶片干枯视为青黄秸，青贮时每

100 千克需加水 5～15 千克。为了满足肉牛对粗蛋白质的要求，可在制作时加入草量 0.5%左右的尿素。添加方法，原料装填时，将尿素制成水溶液，均匀喷洒在原料上。

（3）甘薯蔓　粗纤维含量低，易消化。注意及时调制，避免霜打或晒成半干状态而影响青贮质量。青贮时与小薯块一起装填更好。

（4）各种青草　各种禾本科青草所含的水分与糖分均适于调制青贮饲料。豆科牧草（如苜蓿）因含粗蛋白质量高，不宜单独青贮。

（三）青贮的制作

1. 原料适时刈割

青贮原料的适宜收割期，既要兼顾较高的营养成分和单位面积产量，又要保证有较为适量的可溶性碳水化合物和水分。一般宁早勿迟。豆科牧草的适宜收割期是现蕾至开花期，禾本科牧草为孕穗至抽穗期，带果穗的玉米在蜡熟期收割，如有霜害则应提前收割、青贮。收穗的玉米秸，应在玉米穗成熟收获后，玉米秸仅有下部 1～2 片叶枯黄时收割，立即青贮；也可在玉米七成熟时收割果穗以上的部分（果穗上部要保证有 1 张叶片）青贮。常见青贮原料适宜收割期见表 4-48。

表 4-48　常见青贮原料适宜收割期

青贮原料种类	收割适期	含水量/%
收玉米后秸秆	果粒成熟立即收割	50～60
豆科牧草及野草	现蕾期至开花初期	70～80
禾本科牧草	孕穗至抽穗期	70～80
甘薯藤	霜前或收薯期 1～2 天	86
马铃薯茎叶	收薯前 1～2 天	80
三水饲料	霜前	90

2. 运输、切碎

如果具备联合收割机，最好在田间进行青贮原料的切铡，再由翻斗车拉到青贮窖，直接青贮，可以提高青贮质量。中小型牛场常在窖边切铡秸秆，应在短时间内将青贮原料收运到青贮地点。不要长时间在阳光下曝晒。切短的长度，细茎牧草以 7～8 厘米为宜，而玉米等较粗的作物秸秆最好不要超过 1 厘米，国外要求 0.7 厘米。

3. 装填

填装时窖底可先填一层厚10～15厘米切短的秸秆，以便吸收青贮汁液。然后再分层填装。一般每填装50厘米厚时，即应用拖拉机镇压，直到下陷不明显后再填装一层、再镇压，依次填装直到高出窖面50厘米。注意窖的壁边和四角要压紧压实，不能有渗漏。

4. 封严及整修

原料填装完后应立即密封。拖延封窖时间对于青贮料有不良影响。密封的方法是在顶部呈方形填装好的原料上面，盖一层秸秆或软草，再铺盖塑料薄膜，上压厚30～50厘米的土，压实成馒头状。封盖后应经常检查，发现有塌陷、渗漏等现象应及时处理。窖四周应有排水沟，防止水渍。

（四）特殊青贮饲料的制作

1. 低水分青贮

低水分青贮亦称半干青贮，其干物质含量比一般青贮饲料高1倍多。无酸味或微酸，适口性好，色深绿，养分损失少。

制作低水分青贮时，青饲料原料应迅速风干，要求在收割后24～30小时，豆科牧草含水量达50%左右，禾本科牧草含水量达到45%，在低水分状态下装窖、压实、封严。由于原料含水分少，青贮原料对于腐败菌、酪酸菌造成生理干燥状态，生长繁殖受到限制。在低水分青贮过程中，微生物发酵微弱，蛋白质不被分解，有机酸形成数量少，因而能保持较多的营养成分。在华北地区，二茬苜蓿收割时正值雨季，晒制干草常遇雨霉烂，利用二茬苜蓿制作半干青贮是解决这一问题的好办法。

2. 拉伸膜青贮

这是草地就地青贮的最新技术，全部机械化作业，操作程序：割草—打捆—出草捆—缠绕拉伸膜。其优点主要是不受天气变化影响，保存时间长（一般可存放3～5年）、使用方便。

3. 混合青贮

常用于豆科牧草与禾本科牧草混合青贮以及含水量较高的牧草（如鲁梅克斯草、紫云英等）和非常规饲料与作物秸秆（玉米秸、麦秸、稻草等）进行的混合青贮。这些原料中，有些豆科牧草含糖量较低，单独青贮很难成功。而禾本科牧草含糖量较高，如果进行混贮，容易获得质量很高的青贮。含水量较高的原料和作物秸秆进行混贮，秸秆吸收了牧草细胞中大量的营养汁液，提高了秸秆的营养成分，特别是粗蛋白质含量显著增加，使秸秆柔软多汁，气味芳香，提高了营养和消化率，进一步开发了农区秸秆的利用，同时减少了牧草的营养损失，满足了冬、春季节枯草期肉牛对青绿多汁饲料的需要。豆科牧草与禾本科牧草混合青贮时的比例以 1∶1.3 为宜，含水量较高的牧草与秸秆进行混贮。每 100 千克牧草需加秸秆量可按下式进行计算。

需加秸秆量＝(牧草的含水量－理想含水量)÷(理想含水量－干秸秆含水量)×100％

【例 2】 含水量 90％的鲁梅克斯牧草与含水量 10％的干玉米秸进行混贮，需要多少千克干玉米秸？

可按前面公式进行计算：［(90％－65％)÷(65％－10％)］×100％＝45.5 千克，即青贮时每 100 千克含水量 90％的鲁梅克斯应加入含水量 10％的干玉米秸 45.5 千克。

4. 加添加剂青贮

在青贮过程中，合理使用青贮饲料添加剂可以改变因原料的含糖量及含水量的不同对青贮品质的影响，增加青贮料中有益微生物的含量，提高原料的利用率及青贮料的品质。

(1) 加尿素青贮　为了提高青贮饲料中粗蛋白质的含量，可在每吨青贮原料中添加 5 千克尿素。添加的方法：将尿素充分溶于水，制成水溶液，在入窖装填时均匀将其喷洒在青贮原料上。除喷洒尿素外，还可在每吨青贮原料中加入 3～4 千克的磷酸脲，从而有效地减少青贮饲料中的营养损失。

(2) 加微量元素青贮　为提高青贮饲料的营养价值，可在每吨青贮原料中添加硫酸铜 0.5 克、硫酸锰 5 克、硫酸锌 2 克、氯化钴 1 克、碘化钾 0.1 克、硫酸钠 500 克。添加方法是：将适量的上述几种物质充分混合溶于水后均匀喷洒在原料上，然后密闭青贮。

(3) 添加乳酸菌青贮　接种乳酸菌能增加青贮饲料中的乳酸含量，提高其营养价值和利用率。目前，饲料青贮时使用的乳酸菌种主要是德氏乳酸杆菌，其添加量为每吨青贮原料中加乳酸菌培养物 0.5 升或者乳酸菌剂 450 克。

(4) 添加甲醛青贮　在青贮原料中添加甲醛可防止饲料在青贮过程中发生霉变。每吨青贮饲料中添加体积分数为85%的甲醛3～5千克能保证青贮过程中无腐败菌活动，从而使饲料中的干物质损失减少50%以上，饲料的消化率提高20%。

(5) 加酸青贮　加酸青贮可抑制饲料腐败。加酸青贮常用的添加剂为甲酸，其用量为每吨禾本科牧草加3千克，每吨豆科牧草加5千克，但玉米茎秆青贮时一般不用加甲酸。使用甲酸青贮时工作人员要注意避免手脚直接接触，以免灼伤皮肤。

(6) 添加酶制剂　添加酶制剂（淀粉酶、纤维素酶、半纤维素酶等），酶制剂可使青贮料中的部分多糖水解成单糖，有利于乳酸发酵，不仅能增加发酵糖的含量，而且能改善饲料的消化率。豆科牧草青贮，按青贮原料的0.25%添加酶制剂，如果酶制剂添加量增加到0.5%，青贮料中含糖量可高达2.48%，有效的保证乳酸生产。

（五）青贮饲料的开窖取用与饲喂

1. 开窖取用

一般青贮在制作45天后（温度适宜30天即可）即可开始取用，长方形窖应从一端开始取料，从上到下，直到窖底应坚持每天取料，每次取料层应在15厘米以上。切勿全面打开，防止曝晒、雨淋、结冰，严禁掏洞取料。每天取后及时覆盖草帘或席片，防止二次发酵。如果青贮制作符合要求，只要不启封窖，青贮料保存多年不变质。

2. 喂法与喂量

育肥肉牛，日喂量每100千克体重4～5千克。初喂牛时肉牛不适应，应少喂，经短期训练，即可习惯采食。冰冻的青饲料待融化后再饲喂，每天用多少取多少，不能一次大量取用，连喂数日。防止青贮饲料霉烂变质。发霉变质后不能饲喂肉牛。

3. 防止青贮二次发酵

青贮料启窖后，由于管理不当引起霉变而出现温度再次上升称为青贮的二次发酵。这是由于启窖后的青贮开始接触空气后，好气性细菌和霉菌开始大量繁殖所致，在夏季高温天气和品质优良的青贮容易发生。

（六）青贮质量的评定

青贮饲料品质的评定有感官（现场）鉴定法、化学分析法和生物技术法，生产中常用感官鉴定法。农业部颁布的青贮饲料质量标准见表4-49。

表4-49　青贮饲料质量评定标准

种类	项目	pH	水分	气味	色泽	质地
	总配分	25	20	25	20	10
青贮紫云英、青贮苜蓿	优等	3.6（25）、3.7（23）、3.8（21）、3.9(20)、4.0(18)	70%（20）、71%（19）、72%（18）、73%（17）、74%（16）、75%(14)	酸香味、舒适感（18～25）	亮黄色（14～20）	松散、软、不粘手（8～10）
	良好	4.1(17)、4.2(14)、4.3(10)	76%（130）、77%（12）、78%（11）、79%（10）、80%（8）	酒酸味（9～17）	金黄色（8～13）	（柔软、水分稍多）（4～7）
	一般	4.4(8)、4.5(7)、4.6(6)、4.7(5)、4.8(3)、4.9(1)	81%（7）、82%（6）、83%（5）、84%(3)、85%(1)	刺鼻酸味、不舒适感（1～8）	淡黄褐色（1～7）	略带黏性（1～3）
	劣等	5.0以上(0)	86%以上(0)	腐败霉烂味（0）	暗褐色（0）	腐烂、发黏、结块（0）
青贮红薯藤	优等	3.4（25）、3.5（23）、3.6（21）、3.7(20)、3.8(18)	70%（20）、71%（19）、72%（18）、73%（17）、74%（16）、75%(14)	甘酸味、舒适感（18～25）	棕褐色（14～20）	松散、软、不粘手（8～10）
	良好	3.9(17)、4.0(14)、4.1(10)	76%（13）、77%（12）、78%（11）、79%（10）、80%（8）	淡酸味（9～17）	柔软、水分稍多（8～13）	柔软、水分稍多（4～7）
	一般	4.2(8)、4.3(7)、4.4(6)、4.5(5)、4.6(3)、4.7(1)	81%（7）、82%（6）、83%（5）、84%(3)、85%(1)	刺鼻酒酸味、不舒适感（1～8）	暗褐色（1～7）	略带黏性（1～3）
	劣等	4.8以上(0)	86%以上(0)	腐败霉烂味(0)	暗褐色（0）	腐烂、发黏、结块（0）

续表

种类	项目	pH	水分	气味	色泽	质地
	总配分	25	20	25	20	10
青贮玉米秸	优等	3.4(25)、3.5(23)、3.6（21）、3.7(20)、3.8(18)	70%（20）、71%(19)、72%(18)、73%(17)、74%(16)、75%(14)	甘酸味、舒适感(18～25)	亮黄色(14～20)	松散、软、不粘手(8～10)
	良好	3.9(17)、4.0(14)、4.1(10)	76%（13）、77%(12)、78%(11)、79%（10）、80%(8)	淡酸味(9～17)	褐黄色(8～13)	柔软、水分稍多(4～7)
	一般	4.2(8)、4.3(7)、4.4(6)、4.5(5)、4.6(3)、4.7(1)	81%（7）、82%(6)、83%（5）、84%(3)、85%(1)	刺鼻酒酸味(1～8)	柔软、水分稍多(1～7)	略带黏性(1～3)
	劣等	4.8以上(0)	86%以上(0)	腐败霉烂味(0)	黑褐色(0)	腐烂、发黏、结块(0)

注：1. pH用广泛试纸测定；2. 括号内数表示得分数；3. 各种青贮饲料的评定得分与等级划分：优等100～75分；良好75～51分；一般50～26分；劣质25分以下。

四、秸秆饲料的加工调制

（一）粉碎、铡短处理

秸秆经粉碎、铡短处理后，体积变小，便于家畜采食和咀嚼，增加了与瘤胃微生物的接触面，可提高过瘤胃速度，增加牛的采量。由于秸秆粉碎、铡短后在瘤胃中停留时间缩短，养分来不及充分降解发酵，便进入了真胃和小肠。所以消化率并不能得到改进。

经粉碎和铡短的秸秆，可增加家畜采食量20%～30%，消化吸收的总养分增加，不仅减少秸秆的浪费，而且可提高日增重20%左右；尤其在低精料饲养条件下，饲喂肉牛的效果更有明显改进。实践践证明，未经切短的秸秆，家畜只能采食70%～80%，而经切碎的秸秆几乎可以全部利用。

用于肉牛的秸秆饲料不提倡全部粉碎。一方面，由于粉碎增加饲养成本；另一方面，粗饲粉碎过细后不利于牛的咀嚼和反刍。粉碎多用于精料加工。有些研究证明，在牛的日粮中适当混入一些秸秆粉，可以提高采食量。铡短是秸秆处理中常用的一种方法。过长过细都不好，一般在肉牛生产中，依据年龄情况以2～4厘米为好。

（二）热喷与膨化处理

热喷和膨化秸秆虽然能提高秸秆的消化利用率，但成本较高。

1. 热喷

热喷是近年来采用的一项新技术，主要设备为压力罐，工艺程序是将秸秆送入压力罐内，通入饱和蒸汽，在一定压力下维持一段时间，然后突然降压喷爆。由于受热效应和机械效应的作用，秸秆被撕成乱麻状，秸秆结构重新分布，从而对粗纤维有降解作用。经热喷处理的鲜玉米秸，可使粗纤维由30.5%降低到0.14%；热喷处理干玉米秸，可使粗纤维含量由33.4%降低到27.5%。另外，将尿素、磷酸铵等工业氮源添加到秸秆上进行热喷处理，可使麦秸消化率达到75.12%，玉米秸的消化率达88.02%，稻草达64.42%。使每千克热喷秸秆的营养价值相当于0.6～0.7千克玉米。

2. 膨化

膨化需专门的膨化机。工艺程序是将含有一定量水分的秸秆放入密闭的膨化设备中，经过高温（200～300℃），高压（1.5兆帕以上）处理一定时间（5～20秒）迅速降压，使秸秆膨胀，组织遭到破坏而变得松软。原来紧紧地包在纤维素外的木质素全部被撕裂，而变得易于消化。

（三）揉搓处理

揉搓处理比铡短处理秸秆又进了一步。经揉搓的玉米秸呈柔软的丝条状，增加适口性，牛的吃净率由秸秆全株的70%提高到90%以上，揉碎的玉米秸在奶牛日粮中可代替干草，对于肉牛铡短的玉米秸更是一种价廉的、适口性好的粗饲料。目前，揉搓机正在逐步取代铡草机，如果能和秸秆的化学、生物处理相结合，效果更好。

（四）制粒与压块处理

1. 制粒

制粒的目的是为了便于肉牛机械化饲养和自动饲槽的应用。由于颗粒料质地硬脆，大小适中，便于咀嚼和改善适口性，从而提高采食量和生产性能，减少秸秆的浪费。秸秆经粉碎后制粒在国外很普遍。

我国随着秸秆饲料颗粒化成套设备相继问世，颗粒饲料已开始在肉牛生产中应用。肉牛的颗粒料以直径6～8毫米为宜。

2. 压块

秸秆压块能最大限度地保存秸秆营养成分，减少养分流失。秸秆经压块处理后密度提高，体积缩小，便于储存运输，运输成本降70%。给饲方便，便于机械化操作。秸秆经高温高压挤压成型，使秸秆的纤维结构遭到破坏，粗纤维的消化率提高25%。在制块的同时可以添加复合化学处理剂，如尿素、石灰、膨润土等，可使粗蛋白质含量提高到8%～12%，秸秆消化率提高到60%。

（五）秸秆碾青

秸秆碾青是将干秸秆铺在打谷场上，厚约0.33米，上面再铺0.33米左右的青牧草，牧草上面铺相同厚度的秸秆，然后用滚碾压，流出的牧草汁被干秸秆吸收。这样，被压扁的牧草可在短时间内晒制成干草，并且茎叶干燥速度一致，叶片脱落损失减少，而秸秆的适口性和营养价值提高，可一举两得。

（六）氨化处理

秸秆中含氮量低，秸秆氨化处理时与氨相遇，其有机物就与氨发生氨解反应，打断木质素与半纤维素的结合，破坏木质素-半纤维素-纤维素的复合结构，使纤维素与半纤维素被解放出来，被微生物及酶分解利用。氨是一种弱碱，处理后使木质化纤维膨胀，增大空隙度，提高渗透性。氨化能使秸秆含氮量增加1～1.5倍，牛对秸秆采食量和消化率有较大提高。

1. 材料选择

清洁未霉变的麦秸、玉米秸、稻草等，一般铡成长2～3厘米。市售通用液氨，由氨瓶或氨罐装运。市售工业氨水，无毒、无杂质，含氨量15%～17%；用密闭的容器，如胶皮口袋、塑料桶、陶瓷罐等装运。市售的农用尿素，含氮量46%，塑料袋密封包装。

2. 氨化处理

氨化方法有多种，其中使用液氨的堆贮法适于大批量生产；使用氨水和尿素的窖贮法适于中、小规模生产；使用尿素的小垛法、缸贮法、袋贮法适合农户少量制作，近年还出现了加热氨化池氨化法、氨化炉等。氨化处理操作见表4-50。

表 4-50 氨化处理操作方法

方法	操 作
堆贮法	① 物料及工具 厚透明聚乙烯塑料薄膜 10 米×10 米一块,6 米×6 米一块;秸秆 2200～2500 千克;输氨管、铁锹、铁丝、钳子,口罩、风镜、手套等。 ② 堆垛 选择向阳,高燥,平坦,不受人、畜危害的地方。先将塑料薄膜铺在地面上。在上面垛秸秆。草垛底面积为 5 米×5 米为宜,高度接近 2.5 米。 ③ 调整原料含水量 秸秆原料含水量要求 20%～40%,一般干秸秆仅 10%～13%,故需边码垛边均匀地洒水,使秸秆含水量达到 30%左右。 ④ 放置输氨管 草码到 0.5 米高处,于垛上面分别平放直径 10 毫米,长 4 米的硬质塑料管 2 根,在塑料管前端 2/3 长的部位钻若干个 2～3 毫米小孔,以便充氨。后端露出草垛外面约长 0.5 米。通过胶管接上氨瓶,用铁丝缠紧。 ⑤ 封垛 堆完草垛后,用 10 米×10 米塑料薄膜盖严,四周留下宽的余头。在垛底部用一长杠将四周余下的塑料薄膜上下合在一起卷紧,以石头或土压住,但输氨管外露。 ⑥ 充氨 按秸秆重量 3%的比例向垛内缓慢输入液氨。输氨结束后,抽出塑料管,立即将余孔堵严。 ⑦ 草垛管理 注氨密封处理后,经常检查塑料薄膜,发现破孔立即用塑料黏胶剂黏补。 除以上方法外,在我国北方寒冷冬季可采用土办法建加热氨化池,规模化养殖场可使用氨化炉
窖贮法	① 建窖 用土窖或水泥窖,深不应超过 2 米。长方形、方形、圆形均可,也可用上宽下窄的梯形窖,四壁光滑,底微凹(蓄积氨水)。下面以长 5 米、宽 5 米、深 1 米的方形土窖为例进行介绍。 ② 装窖 土窖内先铺一块厚 0.08～0.2 毫米,8.5 米×8.5 米规格的塑料薄膜。将含水量 10%～13%的铡短秸秆填入窖中。装满覆盖 6 米×6 米塑料薄膜,留出上风头一面的注氨口,其余三角两块塑料薄膜压角部分(约 0.7 米)卷成筒状后压土封严。 ③ 氨水用量 每 100 千克秸秆氨水用量按 3 千克÷(氨水含氮量×1.21)计算。如氨水含氮量为 15%,则每 100 千克秸秆需氨水量为 3 千克÷(15%×1.21)=16.5 千克。 ④ 注氨水 准备好注氨管或桶,操作人员佩戴防氨口罩,站在上风头,将注氨管插入秸秆中,打开开关注入,也可用桶喷洒,注完后抽出氨管,封严。使用尿素处理(配比见小垛法),要逐层喷洒,压实
小垛法	在家庭院内向阳处地面上,铺 2.6 平方米塑料薄膜,取 3～4 千克尿素,溶解在水中,将尿素溶液均匀喷洒在 100 千克秸秆上,堆好踏实后用 13 平方米塑料布盖好封严。小垛氨化以 100 千克一垛为宜,占地少,易管理,塑料薄膜可连续使用,投资少,简便易行

3. 氨化时间

密封时间应根据气温和感观来确定。根据气温确定氨化时间，并结合查看秸秆颜色变化，变褐黄即可。环境温度30℃以上，需要7天；30～15℃需要7～28天；15～5℃需要28～56天；5℃以下，需要56天以上。

4. 开封放氨

一般经2～5天自然通风将氨味全部放掉，呈糊香味时，才能饲喂，如暂时不喂，可不必开封放氨。

5. 饲喂

开始喂时，应由少到多，少给勤添，先与谷草、青干草等搭配饲喂，1周后即可全部喂氨化秸秆。并合理搭配精料（玉米、麸皮、糟渣、饼类）。

6. 氨化品质鉴定

氨化秸秆的好坏，主要凭感觉去鉴定。好的氨化秸秆，其颜色呈棕色或深黄色，发亮，气味糊香。质地柔软松发白，甚至发黑、发黏、结块，有腐臭味，开垛后温度继续升高，表明秸秆霉坏，不可饲喂。

（七）“三化”复合处理

秸秆“三化”复合处理技术，发挥了氨化、碱化、盐化的综合作用，弥补了氨化成本过高、碱化不易久储、盐化效果欠佳单一处理的缺陷。经试验证明，“三化”处理的麦秸与未处理组相比各类纤维都有不同程度的降低，干物质瘤胃降解率提高22.4%，饲喂肉牛日增重提高48.8%，饲料与增重比降低16.3%～30.5%，而“三化”处理成本比普通氨化（尿素3%～5%）降低32%～50%，肉牛育肥经济效益提高1.76倍。

此方法适合窖贮（土窖、水泥窖均可），也可用小垛法、塑料袋或水缸。其余操作见氨化处理。将尿素、生石灰粉、食盐按比例放入水中，充分搅拌溶解，使之成为混浊液。处理液的配制如表4-51所示。

（八）秸秆微贮

秸秆微贮饲料就是在农作物秸秆中，加入微生物高效活性菌种——秸秆发酵活杆菌，放入密封的容器（如水泥池、土窖）中储藏，经一定的发酵过程，使农作物变成具有酸香味、草食家畜喜食的饲料。

表 4-51　秸秆"三化"处理液的配制

秸秆种类	秸秆重量/千克	尿素用量/千克	生石灰用量/千克	食盐用量/千克	水用量/千克	储料含水量/%
干麦秸	100	2	3	1	45～55	35～40
干稻草	100	2	3	1	45～55	35～40
干玉米秸	100	2	3	1	40～50	35～40

1. 窖的建造

微贮的建窖和青贮窖相似，也可选用青贮窖。

2. 秸秆的准备

应选择无霉变的新鲜秸秆，麦秸铡短为 25 厘米，玉米秸最好铡短为 1 厘米左右或粉碎（孔径 2 厘米筛片）。

3. 复活菌种并配制菌液

根据当天预计处理秸秆的重量，计算出所需菌剂的数量，按以下方法配制。

（1）菌种的复活　秸秆发酵活杆菌每袋 3 克，可处理麦秸、稻秸、玉米干秸秆或青料 2000 千克。在处理秸秆前先将袋剪开，将菌剂倒入 2 千克水中，充分溶解（有条件的情况下，可在水中加白糖 20 克，溶解后，再加入活杆菌，这样可以提高复活率，保证微贮饲料质量）。然后在常温下放置 1～2 小时使菌种复活，复活好的菌剂一定要当天用完。

（2）菌液的配制　将复活好的菌剂倒入充分溶解的 0.8%～1% 食盐水中拌匀，食盐水及菌液量的计算方法如表 4-52。菌液兑入盐水后，再用潜水泵循环，使其浓度一致，这时就可以喷洒了。

表 4-52　菌液的配制

秸秆种类	秸秆重量/千克	活干菌用量/克	食盐用量/千克	自来水用量/升	贮料含水量/%
干麦秸	1000	3.0	9～12	1200～1400	60～70
干稻草	1000	3.0	6～8	800～1000	60～70
干玉米秸	1000	1.5	3～4	适量	60～70

4. 装窖

土窖应先在窖底和四周铺上一层塑料薄膜，在窖底先铺放厚 20

厘米的秸秆，均匀喷洒菌液，压实后再铺秸秆 20 厘米，再喷洒菌液压实。大型窖要采用机械化作业，用拖拉机压实，喷洒菌液可用潜水泵，一般扬程 20～50 米，流量每分钟 30～50 升为宜。在操作中要随时检查贮料含水量是否均匀合适，层与层之间不要出现夹层。检查方法，取秸秆，用力握攥，指缝间有水但不滴下，水分为 60%～70% 最为理想。否则为水分过高或过低。

5. 加入精料辅料

在微贮麦秸和稻草时应加入 0.3%左右的玉米粉、麸皮或大麦粉，以利于发酵初期菌种生长，提高微贮质量。加精料辅料时应铺一层秸秆，撒一层精料粉，再喷洒菌液。

6. 封窖

秸秆分层压实直到高出窖口 100～150 厘米，再充分压实后，在最上面一层均匀撒上食盐，再压实后盖上塑料薄膜。食盐的用量为每平方米 25 克，其目的是确保微贮饲料上部不发生霉烂变质。盖上塑料薄膜后，在上面撒上厚 20～30 厘米的稻草、麦秸，覆土 20 厘米以上，密封。密封的目的是为了隔绝空气与秸秆接触，保证微贮窖内呈厌氧状态，在窖边挖排水沟防止雨水积聚。窖内贮料下沉后应随时加土使之高出地面。

7. 秸秆微贮饲料的质量鉴定

可根据微贮饲料的外部特征，用看、嗅和手感的方法，鉴定微贮饲料的好坏。

(1) 看　优质微贮青玉米秸秆饲料的色泽呈橄榄绿，稻、麦秸秆呈金黄褐色。如果变成褐色或墨绿色则质量较差。

(2) 嗅　优质秸秆微贮饲料具有醇香和果香气味，并具有弱酸味。若有强酸味，表明醋酸较多，这是由于水分过多和高温发酵造成的。若有腐臭味、发霉味则不能饲喂。

(3) 手感　优质微贮饲料拿到手里感到很松散，质地柔软湿润。若拿到手里发黏，或者黏到一起说明质量不佳。有的虽然松散，但干燥粗硬，也属不良的饲料。

8. 秸秆微贮饲料的取用与饲喂

根据气温情况，秸秆微贮饲料一般需在窖内贮藏 21～45 天才能取喂。

开窖时应从窖的一端开始，先去掉上边覆盖的部分土层、草层，然后揭开塑料薄膜，从上到下垂直逐段取用。每次取出量应以白天喂完为宜，坚持每天取料，每层所取的料不应少于 15 厘米，每次取完后要用塑料薄膜将窖口密封，尽量避免与空气接触，以防止二次发酵和变质。开始饲喂时肉牛有一个适应期，应由少到多逐步增加喂量，一般育肥牛每天可喂，冻结的微贮应先化开后再用，由于制作微贮中加入了食盐，应在饲喂时由日粮中扣除。

第五章

<<<<<

肉牛的饲养管理

核心提示

虽然肉牛食谱性广，适应力强，易于饲养管理，但要保证肉牛健康和生产性能充分发挥，必须改变传统粗放管理的方式，进行科学饲养管理，为肉牛创造适宜的环境条件（如冬暖夏凉、安静卫生）、科学饲养、做好疾病防治等，促进生长，缩短育肥期，降低饲养成本，获得好的效益。

第一节　肉牛的饲养特点

一、肉牛的消化生理特点

牛是反刍动物，消化系统主要由胃肠道和其消化液分泌腺体组成，有4个胃，从前向后分别称为瘤胃、网胃（蜂窝胃）、瓣胃和皱胃（真胃）。牛的消化生理最突出的特点是可以依靠瘤胃微生物消化粗饲料，合成可为动物利用的营养物质。

（一）采食特点

牛因口腔结构特殊，有明显的采食特性。

1. 用舌将饲料卷入口腔

牛上腭无门齿，啃食能力较差，主要依靠长而灵活的舌将饲料卷入口腔。牛舌肌肉发达、结实，表面粗糙，适于卷食草料。饲料首次通过口腔时不充分咀嚼，很快吞咽，牛舌卷入的异物吐不出来，如饲料中混入铁丝、铁钉等尖锐物时，就会随饲料进入胃内，当牛进行反刍，胃壁强烈收缩，尖锐物受压会刺破胃壁，造成创伤性胃炎，有时还会刺伤胃邻近的脏器（如横膈膜、心包、心等），引起这些器官发炎。因此，饲喂前对饲料中的异物（毒草、铁钉、玻璃碴等）要剔除，防止误食并吞咽入胃中。

2. 采食快而粗糙，不经细嚼即咽下，饱食后进行反刍

饲喂给整粒谷料时，大部分未经嚼碎而被咽下沉入瘤胃底，未能进行反刍便转入第三、第四胃，造成消化不完全（过料），整粒的饲料会随粪便排出。饲喂未经切碎或搅拌的块根块茎类饲料时，常发生大块的根、茎饲料卡在食道部，引起食道梗阻，可危及牛的生命，因此饲料要进行加工调制。

3. 喜采食新鲜饲料

肉牛喜采食新鲜饲料，饲喂时宜“少喂、勤添”。一次投喂过多，在饲槽中被牛拱食较久，又粘上牛鼻镜等处的分泌物，牛就不喜欢采食，因此牛下槽后要及时清除剩草，晾干或晒干后再喂。肉牛喜食青绿饲料、多汁料，其次是优质青干草，再次是低水分的青贮料；最不喜食的是秸秆类粗饲料。牛对青绿饲料、精料、多汁饲料和优质青干草采食快，秸秆类饲料则采食慢；对精料，牛爱食拇指大小的颗粒料，但不喜欢吃粉料；秸秆饲料铡短拌入精料或搅碎的块根、块茎饲料，可以增进牛的食欲和采食量。此外秸秆饲料粉碎后混合精料压成颗粒饲料饲喂，也可增加采食量，提高饲料利用率。

4. 有较强的竞食性

竞争性即在自由采食或群养时互相抢食，可用这一特性来增加粗饲料的采食量。日粮中磷、钙或食盐不足，牛会舔土，舔盐、碱渍、尿渍等，这时应检查饲料日粮，补充欠缺的矿物质元素。

5. 不能采食过矮的牧草

牛没有上门齿，不能采食过矮的牧草，故在早春季节，牧草生长高度不超过 5 厘米时不要放牧，否则牛难以吃饱，并因“跑青”而过分消耗体力，也会由于抢食行进速度过快，践踏牧草，造成浪费。

6. 采食时大量分泌唾液

牛在采食时分泌大量的唾液，特别是饲喂干粗料含量高的日粮时，唾液的分泌量更多，以便湿润草料，便于咀嚼，形成食团，也便于吞咽和反刍。牛唾液呈碱性，pH 约为 8.2，可中和瘤胃内细菌作用产生的有机酸，使瘤胃的pH值维持在6.5～7.5，这也给瘤胃微生物繁殖提供了适宜的条件。

7. 放牧时易游走或惊群

放牧牛受到应激容易追赶或惊群。应保持相对安静，减少追赶和游走时间，防止惊群或狂奔。游走时间多，采食时间会相对减少，牛运动量增加，消耗能量增多，增重下降。为寻找好草而驱赶放牧，容易导致采食不匀、草地遭践踏，优质牧草易被淘汰，使劣草、毒草容易繁殖，破坏植被，降低草地生产力，甚至破坏草地生态系统。放牧牛容易误食毒草，特别是冬季一直采食枯草的牛，初在青草地上放牧，很容易误食毒草而中毒。

（二）采食时间

自由采食，每天采食时间为6～7小时。若饲草粗糙，如长草、秸秆等，则采食时间更长，日粮质量差时，应延长饲喂时间；若饲用的饲草软、嫩，如短草、鲜草，采食时间就短。

肉牛具有早晚采食和夜间采食的习性，可早晚饲喂精料，夜间让其自由采食粗饲料。舍饲时环境的温度也影响牛的采食，当气温低于20℃时，有68%的采食时间在白天；气温在27℃时，仅有37%的采食时间在白天，因此夏天可以夜饲为主，特别是夏季白天气温高，采食时间缩短，采食量不足，更应加强夜饲。冬季舍饲饲料质量较差时，也要延长饲喂时间或加强夜间饲喂（添夜草）。

（三）采食量

牛一昼夜的采食量与其体重相关，相对采食量随体重增加而减少，如育肥的周岁牛体重250千克时，日采食干物质可达其体重的2.8%；体重500千克时，则为其体重的2.3%。膘情好的牛，按单位体重计算的采食量低于膘情差的牛；健康牛采食量则比瘦弱牛多。牛对切短的干草比长草采食量要大，对草粉的采食量要少，若把草粉制成颗粒，采食量可增加近50%。日粮中营养不全时，牛的采食量减少；日粮中精料增加，牛的采食量也随之增加；但精料量占日粮的30%以上时，对干物质的采食量不再增加；若精料占日粮的70%以上时，采食量反而下降。日粮中脂肪含量超过6%时，粗纤维的消化率下降；超过12%时，牛的食欲受到抑制。此外，安静的环境、延长采食时间，均可增加采食量。

放牧的肉牛，日采食鲜草量占其活重的10%左右，日采食干物质6～12千克。放牧的普通黄牛、西门塔尔牛、夏洛莱牛等，日采食牧草口数约2.4万口，平均每分钟采食50～80口；放牧的牦牛日采食牧草口数为1.54万～3.75万，平均每分钟采食48口。

（四）反刍特性

当牛在采食后休息时，才把食物从瘤胃返回到口腔，进行充分的咀嚼，这就是反刍。反刍是一个生理过程，牛反刍行为的建立与瘤胃的发育有关，犊牛一般在3～4月龄开始出现反刍，成年牛每天反刍9～16次，每次15～45分钟，牛在昼夜中采食的时间为6～7小时，反刍时间为7～8小时，反刍时需要安静的环境。

经过反刍将饲料磨碎，可使饲料暴露的表面积更大，有助于微生物对粗纤维进行消化。反刍不能提高消化率，只能增加牛利用的饲料总量，因为饲料颗粒必须小到一定细度才能通过瘤胃。反刍时，每一个柔软的饲料团（即食团），从瘤胃经食管到口腔需要的时间不到1秒。每个食团的咀嚼时间约1分钟，然后全部吞咽。采食优质牧草用的反刍时间少，过瘤胃的速度快，因此采食量较大，牛采食的粗饲料量最多不应该超过反刍9小时的数量，否则容易引起消化性和营养性疾病。

（五）饮水

牛饮水时把嘴伸进水里吸水，鼻孔露在水面上，一般每天至少饮水4次以上，饮水行为多发生在午前和傍晚，很少在夜间或黎明时饮水。饮水量因环境温度和采食饲料的种类不同而有较大差异，一般每天饮水15～30升。饮水量可按干物质与水1∶5左右的比例供给。冬天应饮温水，水温不低于15℃，冰冷水最好将水加热到10～25℃，以促进采食量和肠胃的消化吸收，对减少体热的消耗也有好处。牛忌饮冰碴水，否则容易引发消化不良，从而诱发消化道疾病。

肉牛在高温状态下，主要依靠水分蒸发来散发体热，饮水充足有利于体液蒸发，带走多余的体热。夏季肉牛饮水量可较平时增加30%～50%，饮水不足时使牛的耐热性能下降。因此，应给肉牛提供无限制的、新鲜的、干净的饮水，最好用凉水、深井水或新放出的自来水，并可适量加入一些盐，以补充体内电解质。水质要符合饮用水卫生标准，每次饮水后，应将水槽洗净。水槽应放在荫凉、肉牛容易走到的地方。

（六）瘤胃消化特点

瘤胃是肉牛对饲料营养物质进行消化利用的重要器官，瘤胃壁没有消化腺，不分泌胃液，只有皱胃是能分泌胃液的真胃；但瘤胃含有大量微生物，每克瘤胃内容物中有500亿～1000亿个细菌和20万～200万纤毛虫。瘤胃具有适于微生物繁衍的环境条件，如适宜的温度（39～40.5℃），适宜的酸碱度（pH 5.0～7.5），以及厌氧的环境，瘤胃微生物依靠饲料中所提供的能量和粗蛋白质、微量元素和维生素进行生长和繁殖，同时发酵饲料中的碳水化合物生成挥发性脂肪酸、合成菌体蛋白质以供牛体利用。

牛采食过量精料后，易造成以在瘤胃内积蓄大量乳酸为特征的全身性代谢紊乱的疾病。一般发病后呈现消化系统紊乱、血酸过高；当出现一系列全身性酸中毒症状而不及时治疗或正确用药会造成死亡，给养牛业造成一定损失。

二、肉牛的一般饲喂原则

（一）日粮组成多样化、优质化

精、粗饲料要合理搭配，粗饲料是根本，粗饲料要求要喂饱，青绿饲草现割现喂，青绿苜蓿等晒干后喂。霉变饲草、冰冻饲草严禁饲喂。

（二）定时定量，少给勤添

饲喂制度的形成对保持消化道内环境稳定和正常消化机能有重要作用，是保证牛消化机能的正常和提高饲料营养物质消化率的基础。如果随意改变，如饲喂过迟过早，均会打乱肉牛的消化腺活动，影响消化机能。

（三）饲料更换切忌突然，稳定日粮

肉牛瘤胃内微生物区系的形成需要30天左右的时间，一旦打乱，恢复很慢。因此，有必要保持饲料种类的相对稳定。在必须更换饲料种类时，一定要逐渐进行，以便使瘤胃内微生物区系能够逐渐适应。

尤其是在青粗饲料之间更换时，应有7～10天的过渡时间，这样才能使肉牛逐渐适应，不至于产生消化紊乱现象。时青时干或时喂时停，均会使瘤胃消化受到影响，造成生长受阻，甚至导致疾病。

（四）防异物、防霉烂

由于肉牛的采食特点，饲料不经咀嚼即咽下，故对饲料中的异物反应不敏感，因此饲喂肉牛的精料要用带有磁铁的筛子进行过筛，而在青粗饲料铡草机入口处安装强力磁铁，以除去其中夹杂的铁针、铁丝等尖锐异物，避免网胃—心包创伤。对于含泥较多的青粗饲料，还应浸在水中淘洗，晾干后再进行饲喂；切忌使用霉烂、冰冻的饲料喂牛，保证饲料的新鲜和清洁。

（五）保证充足清洁的饮水

饮水的方法有多种形式，最好在食槽边或运动场安装自动饮水器，或在运动场设置水槽，经常放足清洁饮水，让牛自由饮用，目前肉牛场一般是食槽作水槽，饲喂后饮水，但要保持槽内有水，让牛自由饮水。

（六）饲料的合理配制及使用

肉牛的饲料成本占70%，饲料的配制、使用直接影响到养殖成本，应结合当地饲料资源配制肉牛日粮，既满足营养需要，又要降低饲料成本。

1. 粗饲料占日粮比例

根据肉牛的生理特点，选择适当的饲料原料，以干物质为基础，日粮中粗料比例应在40%～60%，也就是说日粮中粗纤维含量应占干物质的15%～24%。在育肥后期粗料比例也应在30%，才会保证牛体健康。

2. 精料喂量

在满足青贮（占体重3%～6%）或干草（2千克）饲喂量的基础上，根据增重要求精料一般按体重0.8%～1.2%提供，育肥后期可达1.5%，但瘤胃缓冲剂要占精料的1%～1.2%。

3. 采食量

为了保证肉牛有足够的采食量，日粮中应保证有足够的容积和干物质含量，干物质需要量为体重的1.3%～2.2%。

（七）合理选用商品饲料

市场上肉牛商品饲料品种很多，如添加剂、预混料、浓缩料、精料补充料等，必须根据本身的饲料资源情况合理选择，不同饲料产品类型在日粮中的使用比例不同，同一类型产品因肉牛不同生理阶段需要使用不同产品型号。各种产品的营养成分也有很大差异，养殖户要根据自己的矿物质饲料、蛋白质饲料、能量饲料（玉米、麸皮）合理选择搭配。

三、肉牛的饲喂技巧和方法

（一）饲喂技巧

饲喂的饲料必须符合肉牛的采食特点，在喂饲前进行适当加工。如谷物饲料不粉碎，则牛食后不易消化利用，出现消化不良现象；而粉碎过细牛又不爱吃。因此，要根据日粮中精料量区别饲喂。

精料少，可把精料同粗料混拌饲喂；精料多时，可把粉料压为颗粒料，或全混合日粮饲喂；粗料应该切短后饲喂；牛喜欢吃短草，即寸草三刀，既可提高牛的采食量，还可减少浪费。当肉牛快速育肥时精料超过60%，为了使其瘤胃能得到适当的机械刺激，粗料可以切得长些，最好提供优质长草（如干苜蓿或羊草）。

鲜野青草或叶菜之类饲料可直接投喂，不必切短。块根、块茎和瓜类饲料，喂前一定要切成小块，绝不可整块喂给，特别是马铃薯、甘薯、胡萝卜、茄子等，以免发生食道梗阻。豆腐渣、啤酒糟、粉渣等，虽然含水分多，但其干物质中的营养与精料相近，喂用这类饲料可减少精料喂量。谷壳、高粱壳、豆荚、棉籽壳等，只能用作粗饲料。糟渣类的适口性好，牛很爱吃，但要避免过食而造成牛食滞、前胃活动弛缓、膨胀等，如以450千克体重的育肥肉牛为例，湿酒糟日喂量最多为15千克，糖渣为15千克，豆腐渣为10千克，粉渣为15千克。

（二）肉牛的饲喂方法

1. 饲喂次数

国内外差别较大，国内做法是，一般肉牛场多采用日喂2次，也有日喂3次的情况，尤其夏季在夜里补饲粗饲料，少数实行自由采食；国外较普遍采用自由采食。自由采食能满足肉牛生长发育的营养需要，肉牛长得快，屠宰率高，育肥肉牛能在短时间内出栏。

2. 饲喂方法

同样的饲料，不同的饲喂方法，会产生不同的饲养效果。具体的饲喂方法有传统饲喂方法和全混合日粮（TMR）方法。

(1) 传统饲喂方法　传统饲喂方法是在饲喂上把精料和粗料、副料分开单独饲喂，或精料和粗料进行简单的人工混合后饲喂。

在饲喂顺序上，应根据精粗饲料的品质、适口性，安排饲喂顺序，当肉牛建立起饲喂顺序的条件反射后，不得随意改动，否则会打乱肉牛采食饲料的正常生理反应，影响采食量。一般的饲喂顺序：先粗后精、先干后湿、先喂后饮。如干草-辅料-青贮料-块根、块茎类-精料混合料。但喂牛最好的方法是精粗料混喂，采用完全混合日粮。

传统饲喂方式多为精粗料分开饲喂，使肉牛所采食饲料的精粗比不易控制，易造成肉牛的干物质摄取量偏少或偏多，尤其要保证育肥后期肉牛群对精料和粗料足量采食难度大，同时不利于按照饲养阶段配制不同营养浓度饲料和进行机械化操作。

(2) 肉牛全混合日粮饲喂　全混合日粮（total mixed ration，TMR）饲喂技术在配套技术措施和性能优良的混合机械基础上，能够保证肉牛每采食一口日粮都是精粗比例稳固定、营养浓度一致的全价日粮。所谓“TMR”就是根据牛群营养需要的粗蛋白质、能量、粗纤维、矿物质和维生素等，把揉切短的粗料、精料和各种预混料添加剂进行充分混合，将水分调整为45%左右而得的营养较平衡的日粮。全混合日粮用机械设备运送，直接投放食槽中，牛习惯后不再挑拣、等候，饲喂过程快捷简便，也有人认为饲料中的长干草不应打碎混合其中，而应取出单独喂，因为长干草能刺激口腔分泌唾液，刺激瘤胃蠕动，有利于瘤胃内饲料的混合和消化。

第二节　各类牛的饲养管理

一、公牛的饲养管理

（一）育成公牛的饲养管理

犊牛断奶至种用之前的公牛，统称为育成牛。此期间是生长发育最迅速的阶段，精心的饲养管理，不仅可以获得较快的增重速度，而且可使幼牛得到良好的发育。

1. 饲养

育成公牛的生长比育成母牛快，因而需要的营养物质较多，特别需要以补饲精料的形式提供营养，以促进其生长发育和性欲的发展。对育成公牛的饲养，应在满足一定量精料供应的基础上，令其自由采食优质的粗饲料。6～12月龄，粗饲料以青草为主时，精、粗饲料占饲料干物质的比例为55∶45；以干草为主时，其比例为60∶40。在饲喂豆科或禾本科优质牧草的情况下，对于周岁以上育成公牛，混合精料中粗蛋白质的含量以12%左右为宜。

断奶后，饲料选用优质的干草、青干草，不用酒糟、秸秆、粉渣类粗饲料以及棉籽饼、菜籽饼。6月龄后喂量为月龄乘以0.5千克，1岁以上日喂量为8千克，成年牛为10千克，以避免出现草腹。饲料中应注意补充维生素A、维生素E等。冬季没有青草时，每头牛可喂胡萝卜0.5～1.0千克来补充维生素，同时要有充足的矿物质。

充足供应饮水，并保证水质良好和卫生。

2. 饲养方式

（1）舍饲拴系饲养　在舍饲拴系培育条件下，在犊牛头1～10天于预防个体笼内管理，而后公、母分群前（4～5月龄前）在群栏内管理，每栏5～10头。在哺乳期过后拴系管理，在舍饲管理条件下培育到种用出售。舍饲拴系管理是出现各种物质代谢障碍、发生异常性反射等的主要原因。所以，必须保证充足的活动空间和运动。

（2）拴系放牧饲养　许多牛场在夏季采用。在距其他牛群较远的地方，选定不受主导风作用的一块平坦的放牧场，呈一线排列，用15～20米的铁链固定在可移动的钉进地里的具有钩环的柱上。柱间距40～50米，每头小公牛都能自由地在周围运动。每头小公牛附近都放有饲槽和饮水器，于早、晚放补充料和水。随着放牧场利用（第2～3天）将小公牛移入下一地点。观察表明，采用这种管理方式，每头6、12、18月龄小公牛每日相应消耗15千克、20千克、35千克青饲料。

（3）分群自由运动饲养　在分群自由运动培育情况下，小公牛在牛群内分群管理，每群5～6头，而在运动场和放牧场培育情况下每群40～50头。夏天，小公牛终日在设有遮棚的运动场内和放牧场内管理。冬天，4～12月龄小公牛在运动场管理4～5小时，在严寒期（－20℃以下）不超过2小时。

(4) 半拴系饲养　白天在运动场或放牧场管理，晚上在舍内或棚下栓系管理。

3. 管理

(1) 分群　牛断奶后应根据性别和年龄情况进行分群。首先是公母牛分开饲养，因为育成公牛与育成母牛的发育不同，对饲养条件的要求不同，而且公、母牛混养，会干扰其成长。分群时，同性别内年龄和体格大小应该相近，月龄差异一般不应超过2个月，体重差异低于30千克。

(2) 拴系　留种公牛6月龄始带笼头，拴系饲养。为便于管理，达8～10月龄时就应进行穿鼻带环（穿鼻用的工具是穿鼻钳，穿鼻的部位在鼻中隔软骨最薄处），用皮带拴系好，沿公牛额部固定在角基部，鼻环以不锈钢的为最好。牵引时，应坚持左右侧双绳牵导。对烈性公牛，需用勾棒牵引，由一个人牵住缰绳的同时，另一人两手握住勾棒，勾搭在鼻环上以控制其行动。

(3) 刷拭　为了保持牛体清洁，促进皮肤代谢和养成温驯的气质，育成公牛上槽后应进行刷拭，每天至少1次，每次5～10分钟。

(4) 试采精　从12～14月龄后即应试采精，开始时每个月采1或2次精，逐渐增加到18月龄的每周1或2次，检查采精量、精子密度、活力及有无畸形，并试配一些母牛，看后代有无遗传缺陷，并决定是否作种用。

(5) 加强运动　育成公牛的运动关系到它的体质。育成公牛有活泼好动的特点，加强运动，可以提高体质，增进健康。对于种用育成公牛，要求每天上、下午各1次，每次1.5～2小时，行走距离4.0千米。运动方式有旋转架、套爬犁，或拉车。实践证明，种用公牛如果运动不足或长期拴系，会使牛性情变坏，精液质量下降，患肢蹄病、消化道疾病等。但也要注意不能运动过度，否则同样对公牛的健康和精液质量有不良影响。

(6) 调教　对青年公牛还要进行必要的调教，包括与人的接近、牵引训练，配种前还要进行采精前的爬跨训练。饲养公牛必须注意安全，因其性情一般较母牛暴躁。

(7) 防疫卫生 定期对育成公牛进行防疫注射，防止传染病；保持牛舍环境卫生及防寒防暑也是必不可少的管理工作。除此之外，育成牛要定期称重，以检查饲养情况，及时调整日粮。做好各项生产记录工作。

（二）成年公牛的饲养管理

种公牛饲养管理良好的衡量标准是强的性欲、良好的精液品质、正常的膘情和种用体况。

1. 种公牛的质量要求

作种用的肉用型公牛，其体质外貌和生产性能均应符合本品种的种用畜特级和一级标准，经后裔测定后方能作为主力种公牛。肉用性能和繁殖性状是肉用型种公牛极其重要的两项经济指标。其次，种公牛需经检疫确认无传染病，体质健壮，对环境的适应性及抗病力强。

2. 种公牛的饲养

种公牛不可过肥，但也不可过瘦。过肥的种公牛常常没有性欲，但过瘦时精液质量不佳。成年种公牛营养中重要的是蛋白质、钙、磷和维生素，因为它们与种公牛的精液品质有关。5 岁以上成年种公牛已不再生长，为保持种公牛的种用膘度（即中上等膘情）而使其不过肥，能量的需要以达到维持需要即可。当采精次数频繁时，则应增加蛋白质的供给。

在种公牛饲料的安排上，应选用适口性强、容易消化的饲料，精、粗饲料应搭配适当，保证营养全面充足。种公牛精、粗饲料的供给量可依据不同公牛的体况、性活动能力、精液质量和承担的配种任务酌情处理。一般精饲料的用量按每天每头 100 千克体重 1.0 千克供给；粗饲料应以优质豆科干草为主，搭配禾本科牧草，而不用酒糟、秸秆、果渣及粉渣等粗料；青贮料应和干草搭配饲喂，并以干草为主，冬季补充胡萝卜。注意多汁饲料和粗饲料饲喂不可过量，以免公牛长成“草腹”，影响采精和配种。碳水化合物含量高的饲料也宜少喂，否则易造成种牛过肥而降低配种能力。菜子饼、棉子饼有降低精液品质的作用，不宜用作种公牛饲料。豆饼虽富含蛋白质，但它是生理酸性饲料，饲喂过多易在体内产生大量有机酸，反而对精子形成不利，因此应控制喂量。一般在日粮中添加一定比例的动物性饲料来补充种公牛对蛋白质的需要，主要有鱼粉、蛋粉、蚕蛹粉，尤其在采精频繁季节补加营养的情况下更是如此。公牛日粮中的钙不宜过多，特别是对老年公牛，一般当粗饲料为豆科牧草时，精料中就不应再补充钙质，因为过量的钙往往容易引起脊椎和其他骨骼融为一体。还要保证公牛有充足清洁的饮水，但配种或采精前后、运动前后的30分钟以内不应饮水，以防影响公牛健康。种公牛的定额日粮，可分为上、下午定时定量喂给，夜晚饲喂少量干草；日粮组成要相对稳定，不要经常变动。每2～3个月称体重1次，检查体重变化，以调整日粮定额。饲喂要先精后粗，防止过饱。每天饮水3次，夏季增加4～5次，采精或配种前禁水。

3. 种公牛的管理

种公牛的饲养管理一般要指定专人，因为公牛的记忆力强，防御反射强，性反射强，随便更换饲养管理人员，容易给牛以恶性刺激。饲养人员在管理公牛时，特别要注意安全，并要有耐心，不粗暴对待，不得随意逗弄、鞭打或虐待公牛。地面应平坦、坚硬、不漏，且远离母牛舍。牛舍温度应在10～30℃，夏季注意防暑，冬季注意防寒。

(1) 栓系　种公牛必须拴系饲养，防止伤人。一般公牛在10～12月龄时穿鼻戴环，经常牵引训导，鼻环需用皮带吊起，系于缠角带上。绕角上拴两条系链，通过鼻环，左右分开，拴在两侧立柱上，鼻环要常检查，有损坏要更换。

(2) 牵引　种公牛的牵引要用双绳牵，两人分左右两侧，人和牛保持一定距离。对烈性公牛，用钩棒牵引，由一人牵住缰绳，另一人用钩棒钩住鼻环来控制。

(3) 护蹄　种公牛经常出现趾蹄过度生长的现象。结果影响牛的放牧、觅食和配种。因此饲养人员要经常检查趾蹄有无异常，保持蹄壁和蹄叉清洁。为了防止蹄壁破裂，可经常涂抹凡士林或无刺激性的油脂。发现蹄病及时治疗。做到每年春、秋季各削蹄1次。蹄形不正要进行矫正。

(4) 睾丸及阴囊的定期检查和护理　种公牛睾丸的最快生长期是6～14月龄。因此在此时应加强营养和护理。研究表明，睾丸大的公牛比同龄睾丸小的公牛能配种能力强。公牛的年龄和体重对于睾丸的发育和性成熟有直接影响。为了促进睾丸发育，除注意选种和加强营养以外，还要经常进行按摩和护理，每次 5～10 分钟，保护阴囊的清洁卫生，定期进行冷敷，改善精液质量。

（5）放牧配种与采精　饲养肉牛时，在放牧配种季节，要调整好公母比例［1∶（20～30）］。当一个牛群中使用数头公牛配种时，青年公牛要与成年公牛分开。

（6）运动　每天上下午各进行一次运动，每次 1.5～2 小时，路程 4 千米。

（7）合理利用　种公牛的使用应合理适度，一般 1.5 岁牛每周采精 1 或 2 次，2 岁后每周 2 或 3 次，3 岁以上可每周 3 或 4 次。交配和采精时间应在饲喂后 2～3 小时进行。

二、母牛的饲养管理

（一）育成母牛的饲养管理

断奶至第一次配种的母牛叫育成母牛。育成母牛正处在快速生长发育阶段，一般在 18 月龄时，其体重应该达到成年牛的 70%以上。育成母牛发育情况直接关系到牛群质量。育成母牛在不同的年龄阶段其生理变化和营养要求不同，必须根据不同年龄阶段特点合理饲喂，科学管理。

1. 不同阶段的饲养要点

（1）6～12 月龄　为母牛性成熟期。在此时期，母牛的性器官和第二性征发育很快，体躯向高度和长度两个方向急剧生长，同时，其前胃已相当发达，容积扩大 1 倍左右。因此，在饲养上要求饲料既要能提供足够的营养，又必须具有一定的容积，以刺激前胃的生长。所以对这一时期的育成牛，除给予优质的干草和青饲料外，还必须补充一些混合精料，精料比例占饲料干物质总量的 30%～40%（每天每头 2 千克精饲料）。

（2）12～18 月龄　育成牛的消化器官更加扩大，为进一步促进其消化器官的生长，其日粮应以青、粗饲料为主，其比例约占日粮干物质总量的 75%，其余 25%为混合精料（每天每头 2.5～3 千克），以补充能量和蛋白质的不足。

（3）18～24 月龄　这时母牛已配种受胎，生长强度逐渐减缓，体躯显著向宽深方向发展。若饲养过丰，在体内容易蓄积过多脂肪，导致牛体过肥，造成不孕；但若饲养过于贫乏，又会导致牛体生长发育受阻，成为体躯狭浅、四肢细高、产奶量不高的母牛。因此，在此期间应以优质干草、青草或青贮饲料为基本饲料，精料可少喂甚至不喂。但到妊娠后期，由于体内胎儿生长迅速，则需补充混合精料，日定额为2～3千克。

如有放牧条件，育成母牛应以放牧为主。在优良的草地上放牧，精料可减少30%～50%；放牧回舍，若未吃饱，则应补喂一些干草和适量精料。

另外，食盐和骨粉混在精料中喂养，每头每天供给20～30克，还应补充微量元素、维生素、矿物质和添加剂，日喂2～3次，先喂精料，后喂粗饲料，喂后稍停片刻再饮水。

2. 育成母牛的管理

（1）分群　育成母牛最好在6月龄时分群饲养。公、母分群，每群30～50头，同时应以育成母牛年龄进行分阶段饲养管理。

（2）定槽饲养　圈养拴系式管理的牛群，采用定槽是必不可少的，每头牛有自己的牛床和食槽。以避免互相争草抢料，又便于按营养状况科学饲养。

（3）科学饲喂　一要定时定量，每天喂2～3次，每顿吃入八九分饱即可，要少喂勤添，把一顿草料分成两、三回喂，每回快吃完时再添加新料，使其保证旺盛的食欲，直到吃饱为止；二要合理拌料，冬天拌草料要干，夏天拌草料要湿；三要充足饮水，每日饮水2～4次，水温冬季10～20℃为宜；四要“三知六净”，即知冷暖、知饥饿、知疾病以及草净、料净、水净、槽净、圈净、牛体净；五要不喂发霉饲草、饲料（发霉饲草、饲料含大量霉菌，饲喂过多，能引起牛霉菌中毒），秸秆粉碎不要过细，最好2～4厘米长（牛是反刍动物，秸秆粉碎过细，牛吃后影响正常消化功能，影响反刍，易引发胃肠道疾病）。

（4）注意观察牛群状况　要经常观察牛的精神状态，采食情况，有无异常表现。

（5）加强运动　在舍饲条件下，每天至少要有2小时以上的驱赶运动，促进肌肉组织和内脏器官，尤其是心、肺等呼吸和循环系统的发育，使其具备高产母牛的特征。

（6）转群　育成母牛在不同生长发育阶段，生长强度不同，应根据年龄、发育情况分群，并按时转群，一般在12月龄、18月龄、定胎后或至少分娩前2个月共3次转群。同时称重并结合体尺测量，淘汰生长发育不良的牛，剩下的转群。最后一次转群是育成母牛走向成年母牛的标志。

（7）乳房按摩　为了刺激乳腺的发育和促进产后泌乳量提高，对12～18月龄育成牛每天按摩1次乳房；18月龄怀孕母牛，一般早晚各按摩一次，每次按摩时用热毛巾敷擦乳房。产前1～2个月停止按摩。

（8）卫生管理　牛舍要勤垫，保持圈舍干燥，清洁；保持圈舍和运动场地清洁，勤打扫，彻底清除多种铁钉，铁条等，以防牛误食，导致创伤性网胃炎和心肌炎，此病的死亡率高达95%以上；为了保持牛体清洁，促进皮肤代谢和养成温驯的气质，每天刷拭1或2次，每次5分钟。

（9）初配　在18月龄左右根据生长发育情况决定是否配种。

（二）空怀母牛的饲养管理

空怀母牛的饲养管理主要是围绕提高受配率、受胎率，充分利用粗饲料，降低饲养成本而进行的。繁殖母牛在配种前应具有中上等膘情。在日常饲养管理工作中，倘若喂给过多的精料而又运动不足，易使牛过肥，造成不发情。在肉用母牛的饲养管理中，这是经常出现的，必须加以注意。但在饲料缺乏、营养不全、母牛瘦弱的情况下，也会造成母牛不发情而影响繁殖。实践证明，如果母牛前一个泌乳期内给以足够的平衡日粮，同时劳役较轻，管理周到，能提高母牛的受胎率。瘦弱母牛配种前1～2个月，加强饲养，适当补饲精料，也能提高受胎率。

（三）妊娠母牛的饲养管理

母牛妊娠后，不仅本身生长发育需要营养，而且还要满足胎儿生长发育的营养需要和为产后泌乳进行营养蓄积。因此，要加强妊娠母牛的饲养管理，使其能够正常产犊和哺乳。

1. 妊娠母牛的饲养

母牛在妊娠初期，由于胎儿生长发育较慢，其营养需求较少，为此，对妊娠初期的母牛不再另行考虑，一般按空怀母牛进行饲养。母牛妊娠到中后期应加强营养，尤其是妊娠期最后的2～3个月，加强营养显得特别重要，这期间的母牛营养直接影响着胎儿生长和本身营养蓄积。如果此期营养缺乏，容易造成犊牛初生重低，母牛体弱和奶量不足。严重缺乏营养，会造成母牛流产。

舍饲妊娠母牛，要依妊娠月份的增加调整日粮配方，增加营养物质供给量。对于放牧饲养的妊娠母牛，多采取选择优质草场，延长放牧时间，牧后补饲饲料等方法加强母牛营养，以满足其营养需求。在生产实践中，多对妊娠后期母牛每天补喂1～2千克精饲料。同时，又要注意防止妊娠母牛过肥，尤其是头胎青年母牛，更应防止过度饲养，以免发生难产。在正常的饲养条件下，使妊娠母牛保持中等膘情即可。

2. 妊娠母牛的管理

（1）做好妊娠母牛的保胎工作　在母牛妊娠期间，应注意防止流产、早产，这一点对放牧饲养的牛群显得更为重要，实践中应注意以下几个方面：一是将妊娠后期的母牛同其他牛群分别组群，单独放牧在附近的草场；二是为防止母牛之间互相挤撞，放牧时不要鞭打驱赶，以防惊群；三是雨天不要放牧和进行驱赶运动，防止滑倒；四是不要在有露水的草场上放牧，也不要让牛采食大量易产气的幼嫩豆科牧草，不采食霉变饲料，不饮带冰碴水。

（2）适当运动　对舍饲妊娠母牛应每日运动2小时左右，以免过肥或运动不足。

（3）注意观察　要注意对临产母牛的观察，及时做好分娩助产的准备工作。

（四）哺乳母牛的饲养管理

哺乳母牛就是产犊后用其乳汁哺育犊牛的母牛。中国黄牛传统上多以役用为主，乳、肉性能较差。近年来，随着黄牛选育改良工作的不断深入和发展，中国黄牛逐渐朝肉、乳用方向发展，产生了明显的社会效益和经济效益。因此，加强哺乳母牛的饲养管理，具有十分重要的现实意义。

1. 哺乳母牛的饲养

母牛在分娩前1～3天，食欲低下，消化机能较弱，此时要精心调配饲料，精料最好调制成粥状，特别要保证充足的饮水。此时在饲养上要以恢复母牛体质为目的。在饲料的调配上要加强其适口性，刺激牛的食欲。粗饲料则以优质干草为主。精料不可太多，但要全价，优质，适口性好，并可适当添加一定的增味饲料，如糖类等。

母牛分娩后，由于大量失水，要立即喂母牛以温热、麸皮盐水（麸皮1～2千克，盐100～150克，碳酸钙50～100克，温水10～20千克），可起到暖腹、充饥、增腹压的作用。同时喂给母牛优质、柔软的干草1～2千克。为促进子宫恢复和恶露排出，还可补给益母草温热红糖水（益母草250克，水1500克，煎成水剂后，再加红糖1千克，水3千克），每日1次，连服2～3天。

母牛产犊10天内，尚处于体恢复阶段，要限制精饲料及根茎类饲料的喂量，此期若饲养过于丰富，特别是精饲料给量过多，母牛食欲不好、消化失调，易加重乳房水肿或发炎，有时因钙、磷代谢失调而发生乳热症等，这种情况在高产母牛身上极易出现。因此，对于产犊后体况过肥或过瘦的母牛必须进行适度饲养。对体弱母牛，在产犊3天后喂给优质干草，3～4天后可喂多汁饲料和精饲料。到6～7天时，便可增加到足够的喂量。

根据乳房及消化系统的恢复状况，逐渐增加给料量，但每天增加精料量不得超过1千克，当乳水肿完全消失时，饲料可增至正常。若母牛产后乳房没有水肿，体质健康、粪便正常，在产犊后的第一天就可饲喂多汁料和精料，到6～7天即可增至正常喂量。

头胎母牛产后饲养不当易出现酮病——血糖降低、血和尿中酮体增加。表现食欲不佳、产奶量下降和出现神经症状。其原因是饲料中富含碳水化合物的精料喂量不足，而蛋白质供给量过高所致。实践中应给予高度的重视。在饲养肉用哺乳母牛时，应正确安排饲喂次数。研究表明：两次饲喂日粮营养物质的消化率比3次和4次饲喂低3.4%，但却减少了劳动消耗。一般以日喂3次为宜。

要保持充足、清洁、适温的饮水。一般产后1～5天应饮给温水，水温37～40℃，以后逐渐降至常温。

2. 哺乳母牛的管理

母牛产后10天内，身体虚弱，消化机能差，尚处于身体恢复阶段，要限制精饲料及根茎类饲料的喂量。此期若营养过于丰富，特别是精料量过多，可引起母牛食欲下降，产后瘫痪，加重乳房炎和产乳热等病。因此，对于产犊后过肥或过瘦的母牛必须适度饲养，要求产后 3 天内只喂优质干草和少量以麦麸为主的精料，4 天后喂给适量的精料和多汁饲料，随后每天适当增加精料喂量，每天不超过 1 千克，1 周后增至正常喂量。

夏季应以放牧管理为主。放牧期间的充足运动和阳光浴及牧草中所含的丰富营养，可促进牛体的新陈代谢，改善繁殖机能，提高泌乳量，增强母牛和犊牛的健康。研究表明：青绿饲料中含有丰富的粗蛋白质，含有各种必需氨基酸、维生素、酶和微量元素。因此，经过放牧牛体内血液中血红蛋白的含量增加，机体内胡萝卜素和维生素 D 等储备较多，因而，提高了对疾病的抵抗能力。放牧饲养前应做好以下几项准备工作。

(1) 放牧场设备的准备　在放牧季节到来之前，要检修房舍、棚圈及篱笆；确定水源和饮水后临时休息点；整修道路。

(2) 牛群的准备　包括修蹄、去角；驱除体内外寄虫；检查牛号；母牛的称重及组群等。

(3) 从舍饲到放牧的过渡　母牛从舍饲到放牧管理要逐步进行，一般需 7～8 天的过渡期。当母牛被赶到草地放牧前，要用粗饲料、半干贮及青贮饲料预饲，日粮中要有足量的纤维素以维持正常的瘤胃消化。若冬季日粮中多汁饲料很少，过渡期需 10～14 天。时间上由开始时的每天放牧 2～3 小时，逐渐过渡到末尾的每天 12 小时。

在过渡期，为了预防青草抽搐症，春季当牛群由舍饲转为放牧时，开始一周不宜吃得过多，放牧时间不宜过长，每天至少补充 2 千克干草；并应注意不宜在牧场施用过多钾肥和氨肥，而应在易发该病的地方增施硫酸镁。

由于牧草中含钾多钠少，因此要特别注意食盐的补给，以维持牛体内的钠钾平衡。补盐方法：可配合在母牛的精料中喂给，也可在母牛饮水的地方设置盐槽，供其自由舔食。

三、犊牛的饲养管理

犊牛，系指初生至断乳前这段时期的小牛。肉用牛的哺乳期通常为 6 个月。

（一）犊牛的饲养

1. 早喂初乳

初乳是母牛产犊后5～7天内所分泌的乳。初乳色深黄而黏稠，干物质总量较常乳高1倍，在总干物质中除乳糖较少外，其他含量都较常乳多，尤其是蛋白质、灰分和维生素A的含量。在蛋白质中含有大量免疫球蛋白，它对增强犊牛的抗病力起关键作用。初乳中含有较多的镁盐，有助于犊牛排出胎便，此外初乳中各种维生素含量较高，对犊牛的健康与发育有着重要的作用。

犊牛出生后应尽快让其吃到初乳。一般犊牛生后0.5～1小时，便能自行站立，此时要引导犊牛接近母牛乳房寻食母乳，若有困难，则需人工辅助哺乳。若母牛健康，乳房无病，农家养牛可令犊牛直接吮吸母乳，随母自然哺乳。

若母牛产后生病死亡，可由同期分娩的其他健康母牛代哺初乳。在没有同期分娩母牛初乳的情况下，也可喂给牛群中的常乳，但每天需补饲20毫升的鱼肝油，另给50毫升的植物油以代替初乳的轻泻作用。

2. 饲喂常乳

可以采用随母哺乳、保姆牛法和人工哺乳法给哺乳犊牛饲喂常乳。

（1）随母哺乳法　让犊牛和其生母在一起，从哺喂初乳至断奶一直自然哺乳。为了给犊牛早期补饲，促进犊牛发育和诱发母牛发情，可在母牛栏的旁边设一犊牛补饲间，短期使大母牛与犊牛隔开。

（2）保姆牛法　选择健康无病、气质安静、乳及乳头健康、产奶量中下等的奶牛（若代哺犊牛仅一头，选同期分娩的母牛即可，不必非用奶牛）做保姆牛，再按每头犊牛日食4～4.5千克乳量的标准选择数头年龄和气质相近的犊牛固定哺乳，将犊牛和保姆牛管理在隔有犊牛栏的同一牛舍内，每日定时哺乳3次。犊牛栏内要设置饲槽及饮水器，以利于补饲。

（3）人工哺乳法　对找不到合适的保姆牛或奶牛场淘汰犊牛的哺乳多用此法。新生犊牛结束5～7天的初乳期以后，可人工哺喂常乳。犊牛的参考哺乳量见表5-1。哺乳时，可先将装有牛乳的奶壶放在热水中进行加热消毒（不能直接放在锅内煮沸，以防过热后影响蛋白的凝固和酶的活性），待冷却至38～40℃时哺喂，5周龄内日喂3次；6周龄以后日喂2次。喂后立即用消毒的毛巾擦嘴，缺少奶壶时，也可用小奶桶哺喂。

表 5-1 不同周龄犊牛的日哺乳量 千克

犊牛类别	周龄						全期用奶
	1～2	3～4	5～6	7～9	10～13	14以后	
小型牛	4.5～6.5	5.7～8.1	6.0	4.8	3.5	2.1	540
大型牛	3.7～5.1	4.2～6.0	4.4	3.6	2.6	1.5	400

3. 早期补饲植物性饲料

采用随母哺乳时，应根据草场质量对犊牛进行适当的补饲，既有利于满足犊牛的营养需要，又有利于犊牛的早期断奶；人工哺乳时，要根据饲养标准配合日粮，早期让犊牛采食干草、精饲料等植物性饲料。

（1）干草 犊牛从7～10日龄开始，训练其采食干草。在犊牛栏的草架上放置优质干草，供其采食咀嚼，可防止其舔食异物，促进犊牛发育。

（2）精饲料 犊牛生后15～20天，开始训练其采食精饲料（精饲料配方见表5-2）。初喂精饲料时，可在犊牛喂完奶后，将犊牛料涂在犊牛嘴唇上诱其舔食，经2～3日后，可在犊牛栏内放置饲料盘，放置犊牛料任其自由舔食。因初期采食量较少，料不应多放，每天必须更换，以保持饲料及料盘的新鲜和清洁。最初每头日喂干粉料10～20克，数日后可增至80～100克，等适应一段时间后再喂以混合湿料，即将干粉料用温水拌湿，经糖化后给予。湿料供给量可随日龄的增加而逐渐增加。

表 5-2 犊牛的精料配方 %

组成	配方1	配方2	配方3	配方4
干草粉颗粒	20	20	20	20
玉米粗粉	37	22	55	52
糠粉	20	40	—	—

续表

组成	配方1	配方2	配方3	配方4
糖蜜	10	10	10	10
饼粕类	10	5	12	15
磷酸二氢钙	2	2	2	2
其他微量盐类	1	1	1	1
合计	100	100	100	100

(3) 多汁饲料　从生后20天开始，在混合精料中加入20～25克切碎的胡萝卜，以后逐渐增加。无胡萝卜，也可饲喂甜菜和南瓜等，但喂量应适当减少。

(4) 青贮饲料　从2月龄开始喂给。最初每天100～150克；3月龄可喂到1.5～2.0千克；4～6月龄增至4～5千克。

【注意】 训练犊牛所用饲料每次都是新鲜料，最好是颗粒料，一般情况下经1周训练饲喂便可自己采食精料。2月龄每天0.4～0.5千克，第3月龄日喂0.8～1千克，以后每增加2月龄，日增加精料0.5千克，至4～6月龄断奶时犊牛日喂犊精料达2千克。

4. 饮水

牛奶中的含水量不能满足犊牛正常代谢的需要，必须训练犊牛尽早饮水。最初需饮36～37℃的温开水；10～15日龄后可改饮常温水；1月龄后可在运动场内备足清水，任其自由饮用。

5. 补饲抗生素

为预防犊牛拉稀，可补饲抗生素饲料。每天补饲1万国际单位/头的金霉素，30日龄以后停喂。

(二) 犊牛的管理

1. 注意保温、防寒

特别在我国北方，冬季天气严寒风大，要注意犊牛舍的保暖，防止贼风侵入。在犊牛栏内要铺柔软、干净的垫草，保持舍温在0℃以上。

2. 去角

对于将来作为肥育的犊牛和群饲的牛，去角更有利于管理。去角的适宜时间多在生后 7～10 天，常用的去角方法有电烙法和固体苛性钠法两种。电烙法是将电烙器加热到一定温度后，牢牢地压在角基部直到其下部组织烧灼成白色为止（不宜太久太深，以防烧伤下层组织），再涂以青霉素软膏或硼酸粉。后一种方法应在晴天且哺乳后进行，先剪去角基部的毛，再用凡士林涂一圈，以防以后药液流出伤及头部或眼部，然后用棒状苛性钠稍湿水涂擦角基部，至表皮有微量渗血为止。在伤口未变干前不宜让犊牛吃奶，以免腐蚀母牛乳房的皮肤。

3. 母仔分栏

在小规模系养式的母牛舍内，一般都设有产房及犊牛栏，但不设犊牛舍。在规模大的牛场或散放式牛舍，才另设犊牛舍及犊牛栏。犊牛栏分单栏和群栏两类，犊牛出生后即在靠近产房的单栏中饲养，每犊一栏，隔离管理，一般 1 月龄后才过渡到群栏。同一群栏犊牛的月龄应一致或相近，因不同月龄的犊牛除在饲料条件的要求上不同以外，对于环境温度的要求也不相同，若混养在一起，对饲养管理和健康都不利。

4. 刷拭

在犊牛期，由于基本上采用舍饲方式，因此皮肤易被粪及尘土所黏附而形成皮垢，这样不仅降低皮毛的保温与散热力，使皮肤血液循环恶化，而且也易患病，为此，对犊牛每日必须刷拭一次。

5. 运动与放牧

犊牛从出生后 8～10 日龄起，即可开始在犊牛舍外的运动场做短时间的运动，以后可逐渐延长运动时间。如果犊牛出生在温暖的季节，开始运动的日龄还可适当提前，但需根据气温的变化，掌握每日运动时间。

在有条件的地方，可以从生后第二个月开始放牧，但在 40 日龄以前，犊牛对青草的采食量极少，在此时期与其说放牧不如说是运动。运动对促进犊牛的采食量和健康发育都很重要。在管理上应安排适当的运动场或放牧场，场内要常备清洁的饮水，在夏季必须有遮阴条件。

第三节 肉牛肥育

肉牛肥育，根据不同分类方法可分为如下几个体系：按性能划分，可分为普通肉牛肥育和高档肉牛肥育；按年龄划分，可分为犊牛肥育、青年牛肥育、成年牛肥育、淘汰牛肥育；按性别划分，可分为公牛肥育、母牛肥育、阉牛肥育；根据饲料类型可分为精料型直线肥育、前粗后精型架子牛肥育。

一、肉牛肥育方式

肉牛肥育方式一般可分为放牧肥育、半舍饲半放牧肥育和舍饲肥育等三种。

（一）放牧肥育方式

放牧肥育是指从犊牛到出栏牛，完全采用草地放牧而不补充任何饲料的肥育方式，也称草地畜牧业。这种肥育方式适于人口较少、土地充足、草地广阔、降雨量充沛、牧草丰盛的牧区和部分半农半牧区。例如新西兰肉牛育肥基本上以这种方式为主，一般自出生到饲养至18个月龄，体重达400千克便可出栏。

如果有较大面积的草山草坡可以种植牧草，在夏天青草期除供放牧外，还可保留一部分草地，收割调制青干草或青贮料，以供越冬饲用。这种方式也可称为放牧育肥，且最为经济，但饲养周期长。

（二）半舍饲半放牧肥育方式

夏季青草期牛群采取放牧肥育，寒冷干旱的枯草期把牛群于舍内圈养，这种半集约式的育肥方式称为半舍饲肥育。

此法通常适用于热带地区，因为当地夏季牧草丰盛，可以满足肉牛生长发育的需要，而冬季低温少雨，牧草生长不良或不能生长。我国东北地区，也可采用这种方式。但由于牧草不如热带丰盛，故夏季一般采用白天放牧，晚间舍饲，并补充一定精料，冬季则全天舍饲。

采用半舍饲半放牧肥育应将母牛控制在夏季牧草期开始时分娩，犊牛出生后，随母牛放牧自然哺乳，这样，因母牛在夏季有优良青嫩牧草可供采食，故泌乳量充足，能哺育出健康犊牛。当犊牛生长至5～6个月龄时，断奶重达100～150千克，随后采用舍饲，补充一点精料过冬。在第二年青草期，采用放牧肥育，冬季再回到牛舍舍饲3～4个月即可达到出栏标准。此法的优点：可利用最廉价的草地放牧，犊牛断奶后可以低营养过冬，第二年在青草期放牧能获得较理想的补偿增长。在屠宰前有3～4个月的舍饲肥育，胴体优良。

（三）舍饲肥育方式

肉牛从出生到屠宰全部实行圈养的肥育方式称为舍饲肥育。舍饲的突出优点是使用土地少，饲养周期短，牛肉质量好，经济效益高。缺点是投资多，需较多的精料。适用于人口多，土地少，经济较发达的地区。美国盛产玉米，且价格较低，舍饲肥育已成为美国的一大特色。舍饲肥育方式又可分为拴饲和群饲。

1. 拴饲

舍饲肥育较多的肉牛时，每头牛分别拴系给料称之为拴饲。其优点是便于管理，能保证同期增重，饲料报酬高。缺点是运动少，影响生理发育，不利于育肥前期增重。一般情况下，给料量一定时，拴饲效果较好。

2. 群饲

群饲问题是由牛群数量多少、牛床大小、给料方式及给料量引起的。一般变六头为一群，每头所占面积 4 平方米。为避免斗架，肥育初期可多些，然后逐渐减少头数。或者在给料时，用链或连动式颈枷保定。如在采食时不保定，可设简易牛栏，像小室那样，将牛分开自由采食，以防止抢食而造成增重不均。但如果发现有被挤出采食行列而怯食的牛，应另设饲槽单独喂养。群饲的优点是节省劳动力，牛不受约束，有利于生理发育。缺点：一旦抢食，体重会参差不齐；在限量饲喂时，应该用于增重的饲料消耗到运动上，降低了饲料报酬。当饲料充分，自由采食时，群饲效果较好。

二、犊牛肥育

（一）白牛肉生产

白牛肉是最优质的高档牛肉，是指犊牛出生后 3～5 个月内，在特殊饲养条件下，育肥至 90～150 千克时屠宰，生产出风味独特，肉质鲜嫩、多汁的高档犊牛肉。犊牛肥育以全乳或代乳品为饲料，在缺铁条件下饲养，肉色很淡，故又称“白牛”生产。

1. 犊牛的选择

（1）品种　优良的肉用品种、兼用品种、乳用品种或杂交种均可。

（2）体重　选择健康无病、消化机能强，生长发育快，初生重一般要求在 38～45 千克。

（3）体形外貌　选择头方大、前管围粗壮、蹄大的犊牛。

2. 饲养管理

（1）饲料　由于犊牛吃了草料后肉色会变暗，不受消费者欢迎，为此犊牛肥育不能直接饲喂精料、粗料，应以全乳或代乳品为饲料，代乳品参考配方见表 5-3。

表 5-3　代乳品参考配方

配方类型	组分及比例
丹麦配方	脱脂乳 60%～70%、猪油 15%～20%、乳清 15%～20%、玉米粉 1%～10%、矿物质、微量元素 2%
日本配方	脱脂奶粉 60%～70%、鱼粉 5%～10%、豆饼 5%～10%、油脂 5%～10%

（2）饲喂　犊牛的饲喂应实行计划采食。以代乳品为饲料的饲喂计划见表 5-4。

表 5-4　代乳品饲喂量

周龄	代乳品/克	水/千克	代乳品:水
1	300	3	100
2	660	6	110
8	1800	12	145
12～14	3000	16	200

注：1～2 周代乳品温度为 38℃左右；以后为 30～35℃。

饲喂全乳，也要加喂油脂。为更好地消化脂肪，可将牛乳均质化，使脂肪球变小，如能喂当地的黄牛乳、水牛乳，效果会更好。

饲喂用奶嘴，日喂 2～3 次，日喂量最初 3～4 千克，以后逐渐增加到 8～10 千克，4 周龄后喂到能吃多少吃多少。

（3）管理　严格控制饲料和水中铁的含量，强迫牛在缺铁条件下生长；控制牛与泥土、草料的接触，牛栏地板尽量采用漏粪地板，如果是水泥地面应加垫料，垫料要用锯末，不要用秸秆、稻草，以防采食；饮水充足，定时定量；有条件的，犊牛应单独饲养，如果几个犊牛圈养，应带笼嘴，以防吸吮耳朵或其他部位；舍温要保持在 20℃以下，14℃以上，通风良好；要吃足初乳，最初几天还要在每千克代乳品中添加40毫克/千克抗生素和维生素A、维生素D、维生素E，2～3周要经常检查体温和采食量，以防发病。

（4）屠宰月龄与体重　犊牛饲喂到1.5～2月龄，体重达到90千克时即可屠宰。如果犊牛增长率很好，进一步饲喂到3～4个月龄，体重170千克时屠宰，也可获得较好效果。但屠宰月龄超过5月龄以后，单靠牛乳或代乳品增长率就差了，且年龄越大，牛肉越显红色，肉质较差。

（二）犊牛育肥（小牛肉生产）

犊牛育肥指犊牛出生6～8个月内，在特定条件育肥至250～350千克时屠宰的牛肉生产过程。小牛肉生产过程其实是全乳和全精料育肥，实行分阶段饲养。

1. 育肥指标

育肥结束体重：活重达300～350千克，胴体重150～250千克。

2. 小牛的选择

选择肉牛的纯种、杂种犊牛或奶用公犊。纯种本地良种犊牛35千克以上，杂种犊牛38千克以上，奶用公犊45千克以上，要求生长发育正常，健康无病，食欲旺盛，5～6天喂过初乳后即可转入育肥场。

3. 饲养管理技术要点

（1）哺乳　哺喂初乳后，可以用全乳，也可用代乳品。

（2）制订小公犊计划　一般因地制宜制订计划，如表5-5所示。

（3）管理要点　严格控制饲料和饮水的含铁量，犊牛栏用漏粪地板，严格禁止犊牛接触泥土，饮水充足，按计划饲喂人工代乳、饲料、干草。每天1次食槽饲喂。

4. 犊牛育肥方案

也称小公犊计划，见表5-5。因品种和个体差异，本方案仅供参考。养殖场应制订适合自己的方案。

5. 饲料配方

玉米52%，豆粕或豆饼15%，大麦15%，奶粉或蛋粉5%，油脂或膨化大豆10%，磷酸氢钙2%，食盐1%。另每千克饲料添加维生素A 20000单位，土霉素22毫克。

表 5-5 犊牛育肥饲养方案

周龄	体重/千克	日增重/千克	喂全乳量/千克	喂配合料/千克	青草或青干草
0～4	40～59	0.6～0.8	5～7(初乳)	训练采食	—
5～7	60～79	0.9～1.0	7～7.9	0.1,训练采食	训练采食
8～10	80～99	0.9～1.1	8	0.4	自由采食
11～13	100～124	1.0～1.2	9	0.6	自由采食
14～16	125～149	1.1～1.3	10	0.9	自由采食
17～21	150～199	1.2～1.4	10	1.3	自由采食
22～27	200～250	1.1～1.3	9	2.0	自由采食

6. 饲养管理

每头犊牛有专用全木制牛栏，栏长 140 厘米，高 180 厘米，宽 45 厘米，底板离地面高 50 厘米；犊牛从第 8 周开始增加配合料和青草（或干草）的喂量；犊牛舍内每日要清扫粪尿一次，并用清水冲洗地面，每周室内消毒 1 次。

3 个月内饲养是关键，严格按计划饲喂代乳料和补料，牛床最好是采用漏粪地板，防止与泥土接触，严格防止犊牛下痢。牛舍温度适宜在 7～21℃；天气好时可放犊牛于室外活动，但场地宜小些，使其能充分晒太阳而又不至于运动量过大。

其他饲养管理同犊牛的饲养管理。

三、青年牛肥育

青年牛肥育主要是利用幼龄牛生长快的特点，在犊牛断奶后直接转入肥育阶段，给以高水平营养，进行直线持续强度育肥，13～24 月龄前出栏，出栏体重达到 360～550 千克以上。这类牛肉鲜嫩多汁、脂肪少、适口性好，是上等牛肉。

（一）舍饲强度肥育

青年牛的舍饲强度肥育一般分为适应期、增肉期和催肥期三个阶段。

1. 适应期

刚进舍的断乳犊牛，不适应环境，一般要有一个月左右的适应期。应让其自由活动，充分饮水，饲喂少量优质青草或干草，麸皮每日每头0.5千克，以后逐步加麸皮喂量。当犊牛能进食麸皮1～2千克，逐步换成育肥料。其参考配方如下：酒糟5～10千克，干草15～20千克，麸皮1～1.5千克，食盐30～35克。

2. 增肉期

一般7～8个月，分为前后两期。前期日粮参考配方：酒糟10～20千克，干草5～10千克，麸皮、玉米粗粉、饼类各0.5～1千克，尿素50～70克，食盐40～50克。喂尿素时将其溶解在水中，与酒糟或精料混合饲喂。切忌放在水中让牛饮用，以免中毒。后期参考配方：酒糟20～25千克，干草2.5～5千克，麸皮0.5～1千克，玉米粗粉2～3千克，饼类1～1.3千克，尿素125克，食盐50～60克。

3. 催肥期

此期主要是促进牛体膘肉丰满，沉积脂肪，一般为2个月。日粮参考配方如下：酒糟20～30千克，干草1.5～2千克，麸皮1～1.5千克，玉米粗粉3～3.5千克，饼类1.25～1.5千克，尿素150～170克，食盐70～80克。为提高催肥效果，可使用瘤胃素，每日200毫克，混于精料中饲喂，体重可增加10%～20%。

肉牛舍饲强度育肥要掌握短缰拴系（缰绳长0.5米）、先粗后精，最后饮水，定时定量饲喂的原则。每日饲喂2～3次，饮水2～3次。喂精料时应先取酒糟用水拌湿，或干、湿酒糟各半混均，再加麸皮、玉米粗粉和食盐等。牛吃到最后时加入少量玉米粗粉，使牛把料吃净。饮水在给料后1小时左右进行，要给15～25℃的清洁温水。

舍饲强度肥育的肥育场有如下类型：全露天肥育场，无任何挡风屏障或牛棚，适于温暖地区；全露天肥育场，有挡风屏障；有简易牛棚的育肥场；全舍饲肥育场，适于寒冷地区。以上形式应根据投资能力和气候条件决定。

（二）放牧补饲强度肥育

放牧补饲强度肥育是指犊牛断奶后进行越冬舍饲，到第二年春季结合放牧适当补饲精料。这种育肥方式精料用量少，每增重1千克约消耗精料2千克。但日增重较低，平均日增重在1千克以内。15个月龄体重为300～350千克，8个月龄体重为400～450千克。

放牧补饲强度肥育饲养成本低，肥育效果较好，适合于半农半牧区。

进行放牧补饲强度肥育，应注意不要在出牧前或收牧后，立即补料，应在回舍后数小时补饲，否则会减少放牧时牛的采时量。当天气炎热时，应早出晚归，中午多休息，必要时夜牧。当补饲时，如粗料以秸秆为主，其精料参考配方如下：1～5月份，玉米面60%，油渣30%，麦麸10%。6～9月份，玉米面70%，油渣20%，麦麸10%。

（三）谷实饲料肥育法

1. 谷实饲料肥育要点

谷实饲料肥育法是一种强化肥育的方法，要求完全舍饲，使牛在不到1周岁时活重达到400千克以上，平均日增重达1000克以上。要达到这个指标，可在1.5～2月龄时断奶，喂给含可消化粗蛋白质17%的混合精料日粮，使犊牛在近12周龄时体重达到110千克。之后用含可消化粗蛋白质14%的混合料，喂到6～7月龄时，体重达250千克。然后可消化粗蛋白质再降到11.2%，使牛在接近12月龄时体重达400千克以上，公犊牛甚至可达450千克。

2. 实施难点

从品种上考虑，要达到这种高效的肥育效果必须是大型牛种及其改良牛，一般黄牛品种是无法达到的。

谷实强化肥育的精料报酬见表5-6。

表5-6 不同周龄牛精料报酬

阶段	日增重/千克		千克增重需混合料量/千克	
	公犊	阉牛犊	公犊	阉牛犊
5周龄前	0.45	0.45	—	—
6周～3月龄	1.00	0.90	2.7	2.8
3～6月龄	1.30	1.20	4.0	4.3
6月～屠宰龄	1.40	1.30	6.1	6.6

用谷实强化法催肥，每千克增重需4～6千克精料，原由粗料提供的营养改为谷实（如大麦或玉米）和高蛋白质精料（如豆饼类）。典型试验和生产总结证明，如果用糟渣料和氮素、无机盐等为主的日粮，每千克增长仍需3千克精料。因此，谷实催肥在我国不可取，或只可短期采用，弥补粗料法的不足。

3. 精料代用品

为降低精料消耗，可选用以下代用品。

（1）尿素代替蛋白质饲料　牛的瘤胃微生物能利用游离氨合成蛋白质，所以饲料中添加尿素可以代替一部分蛋白质。添加时应掌握以下原则：

① 只能在瘤胃功能成熟后添加　按牛龄估算应在出生后3个半月以后。实践中多按体重估算，一般牛要求重200千克，大型牛则要达250千克。过早添加会引起尿素中毒。

② 谨慎使用　不得空腹喂，要搭配精料。

③ 精料要低蛋白质　精料蛋白含量一般应低于12%，超过14%则尿素不起作用。

④ 限量添加　尿素喂量一般占饲料总量的1%，成牛可达100克，最多不能超过200克。

（2）块根块茎代替部分谷实料　按干物质计算，块根与相应谷实所含代谢能相等，成本低。甜菜、胡萝卜、马铃薯都是很好的代用料。一岁以内，体重低于250千克的牛最多能用块根饲料代替一半精料；体重250千克以上可大部分或全部用块根饲料代替精饲料。但由于全部用块根饲料代替精料要增加管理费，且得调整其他营养成分，在实践中应用的不多。

（3）粗饲料代替部分谷实料　用较低廉的粗饲料代替精料可节省精料，降低成本。尤其是用草粉、谷糠秕壳可收到较好效果。但不能过多，一般以15%为宜，过多会降低日增重，延长育肥期，影响牛肉嫩度。

利用秸秆代替部分精料在国内已大量应用，特别是麦秸、氨化玉米秸的应用更为广泛，并取得良好效果。粉碎后，应加入一定量的无机盐、维生素，若能加工成颗粒饲料，效果会更好。

4. 粗饲料为主的育肥法

（1）以青贮玉米为主的育肥法　青贮玉米是高能量饲料，蛋白质含量较低，一般不超过2%。以青贮玉米为主要成分的日粮，要获得高日增重，要求搭配1.5千克以上的混合精料。其参考配方见表5-7（肥育期为90天，每阶段各30天）。

表 5-7　体重 300～350 千克肥育牛参考配方　千克

饲料	一阶段	二阶段	三阶段
青贮玉米	30	30	25
干草	5	5	5
混合	0.5	1.0	2.0
食盐	0.03	0.03	0.03
无机盐	0.04	0.04	0.04

以青贮玉米为主的肥育法，增重的高低与干草的质量、混合精料中豆粕的含量有关。如果干草是苜蓿、沙打旺、红豆草、串叶松香草或优质禾本科牧草，精料中豆粕含量占一半以上，则日增重可达 1.2 千克以上。

（2）干草为主的肥育法　在盛产干草的地区，秋冬季能够储存大量优质干草，可采用干草肥育。具体方法：优势干草随意采食，日加 1.5 千克精料。干草的质量对增重效果起关键性作用，大量的生产实践证明，豆科和禾本科混合干草饲喂效果较好，而且还可节约精料。

四、架子牛快速肥育

架子牛快速肥育是指犊牛断奶后，在较粗放的饲养条件饲养到 22～23 个月，体重达到 300 千克以上时，采用强度肥育方式，集中肥育 3～4 个月，充分利用牛的补偿生长能力，达到理想体重和膘情后屠宰，也称后期集中肥育。这种肥育方式成本低，精料用量少，经济效益较高，应用较广。

（一）育肥前的准备

购牛前 1 周，应将牛舍粪便清除，用水清洗后，用 2% 的火碱溶液对牛舍地面、墙壁进行喷洒消毒，用 0.1% 的高锰酸钾溶液对器具进行消毒，最后再用清水清洗一次。如果是敞圈牛舍，冬季应扣塑膜暖棚，夏季应搭棚遮阴，通风良好，使其温度不低于 5℃。

（二）架子牛的选购

架子牛的优劣直接决定着肥育效果与效益。应选夏洛莱、西门塔尔等国际优良品种与本地黄牛的杂交后代，年龄在 1～3 岁，体型大、皮松软（用手摸摸脊背，若其皮肤松软有弹性，象橡皮筋；或将手插入后裆，一抓一大把，皮多松软，这样的牛上膘快、增肉多)，膘情较好，体重在 300～350 千克，健康无病。体重在 300～350 千克一般经过 4～5 个月的育肥体重就可以达到 450～550 千克。如果体重 180～200 千克，则需要 9 个月。

如果饲养规模在 50 头以下，可以在本地择优选购，这样购得架子牛适应快，健康；如果规模在 100 头以上，可以到牛源足的地方选购。要对牛源地区架子牛的品种、货源数量、价格、免疫及疫病情况进行详细了解（品种不好、免疫混乱和疫病流行的坚决不要）。对供牛地交易手续和交易费了解，最好采用过磅方式购买。灌过水的牛不能要。对牛的产地要了解。如草原牧区牛寄生虫感染严重，购回后应适时驱虫。

购买架子牛前做好准备：一要计划好费用；二要联系好产地和牛源；三要准备好各种证件，如准运证、税收证明和当地兽医站提供的有关证明以及车辆消毒证明、肉牛运输检疫证明等。

购买好架子牛，通过当地部门的检疫部门对所购牛进行认真的检疫，注射有关疫苗，戴齐耳标，检疫合格后，正确、准确地出具检疫证、车辆消毒证等，在购买地隔离饲养 15 天，确认无疫病时方可运输。

运输前让牛休息，饲喂一些优质干草，给予充足饮水，饮水中添加电解质多维。在装运前 3～4 小时停止饲喂和避免过量饮水。装车后不拴系，散开放置。行车一小时要停车检车一次。

（三）驱虫

架子牛入栏后应立即进行驱虫。常用的驱虫药物有阿弗米丁、丙硫苯咪唑、敌百虫、左旋咪唑等。应在空腹时进行，以利于药物吸收。驱虫后，架子应隔离饲养 2 周，其粪便消毒后，进行无害化处理。

（四）健胃

驱虫 3 日后，为增加食欲，改善消化机能，应进行一次健胃。常用于健胃的药物是人工盐，其口服剂量为每头每次 60～100 克。

（五）饲养

1. 适应期的饲养

从外地引来的架子牛，由于各种条件的改变，要经过 1 个月的适应期。首先让牛安静休息几天，然后饮1%的食盐水，喂一些青干草及青鲜饲料。对大便干燥、小便赤黄的牛，用牛黄清火丸调理肠胃。15天左右进行体内驱虫和疫苗注射，并开始采用秸秆氨化饲料（干草）＋青饲料＋混合精料的育肥方式，可取得较好的效果，日粮精料量0.3～0.5千克/头，10～15天内，增加到2千克/头（精料配方：玉米70%、饼粕类20.5%、麦麸5%、贝壳粉或石粉3%、食盐1.5%，若有专门添加剂更好。注意，棉籽饼和菜籽饼需经脱毒处理后才能使用）。

2. 过渡育肥期的饲养

经过1个月的适应，开始向强化催肥期过渡。这一阶段是牛生长发育最旺盛时期，一般为2个月。每日喂上述的精料配方，开始为2千克/日，逐渐增加到3.5千克/日，直到体重达到350千克，这时每日喂精料2.5～4.5千克。也可每月称重1次，按活体重1%～1.5%逐渐增加精料。粗、精饲料比例开始可为3∶1，中期2∶1，后期1∶1。每天的6时和17时分2次饲喂。投喂时绝不能1次添加，要分次勤添，先喂一半粗饲料，再喂精料，或将精料拌入粗料中投喂。并注意随时拣出饲料中的钉子、塑料等杂物。喂完料后1小时，把清洁水放入饲槽中自由饮用。

3. 强化催肥期饲养

经过过渡生长期，牛的骨架基本定型，到了最后强化催肥阶段。日粮以精料为主，按体重的1.5%～2%喂料，粗、精比1∶2～1∶3，体重达到500千克左右适时出栏，另外，喂干草2.5～8千克/日。精料配方：玉米81.5%、饼粕类11%、尿素13%、骨粉1%、石粉1.7%、食盐1%、碳酸氢钠0.5%、添加剂0.3%。

肥育前期，每日饮水3次，后期饮水4次，一般在饲喂后饮水。

我国架子牛肥育的日粮以青粗饲料或酒糟、甜菜渣等加工副产物为主，适当补饲精料。精粗饲料比例按干物质计算为1∶(1.2～1.5)，日干物质采食量为体重的2.5%～3%。其参考配方见表5-8。

4. 管理

肥育架子牛应采用短缰拴系，限制活动。缰绳长0.4～0.5米为宜，使牛不便趴卧，俗称“养牛站”。饲喂要定时定量，先粗后精，少给勤添。每天上、下午各刷拭一次。经常观察粪便，如粪便无光泽，说明精料少，如便稀或有料粒，则可能是精料太多或消化不良。

表 5-8 日粮配方表

项目	干草或青贮玉米秸/千克	酒糟/千克	玉米粗粉/千克	饼类/千克	盐/克
1～15 天	6～8	5～6	1.5	0.5	50
16～30 天	4	12～15	1.5	0.5	50
31～60 天	4	16～18	1.5	0.5	50
61～100 天	4	18～20	1.5	0.5	50

五、高档牛肉生产

（一）高档牛肉标准

1. 年龄与体重要求

牛年龄在 30 月龄以内；屠宰活重为 500 千克以上；达满膘，体形呈长方形，腹部下垂，背平宽，皮较厚，皮下有较厚的脂肪。

2. 胴体及肉质要求

胴体表面脂肪的覆盖率达 80%以上，背部脂肪厚度为 8～10 毫米以上，第十二、十三肋骨脂肪厚为 10～13 毫米，脂肪洁白、坚挺；胴体外形无缺损；肉质柔嫩多汁，剪切值在 3.62 千克以下的出现次数应在 65%以上；大理石纹明显；每条牛柳 2 千克以上；符合西餐要求，用户满意。

（二）高档牛肉生产模式

高档牛肉生产应实行产加销一体化经营方式，在具体工作中重点把握以下几个环节：

1. 建立架子牛生产基地

生产高档牛肉，必须建立肉牛基地，以保证架子牛牛源供应。基地建设应注意以下几个环节。

（1）品种 高档牛肉对肉牛品种要求并不十分严格。我国现有的地方良种或它们与引进的国外肉用、兼用品种牛的杂交牛，经良好饲养，均可达到进口高档牛肉水平，都可以作为高档牛肉的牛源。但从复州牛、科尔沁牛屠宰成绩上看，未去势牛屠宰成绩低于阉牛，为此育肥前应对牛去势。

（2）饲养管理 根据我国生产力水平，现阶段架子牛饲养应以专业乡、专业村、专业户为主，采用半舍饲半放牧的饲养方式，夏季白天放牧，晚间舍饲，补饲少量精料，冬季全天舍饲，寒冷地区扣上塑膜暖棚。舍饲阶段，饲料以秸秆、牧草为主，适当添加一定量的酒糟和少量的玉米粗粉、豆饼。

2. 建立育肥牛场

生产高档牛肉应建立育肥牛场，当架子牛饲养到12～20月龄，体重达300千克左右时，集中到育肥场育肥。肥育前期，采取粗料日粮过渡饲养1～2周。然后采用全价配合日粮并应用增重剂和添加剂，实行短缰拴系，自由采食，自由饮水。经150天一般饲养阶段后，每头牛在原有配合日粮中增喂大麦1～2千克，采用高能日粮，再强度育肥120天，即可出栏屠宰。

3. 建立现代化肉牛屠宰场

高档牛肉生产有别于一般牛肉生产，屠宰企业无论是屠宰设备、胴体处理设备、胴体分割设备、冷藏设备、运输设备应均需达到较高的现代水平。根据各地的生产实践，高档牛肉屠宰要注意以下几点：

（1）年龄　肉牛的屠宰年龄必须在30月龄以内，30月龄以上的肉牛，一般是不能生产出高档牛肉的。

（2）重点肉块　屠宰体重在500千克以上，因牛肉块重与体重呈正相关，体重越大，肉块的绝对重量也越大。其中：牛柳重量占屠宰活重的0.84%～0.97%，西冷重量占1.92%～2.12%，去骨眼肉重量占5.3%～5.4%，这三块肉产值可达一头牛总产值的50%左右；臀肉、大米龙、小米龙、膝圆、腰肉的重量占屠宰活重的8.0%～10.9%，这五块肉的产值约占一头牛产值的15～17%。

（3）屠宰胴体要进行成熟处理　普通牛肉生产实行热胴体剔骨，而高档牛肉生产则不能，胴体要求在温度0～4℃条件下吊挂7～9天后才能剔骨。这一过程也称胴体排酸，对提高牛肉嫩度极为有效。

（4）胴体分割要按照用户要求进行　一般情况下，牛肉分割分为高档牛肉、优质牛肉和普通牛肉三部分。高档牛肉包括牛柳、西冷和眼肉三块；优质牛肉包括臀肉、大米龙、小米龙、膝圆、腰肉、腱子肉等；普通牛肉包括前躯肉、脖领肉、牛腩等。

第六章

肉牛场的疾病防制

核心提示

规模化肉牛生产，疫病感染的概率大大增加，一旦发生就会在牛群中迅速蔓延，造成较大损失。因此在养殖过程中必须树立“预防为主、防重于治、养防并重”的原则，采取综合措施预防和控制疾病的发生。

第一节　疾病的综合防制

一、严格隔离

（一）科学规划布局

1. 科学选址

应选建在背风、向阳、地势高燥、通风良好、水电充足、水质卫生良好、排水方便的沙质土地带，易使牛舍保持干燥和卫生环境。最好配套有鱼塘、果林、耕地，以便于污水的处理。牛场应与公路、居民点、其他养殖场有一定的间隔，远离屠宰场、废物污水处理站和其他污染源。

2. 合理布局

牛场要分区规划，并且严格做到生产区和生活管理区分开，生产区周围应有防疫保护设施。

3. 完善隔离设施

生产区最好有围墙和防疫沟，并且在围墙外种植荆棘类植物，形成防疫林带，只留一个入口（人员、饲料和车辆及牛的进入），减少与外界的直接联系。场区入口设置车辆消毒池和人员消毒室。

（二）减少引种感染

尽量做到自繁自养。从外地引进场内的种牛，要严格进行检疫。可以隔离饲养和观察2～3周，确认无病后，方可并入生产群，避免引种感染。

（三）采用全进全出的饲养制度

采取“全进全出”的饲养制度，“全进全出”的饲养制度是有效防止疾病传播的措施之一。“全进全出”使得牛场能够做到净场和充分的消毒，切断疾病传播的途径，从而避免患病牛或病原携带者将病原传染给日龄较小的牛群。

（四）人员隔离

外来人员来访必须在值班室登记，把好防疫第一关。严禁闲人进场。全场工作人员禁止兼任其他畜牧场的饲养、技术工作和屠宰贩卖工作。保证生产区与外界环境有良好的隔离，全面预防外界病原侵入牛场内。休假返场的生产人员必须在生活管理区隔离二天后，方可进入生产区工作，牛场后勤人员应尽量避免进入生产区。

生活管理区和生产区之间的人员入口和饲料入口应以消毒池隔开，人员必须在更衣室沐浴、更衣、换鞋，经严格消毒后方可进入生产区，生产区的每栋牛舍门口必须设立消毒脚盆，生产人员经过脚盆再次消毒工作鞋后进入牛舍。

（五）物品隔离

外来车辆必须在场外经严格冲洗消毒后才能进入生活管理区，严禁任何车辆和外人进入生产区；饲料应由本场生产区外的饲料车运到饲料周转仓库，再由生产区内的车辆转运到每栋牛舍，严禁将饲料直接运入生产区内。生产区内的任何物品、工具（包括车辆），除特殊情况外不得离开生产区，任何物品进入生产区必须经过严格消毒，特别是饲料袋应先经熏蒸消毒后才能装料进入生产区；生产区内肉食品要由场内供给，严禁从场外带入偶蹄兽的肉类及其制品。

（六）其他

场内生活区严禁饲养畜禽。尽量避免猪、狗、禽鸟进入生产区。

（七）发病后的隔离

1. 分群隔离饲养

在发生传染病时，要立即仔细检查所有的肉牛，根据肉牛的健康程度不同，可分为不同的肉牛群管理，严格隔离（表6-1）。

表6-1　不同肉牛群的隔离措施

肉牛群	隔离措施
病牛	在彻底消毒的情况下，把症状明显的肉牛隔离在原来的场所，单独或集中饲养在偏僻、易于消毒的地方，专人饲养，加强护理、观察和治疗，饲养人员不得进入健康肉牛群的肉牛舍。要固定所用的工具，注意对场所、用具的消毒，出入口设有消毒池，进出人员必须经过消毒后，方可进入隔离场所。粪便无害化处理，其他闲杂人员和动物避免接近。如经查明，场内只有极少数的肉牛患病，为了迅速扑灭疫病并节约人力和物力，可以扑杀病肉牛
可疑病牛	与传染源或其污染的环境（如同群、同笼或同一运动场等）有过密切的接触，但无明显症状的肉牛，有可能处在潜伏期，并有排菌、排毒的危险。对可疑病肉牛所用的用具必须消毒，然后将其转移到其他地方单独饲养，紧急接种和投药治疗，同时，限制活动场所，平时注意观察
假定健康牛	无任何症状，一切正常，要将这些肉牛与上述两类肉牛分开饲养，并做好紧急预防接种工作，同时，加强消毒，仔细观察，一旦发现病肉牛，要及时消毒、隔离。此外，对污染的饲料、垫草、用具、肉牛舍和粪便等进行严格消毒；妥善处理好尸体；做好杀虫、灭鼠、灭蚊蝇工作。在整个封锁期间，禁止由场内运出和向场内运进

2. 禁止人员和肉牛流动

禁止肉牛、饲料、养肉牛的用具在场内和场外流动，禁止其他畜牧场、饲料间的工作人员的来往以及场外人员来肉牛场参观。

3. 紧急消毒

对环境、设备、用具每天消毒一次，并适当加大消毒液的用量，提高消毒的效果。当传染病扑灭后，经过2周不再发现病肉牛时，进行一次全面彻底的消毒后，才可以解除封锁。

二、卫生管理

（一）保持牛舍以及周围环境卫生

及时清理兔舍的污物、污水和垃圾，定期打扫牛舍和设备用具的灰尘，每天进行适时的通风，保持牛舍清洁卫生；不在牛舍周围和道路上堆放废弃物和垃圾。

（二）饲料、饲草安全

要求饲料、饲草不霉变，不被病原污染，饲喂用具勤清洁消毒。

（三）饮水卫生

饮用水符合卫生标准，水质良好，饮水用具要清洁，饮水系统要定期消毒，并注意肉牛场建好后饮用水源的保护。

1. 水源位置适当

水源位置要选择在远离生产区的管理区内，远离其他污染源，并且建在地势高燥处。肉牛场可以自建深水井和水塔，深层地下水经过地层的过滤作用，又是封闭性水源，水质水量稳定，受污染的概率很小。

2. 加强水源保护

水源周围没有工业和化学污染以及生活废弃物污染（不得建厕所、粪池、垃圾场和污水池）等，并在水源周围划定保护区，保护区内禁止一切破坏水环境生态平衡的活动以及破坏水源林、护岸林、与水源保护相关植被的活动；严禁向保护区内倾倒工业废渣、城市垃圾、粪便及其他废弃物；运输有毒有害物质、油类、粪便的船舶和车辆一般不准进入保护区；保护区内禁止使用剧毒和高残留农药，不得滥用化肥，不得使用炸药、毒品捕杀鱼类；避免污水流入水源。

3. 搞好饮水卫生

定期清洗和消毒饮水用具和饮水系统，保持饮水用具的清洁卫生。保证饮水的新鲜。

4. 注意饮水的检测和处理

定期检测水源的水质，污染时要查找原因，及时解决；当水源水质较差时要进行净化和消毒处理。

（四）废弃物要无害化处理

1. 粪便处理

粪便堆放要远离牛舍，最好设置专门的储粪场，对粪便进行无害化处理，如堆积发酵、生产沼气等处理。

（1）堆积发酵处理　肉牛粪尿中的尿素、氨以及钾磷等，均可被植物吸收。但粪中的蛋白质等未消化的有机物，要经过腐熟分解成 NH_3 或 NH_4^+，才能被植物吸收。所以，肉牛粪尿可做底肥。为提高肥效，减少肉牛粪中的有害微生物和寄生虫卵的传播与危害，肉牛粪在利用之前最好先经过发酵处理。

将肉牛粪尿连同其垫草等污物，堆放在一起，最好在上面覆盖一层泥土，让其增温、腐熟。或将肉牛粪、杂物倒在固定的粪坑内（坑内不能积水），待粪坑堆满后，用泥土覆盖严密，使其发酵、腐熟，经15～20天便可开封使用。经过生物热处理过的肉牛粪肥，既能减少有害微生物、寄生虫的危害，又能提高肥效，减少氨的挥发。肉牛粪中残存的粗纤维虽肥分低，但对土壤具有疏松的作用，可改良土壤结构。

直接将处理后的肉牛粪用作各类旱作物、瓜果等经济作物的底肥。其肥效高，肥力持续时间长；或将处理后的肉牛粪尿加水制成粪尿液，用作追肥喷施植物，不仅用量省、肥效快，增产效果也较显著。粪液的制作方法是将肉牛粪存于缸内（或池内），加水密封10～15天，经自然发酵后，滤出残余固形物，即可喷施农作物。尚未用完或缓用的粪液，应继续存放于缸中封闭保存，以减少氨的挥发。

（2）生产商品有机肥　利用微生物发酵技术，将牛粪便经过多重发酵，使其完全腐熟，并彻底杀死有害病菌，使粪便成为无臭、完全腐熟的活性有机肥。生产的有机肥适用于农作物种植、城市绿化以及家庭花卉种植等。

将粪便收集到发酵池中，加入配料平衡氮、磷、钾，然后接种微生物发酵菌剂，翻动粪便进行通氧发酵，经过发酵、脱臭和脱水后粉碎、包装，形成颗粒有机肥。

（3）生产沼气　固态或液态粪污均可用于生产沼气。沼气是厌气微生物（主要是甲烷细菌）分解粪污中含碳有机物而产生的一种混合气体，其中甲烷占60%～75%，二氧化碳占25%～40%，还有少量氧、氢、一氧化碳、硫化氢等气体。将牛粪、牛尿、垫料、污染的草料等投入沼气池内封闭发酵生产沼气，可用于照明、作燃料或发电等。沼气池在厌氧发酵过程中可杀死病原微生物和寄生虫，发酵粪便产气后的沼渣还可再用作肥料。

（4）蚯蚓养殖综合利用　在水泥或砖地面上铺上牛粪，进行蚯蚓养殖，生产高蛋白饲料。

2. 病死肉牛处理

科学及时地处理病死肉牛尸体，对防止肉牛传染病的发生、避免环境污染和维护公共卫生等具有重大意义。病死肉牛尸体可采用深埋、焚烧法和高温法进行处理。

（1）深埋法　一种简单的处理方法，费用低且不易产生气味，但埋尸坑易成为病原的储藏地，并有可能污染地下水。因此必须深埋，而且要有良好的排水系统。深埋应选择高岗地带，坑深在2米以上，尸体入坑后，撒上石灰或消毒药水，覆盖厚土。

（2）高温处理　确认是炭疽、鼻疽、牛瘟、牛肺疫、恶性水肿、气肿疽、狂犬病等传染病和恶性肿瘤或两个器官发现肿瘤的病肉牛整个尸体以及从其他患病肉牛各部分割除下来的病变部分和内脏以及弓形虫病、梨形虫病、锥虫病等病畜的肉尸和内脏等进行高温处理。高温处理方法：a. 湿法化制，即利用湿化机，将整个尸体投入化制（熬制工业用油）；b. 焚毁，是将整个尸体或割除下来的病变部分和内脏投入焚化炉中烧毁炭化；c. 高压蒸煮，是把肉尸切成重不超过2千克、厚不超过8厘米的肉块，放在密闭的高压锅内，在112千帕压力下蒸煮1.5～2小时。一般煮沸法是将肉尸切成规定大小的肉块，放在普通锅内煮沸2～2.5小时（从水沸腾时算起）。

3. 病畜产品的无害化处理

（1）血液　漂白粉消毒法，用于确认是肉牛病毒性出血症、野肉牛热、肉牛产气荚膜梭菌病等传染病的血液以及血液寄生虫病病畜禽血液的处理。将1份漂白粉加入4份血液中充分搅拌，放置24小时后于专设掩埋废弃物的地点掩埋。高温处理将已凝固的血液切成豆腐方块，放入沸水中烧煮，至血块深部呈黑红色并成蜂窝状时为止。

（2）蹄、骨和角　肉尸做高温处理时剔出的病畜禽骨和病畜的蹄、角放入高压锅内蒸煮至骨脱或脱脂为止。

（3）皮毛

① 盐酸食盐溶液消毒法　用于被炭疽、鼻疽、牛瘟、牛肺疫、恶性水肿、气肿疽、狂犬病等疫病污染的和一般病畜的皮毛消毒。用2.5%盐酸溶液和15%食盐水溶液等量混合，将皮张浸泡在此溶液中，并使液温保持在30℃左右，浸泡40小时，皮张与消毒液的质量、体积之比为1∶10。浸泡后捞出沥干，放入2%氢氧化钠溶液中，以中和皮张上的酸，再用水冲洗后晾干。也可按100毫升25%食盐水溶液中加入盐酸1毫升配制消毒液，在室温15℃条件下浸泡18小时，皮张与消毒液之比为1∶4。浸泡后捞出沥干，再放入1%氢氧化钠溶液中浸泡，以中和皮张上的酸，再用水冲洗后晾干。

② 过氧乙酸消毒法　用于任何病畜的皮毛消毒。将皮毛放入新鲜配制的2%过氧乙酸溶液浸泡30分钟，捞出，用水冲洗后晾干。

③ 碱盐液浸泡消毒　用于炭疽、鼻疽、牛瘟、牛肺疫、恶性水肿、气肿疽、狂犬病等疫病的皮毛消毒。将病皮浸入5%碱盐液（饱和盐水内加5%烧碱）中，室温（17～20℃）浸泡24小时，并随时加以搅拌，然后取出挂起，待碱盐液流净，放入5%盐酸液内浸泡，使皮上的酸碱中和，捞出，用水冲洗后晾干。

④ 石灰乳浸泡消毒　用于口蹄疫和螨病病畜皮的消毒。制法：将1份生石灰加1份水制成熟石灰，再用水配成10%或5%混悬液（石灰乳）。口蹄疫病畜皮，将病畜皮浸入10%石灰乳中浸泡2小时；螨病病畜皮，则将皮浸入5%石灰乳中浸泡12小时，然后取出晾干。盐腌消毒，用于布鲁菌病病畜皮的消毒。用皮重15%的食盐，均匀撒于皮的表面。一般毛皮腌制2个月，胎儿毛皮腌制3个月。

4. 污水处理

肉牛场必须专设排水设施，以便及时排除雨、雪水及生产污水。全场排水网分主干和支干，主干主要是配合道路网设置的路旁排水沟，将全场地面径流或污水汇集到几条主干道内排出；支干主要是各运动场的排水沟，设于运动场边缘，利用场地倾斜度，使水流入沟中排走。排水沟的宽度和深度可根据地势和排水量而定，沟底、沟壁应夯实，暗沟可用水管或砖砌，如暗沟过长（超过200米），应增设沉淀井，以免污物淤塞，影响排水。但应注意，沉淀井距供水水源应在200米以上，以免造成污染。污水经过消毒后排放。被病原体污染的污水，可用沉淀法、过滤法、化学药品处理法等进行消毒。比较实用的是化学药品消毒法。方法是先将污水处理池的出水管用一木闸门关闭，将污水引入污水池后，加入化学药品（如漂白粉或生石灰）进行消毒。消毒药的用量视污水量而定（一般1升污水用2～5克漂白粉）。消毒后，将闸门打开，使污水流出。

（五）灭鼠杀虫

1. 灭鼠

鼠是人、畜多种传染病的传播媒介，鼠还盗食饲料，咬坏物品，污染饲料和饮水，危害极大，肉牛场必须加强灭鼠。每2～3个月进行一次彻底灭鼠。

（1）防止鼠类进入建筑物　鼠类多从墙基、天棚、瓦顶等处窜入室内，在设计施工时注意墙基最好用水泥制成，碎石和砖砌的墙基，应用灰浆抹缝。墙面应平直光滑，防鼠沿粗糙墙面攀登。砌缝不严的空心墙体，易使鼠隐匿营巢，要填补抹平。为防止鼠类爬上屋顶，可将墙角处做成圆弧形。瓦顶房屋应缩小瓦缝和瓦、椽间的空隙并填实。用砖、石铺设的地面，应衔接紧密并用水泥灰浆填缝。各种管道周围要用水泥填平。通气孔、地脚窗、排水沟（粪尿沟）出口均应安装孔径小于1厘米的铁丝网，以防鼠窜入。

（2）器械灭鼠　器械灭鼠方法简单易行，效果可靠，对人、畜无害。灭鼠器械种类繁多，主要有夹、关、压、卡、翻、扣、淹、粘、电等。近年来还研究和采用电灭鼠和超声波灭鼠等方法。

（3）化学灭鼠　化学灭鼠效率高、使用方便、成本低、见效快，缺点是能引起人、畜中毒，有些鼠对药物有选择性、拒食性和耐药性。所以，使用时需选好药剂和注意使用方法，以确保安全有效。灭鼠药剂种类很多，主要有灭鼠剂、熏蒸剂、烟剂、化学绝育剂等。肉牛场的鼠类以饲料库、肉牛舍最多，是灭鼠的重点场所。饲料库可用熏蒸剂毒杀。投放的毒饵，要远离牛床，并防止毒饵混入饲料。鼠尸和剩下的鼠药要及时清理，以防被人、畜误食而发生二次中毒。选用鼠吃惯了的食物作饵料，突然投放，饵料充足，分布广泛，以保证灭鼠的效果。牛场周围可以使用速效灭鼠药；牛舍、运动场等可以使用慢性灭鼠药。常用的灭鼠药物见表6-2。

表 6-2　常用的灭鼠药物

名称	特性	作用特点	用法	注意事项
敌鼠钠盐	为黄色粉末，无臭，无味，溶于沸水、乙醇、丙酮，性质稳定	作用较慢，能阻碍凝血酶原在鼠体内的合成，使凝血时间延长，而且其能损坏毛细血管，增加血管的通透性，引起内脏和皮下出血，最后死于内脏大量出血。一般在投药1～2天出现死鼠，第五至第八天死鼠量达到高峰，死鼠可延续10多天	①敌鼠钠盐毒饵：取敌鼠钠盐5克，加沸水2升搅匀，再加10千克杂粮，浸泡至毒水全部吸收后，加入适量植物油拌匀，晾干备用。②混合毒饵：将敌鼠钠盐加入面粉或滑石粉中制成1%毒粉，再取毒粉1份，倒入19份切碎的鲜菜中拌匀即成。③毒水：用1%敌鼠钠盐1份，加水20份即可	对人、畜、禽毒性较低，但对猫、犬、肉牛、猪毒性较强，可引起二次中毒。在使用过程中要加强管理，以防家畜误食中毒或发生二次中毒。如发现中毒，可使用维生素K解救
氯敌鼠（又名氯鼠酮）	黄色结晶性粉末，无臭，无味，溶于油脂等有机溶剂，不溶于水，性质稳定	是敌鼠钠盐的同类化合物，但对鼠的毒性作用比敌鼠钠盐强，为广谱灭鼠剂，而且适口性好，不易产生拒食性。主要用于毒杀家鼠和野栖鼠，尤其是可制成蜡块剂，用于毒杀下水道鼠类。灭鼠时将毒饵投在鼠洞或鼠活动的地区即可	有90%原药粉、0.25%母粉、0.5%油剂3种剂型。使用时可配制成如下毒饵：①0.005%水质毒饵：取90%原药粉3克，溶于适量热水中，待凉后，拌于50千克饵料中，晒干后使用。②0.005%油质毒饵：取90%原药粉3克，溶于1千克热食油中，冷却至常温，洒于50千克饵料中拌匀即可。③0.005%粉剂毒饵：取0.25%母粉1千克，加入50千克饵料中，加少许植物油，充分混合拌匀即成	

续表

名称	特性	作用特点	用法	注意事项
杀鼠灵（又名华法令）	白色粉末，无味，难溶于水，其钠盐溶于水，性质稳定	属香豆素类抗凝血灭鼠剂，一次投药的灭鼠效果较差，少量多次投放灭鼠效果好。鼠类对其毒饵接受性好，甚至出现中毒症状时仍采食	毒饵配制方法如下：①0.025%毒米：取2.5%母粉1份、植物油2份、米渣97份，混合均匀即成。②0.025%面丸：取2.5%母粉1份，与99份面粉拌匀，再加适量水和少许植物油，制成每粒1克重的面丸。以上毒饵使用时，将毒饵投放在鼠类活动的地方，每堆约39克，连投3～4天	对人、畜和家禽毒性很小，中毒时维生素K_1为有效解毒剂
杀鼠迷（杀鼠醚）	黄色结晶粉末，无臭，无味，不溶于水，溶于有机溶剂	属香豆素类抗凝血杀鼠剂，适口性好，毒杀力强，二次中毒极少，是当前较为理想的杀鼠药物之一，主要用于杀灭家鼠和野栖鼠类	市售有0.75%的母粉和3.75%的水剂。使用时，将10千克饵料煮至半熟，加适量植物油，取0.75%杀鼠迷母粉0.5千克，撒于饵料中拌匀即可。毒饵一般分2次投放，每堆10～20克。水剂可配制成0.0375%饵剂使用	
杀它仗	白灰色结晶粉末，微溶于乙醇，几乎不溶于水	对各种鼠类都有很好的毒杀作用。适口性好，急性毒力大，1个致死剂量被吸收后3～10天就发生死亡，一次投药即可	用0.005%杀它仗稻谷毒饵，杀黄毛鼠有效率可达98%，杀室内褐家鼠有效率可达93.4%，一般一次投饵即可	适用于杀灭室内和农田的各种鼠类。对其他动物毒性较低，但犬很敏感

2. 杀虫

蚊、蝇、蚤、蜱等吸血昆虫会侵袭肉牛并传播疫病，因此，在肉牛生产中，要采取有效的措施防止和消灭这些昆虫。

（1）环境卫生　搞好肉牛场环境卫生，保持环境清洁、干燥，是杀灭蚊蝇的基本措施。蚊虫需在水中产卵、孵化和发育，蝇蛆也需在潮湿的环境及粪便等废弃物中生长。因此，填平无用的污水池、土坑、水沟和洼地。保持排水系统畅通，对阴沟、沟渠等定期疏通，勿使污水储积。对储水池等容器加盖，以防蚊蝇飞入产卵。对不能清除或加盖的防火储水器，在蚊蝇滋生季节，应定期换水。永久性水体（如鱼塘、池塘等），蚊虫多滋生在水浅而有植被的边缘区域，修整边岸，加大坡度和填充浅湾，能有效地防止蚊虫孳生。牛舍内的粪便应定时清除，并及时处理，储粪池应加盖并保持四周环境的清洁。

（2）物理杀灭　利用机械方法以及光、声、电等物理方法，捕杀、诱杀或驱逐蚊蝇。我国生产的多种紫外线光或其他光诱器，特别是四周装有电栅，通有将220伏变为5500伏的10毫安电流的蚊蝇光诱器，效果良好。此外，还有可以发出声波或超声波并能将蚊蝇驱逐的电子驱蚊器等，都具有防除效果。

（3）生物杀灭　利用天敌杀灭害虫，如池塘养鱼即可达到鱼类治蚊的目的。此外，应用细菌制剂——内菌素杀灭吸血蚊的幼虫，效果良好。

（4）化学杀灭　化学杀灭是使用天然或合成的毒物，以不同的剂型（粉剂、乳剂、油剂、水悬剂、颗粒剂、缓释剂等），通过不同途径（胃毒、触杀、熏杀、内吸等），毒杀或驱逐蚊蝇。化学杀虫法具有使用方便、见效快等优点，是当前杀灭蚊蝇的较好方法。常用的药物见表6-3。

表6-3　常用的杀虫剂及使用方法

名称	性　状	使用方法
敌百虫	白色块状或粉末。有芳香味；低毒、易分解、污染小；杀灭蚊（幼）、蝇、蚤、蟑螂及家畜体表寄生虫	25%粉剂撒布，1%喷雾；0.1%畜体涂抹，0.02克/千克体重口服驱除畜体内寄生虫
敌敌畏	黄色、油状液体，微芳香；易被皮肤吸收而中毒，对人、畜有较大毒害，畜舍内使用时应注意安全。杀灭蚊（幼）、蝇、蚤、蟑螂、螨、蜱	0.1%～0.5%喷雾，表面喷洒；10%熏蒸
马拉硫磷	棕色、油状液体，强烈臭味；其杀虫作用强而快，具有胃毒、触毒作用，也可作熏杀，杀虫范围广。对人、畜毒害小，适于舍内使用。世界卫生组织推荐的室内滞留喷洒杀虫剂；杀灭蚊（幼）、蝇、蚤、蟑螂、螨	0.2%～0.5%乳油喷雾，灭蚊、蚤；3%粉剂喷洒灭螨、蜱

续表

名称	性状	使用方法
倍硫磷	棕色、油状液体，蒜臭味；毒性中等，比较安全；杀灭蚊(幼)、蝇、蚤、臭虫、螨、蜱	0.1%的乳剂喷洒，2%的粉剂、颗粒剂喷洒、撒布
二溴磷	黄色、油状液体、微辛辣；毒性较强；杀灭蚊(幼)、蝇、蚤、蟑螂、螨、蜱	50%的油乳剂。0.05%～0.1%用于室内外蚊、蝇、臭虫等，野外用5%
杀螟松	红棕色、油状液体，蒜臭味；低毒、无残留；杀灭蚊(幼)、蝇、蚤、臭虫、螨、蜱	40%的湿性粉剂灭蚊蝇及臭虫；2毫克/升灭蚊
地亚农	棕色、油状液体；中等毒性，水中易分解；杀灭蚊(幼)、蝇、蚤、臭虫、蟑螂及体表害虫	滞留喷洒0.5%，喷浇0.05%；撒布2%粉剂
皮蝇磷	白色结晶粉末，微臭；低毒，但对农作物有害；杀灭体表害虫	0.25%喷涂皮肤，1%～2%乳剂灭臭虫
辛硫磷	红棕色、油状液体，微臭；低毒、日光下短效；杀灭蚊(幼)、蝇、蚤、臭虫、螨、蜱	2克/平方米室内喷洒灭蚊蝇；50%乳油剂灭成蚊或水体内幼蚊
杀虫畏	白色固体，有臭味；微毒；杀灭家蝇及家畜体表寄生虫(蝇、蜱、蚊、忙、呐)	20%乳剂喷洒，涂布家畜体表，50%粉剂喷洒体表灭虫
双硫磷	棕色、黏稠液体；低毒稳定；杀灭幼蚊、蚤	5%乳油剂喷洒，0.5～1毫升/升撒布，1毫克/升颗粒剂撒布
毒死蜱	白色结晶粉末；中等毒性；杀灭蚊(幼)、蝇、螨、蟑螂及仓储害虫	2克/平方米喷洒物体表面
西维因	灰褐色粉末；低毒；杀灭蚊(幼)、蝇、臭虫、蜱	25%的可湿性粉剂和5%粉剂撒布或喷洒
害虫敌	淡黄色油状液体；低毒；杀灭蚊(幼)、蝇、蚤、蟑螂、螨、蜱	2.5%的稀释液喷洒，2%粉剂，1～2克/平方米撒布，2%气雾
双乙威	白色结晶，芳香味；中等毒性；杀灭蚊、蝇	50%的可湿性粉剂喷雾、2克/平方米喷洒灭成蚊
速灭威	灰黄色粉末；中毒；杀灭蚊、蝇	25%的可湿性粉剂和30%乳油喷雾灭蚊
残撒威	白色结晶粉末；中等毒性；杀灭蚊(幼)、蝇、蟑螂	2克/平方米用于灭蚊、蝇，10%粉剂局部喷洒灭蟑螂
胺菊酯	白色结晶；微毒；蚊(幼)、蝇、蟑螂、臭虫	0.3%的油剂，气雾剂，需与其他杀虫剂配伍使用

三、科学的饲养管理

（一）合理饲养

按时饲喂，饲草和饲料优质，采食足量，合理补饲，供给洁净充足的饮水。不喂霉败饲料，不用污浊或受污染的水饮牛，剔除青干野草中的有毒植物。注意饲料的正确调制处理，妥善储藏以及适当的搭配比例，防止草菜茎叶上残留的农药和误食灭鼠药中毒。

（二）严格管理

注意提供提供适宜温度、湿度、通风、光照等的环境条件，避免过冷、过热、通风不良、有害气体浓度过高和噪声过大等，减少应激发生。

1. 舍内温度

适宜的温度对肉牛的生长发育非常重要。温度过高过低都会影响肉牛的生长和饲料利用率。环境温度过高，影响牛体热量散失，热平衡遭到破坏，轻者影响肉牛的采食和增重，重者可能导致中暑直至死亡；温度过低，降低饲料消化率，同时又提高代谢率，以增加产热维持体温，显著增加饲料消耗，生长速度降低。

（1）适宜的环境温度　环境温度为5～21℃时，牛的增重速度最快。牛舍的适宜温度见表6-4。

表6-4　牛舍的适宜温度

类型	最适温度/℃	最低温度/℃	最高温度/℃
肉牛舍	10～15	2～6	25～27
哺乳犊牛舍	12～15	3～6	25～27
断乳牛舍	6～8	4	25～27
产房	15	10～12	25～27

（2）舍内温度的控制　包括防寒保暖和防暑降温两方面的控制。

①牛舍的防寒保暖　牛的抗寒能力较强，冬季外界气温过低时也会影响肉牛的增重和犊牛的成活率。所以，必须做好牛舍的防寒保暖工作：一是加强牛舍保温设计，牛舍保温隔热设计是维持牛舍适宜温度的最经济最有效的措施。根据不同类型牛舍对温度的要求设计牛

舍的屋顶和墙体，使其达到保温要求；二是减少舍内热量散失，如关闭门窗、挂草帘、堵缝洞等措施，减少牛舍热量外散和冷空气进入；三是增加外源热量，在牛舍的阳面或整个室外牛舍扣塑料大棚。利用塑料薄膜的透光性，白天接受太阳能，夜间可在棚上面覆盖草帘，降低热能散失。犊牛舍必要时可以采暖；四是防止冷风吹袭机体，舍内冷风可以来自墙、门、窗等缝隙和进出气口、粪沟的出粪口，局部风速可达 4～5 米/秒，使局部温度下降，影响牛的生产性能，冷风直吹机体，增加机体散热，甚至引起伤风感冒。冬季到来前要检修好牛舍，堵塞缝隙，进出气口加设挡板，出粪口安装插板，防止冷风对牛体的侵袭。

② 牛舍的防暑降温　夏季，环境温度高，牛舍温度更高，使牛发生严重的热应激，轻者影响生长和生产，重者导致发病和死亡。因此，必须做好夏季防暑降温工作：一是加强牛舍的隔热设计，加强牛舍外维护结构的隔热设计，特别是屋顶的隔热设计，可以有效地降低舍内温度；二是环境绿化遮阳，在牛舍或运动场的南面和西面一定距离栽种高大的树木（如树冠较大的梧桐），或丝瓜、眉豆、葡萄、爬山虎等藤蔓植物，以遮挡阳光，减少牛舍的直接受热；在牛舍顶部、窗户的外面或运动场上拉折光网，实践证明是有效的降温方法。其折射率可达 70%，而且使用寿命达 4～5 年。三是墙面刷白。不同颜色对光的吸收率和反射率不同。黑色吸光率最高，而白色反光率很强，可将牛舍的顶部及南面、西面墙面等受到阳光直射的地方刷成白色，以减少牛舍的受热度，增强光反射。可在牛舍的顶部铺放反光膜，降低舍温 2℃左右；四是蒸发降温，牛舍内的温度来自太阳辐射，舍顶是主要的受热部位。降低牛舍顶部热能的传递是降低舍温的有效措施，在牛舍的顶部安装水管和喷淋系统；舍内温度过高时可以使用凉水在舍内进行喷洒、喷雾等，同时加强通风；五是加强通风，密闭舍加强通风可以增加对流散热。必要时可以安装风机进行机械通风。

2. 舍内湿度

相对湿度是指空气中实际水汽压与饱和水汽压的百分比。气湿作为单一因子对肉牛的影响不大，常与温度、气流等因素一起对肉牛产生一定影响。高温高湿影响牛体的热调节，加剧高温的不良反应，破坏热平衡；低温高湿时机体的散热容易，潮湿的空气使牛的被毛潮湿，保温性能下降，牛体感到更加寒冷，加剧了冷应激，特别是对犊牛和幼牛影响更大。牛易患感冒性疾病，如风湿症、关节炎、肌肉炎、神经痛等，以及消化道疾病（下痢）。寒冷冬季，相对湿度过高，对牛的生长有不利影响，饲料转化率会显著下降。高温低湿的环境中，能使牛体皮肤或外露的黏膜发生干裂，降低了对微生物的防卫能力，而招致细菌、病毒感染等。低湿，舍内尘埃增加，容易诱发呼吸道疾病。

（1）舍内适宜的湿度　封闭式牛舍空气的相对湿度以60%～70%为宜，最高不超过75%。

（2）舍内湿度的控制　可从以下几方面进行控制。

① 湿度低时的措施　舍内相对湿度低时，可在舍内地面散水或用喷雾器在地面和墙壁上喷水，水的蒸发可以提高舍内湿度。

② 湿度高时的措施　当舍内相对湿度过高时，可以采取如下措施：一是加大换气量。通过通风换气，驱除舍内多余的水汽，换进较为干燥的新鲜空气。舍内温度低时，要适当提高舍内温度，避免通风换气引起舍内温度下降。二是提高舍内温度。舍内空气水汽含量不变，提高舍内温度可以增大饱和水汽压，降低舍内相对湿度。特别是冬季或犊牛舍舍，加大通风换气量对舍内温度影响大，可提高舍内温度。

③ 防潮措施　保证牛舍干燥需要作好牛舍防潮，除了选择地势高燥，排水好的场地外，可采取如下措施：一是肉牛舍墙基设置防潮层，新建牛舍待干燥后使用；二是舍内排水系统畅通，粪尿、污水及时清理；三是尽量减少舍内用水。舍内用水量大，舍内湿度容易提高。防止饮水设备漏水，能够在舍外洗刷的用具可以在舍外洗刷或洗刷后的污水立即排到舍外，不要在舍内随处抛撒。四是保持舍内较高的温度，使舍内温度经常处于露点以上；五是使用垫草或防潮剂（如撒生石灰、草木灰），及时更换污浊潮湿的垫草。

3. 光照控制

光照不仅显著影响肉牛繁殖，而且对牛有促进新陈代谢、加速骨骼生长以及活化和增强免疫机能的作用。在舍饲和集约化生产条件下，采用16小时光照8小时黑暗制度，育肥肥肉牛采食量增加，日增重得到明显改善。一般要求肉牛舍的采光系数为1∶16，犊牛舍为

1∶(10～14)。

4. 有害气体

有害气体来自牛的呼吸、排泄物和生产过程中的有机物分解。舍内有害气体成分要比舍外空气成分复杂，且有害成分含量高。密闭牛舍内中，有害气体含量容易超标，可以直接或间接引起牛群发病或生产性能下降，影响牛群安全和产品安全，危害较大的有害气体主要有氨气、硫化氢、二氧化碳和一氧化碳。

肉牛舍内的氨气和硫化氢对人和肉牛都有害，严重刺激和破坏黏膜、结膜，降低肉牛体的屏障功能，影响肉牛抗病力，容易发生疾病。肉牛若长时间生活在这种空气污浊的环境中，首先刺激上呼吸道黏膜，引起炎症。污浊的空气还可引起牛的体质变弱、抗病力下降，易发生胃肠疾病及心脏病等。

(1) 舍内限值　氨气不高于20毫克/立方米；硫化氢不高于8毫克/立方米；二氧化碳不高于1500毫克/立方米。

(2) 有害气体的控制　采取综合措施控制有害气体。

① 合理选址及设计　加强场址选择和合理布局，避免工业废气污染。合理设计肉牛场和肉牛舍的排水系统、粪尿存放处理设施、污水处理设施。

② 防潮　加强防潮管理，保持舍内干燥。有害气体易溶于水，湿度大时易吸附于材料中，舍内温度升高时又挥发出来。

③ 适量通风　干燥是减少有害气体产生的主要措施，通风是消除有害气体的重要方法。当严寒季节保温与通风发生矛盾时，可向猪舍内定时喷雾过氧化物类的消毒剂，其释放出的氧能氧化空气中的硫化氢和氨，起到杀菌、除臭、降尘、净化空气的作用。

④ 加强肉牛舍管理　一是舍内地面、畜床上铺设麦秸、稻草、干草等垫料，可以吸附空气中有害气体，并保持垫料清洁卫生；二是做好卫生工作。及时清理污物和杂物，排出舍内的污水，加强环境的消毒等。

⑤ 加强环境绿化　绿化不仅美化环境，而且可以净化环境。绿色植物进行光合作用可以吸收二氧化碳，生产出氧气。如每公顷阔叶林在生长季节每天可吸收1000千克二氧化碳，产出730千克氧气；绿色植物可大量吸附氨，如玉米、大豆、棉花、向日葵以及一些花草

都可从大气中吸收氨而生长；绿色林带可以过滤阻隔有害气体。有害气体通过绿色地带至少有 25% 被阻留，煤烟中的二氧化硫被阻留 60%。

⑥ 采用化学物质消除　使用过磷酸钙、丝兰属植物提取物、沸石以及木炭、活性炭、煤渣、生石灰等具有吸附作用的物质吸附空气中的臭气。

5. 舍内微粒

微粒是以固体或液体微小颗粒形式存在于空气中的分散胶体。肉牛舍中的微粒来源于肉牛的活动、采食、鸣叫，饲养管理过程，如清扫地面、分发饲料、饲喂及通风除臭等机械设备运行。肉牛舍内有机微粒较多。

灰尘降落到肉牛体表，可与皮脂腺分泌物、被毛、皮屑等粘混一起而妨碍皮肤的正常代谢，影响被毛品质；灰尘吸入体内还可引起呼吸道疾病，如肺炎、支气管炎等；灰尘还可吸附空气中的水汽、有毒气体和有害微生物，产生各种过敏反应，甚至感染多种传染性疾病；微粒可以吸附空气中的水汽、氨、硫化氢、细菌和病毒等有毒有害物质造成黏膜损伤，引起血液中毒及各种疾病的发生。

（1）舍内微粒的限值　牛舍中的可吸入颗粒物（PM10）不超过 2 毫克/立方米，总悬浮颗粒物（TSP）不超过 4 毫克/立方米。

（2）舍内微粒的控制　需要采取综合措施控制舍内微粒。

① 做好牛场的绿化工作　多种树、种草和农作物等，植物表面粗糙不平，多绒毛，有些植物还能分泌油脂或黏液，能阻留和吸附空气中的大量微粒。含微粒的大气流通过林带，风速降低、大径微粒下沉，小的被吸附。夏季可吸附 35.2%～66.5%微粒。

② 远离尘源　肉牛舍远离饲料加工场。

③ 做好防尘工作　保持肉牛舍地面干净，禁止干扫。分发饲料和饲喂动作要轻，更换和翻动垫草也动作要轻。

④ 保持适宜的湿度　适宜的湿度有利于尘埃沉降。

⑤ 做好通风　保持通风换气，必要时安装过滤设备。

6. 舍内噪声

物体呈不规则、无周期性震动所发出的声音叫噪声。噪声可由外界产生，如飞机、汽车、拖拉机、雷鸣等；舍内机械产生，如风机、除粪机、喂料机等；牛本身产生，如鸣叫、走动、采食、争斗等。噪声可使牛的听觉器官发生特异性病变，刺激神经反射，引起食欲不振、惊慌和恐怖，影响生产。噪声能影响牛的繁殖、生长、增重和生产力，并能改变牛的行为，易引发流产、早产现象。

（1）舍内噪声限值　一般要求牛舍的噪声水平不超过 75 分贝。

（2）舍内噪声控制　肉牛场选在安静的地方，远离噪声大的地方，如交通干道、工矿企业和村庄等；选择噪声小的设备；场区周围种植林带，可以有效隔声；生产过程的操作要轻、稳，尽量保持肉牛舍的安静。

四、做好消毒工作

消毒是采用一定方法将养殖场、交通工具和各种被污染物体中病原微生物的数量减少到最低或无害的程度。通过消毒能够杀灭环境中的病原体，切断传播途径，防止传染病的传播与蔓延，是传染病预防措施中的一项重要内容。

（一）消毒的方法

1. 物理消毒法

包括机械性清扫、冲洗、加热、干燥、阳光和紫外线照射等方法。如用喷灯对牛经常出入的地方、产房、培育舍，每年进行 1～2 次火焰瞬间喷射消毒；人员入口处设紫外线灯照射至少 5 分钟来消毒等。

2. 化学消毒法

利用化学消毒剂对病原微生物污染的场地、物品等进行消毒。如在牛舍周围、入口、产房和牛床下面撒生石灰或火碱液进行消毒；用甲醛等对饲养器具在密闭的室内或容器内进行熏蒸；用规定浓度的新洁尔灭、有机碘混合物或煤酚的水溶液洗手、洗工作服或胶鞋。

3. 生物热消毒法

主要用于粪便及污物，通过堆积发酵产热来杀灭一般病原体的消毒方法。

（二）消毒的程序

根据消毒的类型、对象、环境温度、病原体性质以及传染病流行特点等因素，将多种消毒方法科学合理地加以组合而进行的消毒过程称为消毒程序。

1. 人员消毒

所有工作人员进入场区大门必须进行鞋底消毒，并经自动喷雾器进行喷雾消毒。进入生产区的人员必须淋浴、更衣、换鞋、洗手，并经紫外线照射15分钟。工作服、鞋、帽等定期消毒（可放在1%～2%碱水内煮沸消毒，也可每立方米空间42毫升福尔马林熏蒸20分钟消毒）。严禁外来人员进入生产区。进入牛舍人员先踏消毒池（消毒池的消毒液每3天更换一次），再洗手后方可进入。工作人员在接触畜群、饲料等之前必须洗手，并用消毒液浸泡消毒3～5分钟。病牛隔离人员和剖检人员操作前后都要进行严格消毒。

2. 车辆消毒

进入场门的车辆除要经过消毒池外，还必须对车身、车底盘进行高压喷雾消毒，消毒液可用2%过氧乙酸或1%灭毒威。严禁车辆（包括员工的摩托车、自行车）进入生产区。进入生产区的料车每周需彻底消毒一次。

3. 环境消毒

（1）垃圾处理消毒　生产区的垃圾实行分类堆放，并定期收集。每逢周六进行环境清理、消毒和焚烧垃圾。可用3%的氢氧化钠喷湿，阴暗潮湿处撒生石灰。

（2）生活区、办公区消毒　生活区、办公区院落或门前屋后4到10月份每7～10天消毒一次，11月至次年3月每半月一次。可用2%～3%的火碱或甲醛溶液喷洒消毒。

（3）生产区的消毒　生产区道路、每栋舍前后每2～3周消毒一次；每月对场内污水池、堆粪坑、下水道出口消毒一次；使用2%～3%的火碱或甲醛溶液喷洒消毒。

（4）地面土壤消毒　土壤表面可用10%漂白粉溶液、4%福尔马林或10%氢氧化钠溶液。停放过芽孢杆菌所致传染病（如炭疽）病牛尸体的场所，应严格加以消毒，首先用上述漂白粉澄清液喷洒池面，然后将表层土壤掘起30厘米左右，撒上干漂白粉，并与土混合，将此表土妥善运出掩埋。其他传染病所污染的地面土壤，则可先将地面翻一下，深度约30厘米，在翻地的同时撒上干漂白粉（用量为每平方米面积0.5千克），然后以水湿润，压平。如果放牧地区被某种病原体污染，一般利用自然因素（如阳光）来消除病原体；如果污染的面积不大，则应使用化学消毒药消毒。

4. 牛舍消毒

（1）空舍消毒　牛出售或转出后对牛舍进行彻底的清洁消毒，消毒步骤如下：

① 清扫　首先对空舍的粪尿、污水、残料、垃圾和墙面、顶棚、水管等处的尘埃进行彻底清扫，并整理舍内饲槽、用具，当发生疫情时，必须先消毒后清扫。

② 浸润　对地面、牛栏、出粪口、食槽、粪尿沟、风扇匣、护仔箱、进行低压喷洒，并确保充分浸润，浸润时间不低于30分钟，但不能时间过长，以免干燥、浪费水且不好洗刷。

③ 冲刷　使用高压冲洗机，由上至下彻底冲洗屋顶、墙壁、栏架、网床、地面、粪尿沟等。要用刷子刷洗藏污纳垢的缝隙，尤其是食槽、水槽等，冲刷不要留死角。

④ 消毒　晾干后，选用广谱高效消毒剂，消毒合内所有表面、设备和用具，必要时可选用2％～3％的火碱进行喷雾消毒，30～60分钟后低压冲洗，晾干后用另一种广谱高效消毒药（0.3％好利安）喷雾消毒。

⑤ 复原　恢复原来栏舍内的布置，并检查维修，做好进牛前的充分准备，并进行第二次消毒。

⑥ 进动物前消毒　进牛前1天再喷雾消毒。

⑦ 熏蒸消毒　对封闭牛舍冲刷干净、晾干后，最好进行熏蒸消毒。用福尔马林、高锰酸钾熏蒸。方法：熏蒸前封闭所有缝隙、孔洞，计算房间容积，称量好药品。按照福尔马林：高锰酸钾：水2：1：1的比例配制，福尔马林用量一般为28～42毫升/立方米。容器应大于甲醛溶液加水后容积的3～4倍。放药时一定要把甲醛溶液倒入盛高锰酸钾的容器内，室温最好不低于24℃，相对湿度在70％～80％。先从牛舍一头逐点倒入，倒入后迅速离开，把门封严，24小时后打开门窗通风。无刺激味后再用消毒剂喷雾消毒一次。

（2）产房和隔离舍的消毒　在产犊前应进行1次，产犊高峰时进行多次，产犊结束后再进行1次。在病牛舍、隔离舍的出入口处应放置浸有消毒液的麻袋片或草垫，消毒液可用2%～4%氢氧化钠（对病毒性疾病），或用10%克辽林溶液（对其他疾病）。

（3）带牛消毒 正常情况下选用过氧乙酸或喷雾灵等消毒剂，0.5%浓度以下对人畜无害。夏季每周消毒2次，春秋季每周消毒1次，冬季2周消毒1次。如果发生传染病每天或隔日带牛消毒1次，带牛消毒前必须彻底清扫，消毒时不仅限于牛的体表，还包括整个牛舍的所有空间。应将喷雾器的喷头高举空中，喷嘴向上，让雾料从空中缓慢地下降，雾粒直径控制在80～120微米，压力为0.2～0.3千克/平方厘米。

【注意】不宜选用刺激性大的药物。

5. 废弃物消毒

（1）粪便消毒 牛的粪便消毒方法主要采用生物热消毒法，即在距牛场100～200米以外的地方设一堆粪场，将牛粪堆积起来，上面覆盖10厘米厚的沙土，堆放发酵30天左右，即可用作肥料。详情可参考本书的粪便无害化处理部分。

（2）污水消毒 最常用的方法是将污水引入污水处理池，加入化学药品（如漂白粉或其他氯制剂）进行消毒，用量视污水量而定，一般1升污水用2～5克漂白粉。详情可参考本书的污水无害化处理部分。

【注意】一要注意严格按消毒药物说明书的规定配制，药量与水量的比例要准确，不可随意加大或减少药物浓度；二要注意不准任意将两种不同的消毒药物混合使用；三要注意喷雾时，必须全面湿润消毒物的表面；四要注意消毒药物定期更换使用；五要注意消毒药现配现用，搅拌均匀，并尽可能在短时间内一次用完；六要注意消毒前必须搞好卫生，彻底清除粪尿、污水、垃圾；七要注意要有完整的消毒记录，记录消毒时间、牛舍号、消毒药品、使用浓度、消毒对象等。

五、科学的免疫接种

免疫接种是给动物接种各种免疫制剂（疫苗、类毒素及免疫血清），使动物个体和群体产生对传染病的特异性免疫力。免疫接种是预防和治疗传染病的主要手段，也是使易感动物群转化为非易感动物群的唯一手段。

（一）免疫接种类型

根据免疫接种的时机不同，可分为预防接种和紧急接种两类。

1. 预防接种

是在平时为了预防某些传染病的发生和流行，有组织有计划地按免疫程序给健康畜群进行的免疫接种。预防接种常用的免疫制剂有疫苗、类毒素等。由于所用免疫制剂的品种不同，接种方法也不一样，有皮下注射、肌内注射、皮肤刺种、口服、点眼、滴鼻、喷雾吸入等。预防接种应首先对本地区近几年来曾发生过的传染病流行情况进行调查了解，然后有针对性地拟定年度预防接种计划，确定免疫制剂的种类和接种时间，按所制定的免疫程序进行免疫接种，争取做到逐头进行免疫接种。

在预防接种后，要注意观察被接种牛的局部或全身反应（免疫反应）。局部反应接种局部出现一般的炎症变化（红、肿、热、痛）；全身反应，则呈现体温升高，精神不振，食欲减少等。

2. 紧急接种

指在发生传染病时，为了迅速控制和扑灭疫病的流行，而对疫区和受威胁区尚未发病的牛进行紧急免疫接种。

应用疫苗进行紧急接种时，必须先对牛群逐头进行详细的临床检查，只能对无任何症状的牛进行紧急接种，对患病和处于潜伏期的牛，不能接种疫苗，应立即隔离治疗或扑杀。但应注意，在临床检查无症状而貌似健康的牛中，必然混有一部分处于潜伏期的牛，在接种疫苗后不仅得不到保护，反而促进其发病，造成一定的损失，这是一种正常的不可避免的现象。但由于这些急性传染病潜伏期短，而疫苗接种后又能很快产生免疫力，因而发病数不久即可下降，疫情会得到控制，多数动物得到保护。

（二）免疫接种程序

免疫程序是指根据一定地区、养殖场或特定动物群体内传染病的流行状况、动物健康状况和不同疫苗特性，为特定动物群体制定的免疫接种计划，包括接种疫苗的类型、顺序、时间、方法、次数、时间间隔等规程和次序。科学合理的免疫程序是获得有效免疫保护的重要保障。制定肉牛免疫程序时应充分考虑当地疫病流行情况，动物种类、年龄，母源抗体水平和饲养管理水平，以及使用疫苗的种类、性质、免疫途径等方面的因素。免疫程序的好坏可根据肉牛的生产力水平和疫病发生情况来评价，科学地制定一个免疫程序必须以抗体检测为重要的参考依据。肉牛参考免疫程序见表 6-5。

表 6-5　肉牛免疫程序

疫苗名称	用途	免疫时间	用法用量
牛气肿疽灭活疫苗	预防牛气肿疽。免疫期6年	犊牛1～2月龄和6月龄各免疫一次	颈部或肩胛部后缘皮下注射，5毫升/头。生效期14天左右
口蹄疫苗	预防牛口蹄疫。免疫期6个月	犊牛4～5月龄首免；以后每隔4～5个月免疫一次	皮下或肌内注射，犊牛0.5～1毫升/头，成年牛2毫升/头。生效期14天
牛出血性败血病氢氧化铝菌苗	预防牛出败；免疫期9个月	犊牛4.5～5月龄首免；以后每年春秋各一次	皮下或肌内注射；犊牛4毫升/头，成年牛6毫升/头。生效期21天
无毒炭疽芽孢苗	预防牛炭疽。免疫期1年	每年5月或10月全群免疫一次	皮下注射，成年牛2毫升/头；犊牛0.5毫升/头。生效期14天
布氏杆菌猪型2号	预防布氏杆菌病。免疫期1年	一年一次（3～4月或8～9月）	皮下或肌内注射，5毫升/头。生效期30天
传染性胸膜炎	预防传染性胸膜炎。免疫期1年	一年一次（3～4月或9～10月）	臀部肌内注射，成年牛2毫升/头，小牛1毫升/头。生效期21～28天

六、药物保健

（一）用药方法

不同的给药途径不仅影响药物吸收的速度和数量，而且与药理作用的快慢和强弱有关，有时甚至产生性质完全不同的作用。如硫酸镁溶液内服起泻下作用，若静脉注射则起镇静作用。牛群常用给药方法有内服给药和注射给药 2 大类，由于不同药物的吸收途径和在体内的分布浓度的差异，对同种疾病的疗效是不同的，见表 6-6。

表 6-6 牛的用药方法

方法		操作
群体给药法（指对牛群用药。用药前，最好先做小批量的药物毒性及药效试验）	混饲给药	将药物均匀混入饲料中，让牛吃料时能同时吃进药物。主要用于不溶于水的药物
	混水给药	将药物溶解于水中，让牛自由饮用。有些疫苗也可用此法投服。在给药前一般应停止饮水半天，以保证每只牛都能在规定时间内饮到一定量的水
个体给药法（指对患病牛单独进行治疗）	口服法	主要通过长颈瓶或药板给药，一般分别用于灌服稀药液和服用舔剂
	直肠给药	是将药物配制成液体，通过橡皮管直接灌入直肠内。用前先将直肠内的粪便清除，同时灌服药液的温度应与体温一致
	胃管插入法	牛插入胃管的方法有两种，一是经鼻腔插入，二是经口腔插入。胃管插入时要防止胃管误入气管。灌服大量水及有刺激性的药液时应经口腔插入。患咽喉炎和咳嗽严重的病牛，不可用胃管灌服
	注射法	将灭菌的液体药物，用注射器注入牛的体内。一般按注射部位可分为几种方式：一是皮下注射，把药液注射到牛的皮肤和肌肉之间，牛注射部位是在颈部或股内侧松软处。二是肌内注射，是将灭菌的药液注入肌肉比较多的部位。牛的注射部位是在股后肌群，特别是在半膜肌和半腱肌上。三是静脉注射，是将灭菌的药液直接注射到静脉内，使药液随血液很快分布全身，迅速发生药效。牛常用的注射部位是颈静脉。四是气管注射，是将药液直接注入气管内。五是瘤胃穿刺注药法，当牛发生瘤胃臌气时可采用此法。六是腹腔注射法，一般选用右肷部为腹腔注射的部位
	皮肤、黏膜给药	一般用于可以通过皮肤和黏膜吸收的药物。主要方法有点眼、滴鼻、皮肤涂擦、药浴等

（二）肉牛药物保健程序

肉牛用药保健程序参考表 6-7 制定。

表 6-7　肉牛用药保健程序

阶段		用药方案
后备肉牛	引入第1周及配种前1周	饲料中适当添加一些抗应激药物(如维力康、维生素C、多维、电解质添加剂等);同时饲料中适当添加一些抗生素药物[如呼诺玢、呼肠舒、泰灭净、强力霉素、利高霉素、支原净、泰舒平(泰乐菌素)、土霉素等]
妊娠母肉牛	前期	饲料中适当添加一些抗生素药物[如呼诺玢、泰灭净、利高霉素、新强霉素、泰舒平(泰乐菌素)等],同时饲料添加亚硒酸钠、VE,妊娠全期饲料添加防治霉菌毒素药物(霉可脱)
	产前	驱虫。帝诺玢拌料一周,肌注一次得力米先(长效土霉素)等
产前产后母肉牛	母肉牛产前产后2周	饲料中适当添加一些抗生素药物,如呼肠舒、新强霉素(慢呼清)、菌消清(阿莫西林)、强力泰、强力霉素、金霉素等;母牛产后1～3天如有发热症状用输液来解决,所输液体内加入庆大霉素、林可霉素效果更佳
哺乳犊肉牛	犊肉牛吃初乳前	口服庆大霉素、氟哌酸、兽友一针1～2毫升或土霉素半片内
	3日龄	补铁(如血康、牲血素、富来血)、补硒(亚硒酸钠 VE)
	1、7、14日龄	鼻腔喷雾卡那霉素、10%呼诺玢
	7日龄左右,开食补料前后及断奶前后	饲料中适当添加一些抗应激药物,如维力康、开食补盐、维生素C、多维等。哺乳全期饲料中适当添加一些抗生素药物,如菌消清、泰舒平、呼诺玢、呼肠舒、泰灭净、恩诺沙星、诺氟沙星、氧氟沙星及环丙沙星等。出生后体况比较差的肉牛犊,一生下来喂些代乳粉(牛专用)兑开葡萄糖水或凉开水,连饮5～7天,并调整乳头以加强体况
	断奶	根据肉牛犊体况25～28天左右断奶,断奶前几天母牛要控料、减料,以减少其泌乳量,在肉牛犊的饮水中加入阿莫西林+恩诺沙星+加强保易多以预防腹泻。肉牛犊如发生球虫可采用加适合的药物来获得抗体的产生

续表

阶段		用药方案
断奶保育肉牛	保育牛阶段前期(28～35天)	饲料或饮水中适当添加一些抗应激药物,如维力康、开食补盐、维生素C、多维等;此阶段可在肉牛犊饲料中添加泰乐菌素+磺胺二甲嘧啶+TMP+金霉素,以保证肉牛犊健康。此阶段如发生链球菌、传染性胸膜肺炎可采用阿莫西林+恩诺沙星+泰乐菌素+磺胺二甲嘧啶+TMP+金霉素防治
	肉牛犊45～50天阶段	此阶段要预防传染性胸膜肺炎的发生,可用氟苯尼考80克/吨+泰乐菌素+磺胺二甲嘧啶+TMP+金霉素防治
生长育肥肉牛	整个生长期	可用泰乐菌素+磺胺二甲嘧啶+TMP+金霉素添加在饲料中饲喂,并在应激时添加抗应激药物,如维力康、开食补盐、维生素C、多维等。定期在饲料中添加伊维菌素、阿维菌素或帝诺玢、净乐芬等驱虫药物进行驱虫
公肉牛	饲养期	每月饲料中适当添加一些抗生素药物,如土霉素预混剂、呼诺玢、呼肠舒、泰灭净、支原净、泰舒平(泰乐菌素)等,连用1周。每个季度饲料中适当添加伊维菌素、阿维菌素或帝诺玢、净乐芬等驱虫药物进行驱虫,连用1周。每月体外喷洒驱虫一次,虱螨净、杀螨灵
空怀母肉牛	空怀期	饲料中适当添加一些抗生素药物,如土霉素预混剂、呼诺玢、呼肠舒、泰灭净、支原净、泰乐菌素等,连用1周
	配种前	肌注一次得力米先、长效土霉素等;饲料中添加伊维菌素、阿维菌素或帝诺玢、净乐芬等驱虫药物进行驱虫,连用1周

注：1. 驱虫。牛群一年期最好驱虫三次，以防治线虫、螨虫、蛔虫等体内寄生虫病的发生，从而提高饲料报酬。用药可选用伊维菌素或复方药（伊维菌素+阿苯达唑）等。

2. 红皮病的防治。红皮病主要是由于肉牛犊断奶后多系统衰弱综合征并发寄生虫病引起的，症状为体温在40～41℃，表皮出现小红点，出现时间多在30日龄以后，一般40～50日龄到全期都有的。在治疗上可采用先驱虫后再用20%长效土霉素和地塞米松+维丁胶性钙肌注治疗，预防此病要从源头开始做自家苗，肉牛犊分别在7日龄和25日龄各接种一次。

第二节 肉牛的常见病防治

一、传染病

（一）口蹄疫

牛口蹄疫是由口蹄疫病毒引起的偶蹄类动物共患的急性、热性、接触性传染病。其临床特征是口腔黏膜、乳房和蹄部出现水泡，尤其在口腔和蹄部的病变比较明显。

【病原及流行病学】口蹄疫病毒属小核糖核酸病毒科口疮病毒属，根据血清学反应的抗原关系，病毒可分为O、A、C、亚洲Ⅰ、南非Ⅰ、南非Ⅱ、南非Ⅲ等7个不同的血清型和60多个亚型。口蹄疫病毒对酸、碱特别敏感。在pH3时，瞬间丧失感染力，pH5.5时，1秒钟内90%被灭活；1%～2%氢氧化钠或4%碳酸氢钠液1分钟内可将病毒杀死。－70～－50℃病毒可存活数年，85℃1分钟即可杀死病毒。牛奶经巴氏消毒（72℃15分钟）能使病毒感染力丧失。在自然条件下，病毒在牛毛上可存活24日，在麸皮中能存活104天。紫外线可杀死病毒，乙醚、丙酮、氯仿和蛋白酶对病毒无作用。

本病发生无明显的季节性，但以秋末、冬春为发病盛期。本病以直接接触和间接接触的方式进行传播，病牛是本病的传染源。

【临床症状和病理变化】口蹄疫病毒侵入动物体内后，经过2～3天，有的则可达7～21日的潜伏时间，才出现症状。症状表现为口腔、鼻、舌、乳房和蹄等部位出现水泡，12～36小时后出现破溃，局部露出鲜红色糜烂面；体温升高达40～41℃；精神沉郁，食欲减退，脉搏和呼吸加快；流涎，呈泡沫状；乳头上水泡破溃，挤乳时疼痛不安；蹄水泡破溃，蹄痛跛行，蹄壳边缘溃裂，重者蹄壳脱落。犊牛常因心肌麻痹死亡，剖检可见心肌出现淡黄色或灰白色、带状或点状条纹，似如虎皮，故称“虎斑心”。有的牛还会发生乳房炎、流产症状。该病在成年牛一般死亡率不高，在1%～3%，但在犊牛，由于发生心肌炎和出血性肠炎，死亡率很高。

【诊断】根据该病传播速度快，典型症状是口腔、乳房和蹄部出现水泡和溃烂，可初步诊断。但确诊需经实验室对病毒进行毒型诊断。

【预防】牛O型口蹄疫灭活苗2～3毫升肌注，1岁以下犊牛2毫升，成年牛3毫升，免疫期6个月。

【发病后措施】一旦发病，则应及时报告疫情，同时在疫区严格实施封锁、隔离、消毒、紧急接种及治疗等综合措施；在紧急情况下，尚可应用口蹄疫高免血清或康复动物血清进行被动免疫，按每千克体重0.5～1毫升皮下注射，免疫期约2周。疫区封锁必须在最后1头病畜痊愈、死亡或急宰后14天，经全面大消毒才能解除封锁。

患良性口蹄疫之牛，一般经一周左右多能自愈。为缩短病程、防止继发感染，可对症治疗。

(1) 牛口腔病变可用清水、食盐水或0.1%高锰酸钾液清洗，后涂以1%～2%明矾溶液或碘甘油，也可涂撒中药冰硼散（冰片15克，硼砂150克，芒硝150克，共研为细末）于口腔病变处。

(2) 蹄部病变可先用3%来苏儿清洗，后涂擦龙胆紫溶液、碘甘油、青霉素软膏等，用绷带包扎。

(3) 乳房病变可用肥皂水或2%～3%硼酸水清洗，后涂以青霉素软膏。患恶性口蹄疫之牛，除采用上述局部措施外，可用强心剂（如安钠咖）和滋补剂（如葡萄糖盐水）等。

(二) 牛流行热

牛流行热（又名三日热）是由牛流行热病毒引起的一种急性热性传染病。其特征为突然高热，呼吸促迫，流泪和消化器官的严重卡他炎症和运动障碍。

【病原及流行病学】牛流行热病毒为RNA型，属于弹状病毒属。该病主要侵害牛，以3～5岁壮年牛易感性最大。病牛是该病的传染源，其自然传播途径尚不完全清楚。一般认为，该病多经呼吸道感染。此外，吸血昆虫的叮咬，以及与病畜接触的人和用具的机械传播也是可能的。

该病流行具有明显的季节性，多发生于雨量多和气候炎热的6～9月份。流行上还有一定周期性。3～5年大流行一次。病牛多为良性经过，在没有继发感染的情况下，死亡率为1%～3%。

【临床症状和病理变化】病初，病畜震颤，恶寒战栗，接着体温升高到40℃以上，稽留2～3天后体温恢复正常。在体温升高的同时，可见流泪，有水样眼眵，眼睑，结膜充血，水肿。呼吸促迫，呼吸次数每分钟可达 80 次以上，呼吸困难，患畜发出呻吟声，呈苦闷状。这是由于发生了间质性肺气肿，有时可由窒息而死亡。

食欲废绝，反刍停止。第一胃蠕动停止，出现鼓胀或者缺乏水分，胃内容物干涸。粪便干燥，有时下痢。四肢关节浮肿疼痛，病牛呆立，跛行，以后起立困难而伏卧。皮温不整，特别是角根、耳翼、肢端有冷感。另外，颌下可见皮下气肿。流鼻液，口炎，显著流涎。口角有泡沫。尿量减少，尿浑浊。妊娠母牛患病时可发生流产、死胎。泌乳量下降或泌乳停止。剖检可见气管和支气管黏膜充血和点状出血，黏膜肿胀，气管内充满大量泡沫黏液。肺显著肿大，有程度不同的水肿和间质气肿，压之有捻发音。全身淋巴结充血，肿胀或出血。真胃、小肠和盲肠黏膜呈卡他性炎和出血。其他实质脏器可见混浊肿胀。

【诊断】根据流行特点和临床症状可初步诊断。

【预防】加强牛的卫生管理对该病预防具有重要作用（管理不良时发病率高，并容易成为重症，增高死亡率）。甲紫灭活苗 10～15 毫升，第一次皮下注射 10 毫升，5～7 天后再注射 15 毫升，免疫期 6 个月；或病毒裂解疫苗，第一次皮下注射 2 毫升，间隔 4 周后再注射 2 毫升，在每年 7 月份前完成预防注射。

【发病后措施】应立即隔离病牛并进行治疗，对假定健康牛和受威胁牛，可用高免血清进行紧急预防注射。高热时，肌内注射复方氨基比林 20～40 毫升，或 30%安乃近 20～30 毫升。重症病牛给予大剂量的抗生素，常用青霉素、链霉素，并用葡萄糖生理盐水、林格液、安钠咖、维生素 B_1 和维生素 C 等药物，静脉注射，每天 2 次。四肢关节疼痛，牛可静脉注射水杨酸钠溶液。对于因高热而脱水和由此而引起的胃内容物干涸，可静脉注射林格液或生理盐水 2～4 升，并向胃内灌入 3%～5%的盐类溶液 10～20 升。加强消毒，搞好消灭蚊蝇等吸血昆虫工作，应用牛流热疫苗进行免疫接种。

此外，也可用清肺，平喘，止咳，化痰，解热和通便的中药，辨证施治。如九味姜活汤：姜活 40 克，防风 46 克，苍术 46 克，细辛 24克，川芎 31 克，白芷 31 克，生地 31 克，黄芩 31 克，甘草 31 克，生姜 31 克，大葱一棵。水煎二次，一次灌服。加减：寒热往来加柴胡；四肢跛行加地风、年见、木瓜、牛膝；肚胀加青皮、苹果、松壳；咳嗽加杏仁、全蒌；大便干加大黄、芒硝。均可缩短病程，促进康复。

(三) 牛病毒性腹泻—黏膜病

牛病毒性腹泻-黏膜病（BVD-MD）是由牛病毒性腹泻病毒（BVDV）引起牛的以黏膜发炎、糜烂、坏死和腹泻为特征的疾病。

【病原及流行病学】BVD病毒属黄病毒科、瘟病毒属，是一种单股RNA、有囊膜的病毒。病毒对乙醚和氯仿等有机溶剂敏感，并能被灭活，病毒在低温下稳定，真空冻干后在－60～－70℃下可保存多年。病毒在56℃下可被灭活，氯化镁不起保护作用。病毒可被紫外线灭活，但可经受多次冻融。

家养和野生的反刍兽及猪是该病的自然宿主，自然发病病例仅见于牛，各种年龄的牛都有易感性，但6～18月龄的幼牛易感性较高，感染后更易发病。绵羊、山羊也可发生亚临诊感染，感染后产生抗体。病毒可随分泌物和排泄物排出体外。持续感染牛可终生带毒、排毒，因而是该病传播的重要传染源。该病主要是经口感染，易感动物食入被污染的饲料、饮水而经消化道感染，也可由于吸入由病畜咳嗽、呼吸而排出的带毒的飞沫而感染。病毒可通过胎盘发生垂直感染。病毒血症期间的公牛精液中也有大量病毒，可通过自然交配或人工授精而感染母牛。该病常发生于冬季和早春，舍饲和放牧牛都可发病。

【临床症状和病理变化】发病时多数牛不表现临床症状，牛群中只见少数轻型病例。有时也引起全牛群突然发病。急性病牛，腹泻是特征性症状，可持续1～3周。粪便水样、恶臭，有大量黏液和气泡，体温升高达40～42℃。慢性病牛，出现间歇性腹泻，病程较长，一般2～5个月，表现消瘦、生长发育受阻，有的出现跛行。剖检主要病变在消化道和淋巴结，口腔黏膜、食道和整个胃肠道黏膜充血、出血、水肿和糜烂，整个消化道淋巴结发生水肿。

【诊断】该病确诊需进行病毒分离，或进行血清中和试验及补体结合试验，实践中以血清中和试验为常用。

【预防】目前应用牛病毒性腹泻—黏膜病弱毒疫苗来预防该病。皮下注射，成年牛注射1次，犊牛在2月龄适量注射，成年时再注射

1次，用量按说明书要求。

【发病后措施】该病目前尚无有效治疗和免疫方法，只有加强护理和对症疗法，增强机体抵抗力，促使病牛康复。次碳酸铋片30克，磺胺二甲嘧啶片40克，一次口服。或磺胺嘧啶注射液20～40毫升，肌内或静脉注射。

（四）新生犊牛腹泻

新生犊牛腹泻是一种发病率高、病因复杂、难以治愈、死亡率高的疾病。临床上主要表现为伴有腹泻症状的胃肠炎，全身中毒和机体脱水。

【病原及流行病学】轮状病毒和冠状病毒在出生后初期的犊牛腹泻发生中，起到了极为重要的作用，病毒可能是最初的致病因子。虽然它并不能直接引起犊牛死亡，但这两种病毒的存在，能使犊牛肠道功能减退，极易继发细菌感染，尤其是致病性大肠杆菌，引起严重的腹泻。另外，母乳过浓、气温突变、饲养管理失误，卫生条件差等对该病的发生，都具有明显的促进作用。犊牛下痢尤其多发于集约化饲养的犊牛群中。

【临床症状和病理变化】该病多发于出生后第2～5天的犊牛。病程2～3天，呈急性经过。病犊牛突然表现精神沉郁，食欲废绝，体温高达39.5～40.5℃，病后不久，即排灰白、黄白色水样或粥样稀便，粪中混有未消化的凝乳块。后期粪便中含有黏液、血液、伪膜等，粪色由灰色变为褐色或血样，具有酸臭或恶臭气味，尾根和肛门周围被稀粪污染，尿量减少。1天后，病犊背腰拱起，肛门外翻，常见里急后重，张口伸舌，哞叫，病程后期牛常因脱水衰竭而死。该病可分为败血型、肠毒血型和肠型。

（1）败血型　主要见于7日龄内未吃过初乳的犊牛，为致病菌由肠道进入血液而致发的，常见突然死亡。

（2）肠毒血型　主要见于生后7日龄吃过初乳的犊牛，致病性大肠杆菌在肠道内大量增殖并产生肠毒素，肠毒素吸收入血所致。

（3）肠型（白痢）　最为常发，见于7～10日龄吃过初乳的犊牛。病死犊牛由于腹泻，而使机体脱水消瘦。病变主要在消化道，呈现严重的卡他性、出血性炎症。肠系膜淋巴结肿大，有的还可见到脾肿大，肝与肾被膜下出血，心内膜有点状出血。肠内容物如血水样，混有气泡。

【诊断】根据流行病学特点、临床症状和剖检变化，对该病可作出初步诊断。确诊还需要进行细菌分离和鉴定。细菌分离所用材料，生前可取病犊粪便，死后可取肠系膜淋巴结，肝、脾及肠内容物。应当注意：健康犊牛肠道内也有大肠杆菌，而且病犊死后，大肠杆菌又易侵入到组织中，所以，分离到细菌后，必须鉴定出血清型，再进行综合判断。

【预防】对于刚出生的犊牛，可以尽早投服预防剂量的抗生素药物。如氯霉素、痢菌净等，对于防止该病的发生具有一定的效果。另外，可以给怀孕期的母牛注射用当地流行的致病性大肠杆菌株所制成的菌苗。在该病发生严重的地区，应考虑给妊娠母牛注射轮状病毒和冠状病毒疫苗。如江苏省农业科学院研制的牛轮状病毒疫苗，给孕母牛接种以后，能有效控制犊牛下痢症状的发生。

【发病后措施】治疗该病时，最好通过药敏试验，选出敏感药物后，再行给药。氟哌酸，犊牛每头每次内服 10 片，即 2.5 克，每日 2～3 次。或氯霉素，每千克体重 0.01～0.03 克，每天注射 3 次。也可用庆大霉素、氨苄青霉素等。抗菌治疗的同时，还应配合补液，以强心和纠正酸中毒。口服 ORS 液（氯化钠 3.5 克、氯化钾 1.5 克、碳酸氢钠 2.5 克、葡萄糖 20 克、加常水至 1000 毫升），供犊牛自由饮用，或按每千克体重 100 毫升，每天分 3～4 次给犊牛灌服，即可迅速补充体液，同时能起到清理肠道的作用。或 6%低分子右旋糖酐、生理盐水、5%葡萄糖、5%碳酸氢钠各 250 毫升、氢化可的松 100 毫克、维生素 C10 毫升，混溶后，给犊牛一次静脉注射。轻症每天补液一次，重危症每天补液两次。补液速度以 30～40 毫升/分为宜。危重病犊牛也可输全血，可任选供血牛，但以该病犊的母牛血液最好，2.5%枸橼酸钠 50 毫升与全血 450 毫升，混合后一次静脉注射。

（五）牛恶性卡他热

牛恶性卡他热（又称恶性头卡他或坏疽性鼻卡他）是由恶性卡他热病毒引起的一种急性热性、非接触性传染病。病的特征是持续发热，口、鼻流出黏脓性鼻液、眼结膜发炎，角膜混浊，并有脑炎症状，病死率很高。

【病原及流行病学】牛恶性卡他热病毒为疱疹病毒丙亚科的成员。其病原为两种 γ-疱疹病毒中的任何一种：狷羚属疱疹病毒1型（AIHV-1），其自然宿主为角马；另一种是作为亚临床感染在绵羊中流行的绵羊疱疹病毒2型（OVHV-2）。此病毒可在牛、羊甲状腺、牛肾上腺、睾丸、肾等的细胞培养物中生长，引起细胞病变。病毒对外界环境的抵抗力不强，不能抵抗冷冻和干燥。含病毒的血液在室温中24小时则失去活力，冰点以下温度可使病毒失去活性。隐性感染的绵羊、山羊和角马是此病的主要传染源。多发生于2～5岁的牛，老龄牛及1岁以下的牛发病较少。该病一年四季均可发生，但以春、夏季节发病较多。

【临床症状和病理变化】该病自然感染潜伏期平均为3～8周，人工感染为14～90天。病初高热，达40～42℃，精神沉郁，于第1天末或第2天，眼、口及鼻黏膜发生病变。临床上分头眼型、肠型、皮肤型和混合型四种。

（1）头眼型　眼结膜发炎，羞明流泪，以后角膜浑浊，眼球萎缩、溃疡及失明。鼻腔、喉头、气管、支气管及颌窦卡他性及伪膜性炎症，呼吸困难，炎症可蔓延到鼻窦、额窦、角窦，角根发热，严重者两角脱落。鼻镜及鼻黏膜先充血，后坏死、糜烂、结痂。口腔黏膜潮红、肿胀，出现灰白色丘疹或糜烂。病死率较高。

（2）肠型　先便秘后下痢，粪便带血、恶臭。口腔黏膜充血，常在唇、齿龈、硬腭等部位出现伪膜，脱落后形成糜烂及溃疡。

（3）皮肤型　在颈部、肩胛部、背部、乳房、阴囊等处皮肤出现丘疹、水泡，结痂后脱落，有时形成脓肿。

（4）混合型　此型多见。病牛同时有头眼症状、胃肠炎症状及皮肤丘疹等。有的病牛呈现脑炎症状。一般经5～14天死亡。病死率达60%。

剖检鼻窦、喉、气管及支气管黏膜充血、肿胀，有假膜及溃疡。口、咽、食道糜烂、溃疡，第四胃充血水肿、斑状出血及溃疡，整个小肠充血、出血。头颈部淋巴结充血和水肿，脑膜充血，呈非化脓性脑炎变化。肾皮质有白色病灶是该病特征性病变。

【诊断】根据典型临床症状和病理变化可作出初步诊断，确诊需进一步做实验室诊断。

（1）病原检查　病毒分离鉴定（病料接种牛甲状腺细胞、牛睾丸或牛胚肾原代细胞，培养3～10天可出现细胞病变，用中和试验或免疫荧光试验进行鉴定）。

（2）血清学检查　间接荧光抗体试验、免疫过氧化物酶试验、病毒中和试验。

【预防】主要是加强饲养管理，增强动物抵抗力，注意栏舍卫生。牛、羊分开饲养，分群放牧。

【发病后措施】发现病畜后，按《中华人民共和国动物防疫法》及有关规定，采取严格控制、扑灭措施，防止扩散。病畜应隔离扑杀，污染场所及用具等，实施严格消毒。

（六）牛传染性鼻气管炎

牛传染性鼻气管炎（IBR）又称"坏死性鼻炎"、"红鼻病"，是Ⅰ型牛疱疹病毒（BHV-1）引起的一种牛呼吸道接触性传染病。临床表现形式多样，以呼吸道为主，伴有结膜炎、流产、乳腺炎，有时诱发小牛脑炎等。

【病原及流行病学】牛传染性鼻气管炎是由牛传染性鼻气管炎病毒（IBRV）或牛疱疹病毒Ⅰ型（BHV-1）引起，IBRV在分类地位上属疱疹病毒科α疱疹病毒亚科。病牛和带毒动物是主要传染源，隐性感染的种公牛因精液带毒，因此是最危险的传染源。病愈牛可带毒6～12个月，甚至长达19个月。病毒主要存在于鼻、眼、阴道分泌物和排泄物中。

IBR可通过空气、飞沫、物体和病牛的直接接触、交配，经呼吸道黏膜、生殖道黏膜、眼结膜传播，但主要由飞沫经呼吸道传播。吸血昆虫（软壳蜱等）也可传播该病。

在自然条件下，仅牛易感。各种年龄和品种的牛均易感，其中以20～60日龄的犊牛最易感，肉用牛比乳用牛易感。该病在秋、冬寒冷季节较易流行。过分拥挤、密切接触的条件下更易迅速传播。运输、运动、发情、分娩、卫生条件、应激因素均与该病发病率有关。一般发病率为20%～100%，死亡率为1%～12%。

【临床症状和病理变化】自然感染潜伏期一般为4～6天。临床分为呼吸道型、生殖道型、流产型、脑炎型和眼炎型五种。

（1）呼吸道型　表现为鼻气管炎，为该病最常见的一种类型。病初高热（40～42℃），流泪，流涎及流黏脓性鼻液。鼻黏膜高度充血，呈火红色。呼吸高度困难，咳嗽不常见。病变表现上呼吸道黏膜炎症，鼻腔和气管内有纤维素蛋白质性渗出物为特征。

（2）生殖道型　母畜表现外阴阴道炎，又称传染性脓疱性外阴阴道炎。阴门、阴道黏膜充血，有时表面有散在性灰黄色、粟粒大的脓疱，重症者脓疱融合成片，形成伪膜。孕牛一般不发生流产。公畜表现为龟头包皮炎，因此称传染性脓疱性龟头包皮炎。龟头、包皮、阴茎充血、溃疡，阴茎弯曲，精囊腺变性、坏死。生殖道型表现为外阴、阴道、宫颈黏膜、包皮、阴茎黏膜的炎症。

（3）流产型　一般见于初胎青年母牛怀孕期的任何阶段，也可发生于经产母牛。

（4）脑炎型　易发生于4～6月龄犊牛，病初表现为流涕，流泪，呼吸困难，之后肌肉痉挛，兴奋或沉郁，角弓反张，共济失调，发病率低但病死率高，可达50%以上。脑炎型表现为脑非化脓性炎症变化。

（5）眼炎型　表现结膜角膜炎，发生角膜溃疡，一般无全身反应，常与呼吸道型合并发生。在结膜下可见水肿，结膜上可形成灰黄色颗粒状坏死膜，严重者眼结膜外翻。角膜混浊呈云雾状。眼鼻流浆液脓性分泌物。

【诊断】根据典型临床症状和病理变化可作出初步诊断，确诊需进一步做实验室诊断。在国际贸易中，指定诊断方法为病毒中和试验、酶联免疫吸附试验和病原分离鉴定（仅限于精液），无替代诊断方法。

病料采集。鼻腔拭子、脓性鼻液（应在感染早期采集）。对于隐性阴道炎或龟头炎的病例，应采取生殖道拭子，拭子要在黏膜表面上用力刮取，或用生理盐水冲洗包皮收集洗液，所有样品置于运输培养基，4℃保存并快速送检。尸检时，应收集呼吸道黏膜、部分扁桃体、肺和支气管淋巴结做病毒分离材料。对于流产的病例，应收集胎儿、肝、肺、肾和胎盘子叶。

（1）病原检查　病毒分离鉴定（接种牛肾、肺或睾丸细胞）、病毒抗原检测（荧光抗体试验、酶联免疫吸附试验）。

（2）血清学检查　病毒中和试验、酶联免疫吸附试验。

【预防】在秋季进入肥育场之前给青年牛注射疫苗，可避免由此病所致的损失。当检出阳性牛时，最经济的办法是予以扑杀。

【发病后措施】发病时应立即隔离病牛，采用抗生素并配合对症治疗以减少死亡，牛康复后可获坚强的免疫力。未被感染的牛接种疫苗。

（七）牛白血病

牛白血病是牛的一种慢性肿瘤性疾病，其特征为淋巴样细胞恶性增生，进行性恶病质和高度病死率。

【病原及流行病学】该病病原为牛白血病病毒（BLV）。此病毒属于反录病毒科丁型反录病毒属。该病毒只感染牛的B淋巴细胞，并长期持续存在于牛体内。迄今为止其他组织和体液均未发现该病毒。

该病主要发生于牛、绵羊、瘤牛，水牛和水豚也能感染。在牛，该病主要发生于成年牛，尤以4～8岁的牛最常见。病畜和带毒者是本病的传染源。潜伏期平均为4年。近年来证明吸血昆虫在该病传播上具有重要作用。被污染的医疗器械（如注射器、针头），可以起到机械传播该病的作用。

【临床症状和病理变化】该病有亚临床型和临床型两种表现。亚临床型无瘤的形成，其特点是淋巴细胞增生，可持续多年或终身，对健康状况没有任何扰乱。这样的牲畜有些可进一步发展为临床型。此时，病牛生长缓慢，体重减轻。体温一般正常，有时略为升高。从体表或经直肠可摸到某些淋巴结呈一侧或对称性增大。腮淋巴结或股前淋巴结常显著增大，触摸时可移动。如一侧肩前淋巴结增大，病牛的头颈可向对侧偏斜；眶后淋巴结增大可引起眼球突出。出现临床症状的牛，通常均取死亡转归，但其病程可因肿瘤病变发生的部位、程度不同而异，一般在数周至数月之间。

剖检尸体常消瘦、贫血。腮淋巴结、肩前淋巴结、股前淋巴结、乳房上淋巴结和腰下淋巴结常肿大，被膜紧张，呈均匀灰色，柔软，切面突出。心、皱胃和脊髓常发生浸润。心肌浸润常发生于右心房、右心室和心隔，色灰而增厚。循环扰乱导致全身性被动充血和水肿。脊髓被膜外壳里的肿瘤结节，使脊髓受压、变形和萎缩。皱胃壁由于肿瘤浸润而增厚变硬。肾、肝、肌肉、神经干和其他器官亦可受损，但脑的病变少见。

【诊断】临床诊断基于触诊发现增大的淋巴结（腮、肩前、股前）。在疑有该病的牛，直肠检查具有重要意义。尤其在病的初期，触诊骨盆腔和腹腔的器官可以发现组织增生的变化，常在表现淋巴结增大之前。具有特别诊断意义的是腹股沟和髂淋巴结的增大。

对感染淋巴结作活组织检查，发现有成淋巴细胞（瘤细胞），可以证明有肿瘤的存在。尸体剖检可以见到特征的肿瘤病变。最好采取组织样品（包括右心房、肝、脾、肾和淋巴结）作显微镜检查以确定诊断。

【预防】以严格检疫、淘汰阳性牛为中心，包括定期消毒、驱除吸血昆虫、杜绝因手术、注射可能引起的交互传染等在内的综合性措施。无病地区应严格防止引入病牛和带毒牛；引进新牛必须进行认真的检疫，发现阳性牛立即淘汰，但不得出售，阴性牛也必须隔离3～6月以上方能混群。疫场每年应进行3～4次临床、血液和血清学检查，不断剔除阳性牛；对感染不严重的牛群，可借此净化牛群，如感染牛较多或牛群长期处于感染状态，应采取全群扑杀的坚决措施。对检出的阳性牛，如因其他原因暂时不能扑杀时，应隔离饲养，控制利用；肉牛可在肥育后屠宰。阳性母牛可用来培养健康后代，犊牛出生后即行检疫，阴性者单独饲养，喂以健康牛乳或消毒乳，阳性牛的后代均不可作为种用。

【发病后措施】本病尚无特效疗法。

（八）牛细小病毒感染

【病原及流行病学】该病是由细小病毒引起的一种传染病。病牛和带毒牛是传染源。病毒经粪便排出，污染环境，经口传播。病毒也能通过胎盘感染胎儿，造成胎儿畸形，死亡和流产。

【临床症状和病理变化】怀孕母牛感染后，主要病变在胚胎和胎儿。胚胎可死亡或被吸收，死亡的胚胎随后发生组织软化，胎儿表现充血、水肿、出血、体腔积液、脱水（木乃伊化）等病变。用病毒经口服或静脉注射感染新生犊牛，24～48小时即可引起腹泻，呈水样，含有黏液。剖检病死犊，尸体消瘦，脱水明显，肛门周围有稀粪。病变主要是回肠和空肠黏膜有不同程度的充血、出血或溃疡，口腔、食管、真胃、盲肠、结肠和直肠也可见水肿、出血、糜烂性变化，肠系膜淋巴结肿大、出血，有的出现坏死灶。

【预防】隔离病牛、搞好牛舍和环境卫生，平时注意消毒，防止感染。治疗主要是采取对症疗法，补液，给予抗生素或磺胺类药物控制继发感染。该病目前还无疫苗用于预防注射。

【发病后措施】该病尚无特效疗法。

（九）牛海绵状脑病

牛海绵状脑病俗称“疯牛病”，以潜伏期长，病情逐渐加重，表现行为反常、运动失调、轻瘫、体重减轻、脑灰质海绵状水肿和神经元空泡形成为特征。病牛终归死亡。

【病原及流行病学】牛海绵状脑病是美国于1985年发现的一种新病，于1954年首次报道。其病原是一种无核酸的蛋白性侵染颗粒（朊病毒或朊粒，PrPSc）是由神经细胞表面的一种正常糖蛋白（PrPc）在翻译后发生某些修饰而形成的异常蛋白（PrPSc），电镜可查到类痒病纤维蛋白。该病原对蛋白酶具有较强抵抗力，常用消毒剂及紫外光消毒无效，136℃高温高压30分钟才能杀死该病原。人们认为疯牛病病原（朊病毒）除引起牛患疯牛病外，还可引起人的疾病，如克雅氏病、库鲁病、致死性家族性失眠症、新型克雅氏病、格斯综合征等。本病主要通过被污染的饲料经口传染。由于该病潜伏期较长，被感染的牛到2岁才开始有少数发病，3岁时发病明显增加，4岁和5岁达到高峰，6～7岁发病开始明显减少，到9岁以后发病率维持在低水平。该病的流行没有明显的季节性。

【临床症状和病理变化】病牛临床症状大多数表现出中枢神经系统的变化，行为异常，惊恐不安，神经质；姿态和运动异常，四肢伸展过度，后肢运动失调、震颤和跌倒、麻痹、轻瘫；感觉异常，对外界的声音和触摸过敏，瘙痒。剖检病牛病变不典型。

【诊断】本病原不能刺激牛产生免疫反应，故不能用血清学试验来辅助诊断已感染活牛，生化和血清学数值异常不明显，剖检病变不典型。确诊需依靠临床症状和病死牛脑组织检查。脑组织切片检查时，对诊断有意义的剖位是延髓脑闩，即第四脑室尾部中央管起始处。此处可见到弧束核和三叉神经脊束核，99.6％的病例可在这两个核区发现空泡变性，神经纤维网呈海绵变样。可用免疫组化法检测迷走神经核群及周围灰质区的特异性PrP的蓄积。

【预防】禁止在饲料中添加反刍动物蛋白；严禁病牛屠宰后供食用。我国也已采取了积极的防范措施，以防止该病传入我国。对杀灭该病病原比较有效的消毒剂可用3%～5%的苛性钠1小时或0.5%以上的次氯酸钠2小时。

【发病后措施】该病目前无特效治疗方法。为控制此病，在英国规定对患牛一律采取扑杀和销毁措施。

（十）牛巴氏杆菌病

牛巴氏杆菌病是一种由多杀性巴氏杆菌引起的急性、热性传染病，常以高温、肺炎以及内脏器官广泛性出血为特征。多见于犊牛。

【病原与流行病学】牛巴氏杆菌病的病原是多杀性巴氏杆菌。该病遍布全世界，各种畜禽均可发病。常呈散发性或地方流行性发生，多发生在春、秋两季。

【临床症状和病理变化】病初体温升高，可达41℃以上，鼻镜干燥，结膜潮红，食欲和反刍减退，脉搏加快，精神委顿，被毛粗乱，肌肉震颤，皮温不整。有的呼吸困难；痛苦咳嗽，流泡沫样鼻涕，呼吸音加强，并有水泡音。有些病牛初便秘后腹泻，粪便常带有血或黏液。剖检可见黏膜、浆膜小点出血，淋巴结充血肿胀，其他内脏器官也有出血点。肺呈肝变，质脆；切面坚实而呈黑褐色。

【诊断】根据流行特点、症状和病变可对牛出败作出诊断。牛的肌肉震颤、眼睑抽搐、往后使劲、倒地抽搐、四肢呈游泳状、口嚼白沫、一抓一动就死牛等特点，初步确诊为传染病。采取死牛新鲜心、血、肝、淋巴结组织涂片，以姬姆萨液染色，镜检可见两极着色的小杆菌。

【预防】对以往发生该病的地区或该病流行时，应定期或随时注射牛出血性败血症氢氧化铝菌苗，体重在100千克以下者，皮下注射4毫升，100千克以上者皮下注射6毫升。

【发病后措施】对刚发病的牛，用痊愈牛的全血500毫升静注，结合使用四环素8～15克溶解在5%葡萄糖溶液1000～2000毫升中静注，每日1次。普鲁卡因、青霉素300～600万单位，双氢链霉素5～10克同时肌注，每日1～2次。强心剂可用20%安钠咖注射液20毫升，每日肌注2次。重症者可用硫酸庆大霉素80万单位，每日肌注2～3次。保护胃肠可用次硝酸铋30克和磺胺脒30克，每日内服3次。

（十一）牛沙门菌病

牛沙门菌病又称牛副伤寒，该病以病畜败血症、毒血症或胃肠炎、腹泻、孕畜流产为特征，在世界各地均有发生。

【病原及流行病学】病原多为鼠伤寒沙门菌或都柏林沙门菌。舍饲青年犊比成年牛易感，往往呈流行性。病畜和带菌畜是该病的传染源。通过消化道和呼吸道感染，亦可通过病畜与健康畜的交配或病畜精液人工授精而感染。

【临床症状和病理变化】牛沙门菌病主要症状是下痢。犊牛呈流行性发生，成牛呈散发性。此病的潜伏期因各种发病因素不同，1～3周不等。

（1）犊牛副伤寒　病程可分为最急性、急性和慢性3种。最急性型：表现有菌血症或毒血症症状，其他表现不明显。发病2～3天内死亡。急性型：体温升高到40～41℃，精神沉郁，食欲减退，继而出现胃肠炎症状，排出黄色或灰黄色、混有血液或假膜的恶臭糊状或液体粪便，有时表现咳嗽和呼吸困难。慢性型：除有急性个别表现外，可见关节肿大或耳朵、尾部、蹄部发生贫血性坏死，病程数周至3个月。病理解剖变化以脾大最明显，一般2～3倍，呈紫红色。真胃、小肠黏膜弥漫性小出血点，肠道中有覆盖着痂膜的溃疡。慢性病例主要表现于肺、肝、肺尖叶，心叶实变（肉变），与胸肋膜粘连，肝有坏死灶。

（2）成年牛副伤寒　多见于1～3岁的牛，病牛体温升高到40～41℃，沉郁、减食、减奶、咳嗽、呼吸困难、结膜炎、下痢。粪便带血和纤维素絮片，恶臭。病牛脱水消瘦，跗关节炎，腹痛。母牛常发生流产。病程1～5天，病死率30%～50%。成年牛有时呈顿挫型经过，病牛发热，不食，精神委顿，产奶下降，但经24小时左右这些症状即可减退。病理变化同犊牛副伤寒。

【诊断】在该病流行的地区，根据发病季节、典型症状和剖检变化，可以初步诊断。进一步确诊则需要进行细菌分离培养鉴定。

【预防】

（1）加强管理　加强牛、羊的饲养管理，保持畜舍清洁卫生；定期消毒；犊牛出生后应吃足初乳，注意产房卫生和保暖；发现病畜应及时隔离、治疗。

（2）免疫接种　沙门菌灭活苗免疫力不如活菌苗。对怀孕母牛用都柏林沙门菌活菌苗接种，可保护数周龄以内的犊牛，还能使感染的犊牛减少粪便排菌。

【发病后措施】庆大霉素、氨苄青霉素、卡那霉素和喹诺酮类等抗菌药物对该病都有疗效。但应用某些药物时间过长，易产生抗药性。对有条件的地区应分离细菌做药敏试验。氨苄青霉素钠：犊牛按每千克体重 4～10 毫克口服。肌注：牛每千克体重 2～7 毫克，每天 1～2 次。

（十二）布氏杆菌病

布氏杆菌病是由布氏杆菌引起的一种人兽共患疾病。其特征是生殖器官和胎膜发炎，引起流产、不育和各种组织的局部病灶。

【病原及流行病学】布氏杆菌属有 6 个种，相互间各有差别。习惯上称流产布鲁菌为牛布鲁菌。母牛较公牛易感，犊牛对该病具有抵抗力。随着年龄的增长，抵抗力逐渐减弱，性成熟后，对该病最为敏感。病畜成为该病的主要传染源，尤其是受感染的母畜，流产后的阴道分泌物以及乳汁中都含有布氏杆菌。易感牛主要是由于摄入了被布氏杆菌污染的饲料和饮水而感染。也可通过皮肤创伤感染。布氏杆菌进入牛体后，很快在所适应的组织或脏器中定居下来。病牛将终生带菌，不能治愈，并且不定期地随乳汁、精液、脓汁，特别是母畜流产的胎儿、胎衣、羊水、子宫和阴道分泌物等排出体外，扩大感染。人的感染主要是由于手部接触到病菌后再经口腔进入体内而发生感染。

【临床症状和病理变化】　牛感染布氏杆菌后，潜伏期通常为 2 周至 6 个月。主要临床症状为母牛流产，也能出现低烧，但常被忽视。妊娠母牛在任何时期都可能发生流产，但流产主要发生在妊娠后的第 6～8 个月。流产过的母牛，如果再次发生流产，其流产时间会向后推迟。流产前可表现出临产时的症状，如阴唇、乳房肿大等。但在阴道黏膜上可以见到粟粒大小红色结节，并且从阴道内流出灰白色或灰色黏性分泌物。流产时常见有胎衣不下。流产的胎儿有的产前已死亡；有的产出虽然活着，但很衰弱，不久即死。公牛患该病后，主要发生睾丸炎和附睾炎。初期睾丸肿胀、疼痛，中度发热和食欲不振。3 周以后，疼痛逐渐减轻；表现为睾丸和附睾肿大，触之坚硬。此外，病牛还可出现关节炎，严重时关节肿胀疼痛，重病牛卧地不起。牛流产1～2次后，可以转为正常产，但仍然能传播该病。

妊娠母牛子宫与胎膜的病变较为严重。绒毛膜因充血而呈污红色或紫红色，表面覆盖黄色坏死物和污灰色脓汁。常见到深浅不一的糜烂面。胎膜水肿、肥厚，呈黄色胶冻样浸润。由于母体胎盘与胎儿胎盘炎性坏死，引起流产。胎儿胎盘与母体胎盘粘连，导致胎衣不下，可继发子宫炎。胎儿真胃内含有微黄色或白色黏液及絮状物；胃肠、膀胱黏膜和浆膜上有的有出血点；肝、脾、淋巴结有不同程度的肿胀。

【诊断】该病从临床上不易诊断，但是根据母牛流产和表现出的相应临床变化，应该怀疑有该病的存在。该病必须通过实验室检查确诊。在本病诊断中应用较广的是试管凝集试验和平板凝集试验。

【预防】阴性家畜与受威胁畜群应全部免疫。奶牛、种牛每年要全部检疫，其产品必须具有布病检疫合格证方可出售。

【发病后措施】因布病在临床上，一方面难以治愈，另一方面不允许治疗，所以发现病牛后，应采取严格的扑杀措施，彻底销毁病牛尸体及其污染物。在布病的控制区和稳定控制区内，停止注射疫苗；对易感家畜实行定期疫情监测，及时扑杀病畜。在未控制区内，主要以免疫为主，定期抽检，发现阳性畜时应全部扑杀。在疫区内，如果出现布病疫情暴发，疫点内畜群必须全部进行检疫，阳性病畜亦要全部扑杀，不进行免疫。

（十三）犊牛大肠杆菌病（犊牛白痢）

犊牛大肠杆菌是由一定血清型的大肠杆菌引起的一种急性传染病。该病特征为败血症和严重腹泻、脱水，引起幼畜大量死亡或发育不良。

【病原及流行病学】犊牛大肠杆菌的病原极其复杂。此病的发生往往是由大肠杆菌和轮状病毒、冠状病毒等多种致病因素引起。传染源主要是病畜和能排出致病性大肠杆菌的带菌动物，通过消化道、脐带或产道传播，多见于2～3周犊牛，多见于冬春季节。

【临床症状和病理变化】以腹泻为特征，具体分为败血型、肠毒血型和肠炎型。败血型大肠杆菌病表现：精神沉郁，食欲减退或废绝，心跳加快，黏膜出血，关节肿痛，有肺炎或脑炎症状，体温40℃，腹泻，大便由浅黄色粥样变淡灰色水样，混有凝血块、血丝和气泡、恶臭，病初排粪用力，后变为自由流出，污染后躯，最后高度衰弱，卧地不起，急性在 24～96 小时死亡，死亡率高达 80%～100%。肠毒血型大肠杆菌病表现：病程短促，一般最急性 2～6 小时死亡。肠炎型的表现：多发生于 10 日龄内的犊牛，腹泻，先白色，后变黄色带血便，后躯和尾巴沾满粪便、恶臭，消瘦、虚弱，3～5 天脱水死亡。

【诊断】根据症状、病理变化、流行病学资料及细菌学检查等进行综合诊断。确认需分离鉴定细菌。

【预防】母牛进入产房前，产房及临产母牛要进行彻底消毒；产前 3～5 天对母牛的乳房及腹部皮肤用 0.1%高锰酸钾擦拭，哺乳前应再重复一次。犊牛出生后立即喂服地衣芽孢杆菌 2～5 克/次，3 次/天，或乳酸菌素片 6 粒/次，2 次/天，可获良好预防效果。

【发病后措施】治疗原则为抗菌、补液、调节胃肠机能。抗菌采用新霉素，0.05 克/千克体重，每日 2～3 次，每日给犊牛肌注 1 克和口服 200～500 毫克，连用 5 天，可使犊牛在 8 周内不发病。金霉素粉口服，每日 30～50 毫克/千克体重，分 2～3 次。补液主要是静脉输入复方氯化钠溶液、生理盐水或葡萄糖盐水 2000～6000 毫升，必要时还可加入碳酸氢钠、乳酸钠等以防酸中毒。调节胃肠机能主要是在发病初期，犊体质尚强壮时，应先投予盐类泻剂，使胃肠道内含有大量病原菌及毒素的内容物及早排出；此后可再投予各种收敛和健胃剂。

（十四）炭疽

炭疽是由炭疽杆菌引起的人、畜共患的一种急性、热性、败血性传染病，多呈散发或地方流行性，以脾显著肿大，皮下、浆膜下结缔组织出血性胶样浸润，血液凝固不良，尸僵不全为特征。

【病原及流行病学】炭疽是由炭疽芽孢杆菌引起的传染性疾病。传染源主要为患病的食草动物。炭疽的潜伏期一般为 1～5 天。主要传播途径：由于皮肤黏膜伤口直接接触病菌而致病；病菌毒力强，可直接侵袭完整皮肤；经呼吸道吸入带炭疽芽孢的尘埃、飞沫等而致病；经消化道摄入被污染的食物或饮用水等而感染。

【临床症状和病理变化】

（1）最急性型　通常见于暴发开始。突然发病，体温升高，行走摇摆或站立不动，也有的突然倒地，出现昏迷，呼吸极度困难，可视黏膜呈蓝紫色，口吐白沫、全身战栗。濒死期天然孔出血，病程很短，出现症状后数小时即可死亡。

(2) 急性型　是最常见的一种类型，体温急剧上升到42℃，精神不振，食欲减退或废绝，呼吸困难，可视黏膜呈蓝紫色或有小点出血。初便秘，后腹泻带血，有时腹痛，尿暗红色，有时混有血液，孕牛可发生流产，严重者兴奋不安，惊慌哞叫，口和鼻腔往往有红色泡沫流出。濒死期体温急剧下降；呼吸极度困难，在1～2天后窒息而死。

(3) 亚急性型　病状与急性型相似，但病程较长，2～5天，病情亦较缓和，并在体表各部（如喉、胸前、腹下、乳房等）部皮肤及直肠、口腔黏膜发生炭疽痈，初期呈硬团块状，有热痛，以后热痛消失，可发生溃疡或坏死。

【诊断】从耳尖取血，作血片染色镜检，若有多量单个或成对的有夹膜、菌端平直的粗大杆菌，结合临床表现可确诊为炭疽。采取未污染的新鲜病料，如血液、浸出液或器官直接分离培养，或动物接种试验可进一步确诊。

【预防】预防接种。经常发生炭疽及受威胁的地区，每年秋季应进行无毒炭疽芽孢苗或二号炭疽芽孢苗的预防接种（春季给新生牛补种），可获得1年以上坚强而持久的免疫力。

【发病后措施】发生炭疽后，应立即进行封锁，对牛群进行检查，隔离病牛并立即给予预防治疗，同群牛应用免疫血清进行预防接种。经1～2天后再接种疫苗，假定健康牛应作紧急预防注射。病牛污染的牛舍、用具及地面应彻底消毒，病牛躺卧过的地面，应把表土除去15～20厘米，取得的土应与20%的漂白粉溶液混合后再行深埋，水泥地面用20%漂白粉消毒。污染的饲料、垫草、粪便应烧毁。尸体不能解剖，应全部焚烧或深埋，且不能浅于2米，尸体底部表面应撒上厚层漂白粉。凡和尸体接触过的车辆、用具都应彻底消毒。工作人员在处理尸体时必须戴手套，穿胶靴和工作服，用后立即进行消毒。凡手和体表有伤口的人员，不得接触病牛和尸体。疫区内禁止闲杂人员、动物随便进出，禁止输出畜产品和饲料，禁止食用病畜的肉，在最后一头病畜死亡或痊愈后，经15天到疫苗接种反应结束时，方可解除封锁。可疑者用药物治疗：抗炭疽血清是治疗炭疽的特效药，成年牛每次皮下或静脉注射100～300毫升，犊牛30～60毫升，必要时12小时后再重复注射一次。或用磺胺嘧啶，定时、足量进行肌内注射，按0.05～0.10克/千克体重，分3次肌注。第一次用量加倍。或用水剂青霉素80万～120万单位，每天2次肌注，随后用油剂青霉素120万～240万单位肌注，每天1次，连用3天。或内服克辽林，每次15～20毫升，每2小时加水灌服1次，可连用3～4次。

体表炭疽痈可用普鲁卡因青霉素在肿胀周围分点注射。

（十五）传染性胸膜肺炎

牛传染性胸膜肺炎（又称牛肺疫）是由丝状支原体丝状亚种引起的一种高度接触性传染病，以渗出性纤维素性肺炎和浆液纤维素性胸膜肺炎为特征。

【病原及流行病学】传染性胸膜肺炎病原为丝状支原体丝状亚种，属支原体科支原体属成员。病原体对外界环境的抵抗力甚弱，暴露在空气中，特别是直射阳光下，几小时即失去毒力。干燥、高温迅速死亡。该病主要由于健康牛与病牛直接接触传染，病菌经咳嗽、唾液、尿液排出（飞沫），通过空气经呼吸道传播。适宜的环境气候下，病菌可传播到几千米以外。也可经胎盘传染。传染源为病牛、康复牛及隐性带菌者。隐性带菌者是主要传染来源。

【临床症状和病理变化】潜伏期，自然感染一般为2～4周，最短7天，最长可达8个月。

（1）急性型　病初体温升高达40～42℃，呈稽留热型。鼻翼开放，呼吸迫促而浅，呈腹式呼吸和痛性短咳。因胸部疼痛而不愿行走或卧下，肋间下陷，呼气长吸气短。叩诊胸部患侧发浊音，并有痛感。听诊肺部有湿性啰音，肺泡音减弱或消失，代之以支气管呼吸音，无病变部呼吸音增强。有胸膜炎发生时，可听到摩擦音。病的后期心脏衰弱，有时因胸腔积液，只能听到微弱心音甚至听不到。重症可见前胸下部及肉垂水肿，尿量少而比重增加，便秘和腹泻交替发生。病畜体况衰弱，眼球下陷、呼吸极度困难，体温下降，最后窒息死亡。急性病例病程为15～30天，最后死亡。

（2）慢性型　多由急性型转来，也有开始即取慢性经过的。除体况瘦弱外，多数症状不明显，偶发干性咳嗽，听诊胸部可能有不大的浊音区。此种患畜在良好饲养管理条件下，症状缓解逐渐恢复正常。少数病例因病变区域较大，饲养管理条件改变或劳役过度等因素，易引起恶化，预后不良。

【诊断】依据典型临床症状和病理变化可作出初步诊断，确诊需进一步做实验室诊断。在国际贸易中，指定诊断方法为补体结合试验。替代诊断方法为酶联免疫吸附试验。

【预防】对疫区和受威胁区6月龄以上的牛，均必须每年接种1次牛肺疫兔化弱毒菌苗。不从疫区引进牛。

【发病后措施】发现病畜或可疑病畜，要尽快确诊，上报疫情，划定疫点、疫区、受威胁区。对疫区实行封锁，按《中华人民共和国动物防疫法》规定，采取紧急、强制性的控制和扑灭措施。扑杀患病牛；对同群牛隔离观察，进行预防性治疗。彻底消毒栏舍，场地和饲养工具、用具；严格无害化处理污水、污物、粪尿等。严格执行封锁疫区的各项规定。

（十六）结核病

牛结核病是由结核分枝杆菌引起的人畜和禽类共患的一种慢性传染病。其病理特点是在机体多种组织器官中形成结核结节性肉芽肿和干酪样坏死，钙化结节性病灶。

【病原及流行病学】 结核分枝杆菌主要分三个型：即牛分枝杆菌（牛型）、结核分枝杆菌（人型）和禽分枝杆菌（禽型）。结核病畜是主要传染源，结核杆菌在机体中分布于各个器官的病灶内，病畜能由粪便、乳汁、尿及气管分泌物排出病菌，污染周围环境而散布传染。主要经呼吸道和消化道传染，也可经胎盘传播、或交配感染。结核病一年四季都可发生。一般来说，舍饲的牛发生较多。畜舍拥挤、阴暗、潮湿、污秽不洁，过度使役和挤乳，饲养不良等，均可促进该病的发生和传播。

【临床症状和病理变化】潜伏期一般为10～15天，有时达数月以上。病程呈慢性经过，表现为进行性消瘦，咳嗽、呼吸困难，体温一般正常。因病菌侵入机体后，由于毒力、机体抵抗力和受害器官不同，症状亦不一样。在牛中该菌多侵害肺、乳房、肠和淋巴结等。肺结核：病牛呈进行性消瘦，病初有短促干咳，渐变为湿性咳嗽。听诊肺区有啰音，胸膜结核时可听到磨擦音。叩诊有实音区并有痛感。乳房结核：乳量渐少或停乳，乳汁稀薄，有时混有脓块。乳房淋巴结硬肿，但无热痛。淋巴结核：不是一个独立病型，各种结核病的附近淋巴结都可能发生病变。淋巴结肿大，无热痛。常见于下颌、咽颈及腹股沟等处淋巴结。肠结核：多见于犊牛，以便秘与下痢交替出现或顽固性下痢为特征。神经结核：中枢神经系统受侵害时，在脑和脑膜等可发生粟粒状或干酪样结核，常引起神经症状，如癫痫样发作，运动障碍等。

【诊断】根据临床症状和病理变化可作出初步诊断，确诊需进一步做实验室诊断。在国际贸易中，指定诊断方法为结核菌素试验，无替代诊断方法。

【预防】定期对牛群进行检疫，阳性牛必须予以扑杀，并进行无害化处理；每年定期大消毒 2～4 次，牧场及牛舍出入口处，设置消毒池，饲养用具每月定期消毒 1 次；粪便经发酵后利用。

【发病后措施】有临床症状的病牛应按《中华人民共和国动物防疫法》及有关规定，采取严格扑杀措施，防止扩散。检出病牛时，要做临时消毒。

二、寄生虫病

（一）焦虫病

牛焦虫病是由蜱为媒介而传播的一种虫媒传染病。焦虫寄生于红细胞内，主要临床症状是高热、贫血或黄疸，反刍停止，泌乳停止，食欲减退，严重者消瘦可造成死亡。

【病原与流行病学】病原可分为牛巴贝西焦虫病和牛环形泰勒焦虫病两种。此病以散发和地方流行为主，多发生于夏秋季节，以 7～9 月份为发病高峰期。疫区当地牛发病率较低，死亡率约为 40%；由无病区运进疫区的牛发病率高，死亡率可达 60%～92%。

【临床症状和病理变化】共同症状是高热、贫血和黄疸。临床上常表现为病牛体表淋巴结肿大或出现红色蛋白尿为特征两种类型。剖检可见肝和脾大、出血，皮下、肌肉、脂肪黄染，皮下组织胶样浸润，肾及周围组织黄染和胶胨样病变，膀胱积尿呈红色，黏膜及其他脏器有出血点，瓣胃阻塞。

【诊断】根据临床症状和病理变化可作出初步诊断，确诊需进一步做实验室诊断。

【防治】焦虫病疫苗尚处于研制阶段，病牛仍以药物治疗为主。三氮脒（又称坝尼尔或血虫净）是治疗焦虫病的高效药物。临用时，用注射用水配成5%溶液，作分点深层肌内注射或皮下注射。一般病例每千克体重注射3.5～3.8毫克。对顽固的牛环形泰勒焦虫病等重症病例，每千克体重应注射7毫克。黄牛按治疗量给药后，可能出现轻微的副反应，如起卧不安，肌肉震颤等，但很快消失。

灭焦敏：对牛泰勒焦虫病有特效，对其他焦虫病也有效，治愈率达90%～100%，灭焦敏是目前国内外治疗焦虫病最好的药物。片剂，牛每10～15千克体重服一片，每日一次，连服3～4日。针剂，牛每次每千克体重肌注0.05～0.1毫升，剂量大时可分点注射。每日或隔日一次，共注射3～4次。对重病牛还应同时进行强心、解热、补液等对症疗法，以提高治愈率。

（二）牛球虫病

牛球虫病是由艾美耳属的几种球虫寄生于牛肠道引起的以急性肠炎、血痢等为特征的寄生虫病。牛球虫病多发生于犊牛。

【病原与流行病学】牛球虫有十余种：邱氏艾美耳球虫、斯氏艾美耳球虫、拨克朗艾美耳球虫、奥氏艾美耳球虫、椭圆艾美尔球虫、柱状艾美耳球虫、加拿大艾美耳球虫、奥博艾美耳球虫、阿拉巴艾美耳球虫、亚球形艾美耳球虫、巴西艾美耳球虫、艾地艾美耳球虫、俄明艾美耳球虫、皮利他艾美耳球虫等。寄生于牛的各种球虫中，以邱氏艾美耳球虫和斯氏艾美耳球虫的致病力最强，而且最常见。

【临床症状和病理变化】潜伏期为2～3周，犊牛一般为急性经过，病程为10～15天。当牛球虫寄生在大肠内繁殖时，肠黏膜上皮大量破坏脱落、黏膜出血并形成溃疡；这时在临床上表现为出血性肠炎、腹痛，血便中常带有黏膜碎片。约1周后，当肠黏膜破坏而造成细菌继发感染时，则体温可升高到40～41℃，前胃迟缓，肠蠕动增强、下痢，多因体液过度消耗而死亡。慢性病例，则表现为长期下痢、贫血，最终因极度消瘦而死亡。

【诊断】临床上犊牛出现血痢和粪便恶臭时，可采用饱和盐水漂浮法检查患犊粪便，查出球虫卵囊即可确诊。在临床上应注意牛球虫病与大肠杆菌病的鉴别。前者常发生于1个月以上犊牛，后者多发生于出生后数日内的犊牛且脾大。

【预防】

（1）老幼分群　犊牛与成年牛分群饲养，以免球虫卵囊污染犊牛的饲料。被粪便污染的母牛乳房在哺乳前要清洗干净。

（2）注重消毒　舍饲牛的粪便和垫草需集中消毒或生物热堆肥发酵，在发病时可用1%克辽林对牛舍、饲槽消毒，每周一次。

（3）添加药物预防　如氨丙啉，按0.004～0.008%添加于饲料或饮水中；或莫能霉素按每千克饲料添加0.3克，既能预防球虫病又能提高饲料报酬。

【发病后措施】药物治疗。氨丙啉，按每千克体重20～50毫克，一次内服，连用5～6天。或呋喃唑酮，每千克体重7～10毫克内服，连用7天。也可用盐霉素，每天每千克体重2毫克，连用7天。

（三）弓形虫病

牛弓形虫病是由弓形虫原虫所引起的人、畜共患疾病。家畜弓形虫病多呈隐性感染；显性感染的临床特征是高热、呼吸困难、中枢神经机能障碍、早产和流产。剖检以实质器官的灶性坏死，间质性肺炎及脑膜脑炎为特征。

【病原与流行病学】弓形虫在整个生活史过程中可出现滋养体、包囊、卵囊、裂殖体、配子体等几种不同的形态。弓形虫滋养体可以在很多种动物细胞中培养，如猪肾、牛肾、猴肾等原代细胞，以及其他种传代细胞，均能发育好。隐性感染或临床型的猫、人、畜、禽、鼠及其他动物都是该病的传染来源。弓形虫病的发病季节十分明显，多发生在每年气温在25～27℃的6月份。

【临床症状和病理变化】突然发病，最急性者约经36小时死亡。病牛食欲废绝，反刍停止；粪便干、黑，外附黏液和血液；流涎；结膜炎、流泪；体温升高至40～41.5℃，呈稽留热；脉搏增数，每分钟达120次，呼吸增数，每分钟达80次以上，气喘，腹式呼吸，咳嗽；肌肉震颤，腰和四肢僵硬，步态不稳，共济失调。严重者，后肢麻痹，卧地不起；腹下、四肢内侧出现紫红色斑块，体躯下部水肿；死前表现兴奋不安、吐白沫，窒息。病情较轻者，虽能康复，但见发生流产；病程较长者，可见神经症状，如昏睡，四肢划动；有的出现耳尖坏死或脱落，最后死亡。剖检可见皮下血管怒张，颈部皮下水肿，结膜发绀；鼻腔、气管黏膜点状出血；阴道黏膜条状出血；真胃、小肠黏膜出血；肺水肿、气肿，间质增宽，切面流出大量含泡沫的液体；肝肿大、质硬、土黄色、浊肿，表面有粟粒状坏死灶；体表淋巴结肿大，切面外翻，周边出血，实质见脑回样坏死。

【诊断】结合临床症状及剖检病理变化进行诊断，另外可通过生前取腹股沟浅淋巴结，急性死亡病例可取肺、肝、淋巴结直接抹片，染色、镜检发现10～60微米直径的圆形或椭圆形小体。

【预防】坚持兽医防疫制度，保持牛舍、运动场的卫生，粪便经常清除，堆积发酵后才能在地里施用；开展灭鼠，禁止养猫。对于已发生过弓形虫病的牛场，应定期进行血清学检查，及时检出隐性感染牛，并进行严格控制，隔离饲养，用磺胺类药物连续治疗，直到完全康复为止。

【发病后措施】已发生流行弓形虫病时，全群牛可考虑用药物预防。

（四）牛囊尾蚴病

囊尾蚴病是由牛带绦虫的幼虫——牛囊尾蚴寄生于牛的肌肉组织中引起的，是重要的人畜共患的寄生虫病。

【病原与流行病学】牛囊尾蚴为白色半透明的小泡囊，如黄豆粒大，囊内充满液体，囊壁一端有一粟粒大的头节，上有四个小吸盘，无顶突和小钩。该病世界性流行，特别是在有吃生牛肉习惯的地区或民族中流行。

【临床症状和病理变化】一般不出现症状，只有当牛受到严重感染时才表现症状，初期可见体温升高，虚弱，腹泻，反刍减少或停止，呼吸困难，心跳加快等，可引起死亡。

【诊断】生前诊断，可采取血清学方法，目前认为最有希望的方法是间接红细胞凝集试验和酶联免疫吸附试验。宰杀后检验时发现囊尾蚴可确诊。

【预防】建立健全卫生检验制度和法规，要求做到检验认真，严格处理，不让牛吃到病人粪便污染的饲料和饮水，不让人吃到病牛肉。

【发病后措施】治疗牛囊虫是困难的，建议试用丙硫苯咪唑。

（五）消化道线虫病

牛消化道线虫病是指寄生在反刍兽消化道中的毛圆科、毛线科、钩口科和圆形科的多种线虫所引起的寄生虫病。这些虫体寄生在反刍兽的第四胃、小肠和大肠中，在一般情况下多呈混合感染。

【病原及流行病学】牛线虫病种类繁多，在消化道线虫病中，有无饰科的弓首蛔虫、牛新蛔虫病、主要寄生于犊牛小肠；有消化道圆线虫的毛圆科、毛线科、钩口科和圆形科的几十种线虫病，分别寄生在第四胃、小肠、大肠、盲肠；有毛首科的鞭虫，主要寄生于大肠及盲肠；有网尾科的网尾线虫，寄生于肺；有吸吮科的吸吮线虫，寄生于眼中；有丝状科的腹腔丝虫和丝虫科的盘尾丝虫寄生于腹腔和皮下等。其中在本地区比较多见且危害严重的是消化道圆线虫中的一些虫种，如血矛线虫、钩虫、结节虫病。

【临床症状和病理变化】各类线虫的共同症状，主要表现明显的持续性腹泻，排出带黏液和血的粪便；幼畜发育受阻，进行性贫血，严重消瘦，下颌水肿，还有神经症状，最后虚脱而死亡。

【诊断】用饱和盐水漂浮法检查粪便中的虫卵或根据粪便培养出的侵袭性幼虫的形态及尸体剖检在胃肠内发现虫体可以分别确诊。

【预防】改善饲养管理，合理补充精料，进行全价饲养以增强机体的抗病能力。牛舍要通风干燥，加强粪便管理，防止污染饲料及水源。牛粪应放置在远离牛舍的固定地点堆肥发酵，以消灭虫卵和幼虫。

【发病后措施】用来治疗牛消化道线虫药物很多，根据实际情况，常用以下两种药物。敌百虫，每千克体重用0.04～0.08克，配成2%～3%的水溶液，灌服；或伊维菌素注射液，每50克体重用药1毫升，皮下注射，不准肌内或静脉注射，注射部位在肩前、肩后或颈部皮肤松弛的部位。

（六）绦虫病

牛绦虫病是由牛绦虫寄生在人体小肠引起的寄生虫病，临床以腹痛，腹泻，食欲异常，神疲乏力及大便排出绦虫节片为主要症状。

【病原及流行病学】虫体呈白色，由头节、颈节和体节构成扁平长带状。成熟的体节或虫卵随粪便排出体外，被地螨吞食，六钩蚴从卵内逸出，并发育成为侵袭性的似囊尾蚴，牛吞食体内存在似囊尾蚴的地螨而感染。

【临床症状和病理变化】莫尼茨绦虫主要感染出生后数月的犊牛，以6～7月份发病最为严重。曲子宫绦虫不分犊牛还是成年牛均可感染。无卵黄腺绦虫常感染成年牛。严重感染时表现精神不振，腹泻，粪便中混有成熟的节片。病牛迅速消瘦，贫血，有时还出现痉挛或回旋运动，最后引起死亡。

【诊断】用粪便漂浮法可发现虫卵，虫卵近似四角形或三角形，无色，半透明，卵内有梨形器，梨形器内有六钩蚴。用1%硫酸铜溶液进行诊断驱虫，如发现排出虫体，即可确诊。剖检时可在肠道内发现白色带状的虫体。

【预防】对病牛粪便集中进行处理，然后才能作为肥料，采用翻耕土地、更新牧地等方法消灭地螨。

【发病后措施】如有病牛感染，则可用硫酸二氯酚按每千克体重30～40毫克，一次口服；或丙硫苯咪唑按每千克体重7.5毫克，一次口服。

（七）肝片形吸虫病

肝片形吸虫病是由肝片形吸虫或大片形吸虫引起的一种寄生虫病，主要发生于牛、羊。临床症状主要是营养障碍和中毒所引起的慢性消瘦和衰竭，病理特征是慢性胆管炎及肝炎。

【病原及流行病学】病原为肝片形吸虫和大片形吸虫两种，成虫形态基本相似，虫体扁平，呈柳叶状，是一类大型吸虫。该病原的终末宿主为反刍动物。中间宿主为椎实螺。

【临床症状和病理变化】一般在生食水生植物后2～3个月，可有高热，体温波动在38～40℃，持续1～2周，甚至长达8周以上，并有乏力、恶心、呕吐、腹胀、腹泻等症状。数月或数年后可出现肝内胆管炎或阻塞性黄疸。慢性症状常发生在成年牛，主要表现为贫血、黏膜苍白、眼睑及体躯下垂部位发生水肿，被毛粗乱无光泽，食欲减退或消失，消瘦，肠炎等。

【诊断】应结合症状、流行情况及粪便虫卵检查综合判定。其病理诊断要点：一是胆管增粗、增厚；二是大多胆管中常有片形吸虫寄生。

【预防】

(1) 定期驱虫　因该病常发生于10月份至第2年5月份，所以春秋两次驱虫是防治的必要环节。既能杀死当年感染的幼虫和成虫，又能杀灭由越冬蚴感染的成虫。硝氯酚，牛，3～4毫克/千克体重，粉剂混料喂服或水瓶灌服，不需禁食。

(2) 粪便处理　把平时和驱虫时排出的粪便收集起来，堆积发酵，杀灭虫卵。

(3) 消灭椎实螺　配合农田水利建设，填平低洼水潭，杜绝椎实螺栖生处所，放牧时防止在低洼地、沼泽地饮水和食草。

【发病后措施】首选药物是硫双二氯酚（别丁），常用剂量每千克体重50毫克/天，分3次服，隔日服用，15个治疗日为1疗程。或依米丁（吐根碱），每千克体重1毫克/天，肌内或皮下注射，1次/天，10天为1疗程，对消除感染，减轻症状有效，但可引起心、肝、胃肠道及神经肌肉的毒性反应，需在严格的医学监督下使用，每次用药前检查腱反射、血压、心电图，并卧床休息。或三氯苯咪唑，12毫克/千克体重，每天1次喂服，或第1天5毫克/千克体重，第2天10毫克/千克体重，每天1次喂服，可能出现继发性胆管炎，可用抗生素治疗。

(八) 牛血吸虫病

牛血吸虫病主要是由日本分体科分体吸虫所引起的一种人畜共患血液吸虫病。以牛感染率最高，病变也较明显。主要症状为贫血、营养不良和发育障碍。我国主要发生在长江流域及南方地区，北方地区发生少。

【病原及流行特点】日本分体吸虫成虫呈长线状，雌雄异体，但在动物体内多呈合抱状态。虫卵随粪便排出体外，在水中形成毛蚴，侵入中间宿主钉螺体内发育成尾蚴，从螺体中逸出进入水中。可经口或皮肤感染。

【临床症状和病理变化】急性病牛，主要表现为体温升高到40℃以上，呈不规则的间歇热，可因严重的贫血致全身衰竭而死。常见的多为慢性病例，病牛仅见消化不良，发育迟缓，腹泻及便血，逐渐消瘦。若饲养管理条件较好，则症状不明显，常成为带虫者。

【诊断】可根据临床表现和流行病学资料作出初步诊断，确诊需做病原学检查。病原学检查常用虫卵毛蚴孵化法和沉淀法，沉淀法是反复冲洗沉淀粪便，镜检粪渣中的虫卵。镜下虫卵呈卵圆形。门静脉和肠系膜内有成虫寄生。

【预防】搞好粪便管理，牛粪是感染该病的根源。因此，要结合积肥，把粪便集中起来，进行无害化处理。改变饲养管理方式，在有血吸虫病流行的地区，牛的饮用水必须选择无螺水源，以避免有尾蚴侵袭而感染。

【发病后措施】用吡喹酮治疗，按30毫克/千克体重，一次口服。

（九）螨病

螨病是疥螨和痒螨寄生在动物体表而引起的慢性寄生性皮肤病。螨病又叫疥癣、疥虫病、疥疮等，具有高度传染性，发病后往往蔓延至全群，危害十分严重。

【病原及流行特点】寄生于不同家畜的疥螨，多认为是人疥螨的一些变种，它们具有特异性。有时可发生不同动物间的相互感染，但寄生时间较短。疥螨形体很小，肉眼不易见，呈龟形，背面隆起，腹面扁平，浅黄色。体背面有细横纹、锥突、圆锥形鳞片和刚毛，腹面有4对粗短的足。

【临床症状和病理变化】该病初发时，剧痒，可见患畜不断在圈墙、栏柱等处摩擦。在阴雨天气、夜间、通风不好的圈舍以及随着病情的加重，痒觉表现更为剧烈。由于患畜的摩擦和啃咬，患部皮肤出现丘疹、结节、水泡甚至脓泡，以后形成痂皮和龟裂及造成被毛脱落，炎症可不断向周围皮肤蔓延。病牛食欲减退，渐进性消瘦，生长停滞。有时可导致死亡。

【诊断】根据其症状表现及疾病流行情况，刮取皮肤组织查找病原进行确诊。其方法是用经过火焰消毒的凸刃小刀，涂上50%甘油水溶液或煤油，在皮肤的患部与健部的交界处用力刮取皮屑，一直刮到皮肤轻微出血为止。刮取的皮屑放入10%氢氧化钾或氢氧化钠溶液中煮沸，待大部分皮屑溶解后，经沉淀取其沉渣镜检虫体。亦可直接在待检皮屑内滴少量10%氢氧化钾或氢氧化钠制片镜检，但病原的检出率较低。无镜检条件时，可将刮取物置于平皿内，在热水上或在日光照晒下加热平皿后，将平皿放在黑色背景上，用放大镜仔细观察有无螨虫在皮屑间爬动。

【预防】流行地区每年定期药浴，可取得预防与治疗的双重效果；加强检疫工作，对新购入的家畜应隔离检查后再混群；经常保持圈舍卫生、干燥和通风良好，定期对圈舍和用具进行清扫和消毒。

【发病后措施】对患畜应及时治疗；可疑患畜应隔离饲养；治疗期间，应注意对饲管人员、圈舍、用具同时进行消毒，以免病原散布，不断出现重复感染。注射或灌服药物，选用伊维菌素，剂量按每千克体重100～200微克；如果病畜数量多，且在气候温暖的季节，可以药浴为主要方法。药浴时，药液可选用0.025～0.03%林丹乳油水溶液，0.05%蝇毒磷乳剂水溶液，0.5%～1%敌百虫水溶液，0.05%辛硫磷油水溶液，0.05%双甲脒溶液等。

三、营养代谢病

（一）佝偻病

佝偻病是由于犊牛饲料中钙、磷缺乏，钙、磷比例失调或吸收障碍而引起的骨结构不适当地钙化，以生长骨的骨骺肥大和变形为特征。

【病因与流行病学】发病原因为日粮中钙、磷缺乏，或者是由于维生素D不足影响钙、磷的吸收和利用，而导致骨骼异常，饲料利用率降低、异嗜、生长速度下降。

【临床症状与病理变化】病牛多不愿行走而呆立或卧地，食欲不振、啃食墙壁、泥沙，换齿时间推迟，关节常肿大，步态强拘，跛行，起立困难。膝、腕、飞节、系关节的骨端肿大，呈二重关节。肋骨与肋软骨接合部肿胀，呈佝偻病念珠状。脊柱侧弯、凹弯、凸弯，骨盆狭窄。上颌骨肿胀，口腔变窄，出现鼻塞和呼吸困难。异嗜可致消化不良，营养状况欠佳，精神不振，逐渐消瘦，最终发生恶病质。尸体剖检主要病理变化在骨骼和关节。全身骨骼都有不同程度的肿胀、疏松，骨密质变薄，骨髓腔变大，肋骨变形，胸骨脊呈S状弯曲，管状骨很易折断。关节软骨肿胀，有的有较大的软骨缺损。根据临床症状和骨骼的病理变化一般可作出诊断。对饲料中钙、磷、维生素D含量检测可作出确切诊断。

【预防】佝偻病的病程较长，病理变化是逐渐发生的，骨骼变形后极难复原，故应以预防为主。此病的预防并不困难，只要能够坚持满足牛的各个生长时期对钙、磷的需要，并调整好两者的比例关系，即可有效地预防佝偻病。

(1) 科学补钙　不同用途的牛群均应喂给全价日粮，以保证钙、磷的平衡供给，防止钙、磷的缺乏。

(2) 维生素D　饲料中维生素D的供给应能满足牛的正常需要，以防发生维生素D缺乏。但应注意，亦不可长期大剂量地添加维生素D，以防发生中毒。

(3) 定期驱虫　牛群应定期以伊维菌素进行驱虫，以保证各种营养素的吸收和利用。

【发病后措施】骨粉10千克拌入1000千克饲料中，全群混饲，连用5～7天。并用骨化醇注射液0.15万～0.3万国际单位/次，肌内注射，1次/2天，连用3～5次。或维生素AD注射液（维生素A 25万国际单位、维生素D 2.5万国际单位）2～4毫升/次，肌内注射，1次/天，连用3～5天。并用磷酸氢钙2克/头，1次/天，全群拌料混饲，连用5～7天。

(二) 维生素A缺乏症

该病是由于日粮中维生素A原（胡萝卜素等）和维生素A供应不足或消化吸收障碍所引起的以黏膜、皮肤上皮角化变质，生长停滞，干眼病和夜盲症为主要特征的疾病。

【病因】长期饲喂不含动物性饲料或使用白玉米的日粮，又不注意补充维生素A时就易产生缺乏症。饲料中油脂缺乏，长期腹泻，肝胆疾病，十二指肠炎症等因素都可造成维生素A的吸收障碍。

【临床症状】维生素A缺乏多见于犊牛，主要表现生长发育迟缓，消瘦，精神沉郁，共济运动失调，嗜眠。眼睑肿胀、流泪，眼内有干酪样物质积聚，常将上、下眼睑粘连在一起，出现夜盲。角膜混浊不透明，严重者角膜软化或穿孔，直至失明。常伴发上呼吸道炎症或支气管肺炎，出现咳嗽，呼吸困难，体温升高，心跳加快，鼻孔流出黏液或黏液脓性分泌物。

成年牛表现消化紊乱，前胃迟缓，精神沉郁，被毛粗乱，进行性消瘦，夜盲，甚至出现角膜混浊、溃疡。母牛表现不孕、流产、胎衣不下；公牛肾功能障碍，尿酸盐排泄受阻，有时发生尿结石，性机能减退，精液品质下降。根据流行病学和临床症状，可作出初步诊断，测定日粮的维生素 A 含量可作出确切诊断。

【预防】停喂储存过久或霉变饲料；全年均应供给适量的青绿饲料，避免终年只喂给农作物秸秆。

【发病后措施】鱼肝油 50～80 毫升/次，拌入精料喂给，1 次/天，连用 3～5 天。并用苍术 50～80 克/次，混入精料中全群喂给，1 次/天,连用 5～7 天。或维生素 AD 注射液（维生素 A 25 万国际单位、维生素 D 2.5 万国际单位）10 毫升/次，肌内注射，1 次/天，连用 3～5 天。并用胡萝卜 500 克/头，全群喂给，1 次/天，连用 10～15 天。

四、中毒病

（一）有机磷农药中毒

有机磷农药是农业上常用的杀虫剂之一，引起家畜中毒的有机磷农药，主要有甲拌磷（3911）、对硫磷（1605）、内吸磷（1059）、乐果、敌百虫、马拉硫磷（4049）和乙硫磷（1240）等。

【病因】引起中毒的原因主要是误食喷洒有机磷农药的青草或庄稼，误饮被有机磷农药污染的饮水，误用配制农药的容器当作饲槽或水桶来喂饮家畜，滥用农药驱虫等。

【临床症状】患牛突然发病，表现为流涎、流泪，口角有白色泡沫，瞳孔缩小，视力减弱或消失，肠音亢进，排粪次数增多或腹泻带血。严重的病例则表现为狂躁不安，共济失调，肌痉挛及震颤，呼吸困难。晚期病牛出现癫痫样抽搐，脉搏和呼吸减慢，最后因呼吸肌麻痹而窒息死亡。

【预防】健全农药的保管制度；用农药处理过的种子和配好的溶液，不得随便堆放；配制及喷洒农药的器具要妥善保管；喷洒农药最好在早晚无风时进行；喷洒过农药的地方，应插上“有毒”的标志，1 个月内禁止放牧或割草；不滥用农药来杀灭家畜体表寄生虫。

【发病后措施】发现病牛后，立即将病牛与毒物脱离开，紧急使用阿托品与解磷定进行综合治疗。可根据病情的严重程度等有关情况选择不同的治疗方案。

大剂量使用阿托品（即一般剂量的 2 倍），0.06～0.2 克，皮下注射或静脉注射，每隔 1～2 小时用一次，可使症状明显减轻。在此治疗基础上，配合解磷定或氯磷定5～10克，配成2%～5%水溶液静脉注射，每隔4～5小时用药一次。有效反应：瞳孔放大，流涎减少，口腔干燥，视力恢复，症状显著减轻或消失。另外双复磷比氯磷定效果更好，剂量为10～20毫克/千克体重。对严重脱水的病牛，应当静脉补液，对心功能差的病牛，应使用强心药。对于经口吃入毒物而致病的牛，可早期洗胃；对因体表接触引起中毒的病牛，可进行体表刷洗。

（二）尿素中毒

【病因】尿素是农业上广泛应用的一种速效肥，它也可以作为牛的蛋白质饲料，还可以用于麦秸的氨化。但若用量不当，则可导致牛尿素中毒。尿素喂量过多，或喂法不当，或被大量误食即可中毒。

【临床症状】牛过量采食尿素后30～60分钟即可发病。病初表现不安，呻吟，流涎，肌肉震颤，体躯摇晃，步样不稳。继而反复痉挛，呼吸困难，脉搏增速，从鼻腔和口腔流出泡沫样液体。末期全身痉挛出汗，眼球震颤，肛门松弛，几小时内死亡。

【预防】严格化肥保管制度，防止牛误食尿素。用尿素作饲料添加剂时，应严格掌握用量，体重500千克的成年牛，用量不超过150克/天。尿素以拌在饲料中喂给为宜，不得化水饮服或单喂，喂后2小时内不能饮水。如日粮蛋白质已足够，不宜加喂尿素。犊牛不宜使用尿素。

【发病后措施】发现病牛后，应立即隔离治疗，可根据病情的严重程度等有关情况选择不同的治疗方法。发现牛尿素中毒后，立即灌服食醋或醋酸等弱酸溶液，如1%醋酸1升、糖250～500克、水1升，或食醋500毫升，加水1升，一次内服。静脉注射10%葡萄糖酸钙200～400毫升，或静脉注射10%硫代硫酸钠溶液100～200毫升，同时应用强心剂、利尿剂、高渗葡萄糖等疗法。

（三）棉籽饼中毒

【病因】棉籽饼是一种富含蛋白质的良好饲料，但其中含有毒物质棉酚，如果未经脱酚或调制不当，大量或长期饲喂，可引起中毒。

【临床症状】长期以棉籽饼喂牛时，可使牛出现维生素A和钙缺乏症，表现为食欲减退，消化系统紊乱，尿频，尿淋漓或形成尿道结石，使牛不能排尿。用棉籽饼喂牛5～6个月，可引起牛的夜盲症。若一次喂给大量的棉籽饼，可引起牛的急性中毒。病牛食欲废绝，反刍停止，瘤胃内容物充盈，蠕动迟缓，排粪量少而干，患病后期牛可能排稀粪，排尿时可能带血。病牛眼窝下陷，皮肤弹性下降，严重脱水和明显消瘦。

【预防】限量限期饲喂棉籽饼，防止一次过食或长期饲喂。饲料必须多样化。用棉籽饼作饲料时，要加温到80～85℃并保持3～4小时或以上，弃去上面的漂浮物，冷却后再饲喂。也可将棉籽饼用1%氢氧化钙液或2%熟石灰或0.1%硫酸亚铁液浸泡一昼夜，然后用清水洗后再喂。牛每天饲喂量不超过1.5千克，犊牛最好不喂。霉败变质的棉籽饼不能用作饲料。

【发病后措施】立即消除致病因素，停止饲喂棉籽饼，用0.1%高锰酸钾洗胃，也可用2%小苏打溶液洗胃。可根据病情的严重程度等有关情况选择不同的治疗方法。将硫酸镁或硫酸钠300～500克溶于2000～3000毫升水中，给牛灌服，以促进牛加速排泄。若病牛并发胃肠炎时，可将磺胺脒30～40克，鞣酸蛋白20～50克，溶于500～1000毫升水中，给牛灌服。此外，也可用硫酸亚铁7～15克给牛灌服。同时，采取措施对症治疗。当病牛有脱水症状且心功能不好时，可用25%葡萄糖液500～1000毫升，10%安钠咖20毫升，10%氯化钙100毫升，混合后静脉注射。对发病牛增喂青绿饲草及胡萝卜，有助于病牛的康复。

（四）食盐中毒

食盐是牛饲料的重要组成部分，缺盐常可导致牛异食癖及代谢机能紊乱，影响牛的生长发育及生产性能发挥。但过量食用或饲喂不当，又可引起牛体中毒，发生消化道炎症和脑水肿等一系列病变。牛的一般中毒量为每千克体重1.0～2.2克。

【病因】长期缺盐饲养的牛突然加喂食盐，又未加限制，造成牛大量采食；水不足也是导致牛食盐中毒的原因之一；给牛饲喂腌菜的废水或酱渣或料盐存放不当，被牛偷食，过量而中毒。

【临床症状】病牛精神沉郁，食欲减退，眼结膜充血，眼球外突，口干，饮欲增加，伴有腹泻、腹痛症状运动失调，步态蹒跚。有的牛还伴有神经症状，乱跑乱跳，做圆圈运动。严重者卧地不起，食欲废绝，呼吸困难，濒临死亡。

【预防】保证充分的饮水；在给牛饲喂含盐的残渣废水时，必须适当限制用量，并同其他饲料搭配饲喂。饲料中的盐含量要适宜。料盐要注意保管存放，不要让牛接近，以防偷食。

【发病后措施】立即停喂食盐。食盐中毒无特效解毒药，治疗原则主要是促进食盐排出，恢复阳离子平衡，并对症治疗。恢复血液中阳离子平衡，可静注10％葡萄糖酸钙200～400毫升；缓解脑水肿，可静注甘露醇1000毫升；病牛出现神经症状时，用25％硫酸镁10～25克肌注，可静注，以镇静解痉。以上是针对成年牛发病的药物使用剂量，犊牛酌减。

五、其他疾病

（一）前胃迟缓

前胃弛缓是指瘤胃的兴奋性降低、收缩力减弱、消化功能紊乱的一种疾病，多见于舍饲的肉牛。

【病因】前胃弛缓病因比较复杂。一般为原发性和继发性两种。原发性病因包括长期饲料过于单纯，饲料质量低劣，饲料变质，饲养管理不当，应激反应等。继发性病因包括由胃肠疾病、营养代谢病及某些传染病等。

【临床症状】按照病程可分急性和慢性两种类型。急性时，病牛表现精神委顿，食欲、反刍减少或消失，瘤胃收缩力降低，蠕动次数减少。嗳气且带酸臭味，瘤胃蠕动音低沉，触诊瘤胃松软，初期粪便干硬色深，继而发生腹泻。体温、脉搏、呼吸一般无明显变化。随病程的发展，到瘤胃酸中毒时，病牛呻吟，食欲、反刍停止，排出棕褐色糊状粪便、恶臭。精神高度沉郁、鼻镜干燥，眼球下陷，黏膜发绀，脱水，体温下降等。听诊蠕动音微弱。瘤胃内纤毛虫的数量减少。由急性发展为慢性时，病牛表现食欲不定，有异嗜现象，反刍减弱，便秘，粪便干硬，表面附着黏液，或便秘与腹泻交替发生，脱水，眼球下陷，逐渐消瘦。

【预防】此病要重视预防，改进饲养管理，注意运动，合理调制饲料，不饲喂霉败、冰冻等品质不良的饲料，防止突然更换饲料，喂饲要定时、定量。

【发病后措施】以提高前胃的兴奋性，增强前胃运动机能，制止瘤胃内异常发酵过程，防止酸中毒，恢复牛正常的反刍，改变胃内微生物区系的环境，提高纤毛虫的活力。病初先停食1～2天，后改喂青草或优质干草。通常用人工盐250克、硫酸镁500克、小苏打90克，加水灌服；或1次静脉注射10%氯化钠500毫升、10%安钠咖20毫升；为防止脱水和自体中毒，可静脉滴入等渗糖盐水2000～4000毫升，5%的碳酸氢钠1000毫升和10%的安钠咖20毫升。

可应用中药健胃散或消食平胃散250克，内服，每日1次或隔日1次。马钱子酊10～30毫升，内服。针灸脾俞、后海、滴明、顺气等穴位。

（二）瘤胃臌气

瘤胃臌气是指瘤胃内容物急剧发酵产气，对气体的吸收和排出障碍，致使胃壁急剧扩张的一种疾病。放牧的肉牛多发。

【病因】原发性病因常见于采食了大量易发酵的青绿饲料，特别是以饲喂干草为主转变为喂青草为主的季节或大量采食新鲜多汁的豆科牧草或青草，如新鲜苜蓿、三叶草等，这种情况最易导致瘤胃臌气。此外，食入腐败变质、冰冻、品质不良的饲料也可引起臌气。继发性瘤胃臌胀常见于前胃迟缓、瓣胃阻塞、膈疝等可引起排气障碍的疾病后，致使瘤胃扩张而发生膨胀，此病还可继发于食道梗塞、创伤性网胃炎等疾病过程中。

【临床症状】按病程可分为急性和慢性臌胀两种。急性多于采食后不久或采食中突然发作，出现瘤胃臌胀。病牛腹围急剧增大，尤其是以左肷部明显，叩诊瘤胃紧张而呈鼓音，患牛腹痛不安，不断回头顾腹，或以后肢踢腹，频频起卧。食欲、反刍、嗳气停止，瘤胃蠕动减弱或消失。呼吸高度困难，颈部伸直，前肢开张，张口伸舌，呼吸加快。结膜发绀，脉搏快而弱。严重时，眼球向外突出。最后运动失调，站立不稳而卧倒于地。继发性臌胀症状时好时坏，反复发作。

【预防】此病以预防为主，改善饲养管理。防止贪食过多幼嫩多汁的豆科牧草，尤其由舍饲转为放牧时，应先喂些干草或粗饲料，不喂发酵霉败、冰冻或霜雪、露水浸湿的饲料。变换饲料要有过渡适应阶段。

【发病后措施】首先排气减压，对一般轻症者，可使病牛取前高后低站立姿势，同时将涂有松馏油或大酱的小木棒横衔于口中，用绳拴在角上固定，使牛张口，不断咀嚼，促进嗳气。对于重症者，要立即将胃管从口腔插入胃，用力推压左侧腹壁，使气体排出。或使用套管针穿刺法，左肷凹陷部剪毛，用5%碘酒消毒，将套管针垂直刺入瘤胃，缓慢放气。最后拔出套管针，穿刺部位用碘酒彻底消毒。对于泡沫性瘤胃臌胀，可用植物油（豆油、花生油、棉籽油等）或液态石蜡250～500毫升，1次内服。此外可酌情使用缓泻制酵剂，如硫酸镁500～800克，福尔马林20～30毫升，加水5～6升，1次内服；或液态石蜡1～2升，鱼石脂10～20克，温水1～2升，1次内服。

（三）瘤胃积食

瘤胃积食是以瘤胃内积滞过量食物，导致体积增大，胃壁扩张、运动机能紊乱为特征的一种疾病。瘤胃积食以舍饲肉牛多见。

【病因】瘤胃积食是由于瘤胃内积滞过量干固的饲料，引起瘤胃壁扩张，从而导致瘤胃运动及消化机能紊乱。长期大量喂精料及糟粕类饲料，粗料喂量过低；牛偷吃大量精料，长期采食大量粗硬劣质难消化的饲料（豆秸、麦秸等）或采食大量适口易膨胀的饲料，均可促使此病的发生。突然变换饲料和饮水不足等也可诱发瘤胃积食。此外还可继发于瘤胃弛缓、瓣胃阻塞、创伤性网胃炎、真胃积食及真胃炎等疾病的病程中。

【临床症状】食欲、反刍、嗳气减少或废绝，病牛表现呻吟、努责、腹痛不安、腹围显著增大，尤其是左肷部明显。触诊瘤胃充满而坚实，并有痛感，叩诊呈浊音。排软便或腹泻，尿少或无尿，鼻镜干燥，呼吸困难，结膜发绀，脉搏快而弱，体温正常。到后期出现严重的脱水和酸中毒，眼球下陷，红细胞压积由30%增加到60%，瘤胃内pH明显下降。最后出现步态不稳，站立困难，昏迷倒地等症状。

【预防】关键是防止过食。严格执行饲喂制度，饲料按时按量供给，加固牛栏，防止跑牛偷食饲料。避免突然更换饲料，粗饲料应适当加工软化。

【发病后措施】可采取绝食1～2天后给予优质干草。取硫酸镁500～1000克，配成8%～10%水溶液灌服，或用蓖麻油500～1000毫升，石蜡油1000～1500毫升灌服，以加快胃内容物排出，另外，可用4%碳酸氢钠溶液洗胃，尽量将瘤胃内容物导出，对于虚弱脱水的病牛，可用5%葡萄糖生理盐水1500～3000毫升、5%碳酸氢钠500～1000毫升、25%葡萄糖溶液500毫升，一次静脉注射。以排除瘤胃内容物，制止发酵，防止自体中毒和提高瘤胃的兴奋性为治疗原则。

应用中药消积散或曲麦散250～500克，内服，每日1次或隔日1次。针灸脾俞、后海、滴明、顺气等穴位。

在上述保守疗法无效时，则应立即行瘤胃切开术，取出大部分内容物以后，放入适量健康牛的瘤胃液。

（四）瘤胃酸中毒

瘤胃酸中毒是由于采食大量精料或长期饲喂酸度过高的青储饲料，在瘤胃内产生大量乳酸等有机酸而引起的一种代谢性酸中毒。该病的特征是消化功能紊乱，瘫痪、休克和死亡率高。

【病因】过食或偷食大量谷物饲料，如玉米、小麦、红薯干，特别是粉碎过细的谷物，由于淀粉充分暴露，在瘤胃内高度发酵产生大量乳酸或长期饲喂酸度过高的青贮饲料而引起中毒，气候突变等应激情况下，肉牛消化机能紊乱，容易导致此病。

【临床症状】瘤胃酸中毒多急性经过，初期，食欲、反刍减少或废绝，瘤胃蠕动减弱，胀满，腹泻、粪便酸臭、脱水、少尿或无尿，呆立。不愿行走，步态蹒跚，眼窝凹陷，严重时，瘫痪卧地，头向背侧弯曲，呈角弓反张样，呻吟，磨牙，视力障碍，体温偏低，心率加快，呼吸浅而快。

【预防】应注意生长肥育期肉牛饲料的选择和调制，注意精粗比例，不可随意加料或补料，适当添加矿物质、微量元素和维生素添加剂。对含碳水化合物较高或粗饲料以青贮为主的日粮，适当添加碳酸氢钠。

【发病后措施】对发病牛在去除病因的同时抑制酸中毒，解除脱水和强心。禁食1～2天，限制饮水。为缓解酸中毒，可静脉注射5%的碳酸氢钠1000～5000毫升，每日1～2次。为促进乳酸代谢，可肌内注射维生素B10.3克，同时内服酵母片。为补充体液和电解质，促进血液循环和毒素的排出，常采用糖盐水、复方生理盐水，低分子的右旋糖酐各1000毫升，混合静脉注射，同时加入适量的强心剂。适当应用瘤胃兴奋剂，皮下注射新斯的明、毛果云香碱和氨甲酰胆碱等。

(五) 腐蹄病

牛蹄间皮肤和软组织具有腐败、恶臭特征的疾病总称为腐蹄病。

【病因】腐蹄病病因为两种类型：一是饲料管理方面，主要是草料中钙、磷不平衡，致使角质蹄疏松，蹄变形和不正；牛舍不清洁、潮湿，运动场泥泞，蹄部经常被粪尿、泥浆浸泡，使局部组织软化；石子、铁钉、坚硬的木头、玻璃碴等刺伤软组织而引起蹄部发炎。二是由坏死杆菌引起的，该菌是牛的严格寄生菌，离开动物组织后，不能在自然界长期生存，此菌可在病愈动物体内保持活力数月，这是腐蹄病难以消灭的一个原因。

【临床症状】病牛喜爬卧，站立时患肢负重不实或各肢交替负重，行走时跛行。蹄间和蹄冠皮肤充血，红肿，蹄间溃烂，有恶臭分泌物，有的蹄间有不良肉芽增生。蹄底角质部呈黑色，用叩诊锤或手压蹄部出现痛感。有的出现角质溶解、蹄真皮过度增生，肉芽突出于蹄底。严重时，体温升高，食欲减少，严重跛行，甚至卧地不起，消瘦。用刀切削扩创后，蹄底小孔或大洞即有污黑的臭水流出，趾间也能看到溃疡面，上面覆盖着恶臭的坏死物，重者蹄冠红肿，痛感明显。

【预防】药物对腐蹄病无临床效果，切实预防和控制该病的最有效措施是进行疫苗免疫。此外，圈舍应勤扫勤垫，防止泥泞，运动场要干燥，设有遮阴棚。

【发病后措施】草料中要补充锌与铜，每头牛每日每千克体重补喂硫酸铜、硫酸锌各 45 毫克。如钙、磷失调，缺钙补骨粉，缺磷则加喂麸皮。用 10% 硫酸铜溶液浴蹄 2～5 分钟，间隔 1 周再进行 1 次，效果极佳。

(六) 子宫内膜炎

子宫内膜炎是在母牛分娩时或产后由于微生物感染所引起的，是奶牛不孕的常见原因之一。根据病程可分为急性和慢性两种，临床上以慢性较为多见，常由急性未及时或未彻底治疗转化而来。

【病因】发病原因多见于产道损伤、难产、流产、子宫脱出、阴道脱出、阴道炎、子宫颈炎、恶露停滞、胎衣不下以及人工授精或阴道检查时消毒不严，致使致病毒侵入子宫而引起。

【临床症状】急性子宫内膜炎，在产后5～6天从阴门排出大量恶臭的恶露，呈褐色或污秽色，有时含有絮状物。慢性子宫炎出现性周期不规则，屡配不孕，阴户在发情时流出较浑浊的黏液。

【防治措施】主要方法包括冲洗子宫、子宫按摩和促进子宫收缩。

（七）胎衣不下

肉牛胎衣不下是指母牛分娩后8～12小时排不出胎衣（正常分娩后3～5小时排出胎衣），超过12小时胎衣还未全部排出者称为胎衣不下或胎衣滞留。

【病因】母牛体质弱，少运动，营养不良，胎儿过大，胎水过多，胎儿胎盘和母体胎盘病理黏着，产道阻滞等均会导致胎衣不下。

【临床症状】停滞的胎衣部分悬垂于阴门之外或阻滞于阴道之内。

【防治措施】胎衣不下的治疗方法很多，概括起来可分为药物疗法和手术剥离两类。药物疗法旨在促进子宫收缩，加速胎衣排出。皮下或肌内注射垂体后叶素50～100国际单位。最好在产后8～12小时注射，如分娩超过24～48小时，则效果不佳。也可注射催产素10毫升（100国际单位），麦角新碱6～10毫克。手术剥离：先用温水灌肠，排出直肠中积粪，或用手掏尽。再用0.1%高锰酸钾液洗净外阴；后用左手握住外露的胎衣，右手顺阴道伸入子宫，寻找子宫叶。先用拇指找出胎儿胎盘的边缘，然后将食指或拇指伸入胎儿胎盘与母体胎盘之间，把它们分开，至胎儿胎盘被分离一半时，用拇、食、中指握住胎衣，轻轻一拉，即可完整地剥离下来。如粘连较紧，必须慢慢剥离。操作时需由近向远，循序渐进，越靠近子宫角尖端，越不易剥离，尤需细心，力求完整取出胎衣。

预防胎衣不下，当分娩破水时，可接取羊水300～500毫升于分娩后立即灌服，可促使子宫收缩，加快胎衣排出。

（八）难产

母牛分娩过程发生困难，不能将胎儿顺利地由产道排出来，称为难产。

【病因】按发病因素将难产分为产力性难产、产道性难产和胎儿性难产。

【防治措施】难产是常见的产科病，处理延期或不当，可能造成

母牛及胎儿死亡，或使母牛发生生殖器官疾病

（九）子宫外翻或子宫脱出

子宫角、子宫体、子宫颈等翻转突垂于阴道内称为子宫内翻，翻转突垂于阴门外称子宫外翻。

【病因】多因怀孕期饲养管理不当，饲料单一，质量差，缺乏运动，畜体瘦弱无力，过劳等致使会阴部组织松弛，无力固定子宫，年老和经产母畜易发生。助产不当、产道干燥强力而迅速拉出胎畜、胎衣不下，在露出的胎衣断端系以重物及胎畜脐带粗短等亦可引起。此外，瘤胃臌气、瘤胃积食、便秘、腹泻等也能诱发该病。

【临床症状】子宫部分脱出，为子宫角翻至子宫颈或阴道内而发生套叠，仅有不安、努责和类似疝痛症状，通过阴道检查才可发现。子宫全部脱出时，子宫角、子宫体及子宫颈部外翻于阴门外，且可下垂到跗关节。脱出的子宫黏膜上往往附有部分胎衣，表面常有污染的粪尿和其他不洁物。子宫黏膜初为红色，以后变有紫红色，子宫水肿增厚，呈肉冻状，表面发裂，流出渗出液。

【防治措施】子宫全部脱出，必须进行整复：将病牛站立保定在前低后高、干燥的体位。用常水灌肠，使直肠内空虚。用温的0.1%高锰酸钾冲洗脱出部的表面及其周围的污物，剥离残留的胎衣以及坏死组织，再用3%～5%温明矾水冲洗，并注意止血。如果脱出部分水肿明显，可以消毒针头乱刺黏膜挤压排液，如有裂口，应涂擦碘酊，裂口深而大的要缝合。用2%普鲁卡因8～10毫升在尾荐间隙注射，施行硬膜外腔麻醉。在脱出部包盖浸有消毒、抗菌药物的油纱布，用手掌趁患畜不努责时将脱出的子宫托送入阴道，直至子宫恢复正常位置，再插入一手至阴道并在里面停留片刻，以防努责时再脱。同时，为防止感染和促进子宫收缩，可给子宫内放置抗生素或磺胺类胶囊，随后注射垂体后叶素或缩宫素60～100国际单位，或麦角新碱2～3毫克。最后应加栅状阴门托或绳网结以保定阴门，或加阴门锁，或以细塑料线将阴门作稀疏袋口缝合。经数天后子宫不再脱出时即可拆除。

（十）热射病与日射病

热射病与日射病统称为中暑，只是两者的致病原因不同而已，为

体温调节中枢机能紊乱的急性病。该病发生急，进展迅速，处理不及时或不当，常很快死亡，应引起高度注意。

【病因】热射病是由于牛长时间处于高温、高湿和不通风的环境中而发生；日射病是牛在炎热的季节里，长时间、直接受到暴晒，且饮水和喂食盐不足，导致散热调节障碍，体温急剧升高，很快出现严重的全身症状。

【临床症状】常突然发病，精神沉郁、步态不稳，共济运动失调，或突然倒地不能站立。目光呆滞，张口伸舌，心跳加快，呼吸频数，体温升高，可达42～43℃，触摸体表感到烫手，第三眼睑突出。有的出现明显的神经症状，狂暴不安，或卧地抽搐，很快进入昏迷状态，呼吸高度困难，眼睑、肛门反射消失，瞳孔散大而死亡。

【预防】炎热季节长途运输牛时，车上应装置遮阳棚，途中间隔一定时间应停车休息一下，并给牛群清凉饮水；进入炎热季节，牛舍的湿度大，应加强牛舍的通风管理，尤其是午后和闷热的黄昏，更应注意牛舍的通风。

【发病后措施】方法1：静脉放血500～1000毫升，以降低颅内压。以清凉的自来水喷洒头部及全身，以促使散热和降温。林格尔液2500～3500毫升、10%樟脑磺酸钠注射液20～30毫升，凉水中冷浴后，立即静脉注射，1～3次/天。维生素C粉150克，加入清凉饮水1000千克中，全群混饮，连用5～7天。方法2：以清凉的自来水喷洒头部及全身，以促使散热和降温。5%维生素C注射液10～20毫升/次、葡萄糖生理盐水注射液2500～3500毫升、10%樟脑磺酸钠注射液20～30毫升，腹腔注射，1～3次/天。十滴水3～5毫升/头，加入清凉的饮水中，全群混饮，连用1～2天。

第七章

<<<<<

肉牛场的经营管理

核心提示

肉牛场的经营管理就是通过对肉牛场的人、财、物等生产要素和资源进行合理的配置、组织、使用，以最少的消耗获得尽可能多的产品产出和最大的经济效益。人们常说管理出效益，但许多牛场只重视技术管理而忽视经营管理，只重视饲养技术的掌握而不愿接受经营管理知识，导致经营管理水平低，养殖效益差。牛场的经营管理包含市场调查、经营预测、经营决策、经营计划制定以及经济核算等内容。

第一节　经营管理的概念、意义、内容及步骤

一、经营管理的概念

经营是经营者在国家各项法律法规、政策方针的规范指导下，利用自身资金、设备、技术等条件，在追求用最小的人、财、物消耗取得最多的物质产出和最大的经济效益的前提下，合理确定生产方向与经营目标，有效地组织生产、销售等活动。管理是经营者为实现经营目标，如何合理组织各项经济活动，这里不仅包括生产力和生产关系两个方面的问题，还包括经营生产方向、生产计划、生产目标如何落实，以及人、财、物的组织协调等方面的具体问题。经营和管理之间有着密切的联系，有了经营才需要管理；经营目标需要借助于管理才能实现，离开了管理，经营活动就会混乱，甚至中断。经营的使命在于宏观决策，管理的使命在于如何实现经营目标，是为实现经营目标

服务的，两者相辅相成，不能分开。

二、经营管理的意义

牛场的经营管理对于牛场的有效管理和生产水平提高具有重要意义。

（一）有利于实现决策的科学化

通过对市场的调研和信息的综合分析和预测，可以正确地把握经营方向、规模、牛群结构、生产数量，使产品既符合市场需要，又获得最高的价格，取得最大的利润。否则，把握不好市场，遇上市场价格低谷，即使生产水平再高，生产手段再先进，也可能出现亏损。

（二）有利于有效组织产品生产

根据市场和牛场情况，合理制定生产计划，并组织生产计划的落实。根据生产计划科学安排人力、物力、财力和羊群结构、周转、出栏等，不断提高产品产量和质量。

（三）有利于充分调动劳动者积极性

人是第一的生产要素。任何优良品种、先进的设备和生产技术都要靠人来饲养、操作和实施。在经营管理上通过明确责任制，制定合理的产品标准和劳动定额，建立合理的奖惩制度和竞争机制并进行严格考核，可以充分调动牛场员工的积极因素，使牛场员工的聪明才智得以最大限度的发挥。

（四）有利于提高生产效益

通过正确地预测、决策和计划，有效地组织产品生产，可以在一定的资源投入基础上生产出最多的适销对路的产品；加强记录管理，不断总结分析，探索、掌握生产和市场规律，提高生产技术水平；根据记录资料，注重进行成本核算和盈利核算，找出影响成本的主要因素，采取措施降低生产成本。产品产量的增加，产品成本的降低，必然会显著提高肉牛养殖效益和生产水平。

三、经营管理的内容

牛场经营管理的内容比较广泛，包括牛场生产经营活动的全过程。其主要内容：市场调查、分析和营销、经营预测和决策、生产计划的制定和落实、生产技术管理、产品成本和经营成果的分析。

第二节 经营预测和决策

一、经营预测

预测是决策的前提，要做好产前预测，必须首先开展市场调查。即运用适当的方法，有目的、有计划、系统地搜集、整理和分析市场情况，取得经济信息。调查的内容包括市场需求量、消费群体、产品结构、销售渠道、竞争形式等。调查的方法常用的有访问法、观察法和实践法三种。搞好市场调查是进行市场预测、决策和制定计划的基础，也是搞好生产经营和产品销售的前提条件（详见第一章第二节市场调查）。

经营预测就是对未来事件作出的符合客观实际的判断。如市场预测（销售预测）就是在市场调查的基础上，在未来一定时期和一定范围内，对产品的市场供求变化趋势作出估计和判断。市场预测的主要内容包括：市场需求预测、销售量预测、产品寿命周期预测、市场占有率预测等。预测期分为短期和长期两种。预测方法有判断性预测法和数学模型分析预测法。

二、经营决策

经营决策就是牛场为了确定远期和近期的经营目标和实现这些目标有关的一些重大问题作出最优的选择的决断过程。肉牛场经营决策的内容很多，大至肉牛场的生产经营方向、经营目标、远景规划，小到规章制度的制定、生产活动的具体安排等，肉牛场饲养管理人员每时每刻都在决策。决策的正确与否，直接影响到经营效果。有时一次重大的决策失误就可能导致肉牛场的亏损，甚至倒闭。正确的决策是建立在科学预测的基础上的，通过收集大量的有关的经济信息，进行科学预测后，才能进行决策。正确的决策必须遵循一定的决策程序，采用科学的方法。

（一）决策的程序

1. 提出问题

提出问题即确定决策的对象或事件。也就是要决策什么或对什么进行决策。如确定经营方向、饲料配方、饲养方式、治疗什么疾病等。

2. 确定决策目标

决策目标是指对事件作出决策并付诸行动之后所要达到的预期结果。如经营项目和经营规模的决策目标是，一定时期内使销售收入和利润达到多少。发生疾病时的决策目标是治愈率多高，有了目标，拟定和选择方案就有了依据。

3. 拟定多种可行方案

多谋才能善断，只有设计出多种方案，才可能选出最优的方案。拟定方案时，要紧紧围绕决策目标，充分发扬民主，大胆设想，尽可能把所有的方案包括无遗，以免漏掉好的方案。如对饲料配方决策的方案有甲、乙、丙、丁等多个配方；对饲养方式决策方案有拴系饲养、散放饲养等；对防治大肠杆菌病决策的方案有用药防治（可以选用药物也有多种，如丁胺卡那霉素、庆大霉素、喹乙醇及复合药物）、疫苗防治等。

对于复杂问题的决策，方案的拟定通常分两步进行：

（1）轮廓设想　可向有关专家和职工群众分别征集意见。也可采用头脑风暴法（畅谈会法），即组织有关人士座谈，让大家发表各自的见解，但不允许对别人的意见加以评论，以便使大家相互启发、畅所欲言。

（2）可行性论证和精心设计　在轮廓设想的基础上，可召开讨论会或采用特尔斐法，对各种方案进行可行性论证，弃掉不可行的方案。如果确认所有的方案都不可行或只有一种方案可行，就要重新进行设想，或审查调整决策目标。然后对剩下的各种可行方案进行详细设计，确定细节，估算实施结果。

4. 选择方案

根据决策目标的要求，运用科学的方法，对各种可行方案进行分析比较，从中选出最优方案。如治疗某种疾病，虽有多种药物，但通过药物试验，某种药物高敏，就可以选用。

5. 贯彻实施与信息反馈

最优方案选出之后，贯彻落实、组织实施，并在实施过程中进行跟踪检查，发现问题，查明原因，采取措施，加以解决。如果发现客观条件发生了变化，或原方案不完善甚至不正确，就要启用备用方案，或对原方案进行修改。如治疗大肠杆菌病按选择的用药方案用药，观察效果，良好可继续使用，如果使用效果不好，可另选其他方案。

（二）常用的决策方法

经营决策的方法较多，生产中常用的决策方法有下面几种。

1. 比较分析法

是将不同的方案所反映的经营目标实现程度的指标数值进行对比，从中选出最优方案的一种方法。如对不同品种的饲养结果分析，可以选出一个能获得较好的经济效益的品种。如不同规模的效益比较对于规模的确定有一定借鉴作用。

2. 综合评分法

综合评分法就是通过选择对不同的决策方案影响都比较大的经济技术指标，根据它们在整个方案中所处的地位和重要性，确定各个指标的权重，把各个方案的指标进行评分，并依据权重进行加权得出总分，以总分的高低选择决策方案的方法。例如在牛场决策中，选择建设牛舍时，往往既要投资效果好，又要设计合理、便于饲养管理，还要有利于防疫等。这类决策，称为多目标决策。但这些目标（即指标）对不同方案的反映有的是一致的，有的是不一致的，采用对比法往往难以提出一个综合的数量概念。为求得一个综合的结果，需要采用综合评分法。

3. 盈亏平衡分析法

这种方法又叫量、本、利分析法，是通过揭示产品的产量、成本和盈利之间的数量关系进行决策的一种方法。产品的成本划分为固定成本和变动成本。固定成本如牛场的管理费、固定职工的基本工资、折旧费等，不随产品产量的变化而变化；变动成本是随着产销量的变动而变动的，如饲料费、燃料费和其他费用。利用成本、价格、产量之间的关系列出总成本的计算公式：

$$PQ=F+QV+PQx$$

$$Q=F/[P(1-x)-V]$$

式中 F——某种产品的固定成本；

x——单位销售额的税金；

V——单位产品的变动成本；

P——单位产品的价格；

Q——盈亏平衡时的产销量。

如企业计划获利 R 时的产销量 Q_R 为：

$$Q_R=(F+R)/[P(1-X)-V]$$

盈亏平衡公式可以解决如下问题：

(1) 规模决策 当产量达不到保本产量，产品销售收入小于产品总成本，就会发生亏损，只有在产量大于保本点条件下，才能盈利，因此保本点是企业生产的临界规模。

(2) 价格决策 产品的单位生产成本与产品产量之间存在如下关系：

$$CA(\text{单位产品生产成本})=F/(Q+V)$$

即随着产量增加，单位产品的生产成本会下降。可依据销售量作出价格决策。

① 在保证利润总额（R）不减少的情况下，可依据产量来确定价格。由 $PQ=F+VQ+R$

可知：$P=(F+R)/Q+V$

② 在保证单位产品利润（r）不变时，如何依据产销量来确定价格水平。

由 $PQ=F+VQ+R \quad (R=rQ)$

则 $P=F/Q+V+r$

4. 决策树法

利用树型决策图进行决策基本步骤：绘制树形决策图，然后计算期望值，最后剪枝，确定决策方案。如某养殖场可以养肉牛和肉兔，只知道其年赢利额如表 7-1，请作出决策选择？

(1) 绘制树型决策示意图 根据不同方案、不同状态绘制树型决策图（图 7-1）。

□表示决策点，由它引出的分枝叫决策方案枝；○表示状态点，由它引出的分枝叫状态分枝，上面标明了这种状态发生的概率；△结果点，它后面的数字是某种方案在某状态下的收益值。

表 7-1 不同方案在不同状态下的年赢利额

项目 状态	概率	肉牛		肉兔	
		畅销 0.9	滞销 0.1	畅销 0.8	滞销 0.2
饲料涨价 A	0.3	15	−20	20	−5
饲料持平 B	0.5	30	−10	25	10
饲料降价 C	0.2	45	5	40	20

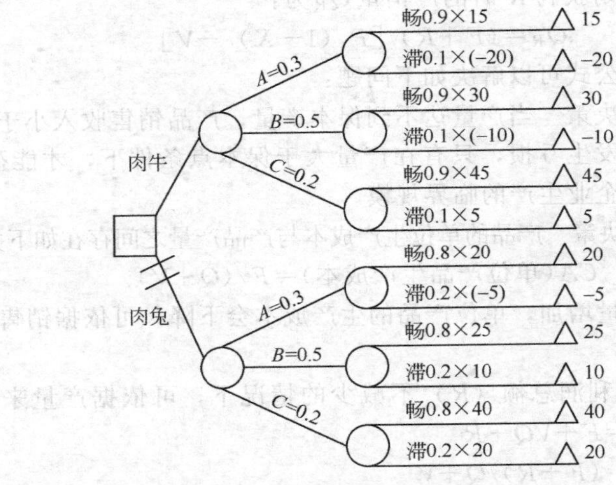

图 7-1 某养殖场树型决策示意

(2) 计算期望值

① 肉牛＝[(0.9×15)＋0.1×(－20)]×0.3＋[(0.9×30)＋0.1×(－10)]×0.5＋[(0.9×45)＋(0.1×5)]×0.2＝24.45

② 肉兔＝[(0.8×20)＋0.2×(－5)]×0.3＋[(0.8×25)＋(0.2×10)]×0.5＋[(0.8×40)＋(0.2×20)]×0.2＝19.1

(3) 剪枝 由于肉牛的期望值是 24.45，大于肉兔的期望值，剪掉肉兔项目，留下的肉牛项目就是较好的项目。

第三节 肉牛场的计划管理

计划管理就是根据肉牛场情况和市场预测合理制定生产计划，并落到实处。制定计划就是对肉牛场的投入、产出及其经济效益作出科学的预见和安排，计划是决策目标的具体化，经营计划分为长期计划、年度计划、阶段计划等。

一、编制计划的原则

肉牛场要编制科学合理、切实可行的生产经营计划，必须遵循以下原则。

（一）整体性原则

编制的肉牛场经营计划一定要服从和适应国家的肉牛业计划，满足社会对肉牛产品的要求。因此，在编制计划时，必须在国家计划指导下，根据市场需要，围绕肉牛场经营目标，处理好国家、企业、劳动者三者的利益关系，统筹兼顾，合理安排。作为行动方案，不能仅提出和规定一些方向性的问题，而且应当规定详尽的经营步骤、措施和行为等内容。

（二）适应性原则

肉牛生产是自然再生产和经济再生产、植物第一性生产和动物第二性生产交织在一起的复杂生产过程，生产经营范围广泛，其不可控影响因素较多。因此，计划要有一定弹性，以适应内部条件和外部环境条件的变化。

（三）科学性原则

编制肉牛场生产经营计划要有科学态度，一切从实际出发，深入调查分析有利条件和不利因素，进行科学的预测和决策，使计划尽可能地符合客观实际，符合经济规律。编制计划使用的数据资料要准确，计划指标要科学，不能太高，也不能太低。要注重市场，以销定产，即要根据市场需求倾向和容量来安排组织肉牛场的经营活动，充分考虑消费者需求以及潜在的竞争对手，以避免供过于求，造成经济损失。

（四）平衡性原则

肉牛场安排计划要统筹兼顾，综合平衡。牛场生产经营活动与各项计划、各个生产环节、各种生产要素以及各个指标之间，应相互联系，相互衔接，相互补充。所以，应当把它们看作一个整体，各个计划指标要平衡一致，使肉牛场各个方面、各个阶段的生产经营活动协调一致，使之能够充分发挥牛场优势，达到各项指标和完成各项任务。因此，要注重两个方面：一是加强调查研究，广泛收集资料数据，进行深入分析，确定可行的、最优的指标方案。二是计划指标要综合平衡，要留有余地，不能破坏肉牛场的长期协调发展，也不能满打满算，使肉牛场生产处于经常性的被动局面。

二、编制计划的方法

肉牛业计划编制的常用方法是平衡法，是通过对指导计划任务和完成计划任务所必须具备的条件进行分析、比较，以求得两者的相互平衡。畜牧业企业在编制计划的过程中，重点要做好草原（土地）、劳力、机具、饲草饲料、资金、产销等平衡工作。利用平衡法编制计划主要是通过一系列的平衡表来实现的，平衡表的基本内容包括需要量、供应量、余缺三项。具体运算时一般采用下列平衡公式：

期初结存数＋本期计划增加数－本期需要数＝结余数

上式三部分，即供应量（期初结存数＋本期增加数）、需要量（本期需要量）和结余数构成平衡关系，进行分析比较，揭露矛盾，采取措施，调整计划指标，以实现平衡。

三、编制计划的程序

编制经营计划必须按照一定程序进行，其基本程序如下。

（一）做好各项准备工作

主要是总结上一计划期计划的完成情况，调查市场的需要情况，分析本计划期内的利弊情况，即做好总结、收集资料、分析形势、核实目标、核定计划量等工作。

（二）编制计划草案

主要是编制各种平衡表，试算平衡，调整余额，提出计划大纲，组织修改补充，形成计划草案。

（三）确定计划方案

组织讨论计划草案，并由有关部门审批，形成正式计划方案。一套完整的企业计划，通常由文字说明的计划报告和一系列计划指标组成的计划表两部分构成。计划报告也叫计划纲要，是计划方案的文字说明部分，是整个计划的概括性描述。一般包括以下内容：分析企业上期肉牛生产发展情况，概括总结上期计划执行中的经验和教训；对当前肉牛生产和市场环境进行分析；对计划期肉牛生产和畜产品市场进行预测；提出计划期企业的生产任务、目标和计划的具体内容，分析实现计划的有利和不利因素；提出完成计划所要采取的组织管理措施和技术措施。计划表是通过一系列计划指标反映计划报告规定的任务、目标和具体内容的形式，是计划方案的重要部分。

四、肉牛场主要生产计划

（一）产品产量计划

计划经济条件下传统产量计划，是依据牛群周转计划而制定。而市场经济条件下必须反过来计算，即以销定产，以产量计划倒推牛群周转计划。根据肉牛场不同产品产量计划可以细分为种牛供种计划、犊牛生产计划和肉牛出栏计划等。

（二）牛群周转计划

养牛场生产中，牛群因购、销、淘汰、死亡、犊牛出生等原因，在一定时间内，牛群结构有增减变化，称为牛群周转计划（表 7-2）。肉牛群周转计划是制定其他各项计划的基础，只有制定好周转计划，才能制定饲料计划、产品计划和引种计划。通过牛群周转计划实施，使牛群结构更加合理，增加投入产出比，提高经济效益。制订牛群周转计划，应综合考虑牛舍、设备、人力、成活率、淘汰和转群移舍时间、数量等，保证各牛群的增减和周转能够完成规定的生产任务，又最大限度地降低各种劳动消耗。

表 7-2 肉牛群的周转计划

日期	年初头数	本年增加			本年减少			年末头数
		繁殖	购进	转入	出售	转出	淘汰或死亡	

（三）牛场饲料供应计划

为使养牛生产有可靠的饲料基础，每个牛场都要制订饲料供应计划。编制饲料供应计划（表 7-3）时，要根据牛群周转计划，按全年牛群的年饲养日数乘以各种饲料的日消耗定额，再增加 10%～15% 的损耗量，确定为全年各种饲料的总需要量，在编制饲料供应计划时，要考虑牛场发展增加牛数量时所需量，对于粗饲料要考虑一年的供应计划，对于精料、糟渣类料要留足一个月的量或保证相应的流动资金，精饲料中各种饲料的供应是在确定精料的基础上按能量饲料（玉米）、蛋白质补充料、辅料（麸皮）、矿物质料之比为 60：30：20：8 考虑，其中矿物质料包括食盐、石粉、小苏打、磷酸氢钙、微量元素预混料等可按等同比例考虑。

表 7-3 肉牛场饲料供应计划 千克

类别	数量/头	粗饲料		青储饲料	能量饲料	蛋白质补充料			辅料	其他饲料	矿物质饲料					
		秸秆	干草			油粕类	副产品	其他			食盐	石粉	小苏打	碳酸氢钠	微量元素预混料	其他

（四）疫病防治计划

肉牛场疫病防治计划是指一个年度内对牛群疫病防治所做的预先安排。肉牛场的疫病防治是保证其生产效益的重要条件，也是实现生产计划的基本保证。肉牛场实行“预防为主，防治结合”的方针，建立一套综合性的防疫措施和制度。其内容包括牛群的定期检查、牛舍消毒、各种疫苗的定期注射、病牛的资料与隔离等。对各项防疫制度要严格执行，定期检查。

（五）资金使用计划

有了生产销售计划、草料供应计划等计划后，资金使用计划也就必不可少了。资金使用计划是经营管理计划中非常关键的一项工作，做好计划并顺利实施，是保证企业健康发展的关键。资金使用计划的制定应依据有关生产等计划，本着节省开支，并最大限度提高资金使用效率的原则，精打细算，合理安排，科学使用。既不能让资金长时间闲置，造成资金资源浪费，还要保证生产所需资金及时足额到位。在制定资金计划中，对牛场自有资金要统筹考虑，尽量盘活资金，不要造成自有资金沉淀。对企业发展所需贷款，经可行性研究，认为有效益、项目可行，就要大胆贷款，破除企业不管发展快慢，只要没有贷款就是好企业的传统思想，要敢于并善于科学合理地运用银行贷款，加快规模牛场的发展。一个企业只要其资产负债率保持在合理的范围内，都是可行的。

第四节　生产运行过程的经营管理

一、制度的制定

（一）制定技术操作规程

技术操作规程是牛场生产中按照科学原理制定的日常作业的技术规范。肉牛群管理中的各项技术措施和操作等均通过技术操作规程加以贯彻。同时，它也是检验生产的依据。不同饲养阶段的牛群，按其生产周期制定不同的技术操作规程。如犊牛技术操作规程、育成牛技术操作规程和育肥牛技术操作规程。

技术操作规程的主要内容：对饲养任务提出生产指标，使饲养人员有明确的目标；指出不同饲养阶段牛群的特点及饲养管理要点；按不同的操作内容分段列条、提出切合实际的要求等。

技术操作规程的指标要切合实际，条文要简明具体，易于落实执行。

（二）制定每日工作程序

规定各类牛舍每天从早到晚的各个时间段内的常规操作，使饲养管理人员有规律地完成各项任务。

（三）制定综合防疫制度

为了保证牛群的健康和安全生产，场内必须制定严格的防疫措施，规定对场内、外人员、车辆、场内环境及时或定期的消毒、牛舍在空出后的冲洗、消毒，各类牛群的检疫、免疫，对寄生虫病原的定期检查以及灭鼠灭蚊蝇等。

二、记录管理

记录管理就是将肉牛场生产经营活动中的人、财、物等消耗情况及有关事情记录在案，并进行规范、计算和分析。目前许多牛场认识不到记录的重要性，缺乏系统的、原始的记录资料，导致管理者和饲养者对生产经营情况，如各种消耗是多是少、产品成本是高是低、单位产品利润和年总利润多少等都不清楚，更谈不上采取有效措施降低成本，提高效益。

（一）记录管理的作用

1. 肉牛场记录反映牛场生产经营活动的状况

完善的记录可将整个牛场的动态与静态记录无遗。有了详细的牛场记录，管理者和饲养者通过记录不仅可以了解现阶段肉牛场的生产经营状况，而且可以了解过去肉牛场的生产经营情况。有利于加强管理，有利于对比分析，有利于进行正确的预测和决策。

2. 肉牛场记录是经济核算的基础

详细的肉牛场记录包括各种消耗、肉牛群的周转及死亡淘汰等变动情况、产品的产出和销售情况、财务的支出和收入情况以及饲养管理情况等，这些都是进行经济核算的基本材料。没有详细的、原始的、全面的肉牛场记录材料，经济核算也是空谈，甚至会出现虚假的核算。

3. 肉牛场记录是提高管理水平和效益的保证

通过详细的牛场记录，并对记录进行整理、分析和必要的计算，可以不断发现生产和管理中的问题，并采取有效的措施来解决和改善，不断提高管理水平和经济效益。

（二）肉牛场记录的原则

1. 及时准确

及时是根据不同记录要求，在第一时间认真填写，不拖延、不积压，避免出现遗忘和虚假；准确是按照牛场当时的实际情况进行记录，既不夸大，也不缩小，实实在在。特别是一些数据要真实，不能虚构。如果记录不精确，将失去记录的真实可靠性，这样的记录是毫无价值的。

2. 简洁完整

记录工作繁琐就不易持之以恒地去实行。所以设置的各种记录簿册和表格力求简明扼要，通俗易懂，便于记录；完整是记录要全面系统，最好设计成不同的记录册和表格，并且填写完全、工整，易于辨认。

3. 便于分析

记录的目的是为了分析肉牛场生产经营活动的情况，因此在设计表格时，要考虑记录下来的资料便于整理、归类和统计。为了与其他肉牛场的横向比较和本场过去的纵向比较，还应注意记录内容的可比性和稳定性。

（三）肉牛场记录的内容

记录的内容因肉牛场的经营方式与所需的资料而有所不同，一般应包括以下内容。

1. 生产记录

（1）肉牛群生产情况记录　肉牛的品种、饲养数量、饲养日期、死亡淘汰、产品产量等。

（2）饲料记录　将每日不同肉牛群（或以每栋、栏或群为单位）所消耗的饲料按其种类、数量及单价等记载下来。

（3）劳动记录　记载每天出勤情况，工作时数、工作类别以及完成的工作量、劳动报酬等。

2. 财务记录

（1）收支记录　包括出售产品的时间、数量、价格、去向及各项支出情况。

（2）资产记录　固定资产类，包括土地、建筑物、机器设备等的占用和消耗；库存物资类，包括饲料、兽药、在产品、产成品、易耗品、办公用品等的消耗数、库存数量及价值；现金及信用类，包括现金、存款、债券、股票、应付款、应收款等。

3. 饲养管理记录

（1）饲养管理程序及操作记录　饲喂程序、光照程序、牛群的周转、环境控制等记录。

（2）疾病防治记录　包括隔离消毒情况、免疫情况、发病情况、诊断及治疗情况、用药情况、驱虫情况等。

4. 肉牛档案

（1）成年母牛档案　记载其系谱、配种产犊情况。

（2）犊牛档案　记载其系谱、出生时间、体尺、体重情况。

（3）育成牛档案　记载其系谱、各月龄体尺和体重情况、发情配种情况。

（4）育肥牛档案　记录品种、体重、饲料用量等。

（四）肉牛场生产记录表格

肉牛场生产记录表格包括日常生产记录表（表 7-4）、饲料购领记录表（表 7-5）、消毒记录表（表 7-6）、诊疗记录表（表 7-7）、出场销售和检疫情况记录表（表 7-8）和收支记录表（表 7-9）。

表 7-4　生产记录表（按日或变动记录）　　填表人：

日期	栋、栏号	变动情况/只					备注
		存栏数	出生数	调入数	调出数	死、淘数	

表 7-5　饲料购领记录表　　填表人：

购入日期	名称	规格	生产厂家	批准文号或登记证号	生产批号或生产日期	来源（生产厂家或经销点）	购入数量	发出数量	结存数量

表 7-6　消毒记录表　　填表人：

消毒日期	消毒药名称	生产厂家	消毒场所	配制浓度	消毒方式	操作者

表 7-7 诊疗记录表 填表人：

发病日期	发病动物栋、栏号	发病群体动物数	发病数	发病动物日龄	病名或病因	处理方法	用药名称	用药方法	诊疗结果	兽医签字

表 7-8 出场销售和检疫情况记录表 填表人：

出场日期	品种	栋、栏号	数量/只	出售动物日龄	销往地点及货主	检疫情况			曾使用的有停药期要求的药物		经办人
						合格头数	检疫证号	检疫员	药物名称	停药时动物日龄	

表 7-9 收支记录表

收入		支出		备注
项目	金额/元	项目	金额/元	
合计				

三、定额管理

定额管理就是对肉牛场工作人员明确分工，责任到人，以达到充分利用劳动力，不断提高劳动生产效率的目的。定额主要包括劳动定额、饲料消耗定额和成本定额。

（一）劳动定额

劳动定额是在一定生产技术和组织条件下，为生产一定合格的产品或完成一定工作量所规定的必须劳动消耗，是计量产量、成本、劳动效率等各项经济指标和编制生产、成本和劳动等计划的基础依据。牛场应依据不同的劳动作业、劳动强度、劳动条件等制定相应工种定额（表 7-10）。

表 7-10 劳动定额标准

工种	工作内容	每人定额	工作条件
饲养犊牛		哺乳犊牛4月龄断奶。成活率不低于95%，日增重800～900克，管理35～40头	随母哺乳配合人工哺乳
幼牛育肥	负责饲喂，饲槽和牛床卫生，牛蹄刷拭以及观察牛个体的食欲	日增重1000～1200克，14～16月龄体重达到450～500千克，管理40～50头	人工
架子牛育肥		日增重1200～1300克，育肥3～5个月，体重达到500～600千克，管理35～40头	人工
饲料加工供应	饲料称重入库，加工粉碎，清除异物，配制混合，按需要供给各牛舍	管理120～150头	手工和机械相结合
配种	按配种计划适时配种，肉用繁殖母牛保证受胎率在75%以上，受胎母牛平均使用冻精不超过2.5粒（支）	管理250头	人工授精
兽医	检疫、治疗，接产，医药和器械购买、保管及修蹄，牛舍消毒	管理200～250头	手工
清洁工	负责运动场粪尿清理以及周围环境卫生	管理120～150头	手工

（二）饲料消耗定额

饲料消耗定额是生产单位增重所规定的饲料消耗标准，是确定饲料需要量、合理利用饲料、节约饲料和实行经济核算的重要依据。在制定饲料消耗定额时，要考虑牛的性别、年龄、生长发育阶段、体重或日增重、饲料种类和日粮组成等因素。全价合理的饲养是节约饲料和取得经济效益的基础。

饲料消耗定额的制定方法。肉牛维持和生产产品，需要从饲料中摄取营养物质。由于肉牛品种、性别和年龄、生长发育阶段及体重不同，其营养需要量亦不同。因此，在制定不同类别育肥牛的饲料消耗定额时，首先应查找其饲养标准中对各种营养成分的需要量，参照不同饲料的营养价值确定日粮的配给量；再以日粮的配给量为基础，计算不同饲料在日粮中的占有量；最后再根据占有量和牛的年饲养头日数即可计算出年饲料的消耗定额。由于各种饲料在实际饲喂时都有一定的损耗，尚需要加上一定的损耗量。

一般情况下，肉牛每头每天平均需2千克优质干草，鲜玉米（秸）青储25千克；架子牛育肥每头每天平均需精料按体重的1.2%配给，直线育肥需要按体重的1.3%～1.4%定额，放牧补饲按1千克增重2千克精料，生产上一定要定额精饲料，确定增重水平，粗料、辅料不定额。

（三）成本定额

成本定额通常指育肥牛生产1千克增重所消耗的生产资料和所付的劳动报酬的总和，其包、括各种育肥牛的饲养日成本和增重单位成本。

牛群饲养日成本等于牛群饲养费用除以牛群饲养头日数。牛群饲养费定额，即构成饲养日成本各项费用定额之和。牛群和产品的成本项目包括：工资和福利费、饲料费、燃料费和动力费、医药费、牛群摊销、固定资产折旧费、固定资产修理费、低值易耗品费、其他直接费用、共同生产费、企业管理费等。这些费用定额的制定，可参照历年的实际费用、当年的生产条件和计划来确定。

对班组或定员进行成本定额是计算生产作业时所消耗的生产数据和付出劳动报酬的总和。肉牛生产成本主要有饲养成本、增重成本、活重成本和牛肉成本，其中重点是增重成本。

四、产品销售管理

（一）销售预测

规模牛场的销售预测是在市场调查的基础上，对牛产品的趋势作出正确的估计。牛产品市场是销售预测的基础，市场调查的对象是已经存在的市场情况，而销售预测的对象是尚未形成的市场情况。牛产品销售预测分为长期预测、中期预测和短期预测。长期预测指5～10年的预测；中期预测一般指2～3年的预测；短期预测一般为每年内各季度月份的预测，主要用于指导短期生产活动。进行预测时可采用定性预测和定量预测两种方法，定性预测是指对对象未来发展的性质方向进行判断性、经验性的预测，定量预测是通过定量分析对预测对象及其影响因素之间的密切程度进行预测。两种方法各有所长，应从当前实际情况出发，结合使用。

（二）销售决策

影响企业销售规模的因素有两个：一是市场需求，二是牛场的销售能力。市场需求是外因，是牛场外部环境对企业产品销售提供的机会；销售能力是内因，是牛场内部自身可控制的因素。对具有较高市场开发潜力，但目前在市场上占有率低的产品，应加强产品的销售推广宣传工作，尽力扩大市场占有率；对具有较高的市场开发潜力，且在市场有较高占有率的产品应有足够的投资维持市场占有率。但由于其成长期潜力有限，过多投资则无益；对那些市场开发潜力小，市场占有率低的产品，因考虑调整企业产品组合。

（三）销售计划

牛产品的销售计划是牛场经营计划的重要组成部分，科学地制定牛产品销售计划，是做好销售工作的必要条件，也是科学地制定牛场生产经营计划的前提。主要内容包括销售量、销售额、销售费用、销售利润等。制定销售计划的中心问题是要完成企业的销售管理任务，能够在最短的时间内销售产品，争取到理想的价格，及时收回货款，取得较好的经济效益。

（四）销售形式

销售形式指牛产品从生产领域进入消费领域，由生产单位传送到消费者手中所经过的途径和采取的购销形式。销售形式依据不同服务领域和收购部门经销范围的不同而各有不同，主要包括国家预购、国家订购、外贸流通、牛场自行销售、联合销售、合同销售 6 种形式。合理的销售形式可以加速产品的传送过程，节约流通费用，减少流通过程的消耗，更好地提高产品的价值。

（五）销售管理

牛场销售管理包括销售市场调查、营销策略及计划的制定、促销措施的落实、市场的开拓、产品售后服务等。市场营销需要研究消费者的需求状况及其变化趋势。在保证产品质量并不断提高的前提下，利用各种机会、各种渠道刺激消费、推销产品，做好以下三个方面工作。

1. 加强宣传、树立品牌

有了优质产品，还需要加强宣传，将产品推销出去。广告是被市场经济所证实的一种良好的促销手段，应很好地加以利用。一个好企业，首先必须对企业形象及其产品包装（含有形和无形）进行策划设计，并借助广播电视、报刊等各种媒体做广告宣传，以提高企业及产品的知名度，在社会上树立起良好的形象，创造产品品牌，从而促进产品的销售。

2. 加强营销队伍建设

一是要根据销售服务和劳动定额，合理增加促销人员，加强促销力量，不断扩大促销辐射面，使促销人员无所不及；二是要努力提高促销人员业务素质。促销人员的素质高低，直接影响着产品的销售。因此，要经常对促销人员进行业务知识的培训和职业道德、敬业精神的教育，使他们以良好素质和精神面貌出现在用户面前，为用户提供满意的服务。

3. 积极做好售后服务

售后服务是企业争取用户信任，巩固老市场，开拓新市场的关键。因此，种牛场要高度重视，扎实认真地做好此项工作。要学习“海尔”集团的管理经验，打服务牌。在服务上，一是要建立售后服务组织，经常深入用户做好技术咨询服务；二是对出售的种牛等提供防疫、驱虫程序及饲养管理等相关技术资料和服务跟踪卡，规范售后服务，并及时通过用户反馈的信息，改进牛场的工作，加快牛场的发展。

第五节　经济核算

一、资产核算

（一）流动资产

流动资产是指可以在一年内或者超过一年的一个营业周期内变现或者运用的资产。流动资产是企业生产经营活动的主要资产。主要包括牛场的现金、存款、应收款及预付款、存货（原材料、在产品、产成品、低值易耗品）等。流动资产周转状况可影响到产品的成本。加快流动资产周转是流动资产核算的目的。其措施如下。

1. 有计划的采购

加强采购物资的计划性，防止盲目采购；合理地储备物质，避免积压资金；加强物资的保管，定期对库存物资进行清查，防止鼠害和霉烂变质。

2. 缩短生产周期

科学地组织生产过程，采用先进技术，尽可能缩短生产周期，节约使用各种材料和物资，减少在产品资金占用量。

3. 及时销售产品

产品及时销售可以缩短产成品的滞留时间，减少流动资金占用量。

4. 加快资金回收

及时清理债权债务，加速应收款限的回收，减少成品资金和结算资金的占用量。

（二）固定资产

固定资产是指使用年限在 1 年以上，单位价值在规定的标准以上，并且在使用中长期保持其实物形态的各项资产。牛场的固定资产主要包括建筑物、道路、基础牛（种公牛和种母牛）以及其他与生产经营有关的设备、器具、工具等。固定资产核算的目的就是提高固定资产利用效果，最大限度地减少折旧费用。

1. 固定资产的折旧

(1) 固定资产的折旧　固定资产的长期使用中，在物质上要受到磨损，在价值上要发生损耗。固定资产的损耗，分为有形损耗和无形损耗两种。有形损耗是指固定资产由于使用或者由于自然力的作用，使固定资产物质上发生磨损。无形损耗是由于劳动生产率提高和科学技术进步而引起的固定资产价值的损失。

固定资产的折旧与补偿。固定资产在使用过程中，由于损耗而发生的价值转移，称为折旧，由于固定资产损耗而转移到产品中去的那部分价值叫折旧费或折旧额，用于固定资产的更新改造。

(2) 固定资产折旧的计算方法

牛场提取固定资产折旧，一般采用平均年限法和工作量法。

① 平均年限法 它是根据固定资产的使用年限，平均计算各个时期的折旧额，因此也称直线法。其计算公式：

固定资产年折旧额=[原值-(预计残值-清理费用)]/固定资产预计使用年限

固定资产年折旧率=固定资产年折旧额/固定资产原值×100%
=(1-净残值率)/折旧年限×100%

② 工作量法 它是按照使用某项固定资产所提供的工作量，计算出单位工作量平均应计提折旧额后，再按各期使用固定资产所实际完成的工作量，计算应计提的折旧额。这种折旧计算方法，适用于一些机械等专用设备。其计算公式：

$$\text{单位工作量(单位里程或每工作小时)折旧额}=\frac{\text{(固定资产原值}-\text{预计净残值)}}{\text{总工作量(总行驶里程或总工作小时)}}$$

2. 提高固定资产利用效果的途径

(1) 适时、适量购置和建设固定资产 根据轻重缓急，合理购置和建设固定资产，把资金使用在经济效果最大而且在生产上迫切需要的项目上；购置和建造固定资产要量力而行，做到与单位的生产规模和财力相适应。

(2) 注重固定资产的配套 注意加强设备的通用性和适用性，并注意各类固定资产务求配套完备，使固定资产能充分发挥效用。

(3) 加强固定资产的管理 建立严格的使用、保养和管理制度，对不需用的固定资产应及时采取措施，以免浪费，注意提高机器设备的时间利用强度和它的生产能力的利用程度。

二、成本核算

产品的生产过程，同时也是生产的耗费过程。企业要生产产品，就是发生各种生产耗费。生产过程的耗费包括劳动对象（如饲料）的耗费、劳动手段（如生产工具）的耗费以及劳动力的耗费等。企业为生产一定数量和种类的产品而发生的直接材料费（包括直接用于产品生产的原材料、燃料动力费等）、直接人工费用（直接参加产品生产的工人工资以及福利费）和间接制造费用的总和构成产品成本。

产品成本是一项综合性很强的经济指标，它反映了企业的技术实力和整个经营状况。牛场的品种是否优良，饲料质量好坏，饲养技术水平高低，固定资产利用的好坏，人工耗费的多少等，都可以通过产品成本反映出来。所以，牛场通过成本和费用核算，可发现成本升降的原因，降低成本费用耗费，提高产品的竞争能力和盈利能力。

（一）做好成本核算的基础工作

1. 建立健全各项原始记录

原始记录是计算产品成本的依据，直接影响着产品成本计算的准确性。如原始记录不实，就不能正确反映生产耗费和生产成果，就会使成本计算变为“假账真算”，成本核算就失去了意义。所以，饲料、燃料动力的消耗、原材料、低值易耗品的领退，生产工时的耗用，畜禽变动，畜群周转、畜禽死亡淘汰、产出产品等原始记录都必须认真如实地登记。

2. 建立健全各项定额管理制度

牛场要制定各项生产要素的耗费标准（定额）。不管是饲料、燃料动力、还是费用工时、资金占用等，都应制定比较先进、切实可行的定额。定额的制定应建立在先进的基础上，对经过十分努力仍然达不到的定额标准或不需努力就很容易达到定额标准的定额，要及时进行修订。

3. 加强财产物质的计量、验收、保管、收发和盘点制度

财产物资的实物核算是其价值核算的基础。做好各种物资的计量、收集和保管工作，是加强成本管理、正确计算产品成本的前提条件。

（二）肉牛场成本的构成项目

1. 饲料费

饲料费指饲养过程中耗用的自产和外购的混合饲料和各种饲料原料费用。凡是购入的按买价加运费计算，自产饲料一般按生产成本（含种植成本和加工成本）进行计算。

2. 劳务费

劳务费从事养牛的生产管理劳动，包括饲养、清粪、繁殖、防疫、转群、消毒、购物运输等所支付的工资、资金、补贴和福利等。

3. 医疗费

医疗费指用于牛群的生物制剂，消毒剂及检疫费、化验费、专家咨询服务费等。但已包含在配合饲料中的药物及添加剂费用不必重复计算。

4. 公母牛折旧费

关于公母牛折旧费，种公牛从开始配种算起，种母牛从产犊开始算起。

5. 固定资产折旧维修费

固定资产折旧维修费指禽舍、设备等固定资产的基本折旧费及修理费。根据牛舍结构和设备质量，使用年限来计损。如是租用土地，应加上租金；土地、牛舍等都是租用的，只计租金，不计折旧。

6. 燃料动力费

燃料动力费指饲料加工、牛舍保暖、排风、供水、供气等耗用的燃料和电力费用，这些费用按实际支出的数额计算。

7. 利息

利息是指对固定投资及流动资金一年中支付利息的总额。

8. 杂费

杂费包括低值易耗品费用、保险费、通信费、交通费、搬运费等。

9. 税金

税金指用于肉牛生产的土地、建筑设备及生产销售等一年内应交税金。

10. 共同的生产费用

共同的生产费用指分摊到牛群的间接生产费用。

以上十项构成了肉牛场生产成本，从构成成本比重来看，饲料费、公母牛折旧费、人工费、固定资产折旧费等数额较大，是成本项目构成的主要部分，应当重点控制。

（三）成本的计算方法

牛的活重是牛场的生产成果，牛群的主、副产品或活重是反映产品率和饲养费用的综合经济指针，如在肉牛生产中可计算饲养日成本、增重成本、活重成本和产肉成本等。

1. 饲养日成本

指一头肉牛饲养1天的费用，反映饲养水平的高低。

计算公式：饲养日成本＝本期饲养费用÷本期饲养头日数

2. 增重单位成本

指犊牛或育肥牛增重体重的平均单位成本。

计算公式：增重单位成本＝(本期饲养费用－副产品价值)÷本期增重量

3. 活重单位成本

指牛群全部活重单位成本。

计算公式：活重单位成本＝(期初全群成本＋本期饲养费用－副产品价值)÷(期终全群活重＋本期售出转群活重)

4. 生长量成本

计算公式：生长量成本＝生长量饲养日成本×本期饲养日

5. 牛肉单位成本

计算公式：牛肉单位成本＝(出栏牛饲养费用－副产品价值)÷出栏牛牛肉总量

三、赢利核算

赢利核算是对肉牛场的赢利进行观察、记录、计量、计算、分析和比较等工作的总称。所以赢利也称税前利润。赢利是企业在一定时期内的货币表现的最终经营成果，是考核企业生产经营好坏的一个重要经济指标。

(一) 赢利的核算公式

赢利＝销售产品价值－销售成本＝利润＋税金

(二) 衡量赢利效果的经济指标

1. 销售收入利润率

表明产品销售利润在产品销售收入中所占的比重。该值越高，经营效果越好。

销售收入利润率＝产品销售利润/产品销售收入×100％

2. 销售成本利润率

它是反映生产消耗的经济指标，在畜产品价格、税金不变的情况下，产品成本愈低，销售利润愈多，该值愈高。

销售成本利润率＝产品销售利润/产品销售成本×100％

3. 产值利润率

它说明实现百元产值可获得多少利润，用以分析生产增长和利润增长比例关系。

产值利润率＝利润总额/总产值×100％

4. 资金利润率

把利润和占用资金联系起来，反映资金占用效果，具有较大的综合性。

资金利润率＝利润总额/流动资金和固定资金的平均占用额×100％

参考文献

[1] 莫放．肉牛育肥生产技术与管理．北京：中国农业大学出版社，2006
[2] 曹玉风．肉牛标准化养殖技术．北京：中国农业大学出版社，2004
[3] 初秀．规模化安全养肉牛综合新技术．北京：中国农业出版社，2005
[4] 董一春．奶牛用药知识手册．北京：中国农业出版社，2011
[5] 中国兽药典委员会．兽药手册．北京：中国农业出版社，2011
[6] 王传福，董希德．兽药手册．北京：中国农业出版社，2011
[7] 魏刚才．养殖场消毒指南．北京：化学工业出版社，2011
[8] 常新耀．肉牛安全生产技术．北京：化学工业出版社，2012